高等职业教育制冷与空调技术专业系列教材

# 制冷与空调设备维修技能训练

主　编　刘培琴
副主编　蒋李斌
参　编　李景丽
主　审　臧润清



机械工业出版社

本书是为了满足高等职业院校制冷类专业学生进行制冷设备维修工职业技能训练，通过考核取得职业资格等级证书的需要所编写的技能训练教材。

本书以国家劳动和社会保障部颁布的《制冷设备维修工国家职业标准》为依据，结合相关专业的岗位需求确定编写内容。主要内容包括制冷与空调设备基本技能操作、家用电冰箱维修技能操作、空调器维修技能操作、冷藏柜维修技能操作、制冷系统冷却水设备的安装与调试、中央空调系统的安装与维护六个项目。每个项目都有与之配合的实训任务，可满足高职院校教学改革的需求，强化高职院校学生职业技能的培养，为学生考取“制冷设备维修工”（中级）职业资格证书创造充分的条件，为高职院校学生获取“双证书”提供有力的保障。

本书可作为高等职业院校制冷类专业的实训教学用书，也可作为教育、劳动和社会保障系统及其他培训机构的职业技能培训用书。

**图书在版编目（CIP）数据**

制冷与空调设备维修技能训练/刘培琴主编.—北京：机械工业出版社，2012.6（2026.1重印）

高等职业教育制冷与空调技术专业系列教材

ISBN 978-7-111-39053-4

Ⅰ.①制… Ⅱ.①刘… Ⅲ.①制冷装置—维修—高等职业教育—教材②空气调节器—维修—高等职业教育—教材 Ⅳ.①TB657②TM925.120.7

中国版本图书馆CIP数据核字（2012）第147828号

机械工业出版社（北京市百万庄大街22号 邮政编码100037）

策划编辑：张双国 责任编辑：刘良超

版式设计：霍永明 责任校对：刘良超 肖 琳

封面设计：马精明 责任印制：刘 媛

北京富资园科技发展有限公司印刷

2026年1月第1版第6次印刷

184mm×260mm · 15.25印张 · 378千字

标准书号：ISBN 978-7-111-39053-4

定价：45.00元

电话服务 网络服务

客服电话：010-88361066 机 工 官 网：www.cmpbook.com

010-88379833 机 工 官 博：weibo.com/cmp1952

010-68326294 金 书 网：www.golden-book.com

 机工教育服务网：www.cmpedu.com

# 前　言

随着科技的发展、社会的进步及人民生活水平的不断提高，制冷与空调设备的应用几乎遍及工业生产、人民生活及科学研究的各个方面。社会对制冷空调设备的安装、维修、运行管理等方面高级技术应用型人才的需求也越来越大。

高等职业教育的人才培养目标就是为生产、服务、管理一线培养高技能应用型人才。本书是为了适应高等职业院校制冷类专业人才培养的基本需求，结合高等职业教育教学改革的发展趋势，突出以能力为中心的基本特色，以制冷与空调设备维修技能操作为中心内容所编写的技能训练教材。

本书以劳动和社会保障部制定的《制冷设备维修工国家职业标准》为依据，结合相关专业的岗位需求，同时兼顾不同院校的教学要求，确定编写内容。全书内容体系新颖，以项目为载体，突出职业技能考证实训的特色，强化培养学生的职业技能，为学生考取职业资格或技术等级证书创造充分的条件。每个项目按照不同的操作要求有其各自的知识与技能及操作训练任务。项目内容在强调实用性的前提下，充分重视其先进性，较好地体现了本行业当前最新的实用操作技能。

本书由天津职业大学刘培琴任主编，并编写了项目一、项目二；南京化工职业技术学院蒋李斌任副主编，并编写了项目四、项目五、项目六；天津职业大学李景丽编写了项目三。天津商业大学机械工程学院臧润清教授担任本书的主审，对本书的编写内容提出了许多建议，对提高教材的质量起到了重要的作用。

本书在编写过程中参阅了大量的参考文献，从中吸取了宝贵的知识和经验，在此向各位作者表示感谢。

由于作者水平有限，书中不足之处敬请广大读者批评指正。

编　者

# 目　录

# 项目一　制冷与空调设备基本技能操作

## 任务一　制冷与空调设备常用检测仪表的使用操作

**能力训练目标**　能正确使用常用检测仪表对相关设备进行检测操作。

### 一、知识与技能

#### （一）正确使用万用表

万用表是一种应用范围很广的测量仪表，可用来测量直流电流、交/直流电压、电阻及一些常用的电子元件特性，是制冷设备安装、调试、维修中必备的检测仪表。

制冷设备维修常用的万用表一般有两类，即指针式万用表和数字式万用表。

1. 指针式万用表的基本结构与使用操作

（1）指针式万用表的基本结构　指针式万用表如图1-1所示。前面板安装有表盘、转换开关、表笔插孔、零位调整螺钉及欧姆调零旋钮等。在其表盘上经常可以看到一些符号和字母，它们的含义见表1-1。

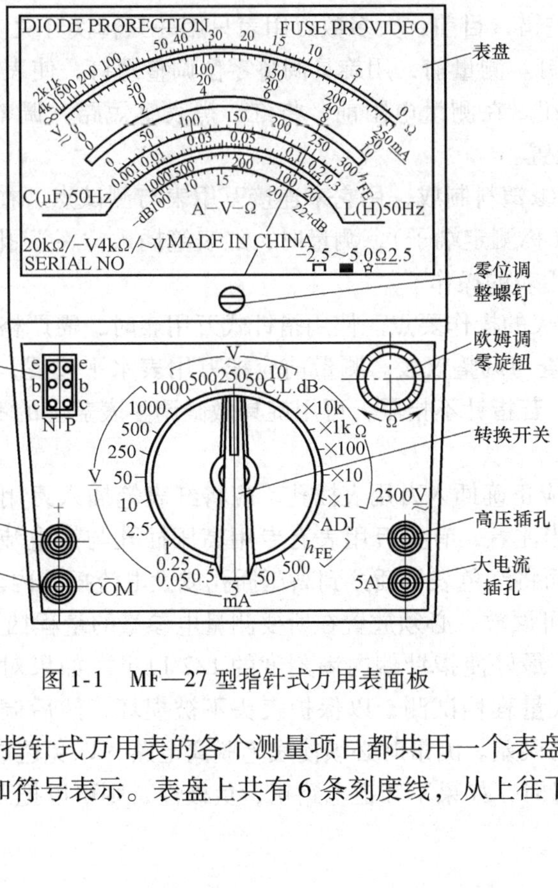


图1-1　MF—27型指针式万用表面板

1）表盘及表面标尺。指针式万用表的各个测量项目都共用一个表盘，各测量项目及仪表其他参数均以各种文字和符号表示。表盘上共有6条刻度线，从上往下数，第1条刻度线为电阻档专用线，用符号“Ω”表示；第 2 条刻度线为交直流电压、直流电流共用线，用符号“V”和“mA”表示；第 3 条刻度线为测量晶体管放大倍数用的，用字母 $h_{FE}$ 表示；第 4 条刻度线为测量电容量用的，用字母“C(μF)50 Hz”表示；第 5 条刻度线为测量电感量用的，用字母“L(H)50 Hz”表示；第 6 条刻度线为 dB 线。

**表 1-1 万用表常用字母与符号**

| 符号与字母 | 表示意义 |
|---|---|
| ⋂ | 表头的转动是永磁动圈式 |
| ⊣⊲⊢ | 交流显示为整流式 |
| Ω | 欧姆值刻度 |
| DC 或 - | 直流电参量测量 |
| AC 或 ~ | 交流电参量测量 |
| 20000Ω/V - | 直流电压档灵敏度值 |
| 5000Ω/V ~ | 交流电压档灵敏度值 |
| -2.5 | 直流电压档准确度值（±2.5%） |
| ~4.0 | 交流电压档准确度值（±4.0%） |
| 3kV | 电表的绝缘等级值 |
| +，- | 测量表笔的正、负极 |

2）调整机构。调整机构包括转换开关、零位调整螺钉和欧姆调零旋钮。

① 转换开关。转换开关是用来选择万用表测量项目和量程的，与表面刻度尺配合使用。为简化操作，减少差错，目前，大多数万用表只用一只转换开关。

② 零位调整螺钉。测量前，用旋具调整零位调整螺钉，使表针指零。

③ 欧姆调零旋钮。在测量电阻前，将红、黑表笔短路，调整该旋钮，使指针对准第 1 条刻度线的“0”位置。

3）表笔。用绝缘塑料制成，用它来连接万用表与测试点。在万用表前面板上有两个插孔“+”和“-”（称测定端子），测量时，红表笔插入“+”孔，黑表笔插“-”孔。

（2）指针式万用表的操作

1）指针式万用表的操作要点。使用指针式万用表时，需严格按照操作步骤进行。

① 使用前应检查与调整仪表。测量前应把万用表水平放置，观察指针是否在表盘左侧电压档的零刻度上，若指针不指零，可用旋具微微调整表盖上的零位调整螺钉，直到其指针指零为止。

② 红、黑表笔应正确插入万用表插孔。应将红表笔插入万用表“+”插孔，黑表笔插入“-”插孔。应当注意，有些万用表有专用高压插孔与大电流插孔，使用时黑色表笔仍插入“-”插孔，而将红色表笔插接到高压插孔或大电流插孔内。

③ 转换开关不可误放，必须放置在所要测量电参量的量程档上。在测量电流或电压时，为使结果较为准确，最好使指针偏向满刻度的 1/2 以上。如果对被测对象的数值范围不确定，则应先拨到最大量程档试测，以保护表头不被损坏，然后调整到适宜的量程上进行测量，以减少测量中的误差。测量时必须使表笔脱离电路，以免造成开关触点的损坏。

测量直流电参量时，如果不知道电路正、负极性，则可以把万用表量程放在最大档，在被测电路上快速试一下，看指针怎样偏转。若指针正向偏转，则说明连接正确；若指针反向偏转，则说明两表笔应互换位置。

④ 测量电压时，一定要把转换开关放置在正确的位置，绝不能放在电流档或电阻档上，否则，将会使表头损坏，轻则造成表针被打弯，重则会使万用表电路元件或游丝、偏转线圈被烧毁。

⑤ 测量装在仪器上的电阻时，应关掉仪器电源。将电阻的一端与电路焊开后再进行测量，如电路待测部分有容量较大的电容存在，应先将电容放电后再进行测量。

⑥ 读数时，两眼应垂直观察指针，不应斜视。

⑦ 万用表每次使用完后，应将转换开关旋到交流电压最高档处，以防止他人误用造成万用表的损坏。若长时间不用万用表，应将电池从万用表中取出，把万用表放置在干燥、通风、清洁的环境中。

2）指针式万用表的测量操作。以图 1-1 所示 MF—27 型指针式万用表为例。

① 测量直流电流和直流电压。测量直流电压时，万用表必须与被测电路并联，并注意红色表笔应接到“+”极端，将转换开关拨到标有“$\underline{V}$”的适当量程位置上。注意，此时转换开关所指数值为表针满刻度读数的对应值。

② 测量交流电压。测量交流电压时，转换开关应拨到标有“$\underset{\sim}{V}$”的位置上。测量交流电压的方法及其读数方法与测量直流电压相似，不同的是测交流时万用表的表笔不分正、负。被测交流电必须是正弦交流电。

交流电压的刻度线多为红色，标有“AC”或“~”。有的万用表还有交流电压档的专用标尺，如标有 10V，满量程为 10V，测量低压时比较准确。测 220V 交流电时必须注意安全，手不可接触到表笔导电部分，以免触电。

注意，交、直流电压种类不要选错。如果误用直流电压档去测交流电压，那么表针不动或略微抖动。如果误用交流电压档去测直流电压，则读数可能偏高一倍，或者读数为零。

如果不清楚所要测量的电压是交流电压还是直流电压，可先用交流电压的最大档来测量，得到电压的大概范围，再用适当量程的直流电压进行测量。如果此时表针不发生偏转，断定此电压为交流电压；若有读数，则为直流电压。

③ 测量电阻值。测量电阻时，首先将转换开关拨到“Ω”范围内，例如“×100”处，然后把正、负表笔短接，此时指针应指在“0”处。如不指在“0”处，应调整欧姆调零旋钮使表针指“0”。再把表针分开接到要测量的电阻的两端，表针应偏转到一定位置停下。将最后指针指的数值（看“Ω”刻度线）乘以 100 即是所测量的电阻欧姆值。例如指针最后停在“30”处，那么所测量的电阻是 3000Ω。

测电阻时注意绝不能带电测量电阻。测量电阻的欧姆档电路是由干电池供电的，被测电阻绝不能带电，因为带电测量相当于接入一个额外的电源，不仅得不到正确的测量结果，还有可能损坏万用表，这一点必须特别注意。在测量某一电路中的电阻时，必须首先切断电路电源（如果被测电阻有并联支路，还应将其电阻的一端断开），以确保电阻中没有电流通过。

测量电阻时若量程选小了，指针指在“∞”附近，此时应换大量程。若量程选大了，指针指在“0”附近，此时应换小量程。

测量电阻时两手不要接触电阻两端，以免与人体电阻并联，引起测量阻值的不准确。

测量电阻时，每改变一次量程，都要重新调整欧姆调零旋钮。如果发现调整欧姆调零旋钮不能使指针指零，应更换万用表内的电池。

④ 测量二极管。二极管具有单向导电性，其正向电阻很小，反向电阻很大。当正向接通电源时，电阻很小处于导通状态，而反向接通电源时则电阻很大，处于截止状态。当使用指针式万用表测量二极管时，把转换开关置于“×1k”档，再用表笔两端与二极管两极相接触。由于万用表内部电路的结构，测量电阻时红色表笔（+）端输出负电压，黑色表笔（-）端输出正电压。当红表笔接通二极管的负端，黑表笔接通二极管的正端时，二极管处于导通状态，此时电阻很小，若反接，则电阻很大。二极管正、反向电阻差别越大，其质量也越好。若二极管正、反向电阻都很小或都很大，说明该二极管内部已短路或断路，二极管是坏的。

⑤ 测量晶体管。晶体管是由两个 PN 结组成的，对于 PNP 型晶体管，其基极是 N 型，集电极和发射极都是 P 型。用万用表测量时，红表笔接基极，黑表笔分别接集电极和发射极，两次测得的电阻都很小（约 1kΩ）。此时若将红、黑表笔从插孔处对调，则万用表应显示出很大的电阻值。该方法可用来判别晶体管的好坏。如测量 NPN 型晶体管，测量方法与测 PNP 型晶体管刚好相反，用黑表笔分别接触集电极和发射极，测得的电阻值应很大。

对于同一类型的晶体管，使用上述方法可估算其 $\beta$ 值，偏转角大的晶体管，其 $\beta$ 值也偏大。

2. 数字式万用表的基本结构与操作使用

用数字显示测量电参量数值的万用表称为数字式万用表。它能对多种电参量进行直接测量并将测量结果用数字形式显示出来。它的测量原理与指针式万用表完全不同，其结构和使用方法也不同。与指针式万用表相比，其各项性能指标都有大幅度的提高。

（1）数字式万用表的种类与结构　由集成电路构成的数字式万用表具有很高的灵敏度和准确度，具有显示清晰直观（不存在读数误差）、性能稳定、过载能力强、量程大、便于携带等特点。与指针式万用表相比，其各项性能指标都有较大提高。

数字式万用表种类很多，便携式万用表常用的有 DT—830、DT—860、DT—890、DT—9205 型等。从显示的灵敏度来讲，有 4 位数字和 5 位数字之分。因最高位只能显示 0 和 1 两种数字（称为半位），故数字式万用表有三位半和四位半两种。如 DT—830 型数字式万用表使用 4 个显示单元，不考虑小数点显示范围是 0000 ~ 1999，属于三位半表。

DT—830 型数字式万用表面板如图 1-2 所示。前面板装有数字液晶显示器（LCD 显示器）、电源开关、转换开关、晶体管放大系数 $h_{FE}$ 插口、输入插孔等。

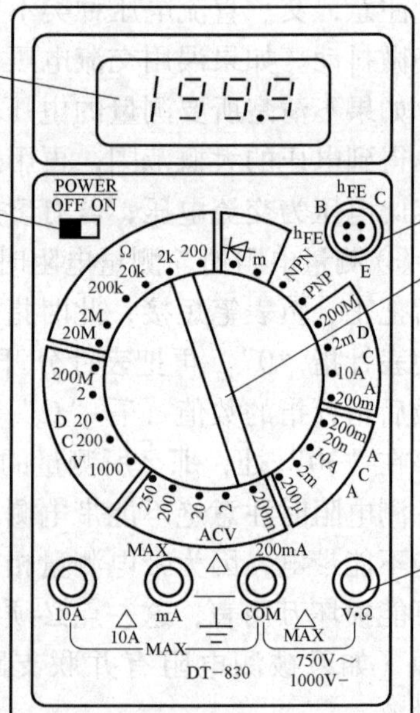


图 1-2　DT—830 型数字式万用表面板
1—$h_{FE}$ 插口　2—转换开关　3—输入插孔
4—电源开关　5—LCD 显示器

① 数字液晶显示器。其显示最大值和最小值为 1999 和 -1999，仪器具有自动调零和自动显示极性的功能。当电源电压低于正常工作电压时，显示屏上方显

示电压低符号“←”。测量时超过量程，显示屏显示“1000”或“-1000”，“-”号视被测电量的极性而定。小数点由转换开关同步控制，随量程变化左移或右移。

② 电源开关。在字母“POWER”下边注有“OFF”（关）和“ON”（开），把电源开关拨至“ON”，接通电源，显示屏显示数字，使用结束，把开关拨到“OFF”。

③ 转换开关。直流电压（DCV）有5档，最小量程为“200mV”，灵敏度为0.1mV。交流电压（ACV）有5档。交流电流（ACA）和直流电流（DCA）有4档，但有5个量程，其中“20mA”和“10A”在同一档位置，通过面板上的插孔来区分。其他功能在万用表面板上已标出。

④ 输入插孔。输入插孔有4个，分别标有“10A”、“mA”、“COM”及“V·Ω”。“10A”插孔是专用来测量10A以内交直流大电流的；“mA”插孔是用来测量200mA以下交、直流电流的；“COM”接黑色负表笔；“V·Ω”用来测量交直流电压和电阻数值。在“V·Ω”和“COM”之间标有“MAX750V~和1000V –”字样，表示可测量最高交流电压为750V、最高直流电压为1000V。“COM”表示“地”端。

⑤ 电池盒。电池装在万用表后面板。在标有“OPEN”（打开）的位置，按箭头指示方向推出抽板，即可更换电池。更换的电池应和原电池电压一致。电池盒内装有0.5A的熔断器，当测量电流超载时，熔丝熔断，保护仪表不受损坏。当熔丝熔断后，测量最高交流电流时显示板已没有显示，此时可考虑更换新的熔断器。

（2）数字式万用表的使用操作

1）数字式万用表的使用注意事项。使用数字式万用表进行测量时应注意以下事项：

① 不要把万用表放在高温（>40℃）、高湿、寒冷（<0℃）的环境中，以免损坏液晶显示器。

② 严禁在测量中（电压大于220V、电流大于0.5A）拨动转换开关，防止产生电弧。

③ 不要随意打开万用表后盖或拆卸元件。

④ 数字式万用表的红表笔带正电，黑表笔带负电，这与指针式万用表电阻档的极性恰好相反，测量有极性的元器件时，必须注意表笔的极性。

2）数字式万用表的使用操作。使用数字式万用表时，转换开关必须和要测量的电参量一致。

开启电源后，先查看电池低电压指示字母“LOBAT”是否显示，如果显示，则表示电池电压不足，应立即更换电池，否则，将会产生很大的测量误差。之后再查看仪表调零情况，在电压、电流、晶体管测量档位时，仪表应显示为零；电阻档两表笔开路时，显示为无穷大；两表笔短路时，应显示为零；使用200Ω档测电阻时，应先将两表笔短路后测出两表笔导线的电阻值（一般为0.2~0.3），正式测量结果应减去此值。

① 直流电压测量。将转换开关拨到“DCV”范围内适当的档位上，红表笔插在“V·Ω”插孔内，黑表笔插在“COM”孔内（以下各种测量，黑表笔的位置不变）。如果在数字液晶显示数值前没有“-”号，说明正表笔接的是电源正极。不知道待测电路电压大小时，应从最高电压量程开始试测，根据数值逐渐降低量程。

测量交流电压时，转换开关必须选在“ACV”范围内。其测量方法与测量直流电压的方法一样。

② 交、直流电流测量。把红表笔改插在“mA”插孔内，则可测量200mA以下电流。

若测10A以下电流，红表笔应插在“10A”孔内。根据所测的交、直流不同，应分别把转换开关选在“ACA”和“DCA”范围内。测量10A以下电流时，转换开关选在对应的直流电流（DCA）范围内的20mA、10A位置，或交流电流（ACA）范围内的20mA、10A位置上。因为在测电流状态时误测其他电量最容易烧坏万用表，所以电流测量完成后应立刻把红表笔从“10A”孔或“mA”孔拔出并插回“V·Ω”孔上，再把转换开关拨到电压最高档。

③ 电阻测量。应把转换开关拨到“Ω”范围内，根据所测值选择合适的量程，红表笔插在“V·Ω”插孔内，即可测量。如果量程选小了，显示“1000”表示溢出，可换大量程；如果量程选大了，显示数值太小，可换小量程。

④ 电路通、断的检查。把转换开关拨到有蜂鸣发声符号“·)))”的位置，红表笔插在“V·Ω”插孔内，可检查电路的通断。将表笔触及被测电路，若两只表笔间电路的电阻值小于20Ω，仪表的蜂鸣器发出响声，说明电路是接通的。反之，则表示电路不通或接触不良。

⑤ $h_{FE}$值测量。根据被测管的类型不同，把转换开关转至“PNP”或“NPN”处，再把被测晶体管的3个极对应插到相应的B、C、E孔内，显示屏将会显示出被测晶体管的直流放大系数。

### （二）正确使用绝缘电阻表

绝缘电阻表又称兆欧表，是一种专门用来测量电路、电动机绕组、变压器绕组及电缆等设备绝缘电阻的直读式高阻表。常用的绝缘电阻表是由一台手摇发电机和磁电式比率表组成的，它的高压电源由手摇发电机产生，有500V、1000V、5000V等几种。其外形如图1-3所示。图1-3中表盘为指针式指示，刻度以MΩ为单位。

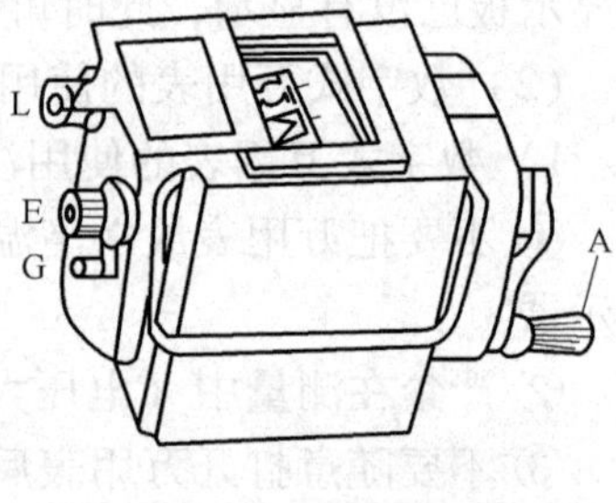


图1-3　绝缘电阻表

A—手柄　E—接地端钮

L—线路端钮　G—保护环端钮

#### 1. 正确选择绝缘电阻表

选择绝缘电阻表主要是选择它的电压及测量范围。高压电气设备对绝缘电阻要求高，需选择电压高的绝缘电阻表进行测试；低压电气设备内部绝缘材料所能承受的电压不高，为保证设备安全，应选择电压低的绝缘电阻表。一般测量家用电冰箱、空调器等民用电器的绝缘性能时，可采用工作电压为500V、测量范围为0~2000MΩ的绝缘电阻表。不同测量对象选用的绝缘电阻表可参考表1-2。

**表1-2　绝缘电阻表选择范围**

| 被测对象 | 被测设备或线路额定电压/V | 选用的绝缘电阻表/V |
|---|---|---|
| 线圈的绝缘电阻 | <500 | 500 |
| 线圈的绝缘电阻 | >500 | 1000 |
| 电动机绕组绝缘电阻 | <380 | 1000 |
| 变压器、电动机绕组绝缘电阻 | >500 | 1000~2500 |
| 电气设备和电路绝缘电阻 | <500 | 500~1000 |
| 电气设备和电路绝缘电阻 | >500 | 2500 |

选择绝缘电阻表测量范围的原则是不使测量范围过多地超出被测绝缘电阻的数值，以免因刻度较粗而产生较大的读数误差。另外，还要注意有些绝缘电阻表的起始刻度不是零，而

是 1MΩ 或 2MΩ，这种绝缘电阻表不宜用来测量处于潮湿环境中的低压电气设备的绝缘电阻。因为在这种环境中的设备绝缘电阻较小，有可能小于 2MΩ，在仪表上读不到读数，从而容易误认为绝缘电阻为 2MΩ 或为零。

2. 绝缘电阻表的使用操作

（1）测量前的准备操作　由于绝缘电阻表本身在工作时会产生高压电，测量对象又是高压电器设备，为避免发生事故，在绝缘电阻表使用之前应作相应的准备：首先要切断被测设备的电源，并接地进行放电，对于用绝缘电阻表测量过的电器设备，也要及时放电后才可进行再次测量；其次，在测量前要对绝缘电阻表进行开路和短路试验，检查绝缘电阻表是否良好。开路试验就是将测量线分开，转动手柄，指针应指向“∞”位置；短路试验就是将“L”和“E”短接，缓慢摇动手柄，指针应指向“0”位置。如果不符合要求，应对其检修后再用。

（2）绝缘电阻表的使用操作

1）测量时，绝缘电阻表必须水平放置，以免在摇动时因抖动或倾斜而产生测量误差。摇动绝缘电阻表手柄时应顺时针保持转速在 90 ~ 150r/min，发现指针指零时立即停止摇动。

2）绝缘电阻表的接线端钮与被测设备间的连接导线，不能用双股绝缘线和绞线，应采用单股线分开单独连接，以免绞线绝缘不良而引起误差。

3）接线必须正确无误。保护环的作用是消除表壳表面“L”与“E”接线端钮间的漏电和被测绝缘物漏电的影响。在测量被测电气设备的对地绝缘电阻时，“L”接设备的待测部位，“E”接被测设备外壳或接地，如图 1-4a、b 所示；测电气设备内绕组间的绝缘电阻时，将“L”和“E”分别接两绕组的接线端；当测量电缆缆芯对缆壳的绝缘电阻时，为消除因表面漏电而产生的误差，“L”接缆芯，“E”接缆壳，“G”接缆芯与缆壳之间的绝缘层，如图 1-4c 所示。

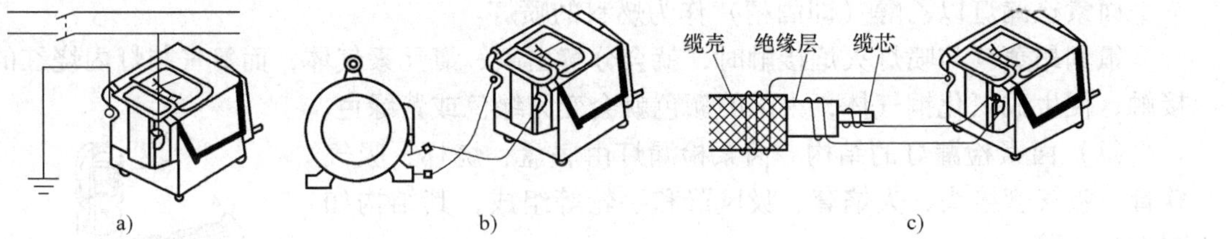


图 1-4　绝缘电阻表的接线

a）测线路对地的绝缘电阻　b）测电动机绕组对地的绝缘电阻　c）测电缆的绝缘电阻

4）测量后，待绝缘电阻表停止转动、被测物接地放电后，才能拆除绝缘电阻表与被测设备之间的连接导线，以免触电或因电容放电而损坏绝缘电阻表。

5）在绝缘电阻表未停止转动以前，切勿用手去触碰设备的测量部分或绝缘电阻表接线端钮。拆线时也不可直接去触碰引线的裸露部分。

6）绝缘电阻表应定期校验。校验方法是直接测量有确定值的标准电阻，检查它的测量误差是否在允许范围内。

**（三）正确使用钳形电流表**

钳形电流表又称为钳表，是一种不需要断开电路就能测量电路电流的电工仪表。早期的钳形电流表只有单一测量电流的功能，现在一般都是将钳形电流表与万用表组合成一体，形成多功能数字显示或指针显示多用仪表。

常用的钳形电流表有 MG4 交流电流电压表、MG20 交直流电流表、MG24 袖珍交流电流电压表、MG27 袖珍多用表和 MG28 钳形多用表。图 1-5 所示为多功能数字式钳形电流表。

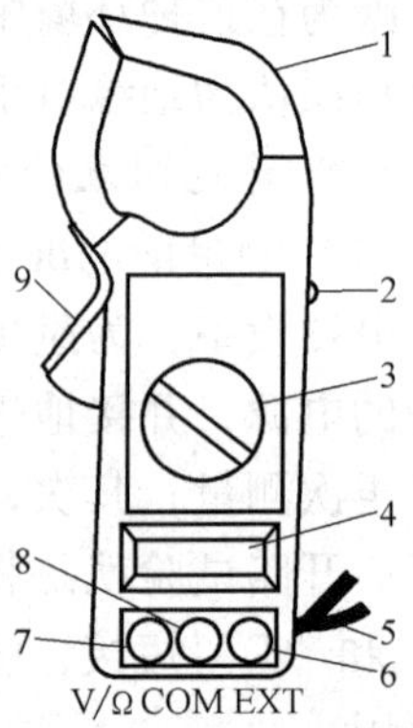


图 1-5　多功能数字式钳形电流表
1—钳形铁心　2—保持开关
3—转换开关
4—显示器　5—手提袋
6—绝缘测试附件接口端
7—电压电阻输入端
8—公共接地端　9—钳头扳机

钳形电流表是根据电流互感原理制成的。使用时应注意：

1）钳形电流表的钳形铁心（简称钳口）只能放入一根带电的被测导线，如果放入两根导线，则测不出电流。要注意分清使用设备上的地线，不要把地线夹入，否则，测不出正确的电流数值。

2）如果不清楚电流的大小，应从量程较大的档位上开始测量，然后再根据电流的大小调整到合适的量程。

3）钳形铁心与钳头扳机之间的钳口要接合良好，不能有杂质油污。一般在使用前应开合数次，令接口导通良好。

4）钳形电流表适用于测 500V 以下低压电气系统绝缘导线中的电流。钳形电流表的最小量程一般为 5A，当测量电流值较小时显示的误差会较大，这时可以将通电导线在钳形铁心上绕 $n$ 圈再测量，所得读数数值除以圈数以后便是测得的实际结果。

5）钳形电流表使用后，应把量程转换开关置于最大量程的位置。

**（四）正确使用检漏仪**

检漏仪是制冷设备检漏工作的必备专用工具。常用的检漏仪有卤素检漏灯、电子检漏仪和声检测器。

1. 卤素检漏灯的结构和使用操作

卤素检漏灯以乙醇（即酒精）作为燃料的喷灯。

氟利昂蒸气与喷灯火焰接触时，就会分解出氟、氯元素气体，而氯气与灯内烧红的铜帽接触，便生成氯化铜气体，火焰的颜色就会变为绿色或紫绿色。

（1）卤素检漏灯的结构　卤素检漏灯由底盘、烧杯、吸气软管、吸气管接头、火焰套、吸风罩和手轮等组成，其结构如图 1-6 所示。

（2）卤素检漏灯的使用操作　使用时先将底盘 1 旋下，向筒体内加入浓度为 99% 的乙醇，注入量以筒体容积的 3/4 为宜，再将底盘旋紧。将手轮 7 向右旋转，关紧调节阀，再向烧杯 2 内加满乙醇并点燃，用以加热灯体和喷嘴，热量由灯体传给容器内的乙醇，使之汽化，容器内压力升高。待烧杯内乙醇接近烧完时，将手轮 7 向左旋转一圈左右，使手轮调节阀稍微松开，让乙醇蒸气从喷嘴中喷出并燃烧。喷嘴上部有一个旁通孔与大气相通，由于喷嘴中气流的高速喷射，使喷射区形成负压，于是周围空气就通过吸气口处的软管被吸入。吸气量的大小可由吸气管口气流声音大小来判断，并根据需要调节手轮。

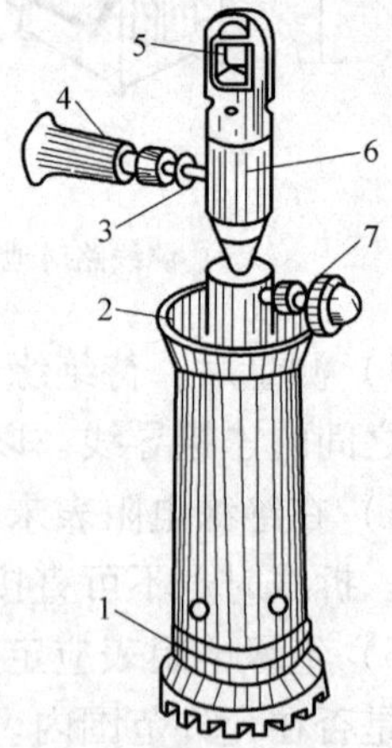


图 1-6　卤素检漏灯的结构
1—底盘　2—烧杯
3—吸气软管　4—吸气管接头
5—火焰套　6—吸风罩　7—手轮

检漏时，将软管吸入口伸向检漏处，若有氟利昂渗漏，橙红色火焰就会变色，且火焰的颜色随氟利昂渗漏量的多少而有所不同。少量泄漏时，颜色为微绿色、淡绿色；大量泄漏时，则变为紫绿色或蓝色。颜色越深，表明氟利昂泄漏越严重。

（3）卤素检漏灯的使用注意事项

1）卤素检漏灯喷嘴孔径仅为0.2mm左右，为防止其脏堵，其燃料的纯度应不低于99.5%。一旦发现堵塞，可在熄灭后用通针处理。

2）灯头内铜片或铜丝必须清洁，上面的污垢和氧化物应擦除干净，以免氟利昂气体无法与炽热的铜直接接触，造成火焰的颜色不改变而引起检漏失误。

3）由于氟利昂气体的密度大于空气密度，吸气管口应放在检漏部位的下方。吸气软管应在检漏部位缓慢移动，使泄漏气体能被全部吸入，以便准确查出泄漏部位。

4）氟利昂所产生的气体有剧毒，一旦发现火焰呈蓝色，说明泄漏严重，应立即停止使用卤素检漏灯，以免发生中毒现象，这时可改用洗洁精或肥皂液检漏。

5）熄灭卤素检漏灯时，不要将阀门关得过紧，防止冷却后收缩使阀门处开裂。

6）卤素检漏灯不适用于电冰箱或房间空调器的检漏，只适用于大、中型制冷设备的检漏。

卤素检漏灯价格便宜、操作简单，但准确性差，其主要原因是容易受周围气体的影响，如果空气中含有制冷剂蒸气，则很容易造成误判断。

2. 电子检漏仪的结构和使用操作

当制冷剂处于微漏状态时，使用卤素检漏灯也难以检出其泄漏的情况，此时可以采用电子检漏仪检漏。电子检漏仪是一种精密的检漏仪器，灵敏度可达5g/a(年)以下，灵敏度高的电子检漏仪可检漏出0.5g/a左右的氟利昂泄漏量。

（1）电子检漏仪的结构　电子检漏仪由传感器探头、电源开关、软管和仪器壳体等组成，如图1-7所示。它是根据六氟化硫等负电性物质对负电晕放电有抑制作用这一原理制成的。当氟利昂气体进入具有特殊结构的电晕放电探头时，就会改变放电特性，使电晕电流变化，经仪器内的电子电路将电晕电流的变化放大变换后以光信号和音响的方式表达出来。

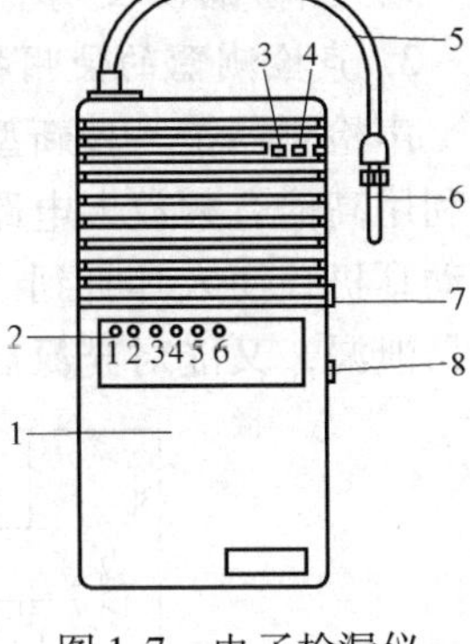

图1-7　电子检漏仪
1—仪器壳体
2—LED泄漏量指示（6只）
3—报警指示　4—电源指示
5—软管　6—传感器探头
7—复位按钮　8—电源开关

（2）电子检漏仪的使用操作

1）将电池装入电子检漏仪，打开电源开关，此时电源指示灯亮，同时听到电子检漏仪发出缓慢“嘟、嘟”声，表示电子检漏仪处于正常工作状态。如果打开电源，仪器啸叫，则按一下复位开关，便可恢复正常。

2）将电子检漏仪的探头沿系统连接管道慢慢移动进行检漏。速度不大于25～50mm/s，并且探头与被检测表面的距离保持3～5mm的距离，如图1-8所示。

3）如果电子检漏仪发出“嘟——”的长鸣声时，说明该处存在泄漏。为保证准确无误地确定漏点，应及时移开探头，待电子检漏仪恢复正常后，在发现漏点处重复检测2～3次。

4）当找到一个漏点以后，剩余管路一定要继续检查。

（3）电子检漏仪的使用注意事项

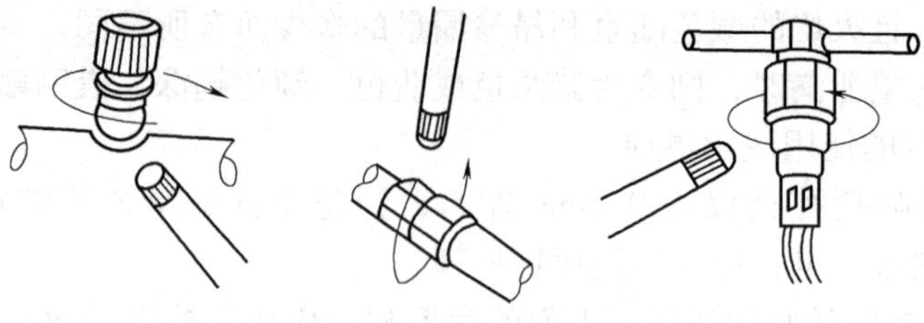

图 1-8　电子检漏仪检漏

1）由于电子检漏仪的灵敏度很高，要求使用时被测环境没有卤素或其他烟雾污染，因此它不宜在污染量超过允许值的电冰箱生产或维修车间内检测。

2）精密检测时，须在“正压室”内进行，测试的场所要求空气新鲜。

3）检漏仪的灵敏度一般是可调的，由粗检到精检分数档。在有一定污染的环境中检漏时，可选择适当档位。

4）在使用过程中，严防大量的制冷剂被吸入检漏仪。过量的制冷剂会对检漏仪的电极造成短时或永久性污染，使其探测的灵敏度大大降低。

5）使用电子检漏仪时应注意保持探头的清洁，避免灰尘或油污的污染，切不可与水接触。

6）不要随意拆卸传感器探头，以免损坏或影响仪器的灵敏度。

7）当检漏仪长期不用时，应将电池取出，并将检漏仪置于干燥处保存。

3. *声检测器的使用操作*

声检测器是一种新型电子检漏装置，这种仪器不需用眼睛观察，而只凭耳朵来听诊。它是利用高倍音频放大电路，通过该检测器探头，来检测泄漏处产生的极微弱气流声，放大并推动耳机，使人耳听到“丝丝”的响声，达到正确判定泄漏部位的目的。它既可以检测氟利昂泄漏，又能对充氮后的管路系统进行检漏。其电路原理如图 1-9 所示。

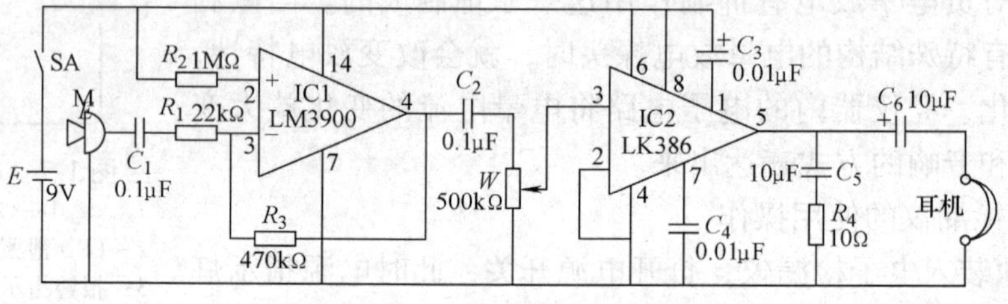


图 1-9　声检测器电路原理

听筒 M 将微弱声波信号转换成电信号，并通过 LM3900 完成前级电压放大，再经过 LM386 进行音频功率放大，最后通过耳机发声。声检测器的电源不用交流 220V 降压整流来获取，而采用一节 9V 叠层电池以彻底杜绝交流噪声。其开关用微型波段开关或钮子开关。

整个装置只有烟盒大小，上设一只耳机插座和一只听筒插座。听筒 M（即探头）采用微型晶体拾音器，也可用压电陶瓷片加导音管自制，它的屏蔽线长度约 1.5m。查漏时，须在安静的环境下，通过移动探头来测定泄漏部位。

由于其电路非常灵敏，使用时耳机必须夹紧，防止声频反馈和外界声音干扰。在调整音量和开、关电源时，应先摘下耳机。为防强音刺耳，操作中探头不要碰触物体。

**（五）正确使用压力真空表**

当制冷设备抽真空时压力真空表用来测量系统的真空度，并可以检测系统有无泄漏故障；在给制冷设备充灌制冷剂时，又可以测量系统中充灌制冷剂的高压压力，因此是制冷设备维修中必不可少的测试仪表。

检测制冷系统用的压力表、真空表常用规格为 -0.1～0MPa、-0.1～1.0MPa、-0.1～1.6MPa、-0.1～2.5MPa、0～2.4MPa 等几种。图 1-10 所示为 -0.1～1.6MPa 的压力真空表。表盘上内圈刻度指示压力值单位为 MPa；外圈刻度指示压力值在 0 以上的单位为 $lbf/in^2$（磅力每平方英寸，$1lbf/in^2 = 6894.76Pa$），在 0 以下的单位为 inHg（英寸汞柱，1inHg = 3386.39Pa）。当表针指示 0 时，说明系统内气体压力是一个大气压。低于 0MPa 属于真空状态，也称负压，负压极限值（真空度最高）为 -0.1MPa，高压可达到 1.6MPa。

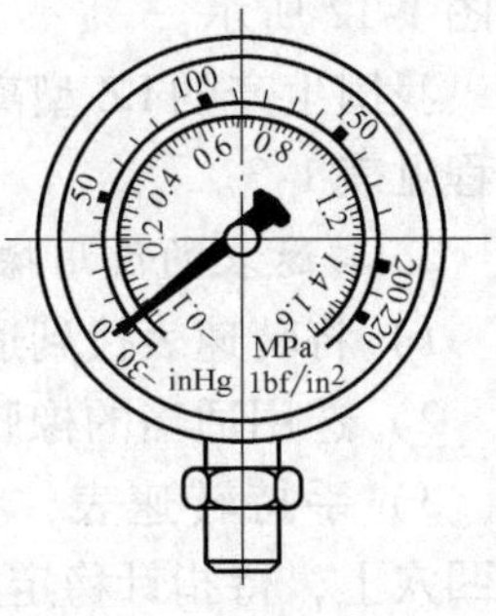

图 1-10　压力真空表

**（六）正确使用电子温度计**

电子温度计是采用数字显示的温度测量仪表，专门用来测量环境、冰箱及冷库中的温度。它以热敏电阻或半导体二极管作为温度传感器，性能稳定，读数方便、准确，显示滞后性小。由于它的传感器与显示部分有较长的导线相连接，所以用来测量冰箱或冰柜等内部温度是十分方便的。

1. 电子温度计的结构

电子温度计由数字显示屏、电源开关、校准开关、测量温度区开关、温度调整旋钮、温度传感器及套筒等组成，其外形结构如图 1-11 所示。

2. 电子温度计的使用操作

（1）对温度计的校准　以 WMY—01 型电子温度计为例，其温度测量范围是 -30～30℃。使用前要对温度计进行调整，测量温度区开关放在 0～30℃处，液晶屏显示出环境温度。按下校准开关 3，调整温度调整旋钮 5，使读数为 30℃。根据测量温度区不同，校正时也可把量程放在 -30～0℃位置。

（2）确定传感器的位置　测量物体温度时应把传感器紧密接触物体，使它们达到平衡状态。若测量空间温度，例如测量电冰箱冷冻室温度，应把传感器放在冷冻室空间的中间，并把冷冻室门关紧。

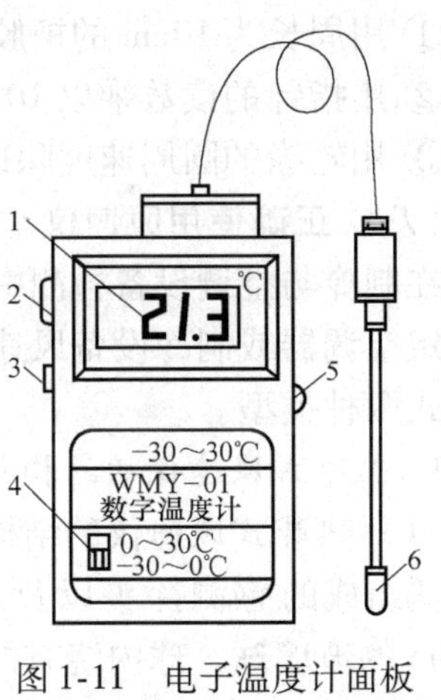

图 1-11　电子温度计面板
1—数字显示屏　2—电源开关
3—校准开关　4—测量温度区开关
5—温度调整旋钮　6—温度传感器及套筒

（3）注意事项　传感器是易损部件，切勿碰砸。当显示器数据不清楚或温度不能校准时，应及时更换新电池。电池盒在温度计的底部。存放时避免高温、高湿环境，较长时间不用时应把电池取出。

**（七）正确使用转速表**

1. 转速表的结构

转速表在制冷设备检测中常用来测量制冷压缩机、电动机、水泵及搅拌器等各种设备主轴的转速。最常用的转速表为离心式手持转速表。它是利用离心器在转动时所产生的惯性力使重锤偏转角 $\alpha$，再通过拉杆带动滑套和集电环，使齿条产生水平移动，带动主动齿轮和从动齿轮转动，最终在表盘上指示出设备的转速。其结构如图 1-12 所示。

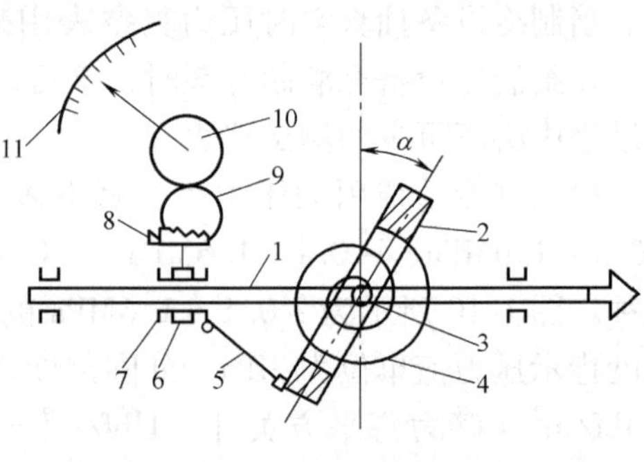

图 1-12　离心式手持转速表的结构
1—标轴　2—重锤　3—小轴　4—弹簧
5—拉杆　6—集电环　7—滑套　8—齿条
9—主动齿轮　10—从动齿轮　11—表盘

我国生产的 LZ 型离心式手持转速表的型号及量程见表 1-3。

2. 转速表的使用操作

1）将转速表拨到适当的量程范围之内。

2）选用适当的橡胶摩擦头。

3）手持转速表，将摩擦头压向待测轴中心的凹穴上，待指针稳定后再读出转速。

4）当测量轴的断面不外漏的设备时，如开启式压缩机的曲轴和电动机轴，可采用以下方法进行测速：

**表 1-3　LZ 型离心式手持转速表的型号及量程**

| 型号 | 量程/r · min$^{-1}$ | 型号 | 量程/r · min$^{-1}$ |
|---|---|---|---|
| LZ60 | 60 ~ 24000 | LZ30 | 30 ~ 12000 |
| LZ45 | 45 ~ 18000 | | |

① 用周长为 10cm 的橡胶圆摩擦头，轻靠向被测轮缘，待指针稳定后再读出转速。

② 用指针的读数乘以 10 即可得到被测轮缘的圆周速度（cm/min）。

③ 用轮缘的圆周速度除以轮缘的周长，即可得到被测轴的转速。

## （八）正确使用风速仪

在制冷与空调设备检测中，有时需要测定空调器或制冷设备的通风速度，风速仪就是用于测定空调器或制冷设备风速的专用仪器。根据其作用原理的不同，风速仪可分为热球式和机械式两种类型。

1. 热球式风速仪的结构与使用操作

（1）热球式风速仪的结构　热球式风速仪是一种能测低风速的仪器，它是由玻璃球和热电偶组成的感测探头以及加热电路和二次显示仪表组成。其测杆的头部有一个直径为 0.8mm 的玻璃球，球内绕有的镍铬丝线圈用于加热玻璃球，还有两个串联的热电偶。热电偶的冷端连在磷铜质的支柱上，直接暴露在气流中。当一定数值的电流通过加热线圈后，会导致玻璃球的温度升高，温度升高的程度与气流的速度有关。气流速度小时，玻璃球温度的升高程度大；气流速度大时，玻璃球温度的升高程度小。升高程度的大小通过热电偶产生热电动势可在电表上指示出来。在经过校正以后，就可用电表的读数来表示气流的速度。图 1-13 所示为热球式风速仪的原理图。

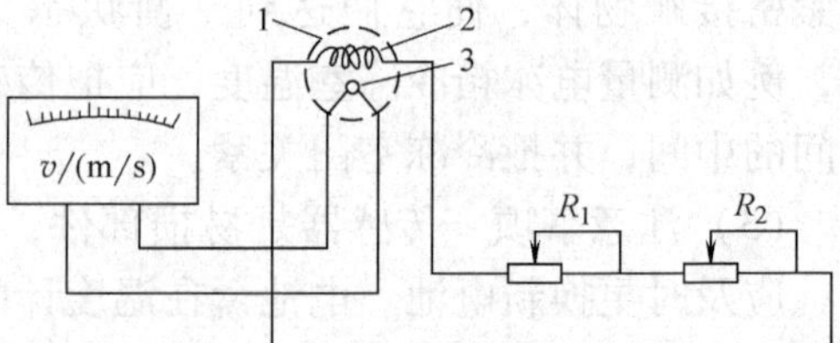

图 1-13　热球式风速仪的原理图
1—玻璃球　2—电热线圈　3—热电偶
$R_1$—粗调电阻　$R_2$—细调电阻

（2）热球式风速仪的使用操作　用热球式风速仪测量风速时，需按照使用说明书的要求对仪器进行预热和调整。

使用时一定要使探头保持清洁，以免影响测量的准确性。由于测量探头易损坏，需要特别加以保护。此外，由于测量探头的散热会受到被测气流方向的影响，因此在使用中还要注意仪器所放置的方向。需将仪表平稳放置于被测之处，再观察其读数。

热球式风速仪的测量范围为 0.05～30m/s。这类仪表的热惰性小，可用于测量微小的风速。

2. 机械式风速仪的结构与使用操作

（1）机械式风速仪的结构　机械式风速仪的作用原理是利用流动的空气来推动仪器上的一个由轻金属制成的转轮，由于转轮速度与气流的速度是成正比的，根据单位时间内转轮的转速，利用机械计数装置在表盘上可显示出风速的数据。根据其组成结构的不同，可分为叶轮式和转杯式两种形式。

1）叶轮式风速仪。叶轮式风速仪由叶轮和计数机构构成，如图 1-14 所示。其叶片是由几片扭成一定角度的薄片组成的，转轴与表盘平行或垂直，在仪表的刻度盘上可以直接读出风速的数值。这种风速仪称为自记式叶轮风速仪。另有一种叶轮式风速仪的仪表刻度盘上直接读出的是风速累加值，再由测定时间推算出其速度值。

2）转杯式风速仪。其基本结构与叶轮式风速仪大致相同，如图 1-15 所示。转轮的构成是在其转轴上装有 3 个杯面与转轴平行的半球形杯，转轴与表盘是平行的。仪表上带有风向标用于指示风向，还有的仪器上带有计时器。

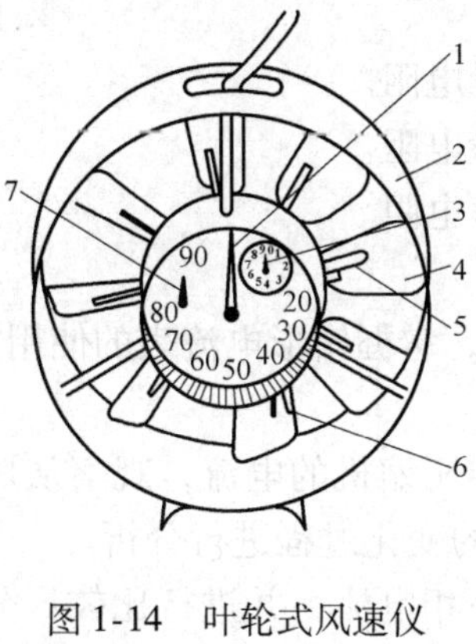


图 1-14　叶轮式风速仪
1—长指针　2—外壳　3—短指针
4—叶轮　5—回零杠杆
6—起动压杆　7—计时红针

图 1-15　转杯式风速仪

（2）机械式风速仪的使用操作　叶轮式风速仪主要用于测量风口处和空调系统的加热器、喷水室、制冷器等处的风速；使用时需使叶轮垂直迎向气流方向；根据测量风速的数值范围不同，可分为低风速表、中风速表和高风速表；测量范围为 0.5～10m/s，灵敏度为 0.5m/s。

转杯式风速仪在使用时应使旋转平面平行于检测气流，正确起动计时机构，测量后要将仪表显示风速修正到实际风速；其测量范围为 1～40m/s。

## 二、操作训练

1. 实训设备

（1）仪表类　指针式万用表、数字式万用表、绝缘电阻表、钳形电流表、卤素检漏灯、电子检漏仪、电子温度计、风速仪、转速表。

（2）不同参数值的待测样品　电阻、电位器、电池、二极管、晶体管等。

（3）用于进行测试的相关设备　电冰箱、空调器、压缩机、三相电动机等。

（4）其他　带有地线的单相电源插座、三相四线电源插座、导线、电缆线等。

2. 实训任务

任务1　万用表的使用操作

（1）实训目的　熟悉万用表的外部结构，掌握用万用表对交流电压、直流电压、直流电流和电阻的测量方法。

（2）实训内容

1）分别用指针式和数字式万用表测量电源插座的交流电压。

2）分别用指针式和数字式万用表测量电池的直流电压、直流电路的电流。

3）分别用指针式和数字式万用表测量电阻的阻值。

4）分别用指针式和数字式万用表测量二极管和晶体管的好坏与极性。

任务2　绝缘电阻表的使用操作

（1）实训目的　熟悉绝缘电阻表的外部结构，掌握绝缘电阻表的使用方法。

（2）实训内容

1）用绝缘电阻表测量电路的绝缘电阻。

2）用绝缘电阻表测量电动机绕组对地的绝缘电阻。

3）用绝缘电阻表测量电动机内绕组间的绝缘电阻。

4）用绝缘电阻表测量电缆缆芯对缆壳的绝缘电阻。

任务3　钳形电流表的使用操作

（1）实训目的　熟悉钳形电流表的外部结构，掌握钳形电流表的使用方法。

（2）实训内容

1）用钳形电流表测量电冰箱压缩机及空调器压缩机的电流，观察从压缩机起动瞬间到正常运转时电流随时间的变化，并对电流随时间的变化过程进行分析。

2）用钳形电流表分别测量三相电动机的每一相电流，并进行比较；分别测量该电动机的一相电流和另外两条相线同时置入钳口时的电流，比较测量结果，并加以分析。

3）用钳形电流表测量小于5A的电流，分析采用何种方法可增大测量的读数值，提高测量灵敏度。

任务4　检漏仪的使用操作

（1）实训目的　熟悉卤素检漏灯和电子检漏仪的外部结构，掌握卤素检漏灯和电子检漏仪的使用方法。

（2）实训内容

1）用卤素检漏灯对制冷系统接头及焊接处进行检漏。

2）用电子检漏仪对制冷系统接头及焊接处进行检漏。

任务5　风速仪的使用操作

（1）实训目的　熟悉不同类型风速仪的外部结构，掌握不同类型风速仪的使用方法。

（2）实训内容

1）用热球式风速仪测量空调器室内机的送风及回风风速。

2）用转杯式风速仪测量空调器室内机的送风及回风风速。

3）用叶轮式风速仪测量空调器室内机的送风及回风风速。

3. 实训注意事项

1）认真做好预习，在实训前应熟悉训练内容和操作方法。

2）对所用的工具和设备在使用前要认真地进行检查，发现问题应及时报告。使用中要严格遵守实训室安全操作规程。

3）实训过程中要严格按照检测仪表的使用和操作方法进行，以保证仪器设备及人身的安全。

4）未经教师允许，不得擅自使用设备和仪器，以防发生安全事故。

5）实训结束时，要对用过的仪器、设备、材料进行整理归位，放置到指定位置。实训工具、设备不得私自带出实训室。

6）切记关闭电源，置于安全档位。

## 任务二　制冷设备常用电工工具的使用操作

**能力训练目标**　能正确使用常用电工工具对导线进行操作。

### 一、知识与技能

#### （一）正确使用试电笔

1. 试电笔的结构

试电笔又称验电笔，也称为低压验电器，是一种用来测试导线、开关、插座等低压电气设备是否带电的辅助安全用具。试电笔可分为钢笔式和螺钉旋具式两种，主要由探头、电阻、氖管、弹簧和笔身组成，其结构如图1-16所示。弹簧与后端外部的金属部分相接处，当用试电笔测试带电金属体时，带电体经试电笔、人体到大地形成一个通电回路，只要带电体与大地之间的电位差超过一定的数值，试电笔中的氖管就能发出红色的辉光。其检查范围为60～500V。

2. 试电笔的使用操作

（1）区别电压高低　测试时，可根据氖管发光的强弱来估计电压的高低。当氖管发光越暗时，表明被测体的电压越低；而氖管发光越亮，则表明被测体的电压越高。

（2）区别相线与零线　在交流电路中，当试电笔触及导线时，氖管发光的即为相线；正常情况下，触及零线不会发光。

（3）区别直流电与交流电　交流电通过试电笔时，氖管里的两个极同时发光；直流电通过试电笔时，氖管里的两个极只有一个发光。

（4）区别直流电的正、负极　用试电笔在直流电路上测试，氖管发光的一极即为直流电的负极。

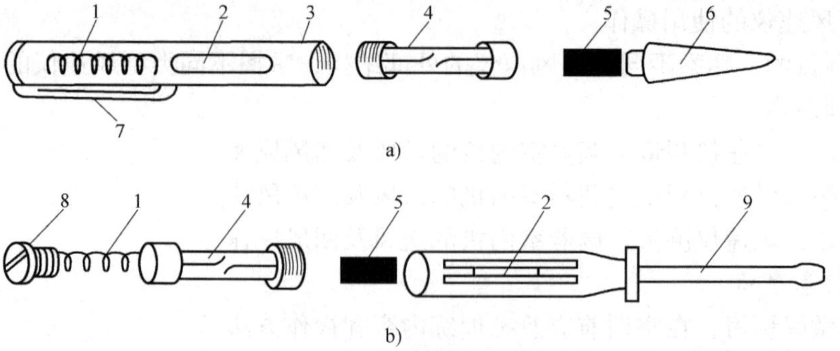


图 1-16　试电笔的结构

a）钢笔式试电笔　b）螺钉旋具式试电笔

1—弹簧　2—观察孔　3—笔身　4—氖管　5—电阻　6—笔尖探头　7—金属笔挂　8—金属螺钉　9—螺钉旋具探头

（5）识别相线碰壳　用试电笔触碰电动机、变压器等电气设备外壳时，氖管发光，则说明该设备相线有碰壳现象。如果壳体上有良好的接地装置，氖管是不会发光的。

（6）识别相线接地　在三相四线制线路中，发生单相接地后，用试电笔测试中性线，氖管会发光。在三相三线制星形联结的线路中，用试电笔测试 3 根相线，如果两相很亮，另一相不亮，则该相有接地故障。

3. 试电笔的使用操作

1）使用前，必须在有电源处对试电笔进行测试，以证明该试电笔确实良好，才可使用。

2）验电时，应使试电笔逐渐靠近被测体，直至氖管发亮，不可直接接触被测体。

3）验电时，手指必须触及笔尾的金属体，否则，带电体也会误判为非带电体。

4）验电时，要防止手指触及笔尖的金属部分，应以手指握住试电笔笔身，食指触及笔身金属体（尾部），试电笔的小窗口朝向自己，如图 1-17 所示。

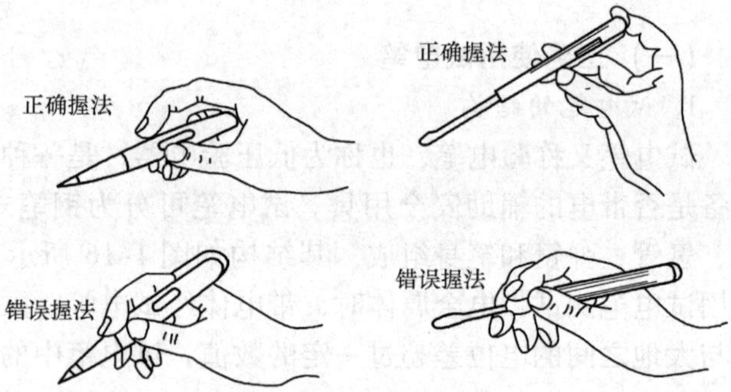


图 1-17　试电笔的握法

## （二）正确使用螺钉旋具

1. 螺钉旋具的结构

螺钉旋具俗称改锥、起子，可用来紧固或拆卸螺钉，按照其结构的不同分为一字形和十字形两种，如图 1-18 所示。

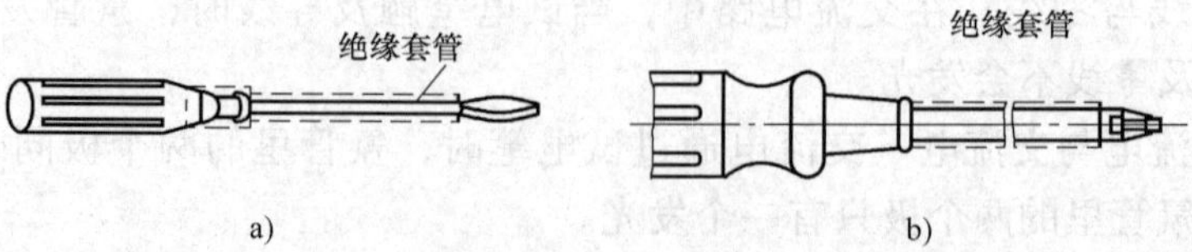


图 1-18　螺钉旋具

a）一字形螺钉旋具　b）十字形螺钉旋具

一字形螺钉旋具的规格用柄部以外的长度表示，常用的有 100mm、150mm、200mm、300mm、400mm 等。十字形螺钉旋具也称梅花螺钉旋具，按其头部旋动螺钉规格的不同，一般分为 4 种型号，其中，Ⅰ号适用于直径为 2 ~2.5mm 的螺钉；Ⅱ、Ⅲ、Ⅳ号分别适用于直径为 3 ~5mm、6 ~8mm、10 ~12mm 的螺钉。其柄部以外的刀体长度规格与一字形螺钉旋具相同。

还有一种多用螺钉旋具，是一种组合式工具，既可作螺钉旋具使用，又可作试电笔使用，此外还可用来进行锥、钻、锯、扳等。它的柄部是可以从螺钉旋具上拆卸的，并附有规格不同的螺钉旋具头、三棱锥体、金力钻头、锯片、锉刀等附件。

2. 螺钉旋具的使用操作

使用螺钉旋具时，应按螺钉的规格选用合适的刀口，以小代大或以大代小均会损坏螺钉或电气元件。螺钉旋具的正确使用方法如图 1-19 所示。

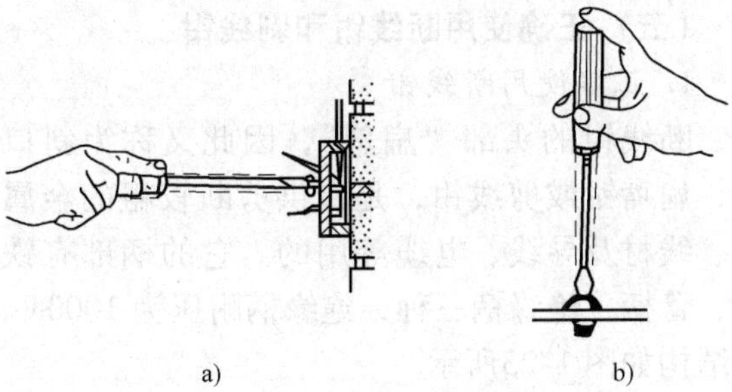

图 1-19　螺钉旋具的正确使用方法

a）大螺钉旋具的使用　b）小螺钉旋具的使用

使用螺钉旋具带电作业时，手不可触及螺钉旋具的金属杆，以免发生触电事故。

作为电工，不应使用金属杆直通握柄顶部的螺钉旋具。为防止金属杆触到人体或邻近带电体，金属杆应套上绝缘管。

## （三）正确使用钢丝钳

1. 钢丝钳的结构

钢丝钳俗称钳子，是一种夹持或折断金属薄片、切断金属丝的工具，由钳头和钳柄两部分组成。钳柄有铁柄和绝缘柄两种，绝缘柄的钢丝钳可在有电场合使用，工作电压为 500V 以下。

钢丝钳的规格以钢丝钳全长的毫米数表示，有 150mm、175mm 和 200mm 三种。钢丝钳的结构如图 1-20所示。

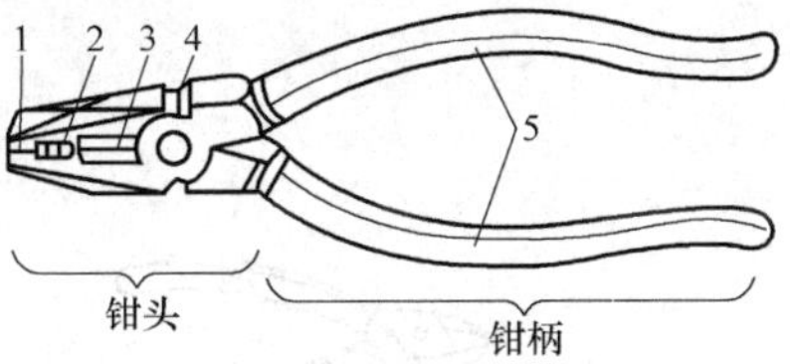

图 1-20　钢丝钳的结构

1—钳口　2—齿口　3—刀口　4—铡口　5—绝缘管

2. 钢丝钳的使用操作

钢丝钳的钳口可用来弯绞或钳夹导线线头，齿口可用来紧固或旋松螺母，刀口可用来剪切导线或割切软导线绝缘层，铡口可用来铡切电线线芯和钢丝、铝丝等较硬金属。钢丝钳在使用前应检查绝缘套是否完好，绝缘套破损的钢丝钳不能使用。使用时应将刀口朝向自己的面部，在切断导线时，不得将相线或不同相位的相线同时在一个钳口处切断，以免发生短路。不能将钢丝钳当做敲打工具。钢丝钳的握法如图 1-21 所示。

## （四）正确使用尖嘴钳

尖嘴钳的头部尖细，用法与钢丝钳相似，主要用于切断较小的导线、金属丝，夹持小螺钉、垫圈、导线及电器元件。在安装控制线路时，尖嘴钳能将单股导线弯成接线端子（线鼻子），有刀口的尖嘴钳还可剪断导线，剥削绝缘层。

尖嘴钳的规格以全长表示，有 130mm、160mm、180mm 和 200mm 四种。尖嘴钳的结构与握法如图 1-22 所示。

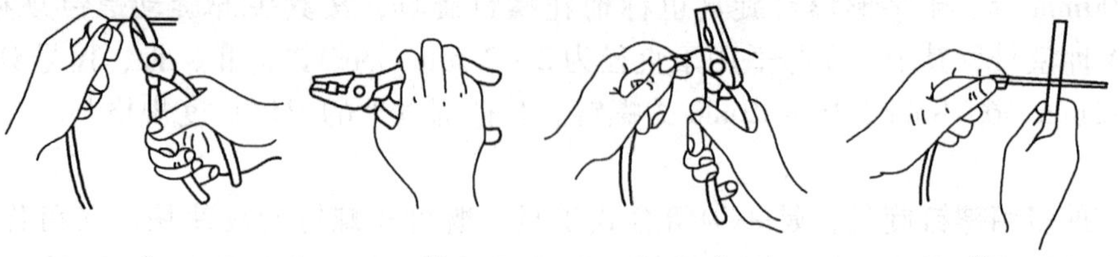


图 1-21 钢丝钳的握法

a）弯绞导线 b）紧固螺母 c）剪切导线 d）铡切钢丝

### （五）正确使用断线钳和剥线钳

1. 正确使用断线钳

断线钳的头部“扁斜”，因此又称为斜口钳、扁嘴钳或剪线钳，是专供剪断较粗的金属丝、线材及导线、电缆等用的。它的柄部有铁柄、管柄、绝缘柄三种，绝缘柄耐压为1000V。其结构如图 1-23所示。

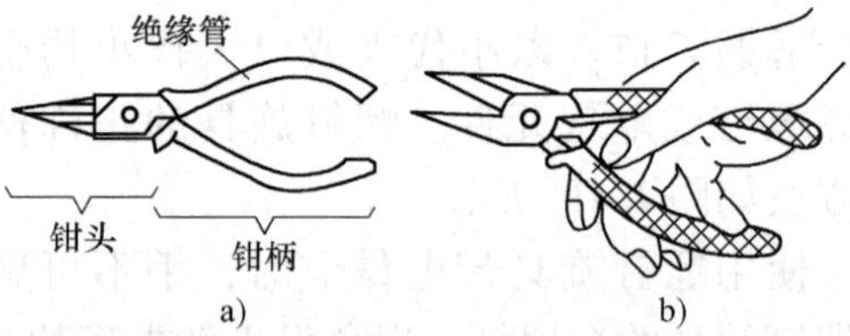


图 1-22 尖嘴钳的结构与握法

a）结构 b）握法

2. 正确使用剥线钳

剥线钳是用来剥除直径在6mm 以下的塑料或橡胶绝缘导线绝缘层的专用工具。由钳头和钳柄两部分组成。钳头部分由压线口和刃口组成，分别有直径0.5~3mm 的多个刃口，以便剥削不同规格的芯线绝缘层。钳柄是绝缘的，可以带电操作，工作电压为500V 以下。

剥线钳按全长有 140mm 和 180mm 两种规格。使用剥线钳时，要根据不同的线径选择剥线钳的不同刃口。剥线时，为了不损伤线芯，线头应放在大于线芯的切口上剥削。其结构与握法如图 1-24 所示。

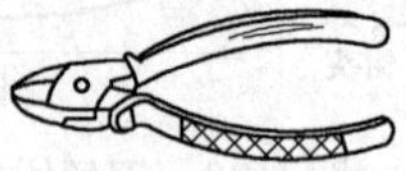

图 1-23 断线钳

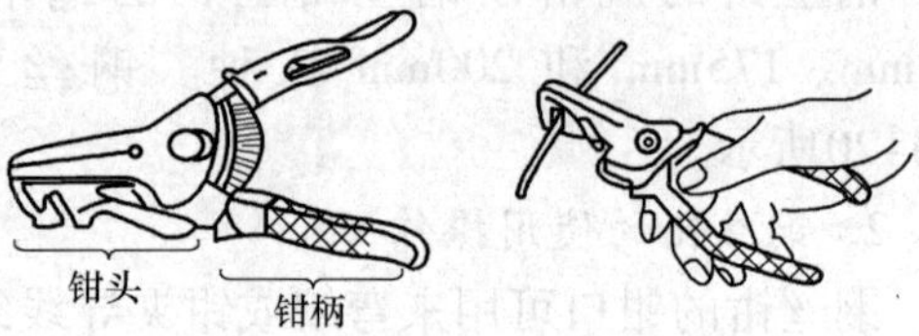


图 1-24 剥线钳的结构与握法

a）结构 b）握法

### （六）正确使用电工刀

电工刀是用来切削电工器材的工具，在电气操作中主要用于剖削导线绝缘层、电缆绝缘层，削制木榫，切割木台缺口等。电工刀按刀片长度分为大号（112mm）和小号（88mm）两种规格，其结构与握法如图 1-25 所示。

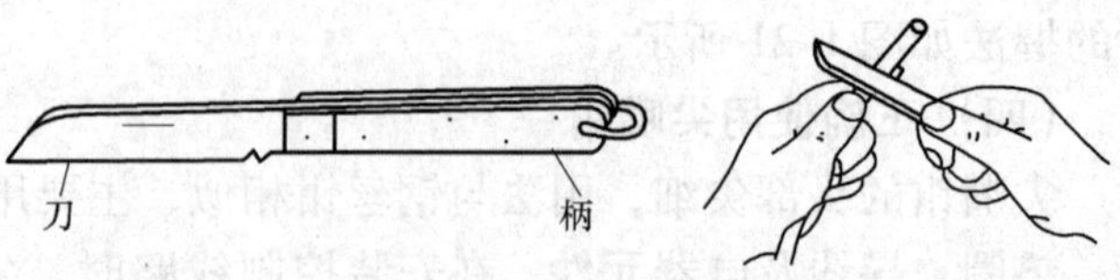


图 1-25 电工刀的结构与握法

a）结构 b）握法

由于其刀柄处没有绝缘，不能用于带电操作。使用时，刀口应朝外剖削，以免伤手。削割电线绝缘层时，刀口要放平一点，刀面与导线成45°倾斜切入，以免割伤线芯。使用后要及时把刀身折进刀柄。

### （七）正确使用活扳手

活扳手是用于紧固和旋松螺母的一种专用工具，主要由活扳唇、呆扳唇、扳口、蜗轮、轴销等构成。活扳手规格较多，其规格以长度（mm）×最大开口宽度（mm）表示，常用的有150mm×19mm(6in)、200mm×24mm(8in)、250mm×30mm(10in)、300mm×36mm(12in)等几种。其结构如图1-26所示。

活扳手的钳口可在规格范围内任意调整大小，用于旋动螺杆螺母，其握法如图1－27所示。

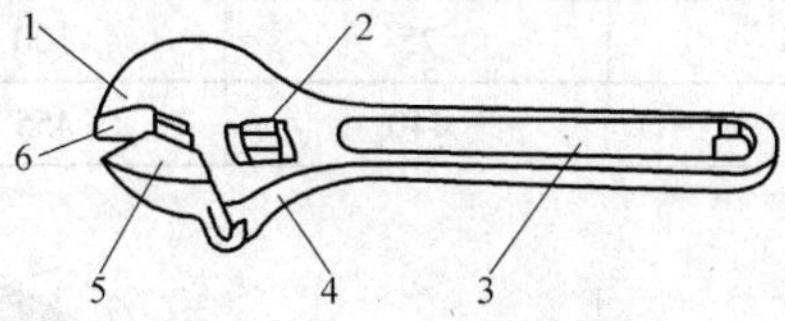


图1-26　活扳手的结构
1—呆扳唇　2—蜗轮　3—手柄
4—轴销　5—活扳唇　6—扳口

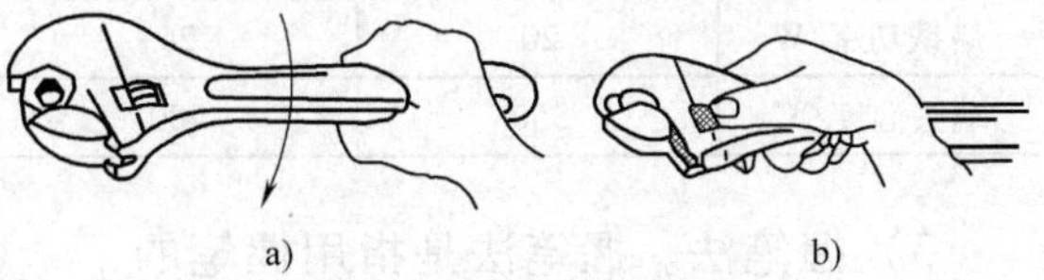


图1-27　活扳手的握法
a）扳较大螺母的握法　b）扳较小螺母的握法

扳动较大螺杆螺母时，所用力矩较大，手应握在手柄尾部，如图1-27a所示。扳动较小螺杆螺母时，为防止钳口处打滑，手可握在接近头部的位置，且用拇指调节和稳定螺杆，如图1-27b所示。

使用活扳手旋动螺杆螺母时，必须把工件的两侧平面夹牢，以免损坏螺杆螺母的棱角。特别需要注意的是，使用活扳手不能反方向用力，否则，容易扳裂活扳唇。不准用钢管套在手柄上作加力杆使用，不准将扳手用作撬棍撬重物，不准把扳手当锤子用，否则，将会损坏扳手。

### （八）正确使用电烙铁

1. 电烙铁的结构

电烙铁是进行手工锡焊的主要工具，主要作用是融化焊锡，使元器件焊接到电路板上，或把元器件从电路板上拆下来，为熔融钎料、加热焊点和使助焊剂发挥作用提供热源。电烙铁加热方式分内热式和外热式两种。内热式电烙铁具有体积小、发热快、效率高等特点，外热式电烙铁功率较小。制冷设备维修中使用的电烙铁一般以内热式为宜，在制冷设备维修中通常应至少准备两把功率不同的电烙铁，其中100～500W的大功率电烙铁用来焊粗导线、铁皮支架，固定大型组件等，25W和45W的小功率电烙铁可用来焊接电子元器件、线路板等。不同功率的电烙铁如图1-28所示。

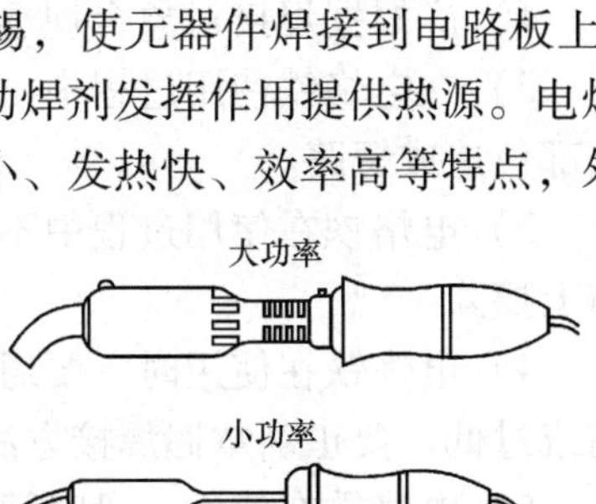


图1-28　不同功率的电烙铁

电烙铁由烙铁头、烙铁心和烙铁柄组成，其结构如图1-29所示。烙铁心安装在烙铁头的里面（发热快，热效率高达85%以上）。烙铁心通过传热筒对烙铁头加热。烙铁心采用镍铬电阻丝绕在瓷管上制成，一般20W电烙铁的电阻为2.4kΩ左右，35W电烙铁的电阻为1.6kΩ左右。常用内热式电烙铁的工作温度见表1-4。

2. 电烙铁的使用操作

（1）电烙铁的握法　电烙铁的握法有反握法、正握法及握笔法三种。

1）反握法。反握法是用五指把电烙铁的柄握在掌内。此法适用于大功率电烙铁，焊接散热量较大的被焊件，如图1-30a所示。

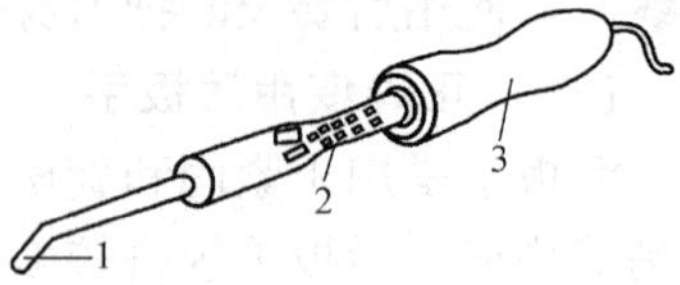


图1-29　电烙铁的结构
1—烙铁头　2—烙铁心　3—烙铁柄

2）正握法。正握法就是除大拇指外四指握住电烙铁柄，大拇指顺着电烙铁方向压紧，此法使用的电烙铁也比较大，且多为弯型烙铁头。

**表1-4　常用内热式电烙铁的工作温度**

| 烙铁功率/W | 20 | 25 | 45 | 75 | 100 |
|---|---|---|---|---|---|
| 端头温度/℃ | 350 | 400 | 420 | 440 | 455 |

3）握笔法。握笔法是指用握笔的方法握电烙铁，此法适用于小功率电烙铁，焊接散热量小的被焊件，如收音机、电视机线路板的焊接与维修等，如图1-30b所示。

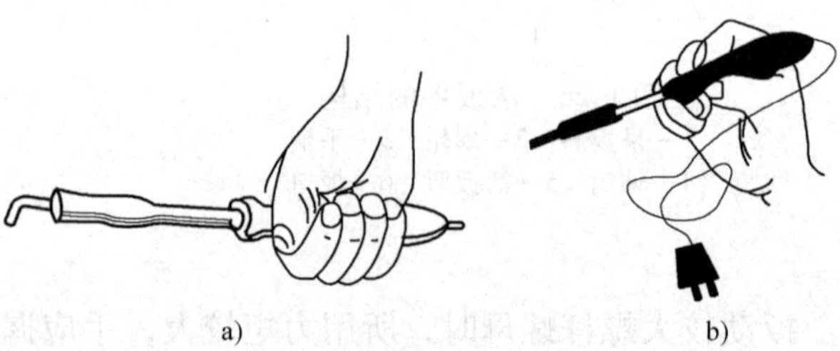


图1-30　电烙铁的握法
a）反握法　b）握笔法

（2）电烙铁使用前的处理　为使电烙铁有良好的导热性，使用前要对烙铁头进行整修。首先将烙铁头表面的氧化物锉干净，然后再将其修成楔形，并使烙铁头端面与水平面呈10°~15°的斜角。然后接上电源，当烙铁头温度升到能熔锡时，将烙铁头在松香上蘸涂一下，等松香冒烟后再蘸涂一层焊锡，如此反复进行二至三次，使烙铁头的刃面全部挂上一层锡就可以使用了。对于旧烙铁，如果烙铁头表面有一层黑色氧化物或出现凹坑，需用锉刀整修，然后重新上锡。电烙铁使用后，应把烙铁头上锡再拔掉电源。

（3）电烙铁的使用注意事项

1）应根据焊接对象合理选用不同类型的电烙铁。

2）在电烙铁使用过程中，旋转烙铁柄盖时不可使电线随着柄盖扭转，以免使电源线接头部位造成短路。

3）电烙铁在使用过程中不要敲击，烙铁头上过多的焊锡不得随意乱甩，要在松香或软布上擦除。

4）电烙铁在使用时，要通过电源通断状态的变化经常调节电烙铁的温度，防止温度过高或过低。要正确掌握焊接方法，以免触电或烫伤皮肤。

5）电烙铁在使用一段时间后，应将烙铁头取出，除去外表氧化层。

（4）钎料与钎剂　钎料的选择对焊接质量有很大的影响，常用的钎料为低熔点管状松香焊锡丝。钎剂是锡焊中最重要的辅料之一，钎剂性能的优劣直接影响焊接的质量和焊接效率。松香钎剂是一种传统的钎剂，它价格低廉，去除焊件表面氧化物的能力强，是常用的物美价廉的钎剂。

（5）焊接操作步骤

1）准备好电烙铁以及镊子、剪刀、斜口钳、尖嘴钳、钎料、钎剂等，将电烙铁及焊件搪锡，左手握钎料，右手握电烙铁，保持随时可焊状态。

2）用烙铁加热焊件。

3）送入钎料，使钎料适量熔化。

4）移开钎料。

5）当钎料流动覆盖焊点以后，迅速将电烙铁移开。

## 二、操作训练

1. 实训设备

（1）工具　试电笔、钢丝钳、尖嘴钳、断线钳、剥线钳、电工刀、镊子、剪刀、电烙铁。

（2）设备与材料　直流稳压电源、交流电源、电源插座、导线、开关、电缆、钢丝、铝丝、电子元件、线路板、焊锡、钎剂等。

2. 实训任务

任务1　试电笔的使用操作

（1）实训目的　熟悉试电笔外部结构，掌握试电笔的使用方法。

（2）实训内容

1）用试电笔测试导线、开关、电源插座等低压电器是否带电。

2）用试电笔区分相线与零线，区分直流电与交流电。

3）用试电笔区分直流电的正、负极，识别导线间是同相还是异相。

任务2　钢丝钳的使用操作

（1）实训目的　熟悉钢丝钳外部结构，掌握钢丝钳的使用方法。

（2）实训内容

1）用钢丝钳钳口弯绞和钳夹导线线头。

2）用刀口剪切导线和割切软导线绝缘层。

3）用铡口铡切电线线芯和钢丝、铝丝等较硬金属。

任务3　尖嘴钳的使用操作

（1）实训目的　熟悉尖嘴钳外部结构，掌握尖嘴钳的使用方法。

（2）实训内容

1）用尖嘴钳固定开关内的线头，弯绞和钳夹导线线头。

2）用尖嘴钳剪切导线和割切软导线绝缘层。

3）用尖嘴钳铡切电线线芯和钢丝、铝丝等较硬金属。

任务4　断线钳和剥线钳的使用操作

（1）实训目的　熟悉断线钳和剥线钳外部结构，掌握断线钳和剥线钳的使用方法。

（2）实训内容

1）用断线钳剪断钢丝、导线及电缆线。

2）用剥线钳剥除电线电缆端部塑料或橡胶绝缘外皮。

任务5　电工刀的使用操作

（1）实训目的　熟悉电工刀外部结构，掌握电工刀的使用方法。

（2）实训内容　用电工刀削割电线、电缆绝缘层。

任务 6　电烙铁的使用操作

（1）实训目的　熟悉电烙铁外部结构，掌握电烙铁的使用方法。

（2）实训内容　用 100～500W 的大功率电烙铁焊接粗导线。

3. 实训注意事项

1）认真做好预习，在实训前应熟悉训练内容和操作方法。

2）对所用的工具和设备在使用前要认真地进行检查，发现问题应及时报告。使用中要严格遵守实训室安全操作规程。

3）实训过程中要严格按照检测仪表的使用和操作方法进行，以保证仪器设备及人身的安全。

4）使用电工钢丝钳前必须检查绝缘柄的绝缘是否良好。绝缘如果损坏，则不能进行带电作业，否则，会发生触电事故。

5）用电工钢丝钳剪切带电导线时，不得用刀口同时剪切相线和零线，或同时剪切两根相线，以免发生短路事故。

6）电工刀刀柄无绝缘保护时，不能用于带电作业，以免触电。未经教师允许，不得擅自使用设备和仪器，以防发生安全事故。

7）实训结束时，要对用过的仪器、设备、材料进行整理归位，放置到指定位置。实训工具、设备不得私自带出实训室。

8）切记关闭电源，置于安全档位。

## 任务三　制冷设备专用维修工具的使用操作

**能力训练目标**　能正确使用制冷空调专用维修工具进行相关操作。

### 一、知识与技能

#### （一）正确使用管工工具

1. 割管器的结构与使用操作

（1）割管器的结构　割管器也称为割刀，是专门用于切断铜管、铝管等金属管的工具。直径为 4～12mm 的纯铜管不允许使用钢锯锯断，必须使用割管器切断。割管器由割刀 1、支撑滚轮 2 和调整旋钮 3 组成，通过旋动调整旋钮可以调整割刀和支撑滚轮间的距离，以适应不同管径的管子。割管器的割管直径一般为 3～35mm。其结构如图 1-31 所示。

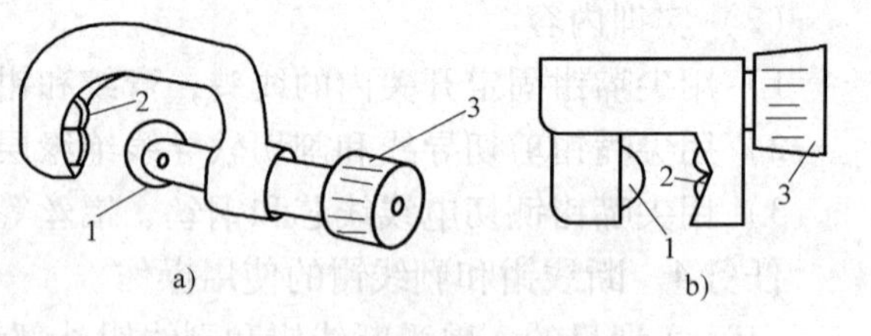


图 1-31　割管器的结构

1—割刀　2—支撑滚轮　3—调整旋钮

（2）割管器的使用操作　割管器的使用方法是将管子放置在滚轮与割刀之间，铜管的侧壁要贴紧两个滚轮的中间位置，割刀的切口与铜管垂直夹紧。然后旋动调整旋钮，使割刀的刀刃切入管壁，随即均匀地将割管器环绕管子旋转，环绕一圈后再旋动调整旋钮，使割刀进一步切入管壁，每次进给量不宜过多，只需拧进调整旋钮的1/4圈即可，然后继续转动割管器，此后边紧边转，直至将铜管切断。切断后的管口要整齐光滑，无毛刺和缩口现象，适宜胀扩管口。

有些割管器带有去毛刺的修整刀，以便在铜管割断后对管口进行修整。修整时，注意不要让金属屑掉进管内。

毛细管的切断要用专门的毛细管钳，或用锐利的剪刀夹住毛细管来回转动划出痕迹，然后用手轻轻地折断。

2. 扩管器的结构与使用操作

（1）扩管器的结构　扩管器又称胀管器，是用来制作铜管的喇叭口和杯形口（又称圆柱形口）的专用工具。喇叭口的管口形状用于螺纹接头或不适于对插接口时的连接，目的是保证对接口部位的密封性和强度。喇叭口如图1-32所示。杯形口用于两根相同管径的铜管连接时，将一根管子插入另一根管子的管径内。杯形口如图1-33所示。

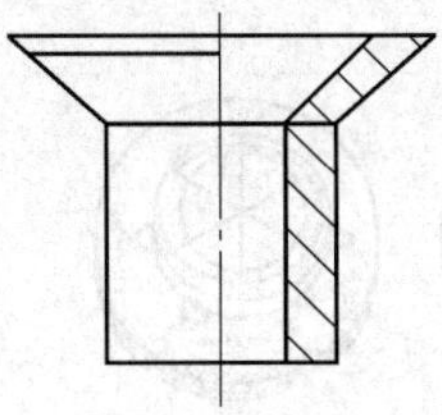

图1-32　喇叭口

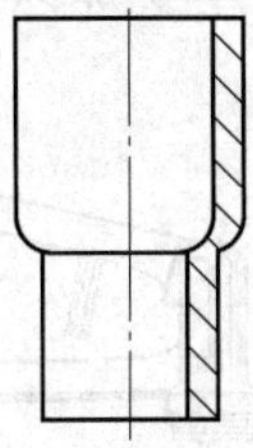

图1-33　杯形口

扩管器主要由夹具、弓形架和扩管锥头组成。夹具分成对称的两半，一端使用销子连接，另一端使用紧固螺母和螺栓紧固。两半对合后形成的圆孔按不同的管径制成螺纹状，目的是便于更紧地夹紧铜管。孔的上口制成60°的倒角，以利于扩出适宜的喇叭口。扩管器夹具有米制和寸制两种，扩管锥头分偏心扩管锥头和正扩管锥头两种。其结构如图1-34所示。

（2）扩管器的使用操作　扩管时，首先将铜管扩口端退火并用锉刀锉修平整，然后把铜管放置在相应管径的夹具中，拧紧夹具上的紧固螺母，将铜管牢牢夹住。扩口的操作如图1-35所示。

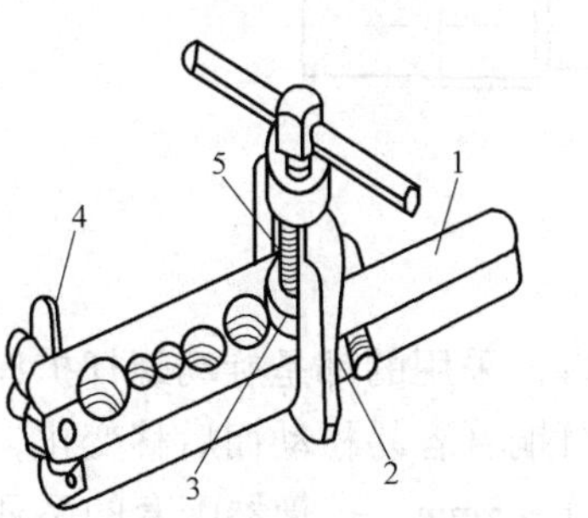


图1-34　扩管器的结构
1—夹具　2—弓形架　3—夹具紧固螺母
4—顶压螺杆　5—扩管锥头

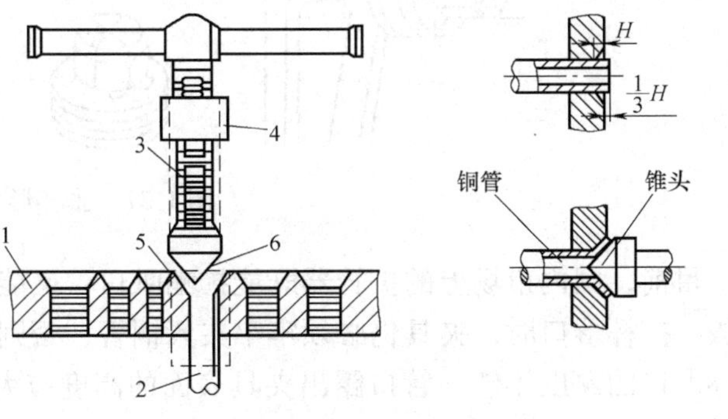


图1-35　扩口的操作
1—夹具　2—铜管　3—顶压螺杆
4—弓形架　5—喇叭口　6—扩管锥头

扩喇叭口时，管口必须高于夹具的表面，铜管露出的高度应为喇叭口深度的1/3，如图1-35b所示。然后在扩管器的翻边上抹少许冷冻油，再将锥头旋紧在弓形架的顶压螺杆上，把弓形架固定在夹具上，使锥头与铜管的中心在同一条直线上，顺时针转动顶压螺杆上的手柄，使锥头顶住管口后均匀缓慢地旋紧螺杆，锥头也随之顶进管口内。此时应注意旋紧螺杆时不要过分用力，以免顶裂铜管。一般将锥头向下旋转3/4圈后，再倒转1/4圈。这样反复进行，逐步把管口扩成喇叭口。扩出的喇叭口应是平整的45°，而不能扩成带有弧度的45°喇叭口。扩成后的喇叭口要求圆整、平滑、无裂纹。

（3）杯形口胀管器的结构与使用操作　制冷系统管道连接，除上述介绍的喇叭口连接外，更多的是采用焊接连接。在实际操作维修过程中遇到相同管径的管道连接时，通常是使用胀管器将其中一根管道端部加工成杯形口，然后将另一根管道插入杯形口进行焊接。胀管器分手动和机械两种，制冷空调安装维修常用的手动胀管器由胀头和手动杠杆两部分组成，胀管范围为3/8～1in。胀头有米制和寸制两种。图1-36所示为杯形口专用胀管器。

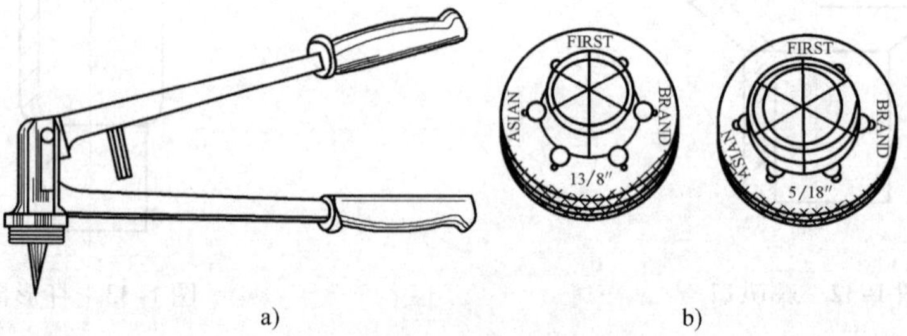


图1-36　杯形口专用胀管器
a）手动杠杆　b）胀头

使用胀管器胀杯形口时，一定要根据被胀铜管的管径选定所需的胀头，将其旋到杠杆上，然后将杠杆松开，把扩口端已经过退火处理的铜管套至装好的胀头上。再收紧杠杆，胀头自动张开，形成杯形口铜管。杯形口胀好后，松开杠杆，取下铜管，观察杯形口是否符合要求，如图1-37所示。

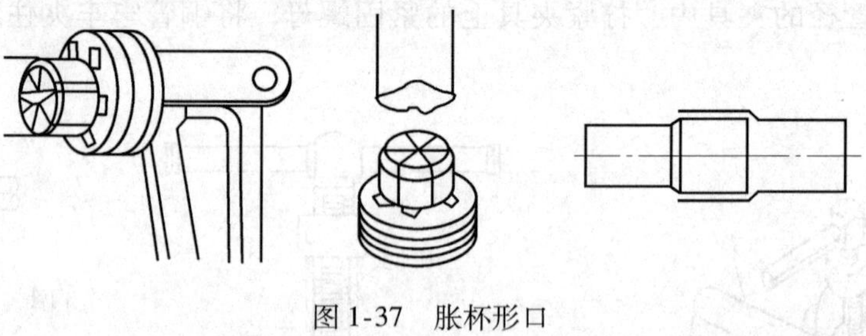

图1-37　胀杯形口

目前，国内市场上的扩管器既能扩喇叭口，又能扩杯形口，采用的都是旋动螺杆扩口的方法。扩杯形口时，夹具仍必须牢牢夹紧铜管，否则，扩口时铜管容易松动而后移变化，造成杯形口的深度不够。管口露出夹具表面的高度应大于管径1～3mm。扩管器配套的系列胀头对于不同管径的扩口深度和间隙都已制作成形，一般小于10mm的管径伸入长度大约为6～10mm，间隙为0.06～0.10mm。扩口时只需将与管径相应的胀头固定在弓形架的顶压螺杆上，然后固定好弓形架，缓慢地旋紧螺杆，具体的操作方法与扩喇叭口时相同。

3. 倒角器的结构与使用

（1）倒角器的结构　在切割加工过程中，铜管易产生收口和毛刺现象。倒角器主要用于去除切割加工过程中所产生的毛刺，消除铜管收口现象。倒角器是将3把均匀分布且成一定角度的刮刀装在一段塑料管子里。这3把刀在一端互成钝角，在另一端互成锐角，如图1-38所示。

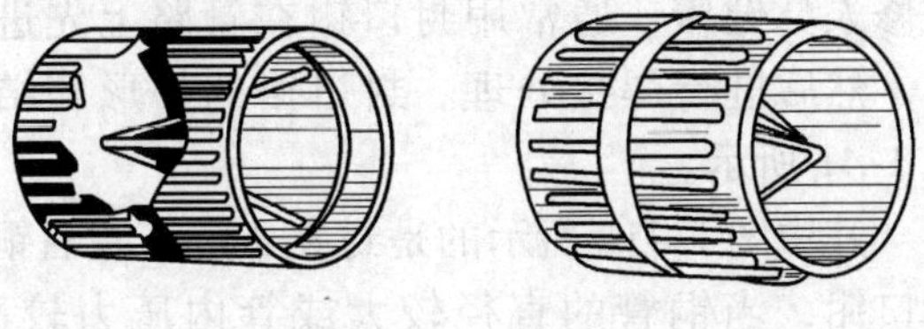

图1-38　倒角器

（2）倒角器的使用操作　把倒角器锥形刀刃伸进管口的端部，左手握紧管子，右手紧握倒角器左右旋转数次；再把另一端刮刀尖伸进管口的端部，同样左右旋转数次，即可把毛刺去掉，修整好收缩的地方。

使用倒角器时，为避免金属屑进入管道，应使铜管的管口尽量朝下；如有金属屑进入管道内，需将其清除干净。注意不要用硬物敲击倒角器，使用后要除去倒角器上的金属屑，并在刀刃处加上防锈油，以防生锈。

4. 弯管器的结构与使用操作

（1）弯管器的结构　弯管器是专门用来弯制直径小于20mm铜管的专用工具，其弯曲半径应不小于管子管径的5倍。弯管器由固定杆、固定轮及活动杆等构成，其结构如图1-39所示。弯管器与铜管相对应也有米制和寸制之分，其常见的规格有米制6mm、8mm、10mm、12mm、16mm、19mm；寸制1/4in、3/8in、1/2in、5/8in、3/4in。根据导轮及导槽的大小，弯管器可对不同管径铜管进行加工。

（2）弯管器的使用操作　弯管时把铜管放入固定轮导槽内，用固定杆拨住铜管，然后用活动杆的导槽套住铜管。两手分别握住固定杆和活动杆手柄，使活动杆顺时针方向平稳转动，这样，铜管便在导槽内被弯曲成特定的形状，弯曲的角度应与固定轮显示刻度相对应。弯管时要注意用力均匀，避免出现凹瘪和裂纹。为保证弯管质量，也可将铜管内充满细沙，铜管两头夹死。

对于管径小于8mm的铜管，也可用图1-40所示的弹簧弯管器进行弯曲。使用弹簧弯管器可把铜管弯成任何形状。弯管时，用大拇指按住铜管部分，弯曲半径尽可能大，避免因半径过小而压扁变形，甚至破裂而报废。

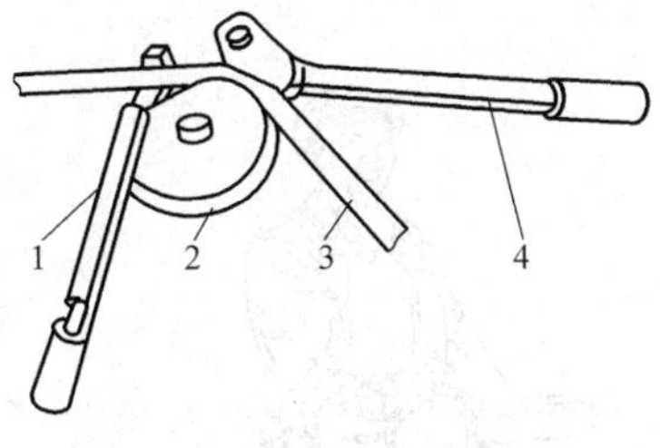


图1-39　弯管器的结构
1—固定杆　2—带倒槽的固定轮
3—铜管　4—活动杆

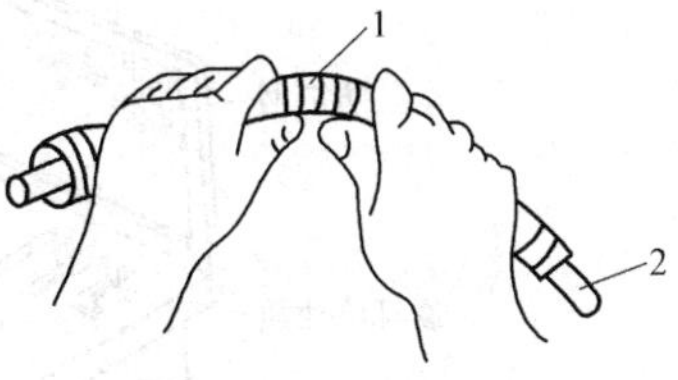


图1-40　弹簧弯管器
1—弹簧弯管器　2—铜管

5. 封口钳的结构与使用操作

（1）封口钳的结构　封口钳又称为大力钳，主要用于电冰箱、空调器封闭修理管口时使用。制冷系统维修过程中经常需要焊接封口。由于系统中有制冷剂，压力比较高，不容易焊接；而且制冷剂遇明火会产生有害气体，危害维修人员健康。通常用封口钳在管路上先进行封口，然后进行焊接处理。封口钳的外形和结构如图 1-41 所示。

其中图 1-41a 所示的是封夹 $\phi$4mm 左右铜管的封口钳，当铜管的直径较大或管内压力较高时，多使用图 1-41b 所示的封口钳。

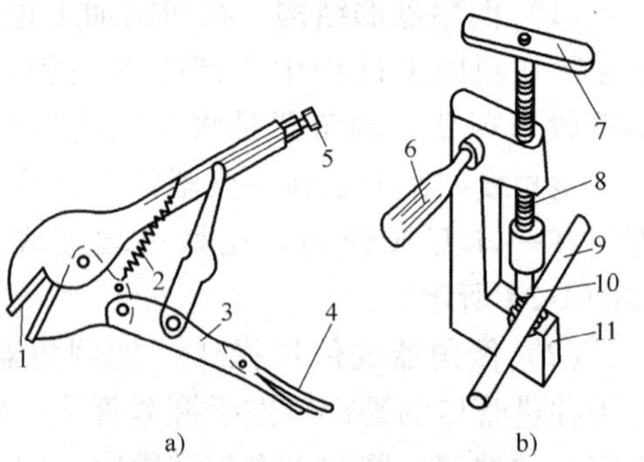


图 1-41　封口钳的外形和结构
1—钳口　2—开启弹簧　3—手柄
4—开启手柄　5—钳口调整螺钉　6—手柄
7—旋柄　8—压力螺杆　9—铜管
10—球面压头　11—架体

（2）封口钳的使用操作　封口钳在使用前首先要调整钳口的间隙，因为间隙过大会导致封闭不严，过小则易将铜管夹断。应根据管壁的厚度调整钳柄尾部的螺钉，使钳口的间隙小于铜管壁厚的 2 倍，调整合适后再将铜管夹于钳口的头部，然后合掌用力紧握封口钳的两个手柄，钳口便把铜管夹扁，而铜管的内孔也随即被侧壁挤死，这样即可起到封闭的作用。铜管封口后，拨开钳口的开启手柄，钳口在开启弹簧的作用下，自动打开。

对有压力的管道（如冰箱、空调等的制冷系统）充灌制冷剂后，应在管道上钳上两道封口，以防出现泄漏。先在距离割断位置 20 ~ 30 mm 处钳上一道，松开封口钳，再在距离割断位置 50 ~ 60 mm 处钳上，这时封口钳不要松开，把管道割断，钳扁，试漏后焊死，最后才松开并取下封口钳。如果有泄漏是绝不能进行焊接的。

## （二）正确使用钳工工具

1. 钳工台和台虎钳的结构与使用操作

（1）钳工台的结构与使用操作　钳工台也称为钳台或钳桌，用来安装台虎钳、放置工具和工件等。钳工台由工作台和台虎钳组成，有单人用和多人用两种，一般用木材或钢材做成，如图 1-42a 所示。

钳工台要求平稳、结实，其高度约为 800 ~ 900mm，长和宽依工作需要而定。一般台面高度以装上台虎钳后钳口高度恰好与人手肘平齐为宜，如图 1-42b 所示。

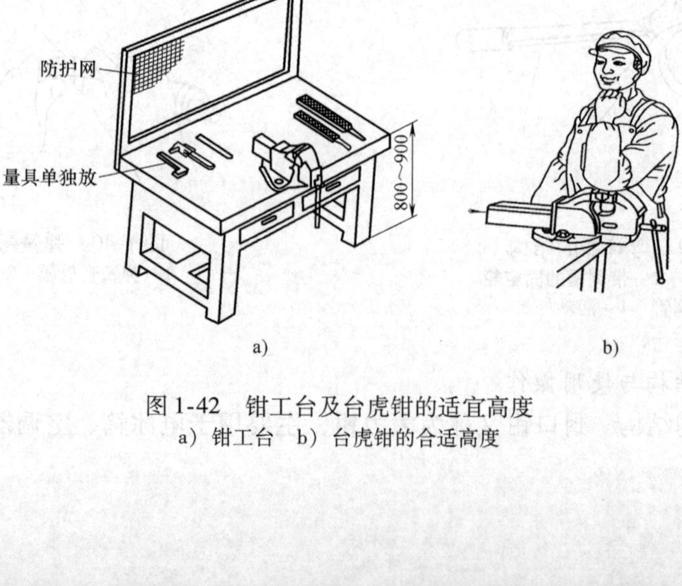


图 1-42　钳工台及台虎钳的适宜高度
a）钳工台　b）台虎钳的合适高度

钳工台上必须装防护网，其抽屉用来放置工、量具。

（2）台虎钳的结构与使用操作

1）台虎钳的结构。台虎钳是用来夹持工件的通用工具，其类型有固定式和回转式两种，如图1-43所示。回转式台虎钳的主体部分用铸铁制造，用固定钳身6和活动钳身3组成。活动钳身通过方形导轨与固定钳身的方孔导轨配合，可作前后滑动。丝杠装在活动钳身上可以转动，但不能作轴向移动。它与安装在固定钳身内的丝杠螺母7配合，当摇动手柄1时，会使丝杠旋转，这样便可带动活动钳身对固定钳身作进退移动，起到加紧或放松工件的作用。弹簧13靠挡圈12和销11固定在丝杠上，当放松丝杠时，能使活动钳身在弹簧力的作用下及时退出。用螺钉5固定的钳口4装在固定钳身上，为使工件加紧后不产生滑动，在钳口的工作表面刨有交叉的网纹，钳口经热处理淬硬，具有较好的耐磨性。固定钳身装在转座10上，可绕转座轴心转动。当转到所需位置时，扳动锁紧手柄8，使夹紧螺钉旋紧，便可在转座盘9的作用下，把固定钳身紧固。转座通过3个螺栓与钳工台固定。

台虎钳的规格指钳口的宽度，常用的有100mm（4in）、125mm（5in）、150mm（6in）等几种。其最大开度一般与钳口的宽度相当。

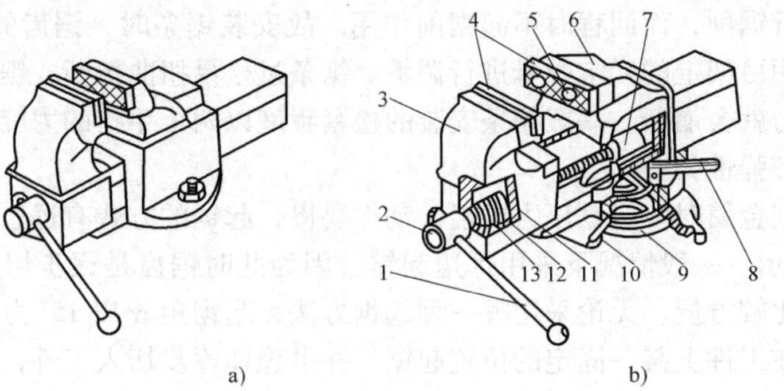


图1-43 台虎钳

a）固定式 b）回转式

1—手柄 2—丝杠 3—活动钳身 4—钳口 5—螺钉
6—固定钳身 7—丝杠螺母 8—锁紧手柄 9—转座盘
10—转座 11—销 12—挡圈 13—弹簧

2）台虎钳的使用操作。使用台虎钳时应注意以下事项：

① 工件应该夹在台虎钳钳口中部，使得钳口受力均匀。

② 当转到手柄夹紧工件时，手柄上不准套上增加套管或用锤敲击，以免损坏台虎钳丝杠或螺母上的螺纹。

③ 不能在活动钳身的光滑平面上敲击作业，以免破坏它与固定钳身的配合性能。

④ 丝杠、螺母等活动表面应该经常保持清洁、润滑，以防生锈。

⑤ 夹持工件的光洁表面时，应该垫上铜皮或铝皮加以保护。

⑥ 在台虎钳上强力作业时，应尽量使力量朝向固定钳身，若力量朝向活动钳身，易使台虎钳的零件（螺母、丝杠等）损坏。

2. 钢锯的结构与使用操作

（1）钢锯的结构 钢锯是人工锯削的常用工具，可以用来分割金属材料、木料和硬塑料等。制冷设备维修中经常使用钢锯锯削各种金属管壁，如纯铜管、铁管及压缩机壳等。钢锯由锯弓和锯条组成。锯弓是用来安装锯条的，其作用是张紧锯条。锯弓分为固定式和可调式，固定式锯弓只能安装一种规格的锯条，而可调式锯弓通过调节安装距离，可以安装几种长度规格的锯条。锯条是直接锯削材料或工件的刃具，常用规格以两端孔的中心距来表示。常用的锯条长度为300mm。钢锯的结构如图1-44所示。

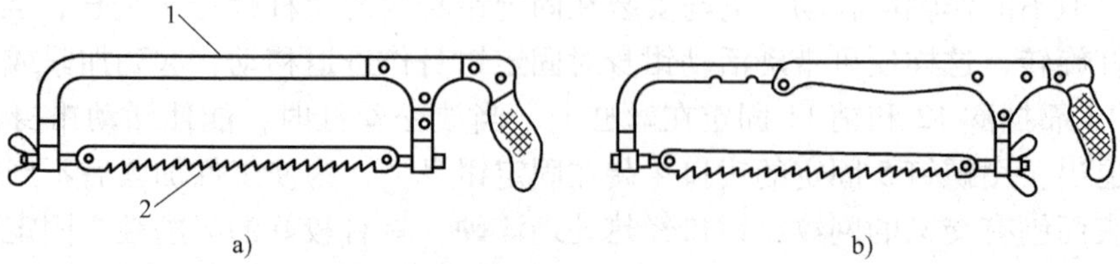


图1-44　钢锯的结构
a）固定式　b）可调试
1—锯弓　2—锯条

（2）钢锯的使用操作　使用钢锯前首先要掌握锯条的正确安装方法。由于钢锯只是在向前推进时才进行锯削，而回程时不起锯削作用。故安装锯条时，锯齿的切削方向应朝前，锯条安装的松紧用弓架上的元宝螺母进行调解。锯条过松易扭曲折断，锯条太紧造成预拉伸力太大，稍有阻力就会崩断。一般锯条安装的松紧程度以两个手指的力旋紧，用手拨动锯条时手感硬实并略带弹性为宜。

使用钢锯锯削金属时，起锯压力要轻，动作要慢，起锯的方式有远边起锯和近边起锯两种，如图1-45所示。一般情况下采用远边起锯，因为此时锯齿是逐步切入材料，不易被卡住，起锯的方法比较方便。无论采用哪一种起锯方法，起锯角 $\alpha$ 以15°为宜。尽量做到一次起锯，保证锯条在工件上某一固定的位置起锯，并平稳地逐步切入工件，不会跳出锯缝。推锯时动作要稳，右手握稳锯柄，左手扶在锯弓前端，行程短，压力小，锯削时推力和压力主要由右手控制，锯入2~3mm后才能逐渐正常锯削，如图1-46所示。注意推锯加压，回锯不加压，锯在工件上的往复距离要由短而长。在锯削管道时，应先锯透一段管壁，然后再转动管子或使钢锯改变方向，使钢锯始终沿管壁运动，这样逐渐沿管壁锯断，以免使锯条卡住而折断。

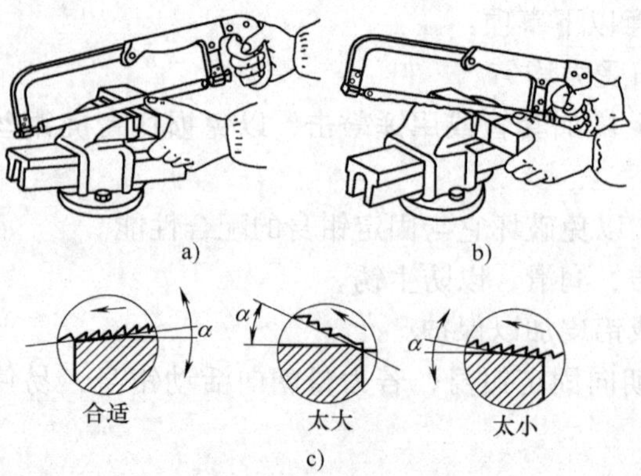


图1-45　起锯的方式
a）远边起锯　b）近边起锯　c）起锯角太厚或大小

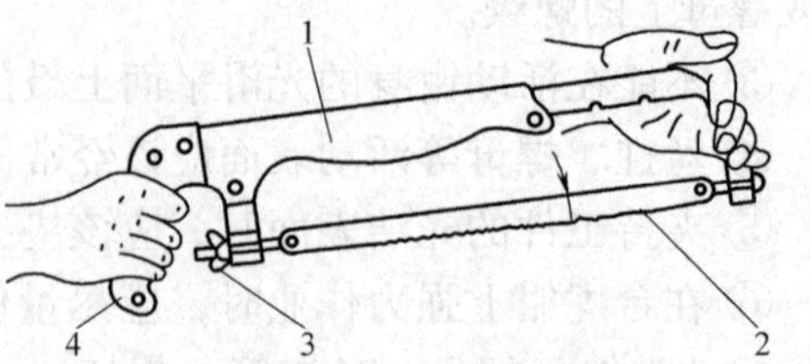


图1-46　钢锯的使用
1—锯弓架　2—锯条　3—元宝螺母　4—锯柄

3. 锤子的结构和使用操作

（1）锤子的结构　锤子是钳工常用的敲击工具，一般分为刚性锤子和弹性锤子两种。锤子由锤头和锤柄两部分组成。錾削常用的锤子是用碳素工具钢淬硬制造的刚性锤子，如图1-47所示。其规格由锤头质量划分，常用的有0.25kg、0.5kg、1kg等几种。由铜、铝、硬橡胶做成的锤子属于弹性锤子，常用于拆装传动轴及齿轮、轴套、轴承等装置。特别应注意，刚性锤子不宜敲击零件表面，而弹性锤子可直接敲击零件表面。

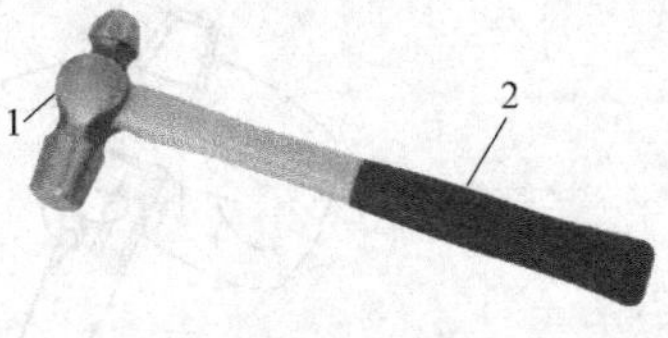

图1-47　锤子
1—锤头　2—锤柄

（2）锤子的操作使用　锤子的握法要根据錾削材料的硬度和厚度灵活掌握。錾削硬而厚的材料时宜紧握锤柄，用力捶击；錾削软而薄的材料时宜轻握锤柄，用劲适当，缓而有力。捶击錾柄时要稳、准、狠，要避免轻点敲击。錾削临近终了时要减力锤击，以免用力过猛伤手。

挥锤的方法有三种，即腕挥、肘挥和臂挥三种。腕挥时只是手腕的运动挥锤，锤击力较小；一般用于錾削的开始和收尾，或油槽、打样冲眼等用力不大的地方。肘挥时用手腕和肘部一起挥锤，它的运动幅度大，捶击力较大，应用广泛。臂挥时用手腕、肘部和整个臂一起挥动，其捶击力大，用于需要大力錾削的场合，如图1-48所示。

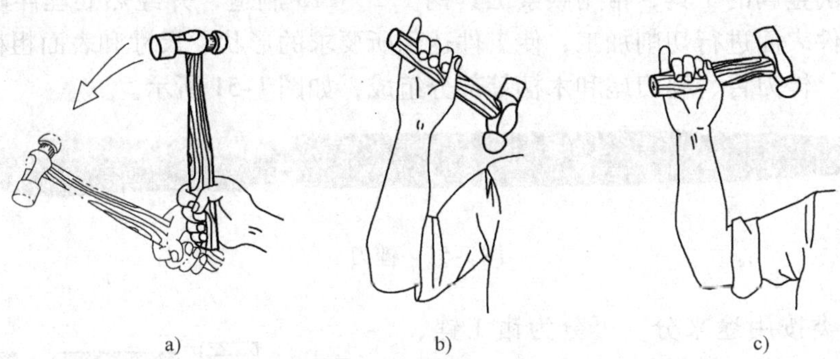
图1-48　挥锤的方法
a）腕挥　b）肘挥　c）臂挥

4. 錾子的结构和使用操作

（1）錾子的结构　錾子是錾削金属的工具，一般用中碳钢或碳素钢锻制而成。錾子切削部分的材料要比工件的材料硬，必须呈楔形。根据錾削金属的性质和强度，錾子可分为很多种类。常用的錾子有三种：扁錾、尖錾和油槽錾。錾子的结构包括头部、柄部和切削部分，如图1-49所示。

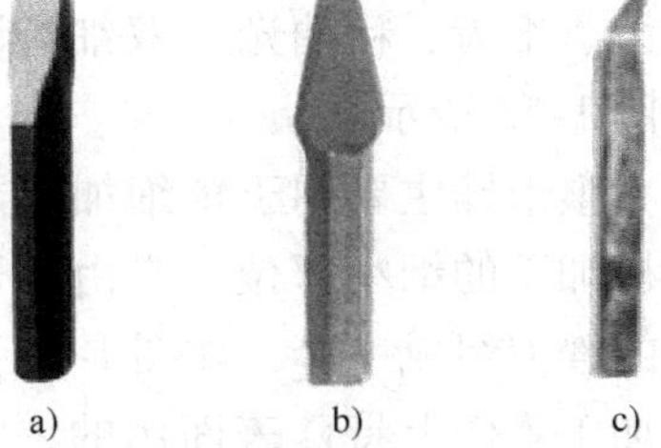
图1-49　錾子的结构
a）扁錾　b）尖錾　c）油槽錾

（2）錾子的使用操作　錾子的握法有正握法、反握法和立握法。水平錾削金属时用正握法，侧平面錾削金属时用反握法，平面垂直錾削金属时用立握法，如图1-50所示。

（3）錾削操作的安全注意事项

1）检查錾口是否有裂纹；经常对錾子进行刃磨，保持正确的楔角。

2）錾头不能有毛刺，发现后应及时磨掉。

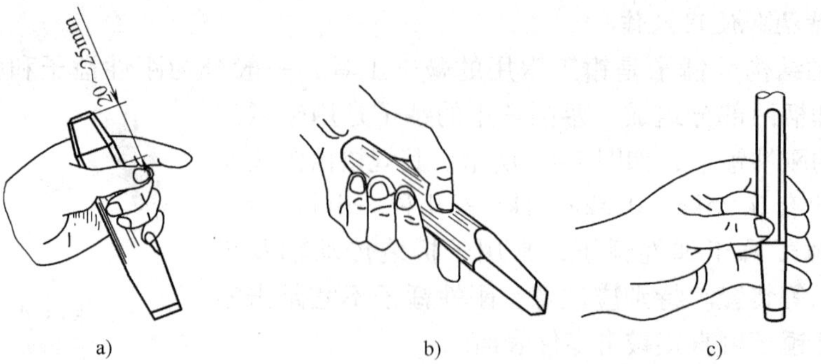


图 1-50 錾子的握法
a）正握法 b）反握法 c）立握法

3）检查锤子手柄是否有裂纹、锤子与手柄是否有松动，以便及时调整更换。

4）錾削时不要正面对人操作。

5）錾子在使用中头部产生的飞边应及时磨掉，以免錾飞后造成事故。

6）操作时不能戴手套，以免打滑。

5. 锉刀的结构和使用操作

锉刀是锉削金属的工具，常用碳素工具钢 T12、T13 制造，并经热处理淬硬制成。利用锉刀可以对工件表面进行切削加工，使工件达到所要求的形状、尺寸和表面粗糙度。它由锉刀面、锉刀边、锉刀舌、锉刀尾和木柄等部分组成，如图 1-51 所示。

图 1-51 锉刀

锉刀的种类按用途来分，可分为钳工锉、特种锉和整形锉三类。钳工锉按截面形状可分为平锉、方锉、半圆锉、三角锉、圆锉、整形锉等。锉齿的表面按其齿纹粗细可分为粗齿、中齿、细齿、粗油光（双细齿）、细油光五种，如图 1-52 所示。

整形锉主要用于精细加工及修整工件上难以机加工的细小部位。它由若干把各种截面形状的锉刀组成一套，如图 1-53 所示。特种锉是为加工零件上特殊表面用的，它有直的、弯曲的两种，其截面形状很多，如图 1-54 所示。

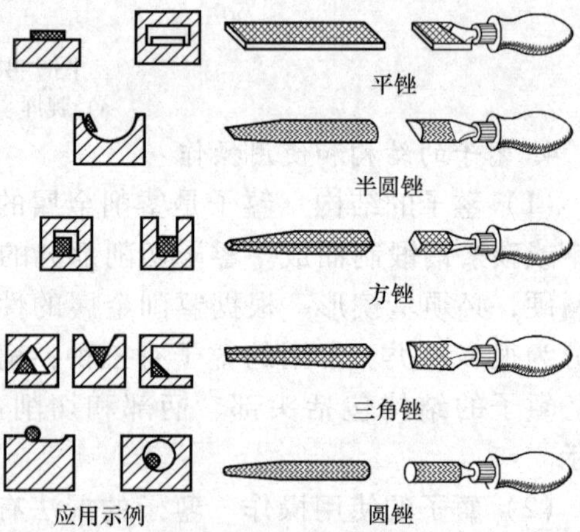


图 1-52 锉刀的种类

锉刀的握法与其种类有关，使用大型锉刀（10in 以上）时，右手心抵着锉刀木柄的端头，大拇指放在锉刀木柄的上面，其余四指弯在下面，配合大拇指捏住锉刀木柄。左手则根据锉刀大小和用力的轻重，可有多种姿势，如图 1-55 所示。使用中型锉刀时，右手握法与大型锉刀握法相同，左手用大拇指和食指捏住锉刀前端。使用小型锉刀时，右手食指伸直，拇指放在锉刀木柄上面，食指靠在锉刀的刀边，左手几个手指压在锉刀中部。使用更小锉刀（整形锉）时，一般只用右手拿着锉刀，食指放在锉刀上面，拇指放在锉刀的左侧，如图1-56所示。

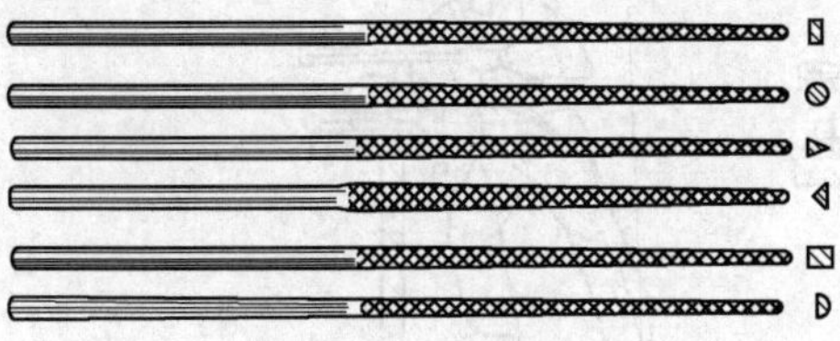

图1-53　整形锉

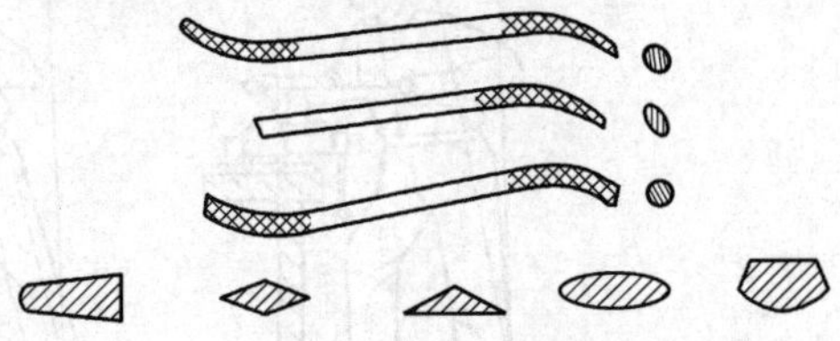

图1-54　特种锉

锉削金属时，锉刀前进用力的方向指向前方与下方合力的方向。向前推锉时要稳而有力，往复距离以长为宜，操作方法如图1-57所示。

锉削站位的姿势应保持两脚站稳不动，靠左膝的屈伸使身体作往复运动，手臂和身体的运动要互相配合，并要使锉刀的全长充分利用。开始锉削时，身体要向前倾10°左右，左肘弯曲，右肘向后，如图1-58a所示。锉刀推出1/3行程时，身体向前倾斜15°左右，如图1-58b所示，这时左腿稍弯曲，左肘稍直，右臂向前推。锉刀推到2/3行程时，身体逐渐倾斜到18°左右，如图1-58c所示。

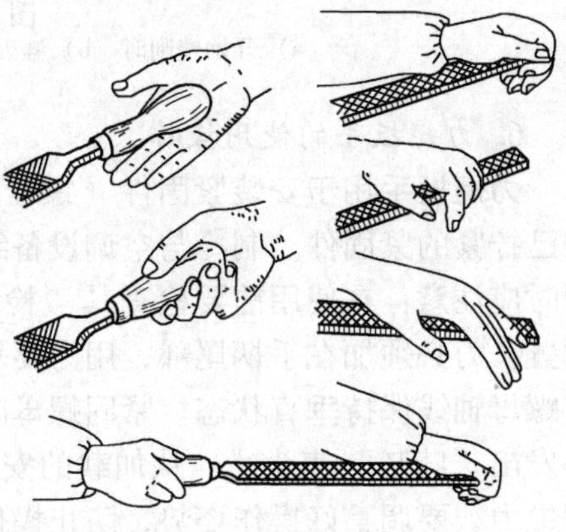

图1-55　大型锉刀的握法

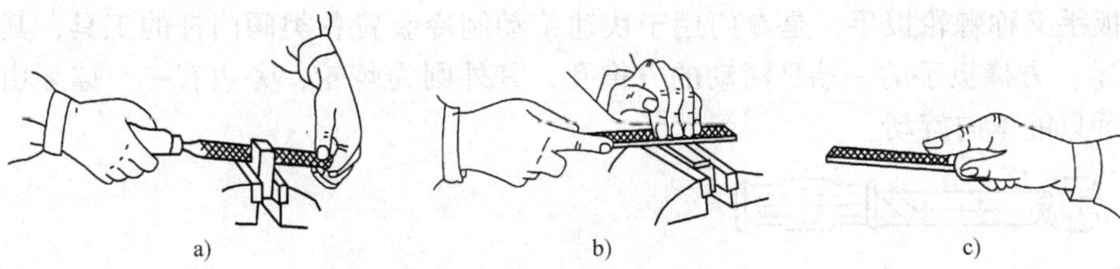

图1-56　中、小型锉刀的握法
a）中型锉刀的握法　b）小型锉刀的握法　c）更小锉刀的握法

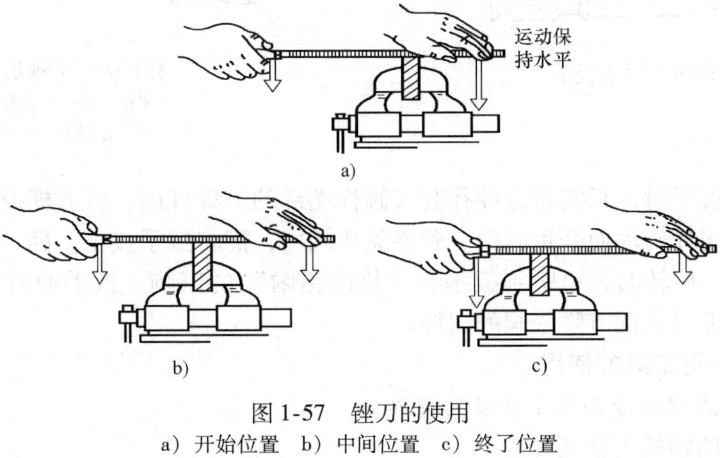


图1-57　锉刀的使用
a）开始位置　b）中间位置　c）终了位置

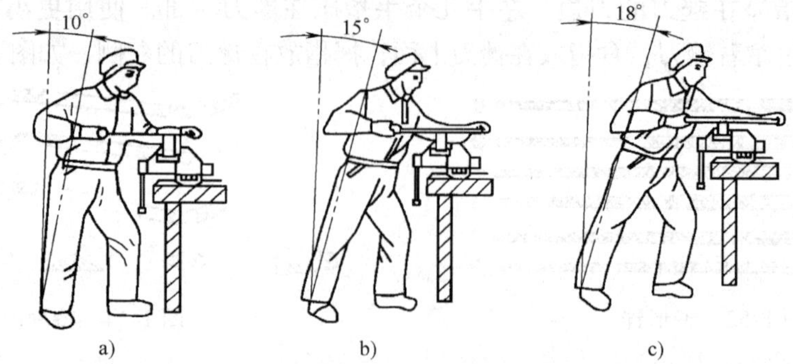


图 1-58　锉削的站位资势
a）开始锉削时　b）锉刀推出 1/3 的行程时　c）锉刀推出 2/3 的行程时

6. 力矩扳手的使用操作

力矩扳手用于安装紧固件（螺栓、螺母）时测量其安装力矩，不能作为拆卸工具去拧松已拧紧的紧固件。制冷与空调设备维修中常用的力矩扳手如图 1-59 所示。力矩扳手在使用时应注意：在使用前要检查其“检定”合格期是否有效。使用时，手应握在手柄的中央位置，力必须加在手柄尾部，用力要均匀、缓慢。在使用力矩扳手紧固螺母时，力矩扳手要与螺母轴线保持垂直状态。紧固螺母时，应按力矩扳手上的箭头方向转动扳手，直至力矩扳手发出“咔嗒”声为止。从加载的安全角度考虑，在扳手手柄上尽量使用拉力，而不要使用推力，要调整好操作姿势，防止操作失败时产生人员意外伤害。

7. 方榫扳手的结构与使用操作

方榫扳手又称棘轮扳手，是专门用于快速旋动制冷装置各类阀门杆的工具，其结构如图 1-60所示。方榫扳手的一端是活动的方榫孔，其外圆为棘轮，旁边有一个撑牙由弹簧支撑，使扳手只能单向旋动。

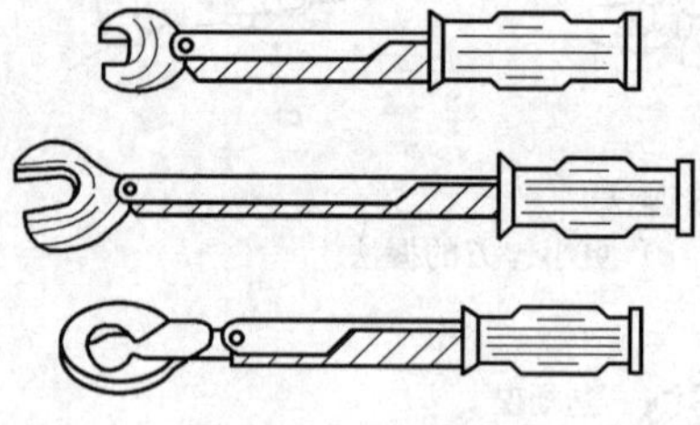

图 1-59　力矩扳手

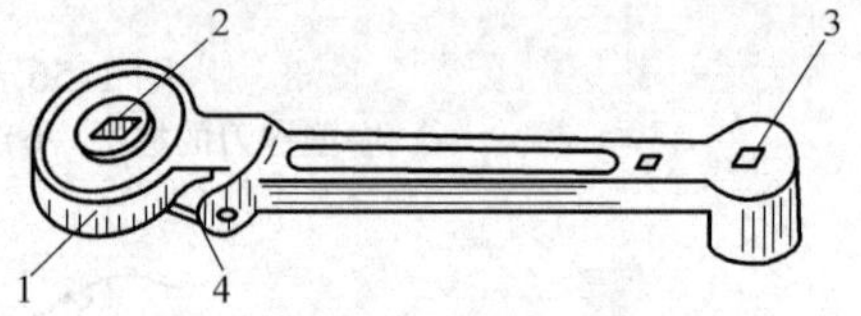


图 1-60　方榫扳手
1—棘轮　2—活动方榫孔
3—固定方榫孔　4—撑牙

在使用方榫扳手时，只需将方榫孔套入阀杆端部的方榫杆内，将方榫扳手一顺一反地连续摆动，就能将阀杆旋动而开足阀门。若要关闭阀门，需将扳手拔出，翻一面再套上阀杆作一顺一反的摆动。旋转时，可听到扳手有“格啦格啦”的声响。扳手的另一端有一大一小的固定方榫孔，可用来调节膨胀阀的阀杆。

## （三）其他专用工具的使用

1. 抽真空及充灌制冷剂设备的使用操作

（1）真空泵的结构与使用操作

1）真空泵的结构。真空泵是在制冷系统维修过程中对制冷系统进行抽真空、去除制冷系统内水分的专用工具。中小型制冷系统维修时使用最为广泛的真空泵是叶片式真空泵。叶片式真空泵的结构如图1-61所示，它由转子、定子、叶片及排气阀等组成。真空泵工作时，在离心力和弹簧弹力的作用下，叶片紧贴在定子的缸壁上，将其分隔成吸气腔和压缩腔。转子旋转时，吸气腔容积逐渐扩大，使腔内压力不断下降，从而可以吸入气体。此时，压缩腔容积不断减小，而腔内压力逐渐升高，这样就使气体从排气阀排到大气中去。如此不断循环，便可以把容器内的空气抽出，从而达到抽真空的目的。真空泵外形如图1-62所示。制冷系统抽真空的主要目的如下：

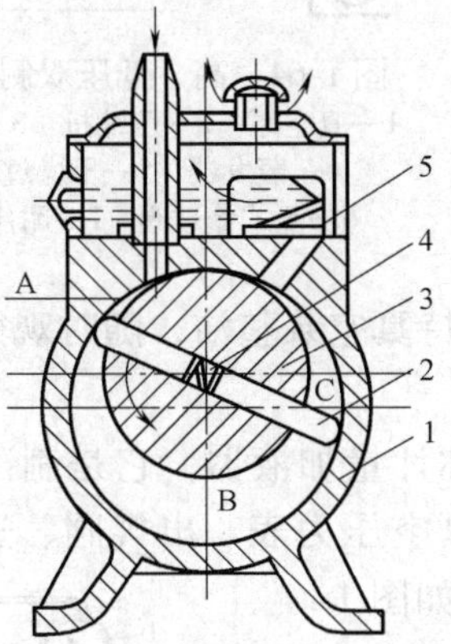


图1-61　叶片式真空泵的结构
1—泵体　2—叶片　3—转子
4—弹簧　5—排气阀

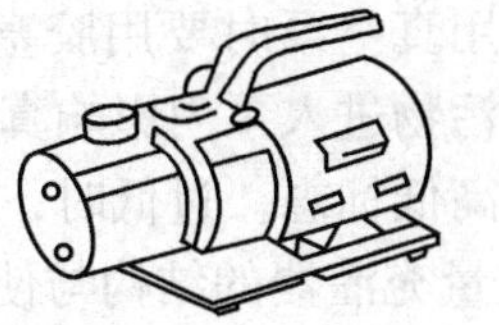

图1-62　真空泵外形

① 将系统内残存的气体抽出，排除内部的水分和不凝性气体，使系统保持干燥。

② 对制冷系统进行检漏。若在抽真空时系统一直达不到所要求的真空度，即系统内绝对压力不低于133Pa，表明系统有泄漏，应进行检漏。

③ 在充灌制冷剂之前必须对整个系统抽真空。

2）真空泵的使用操作。制冷系统使用真空泵抽真空的方法主要有以下三种：

① 低压单侧抽真空。这种方法工艺简单，容易操作，真空泵与制冷系统的连接如图1-63所示。将真空泵1的抽气口用一根耐压胶管与三通阀6连接，开动真空泵，把三通阀按逆时针方向全部旋开，抽真空2~3h。当真空压力表指示值在133Pa以下，手感觉真空泵排气口没有气体排出时，说明真空度已达到，先关闭三通阀，再切断真空泵电源。

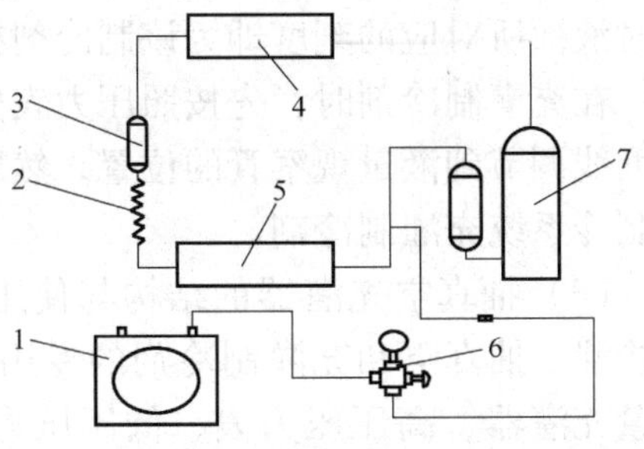


图1-63　低压单侧抽真空
1—真空泵　2—毛细管　3—干燥过滤器
4—冷凝器　5—蒸发器　6—三通阀　7—压缩机

低压单侧抽真空的方法简单易行，但由于仅在低压一侧抽真空，高压测得的气体受到毛细管流阻的影响，会使高压侧的真空度是低压侧的1/10左右，因此会需用较长的时间才能达到所要求的真空度。

② 高、低压双侧抽真空。为克服低压单侧抽真空的缺点，可以采用高、低压双侧抽真

空的方法，如图1-64所示。这种方法是利用真空泵在高、低压两侧同时进行抽真空，是在干燥过滤器的进气口另设一根工艺管，与压缩机机壳上的工艺管并联在一台真空泵上，同时进行抽真空。

高、低压双侧抽真空有效地克服了毛细管流阻对高压侧真空度的不利影响，提高了整个制冷系统的制冷性能，缩短了抽真空的时间；缺点是增加了焊接点，对工艺要求有所提高，操作也较为复杂。

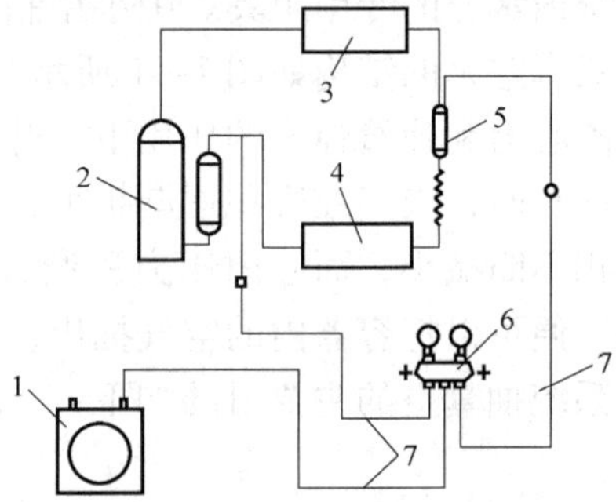

图1-64　高、低压双侧抽真空
1—真空泵　2—压缩机　3—冷凝器
4—蒸发器　5—干燥过滤器
6—复式修理阀　7—耐压胶管

3）真空泵使用注意事项。①放置真空泵的环境要干燥、通风、清洁。②真空泵与系统连接的耐压管要短。③起动真空泵前要仔细检查各连接处是否紧密及坡口处是否完好，泵的排气口胶塞是否打开。④停止抽真空时要首先关闭直通阀的开关，使制冷系统与真空泵分离。⑤不使用真空泵时要用胶塞封闭进口、排气口，以避免灰尘和污物进入泵内影响真空泵的正常工作。⑥要保持真空泵整洁，随时观察真空泵油窗上的油位高低标志。过低时，应及时注入真空泵油。

（2）定量充灌器的结构与使用操作　定量充灌器又称计量加液器，它是制冷系统充灌制冷剂并能准确控制加液量的专用器具。定量充灌器由真空压力表、出气阀、进/出液阀、充灌器筒体、液面计、可转刻度盘、支座、提手等组成，如图1-65所示。

定量充灌器的外部是一个能转动的圆筒，转筒上刻有不同的制冷剂在不同温度下的容重刻线。只要按照当时的温度及制冷剂的种类，把转动标尺上的对应刻度线旋到与液面计相应的位置，此时液面所对应的刻度即为该制冷剂在此温度下的质量。

在充灌制冷剂时，先按照压力表值和制冷剂的种类将对应的刻度线调节到液量观察管的位置，然后通过三通换向阀和加液管向制冷系统充灌制冷剂。

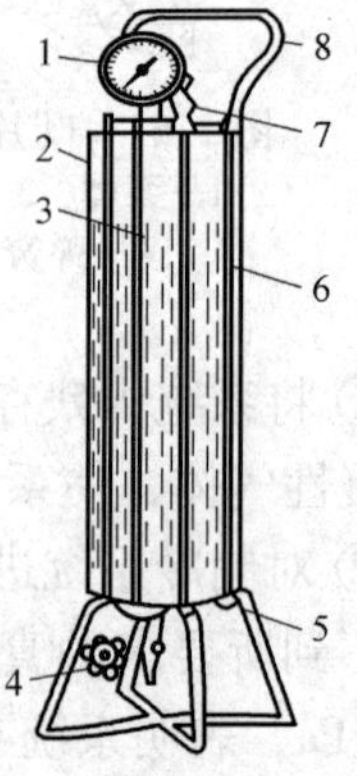

图1-65　定量充灌器
1—真空压力表　2—筒体
3—液量观察管　4—下阀
5—支座　6—可转刻度盘
7—上阀　8—提手

（3）抽真空充灌器的结构与使用操作　抽真空充灌器是一种检漏、抽真空和充灌制冷剂的专用组合设备，主要由真空泵、定量充灌器、高压压力表、低压压力表、真空表和组合阀等组成，其外形结构如图1-66所示。它只要通过连接管就能完成包括检漏、抽真空和充灌制冷剂的工作。

2. 速换接头与光管接头的结构与使用操作

（1）速换接头的结构与使用操作　速换接头也称为快速接头，是一种用于检漏、充灌制冷剂等操作的快速连接工具，具有装卸简便、迅速，开卸后能自动封闭等优点。其结构如图1-67所示。快速接头分凸头和凹头两部分，并各有自封针阀。在使用中，当凸头插入凹头时，两针阀对顶开启，使管路接通；当凸、凹头两部分脱离时，两针阀靠各自的弹簧作用自动封闭管路。使用时，推动滑套向凸头方向，使锁固球将凸、凹两部分锁紧。脱离时，将滑套向凹头方向推动，使锁固球脱离槽，凸、凹头两部分脱离。

（2）光管接头的结构与使用操作　光管接头是一种与快速接头、三通阀等配合使用的管

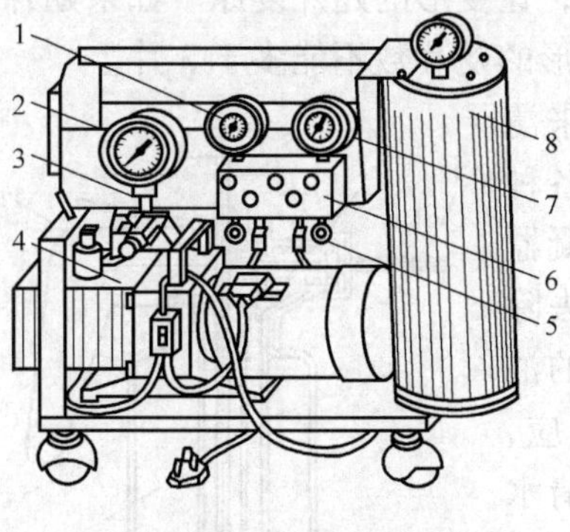


图 1-66　抽真空充灌器
1—低压压力表　2—真空表
3、5—接口　4—真空泵
6—组合阀　7—高压压力表
8—充灌器筒体

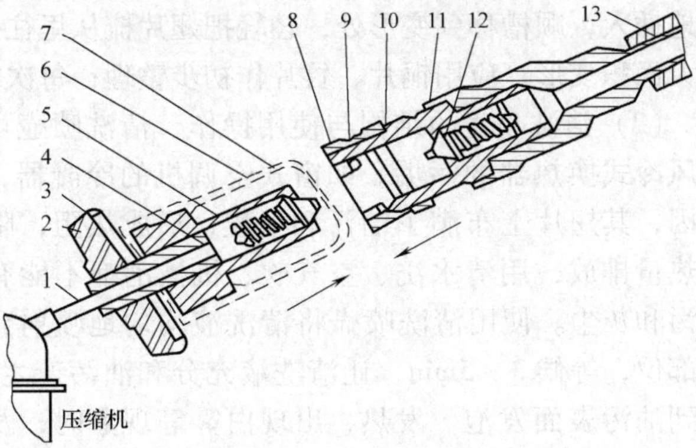


图 1-67　快速接头
1—压缩及工艺管　2—手轮　3—垫套
4—胶套　5—凸头　6、12—自封针阀
7—护套　8—滑套　9—锁固球
10—密封圈　11—滑套弹簧　13—连接软管

道连接器。它由接头螺母、垫圈、压缩机工艺管、耐油橡胶圈及接头主体等组成。光管接头利用橡胶圈密封连接管道，可直接将两根管进行对接，不需要做喇叭口，靠上、下间压紧，使之密封。其结构如图 1-68 所示。

3. 翅片梳与清洗喷壶的结构与使用操作

（1）翅片梳的结构与使用操作　风冷式换热器，如窗式空调、分体式空调的冷凝器和蒸发器，它们的翅片是用铝质薄片胀接套在铜管上的。由于运输、维修等原因，在受到较小的外力作用时，翅片就会发生变形。要保持翅片的平直，才能让空气正常流通。变形的翅片会使换热效率大大降低。

翅片梳是整理变形翅片的专用工具，它由紧固螺母、梳叶和手柄三部分组成，如图 1-69所示。梳叶用塑料制成，形状类似一个扁平的六角螺母，每一边开有距离相等的沟槽，各边的槽距各不相同。这就是说，一把翅片梳可以梳理6 种不同距离的翅片。

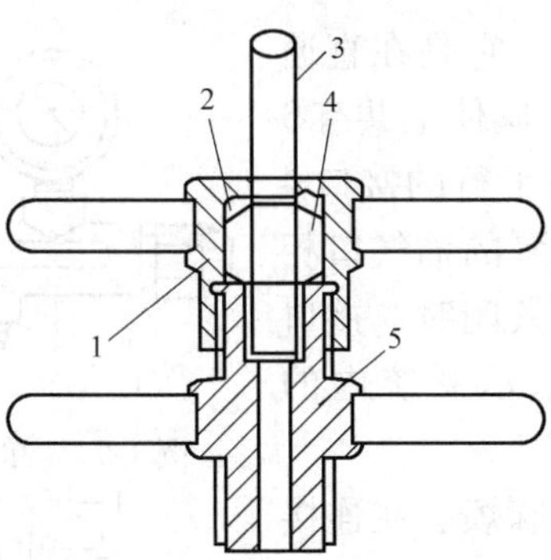


图 1-68　光管接头
1—接头螺母　2—垫圈　3—压缩机工艺管
4—耐油橡胶圈　5—接头主体

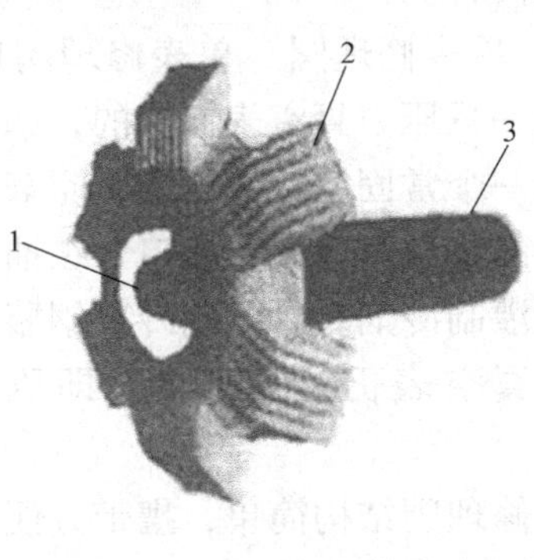


图 1-69　翅片梳
1—紧固螺母　2—梳叶　3—手柄

使用翅片梳时，应先选好与要梳理的翅片间距相同的沟槽边，从没有变形处把翅片梳小心地插入，顺槽移到变形处，轻轻把翅片梳从里往外拉出，让变形的翅片复原。如果翅片发生大面积变形，应用铜片、竹片作初步整理；每次梳理变形的翅片数不能多于3片。

（2）清洗喷壶的结构与使用操作　清洗喷壶可以用来清洗风冷式换热器的污垢。如窗式空调机的冷凝器，由于各种原因，其翅片上布满了油污和尘埃，形成热阻，阻碍冷凝器的热量排放，用清水洗、空气吹、机械刮都不能有效地去除油污和灰尘。使用清洗喷壶将清洗液均匀地喷射到翅片的油污部位，等候3~5min，让清洗液充分和油污产生化学反应，直到油污表面发泡、发热，出现白雾等现象时，及时用清水冲洗就能把油污清除。

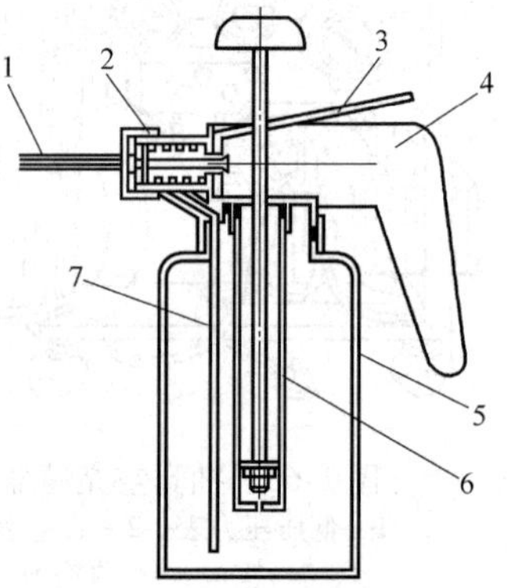

图1-70　清洗喷壶
1—喷头　2—混合室
3—开关　4—壶盖把手
5—壶身　6—气泵　7—出液管

清洗喷壶由气泵、壶盖把手、开关、喷头、混合室、出液管、壶身等部件组成，如图1-70所示。使用时，先往壶内注入清洗液，旋上壶盖，用手上下推压气泵，塑料壶身内就形成一定的压力，轻轻按下开关，气流就从喷头处高速喷出。高速流动的气体会形成真空，将清洗液从壶身中吸到混合室里与气体形成雾状混合物从喷头喷出。

使用清洗喷壶时应注意：

1）推压气泵次数不要太多，一般以6~8次为宜，以免壶内压力过高而损坏气泵。

2）工作时应处于上风位置。

3）操作时要戴好眼镜，穿好雨鞋、工作服，戴上口罩、塑料手套等。若不慎沾上清洗液，要及时用清水清洗。

4）被清洗表面喷上清洗液的时间不宜过长，否则，会腐蚀金属表面，影响使用寿命。

5）清洗喷壶用后需用清水冲洗干净。

4. 复式修理阀的结构与使用操作

复式修理阀是检测制冷系统压力、抽真空、充灌制冷剂的专用工具，分单表修理阀和双表修理阀两种。

（1）单表修理阀　单表修理阀也称为直通阀，它是在直通阀上加装一只压力真空表而成的，如图1-71所示。阀体上共有3个接口：一个常固定接装压力真空表；与阀门开关平行的接口4多与设备的修理管连接；接口3在抽真空时与真空泵的抽气口相连，当充灌制冷剂时，与制冷剂钢瓶相连接。阀门关闭时，接口4与压力真空表仍是相通的，即压力真空表仍指示系统内的压力。

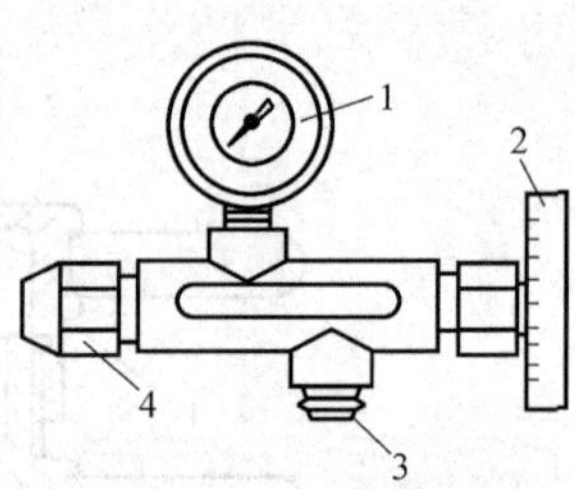

图1-71　单表修理阀
1—压力真空表
2—阀门开关
3、4—接口

单表修理阀结构简单，携带方便，但操作比较麻烦。在连接真空泵与制冷剂钢瓶的接口时需分别操作，即先接真空泵，抽真空操作结束后，需旋下抽真空软管，再接制冷剂钢瓶软管，进行充灌制冷剂的操作。

（2）双表修理阀　由于单表修理阀在使用中受到限制，维修中使用比较多的是双表修理阀。双表修理阀又称专用组合阀，其结构如图1-72所示。阀体上装有两只表：一只是压力表，用来检测制冷系统内的压力；一只是压力真空表，用来检测抽真空时的真空度，也可用来检测制冷系统内的压力。阀体上还设有两个阀门开关和3个接口，中间接口5接制冷压缩机，低压接口4接真空泵，高压接口6接制冷剂钢瓶，打开阀门开关3和7（制冷剂钢瓶上的阀门关闭）可进行抽真空；关闭阀门3，打开制冷剂钢瓶的阀门可进行充灌制冷剂。这种阀门可以使抽真空、充灌制冷剂连续进行，使用起来较为方便。

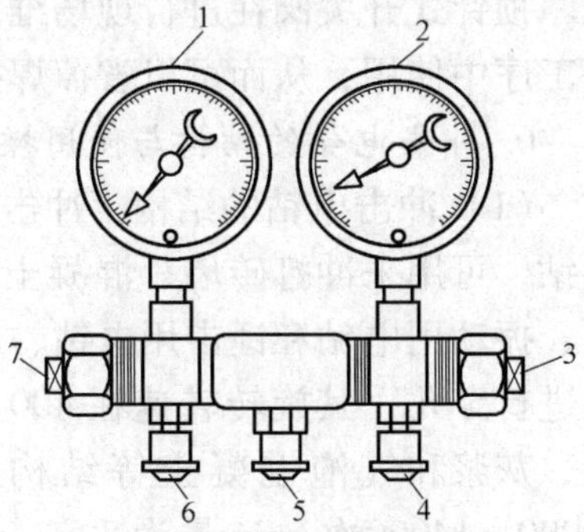

图1-72　双表修理阀
1—压力表　2—压力真空表
3、7—阀门开关　4—低压接口
5—中间接口　6—高压接口

（3）复式修理阀使用注意事项　使用复式修理阀时应注意：

1）使用前检查软管接头处密封胶圈有无损坏、丢失，管身有无破损泄漏。

2）凡是曾经在有氟利昂的场合下使用过的修理阀及软管，不要在氨等其他制冷剂的场合下使用。

3）对于单表修理阀，抽真空后关上修理阀。在移去真空泵、接上制冷剂钢瓶充灌制冷剂时，应注意把管内的空气排掉。

5. 顶针式开关阀的结构与使用操作

顶针式开关阀是一种用于制冷系统抽真空、充灌及回收制冷剂的专用阀门，这种阀门由制冷剂连接管、紧固螺钉、上下瓣、阀帽、顶针及专用检修阀组成，其结构如图1-73所示。回收制冷剂时，操作步骤如下：

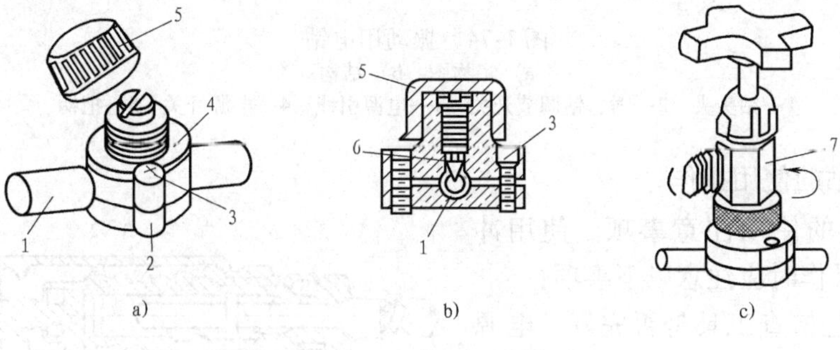

图1-73　顶针式开关阀
1—制冷剂连接管　2—下瓣　3—紧固螺钉　4—上瓣
5—阀帽　6—顶针　7—专用检修阀

1）卸下顶针式开关阀上连接上、下瓣的紧固螺钉，将上、下瓣扣合在将要接阀的管道上，然后拧紧紧固螺钉。

2）打开顶针开关的阀帽，装上专用检修阀，使专用检修阀的阀杆刀口插在开关阀上部的槽口内，然后将专用检修阀的阀身拧紧。

3）顺时针旋转专用检修阀阀柄，此时开关阀的阀尖（顶针）随即也被旋进管道内，使管道的管壁顶压出一个锥形圆孔。

4）逆时针旋转专用检修阀阀柄，使开关阀的阀尖退出管壁圆孔，制冷剂随即喷出，并沿着专用检修阀的接口流入制冷剂容器中。

5）逆时针旋转专用检修阀阀柄，使开关阀的阀尖关闭所开的圆孔，然后卸下专用检修阀，拧紧开关阀螺母，整个顶针式开关阀就永久留在制冷剂的连接管道上。

顶针式开关阀在进行现场维修时使用十分方便，同时也可以在制冷系统的抽真空、充氟等工序中使用，从而可以省掉焊接操作。

6. 冲击电钻的结构与使用操作

（1）冲击电钻的结构　冲击电钻也称为电动冲击钻，它是可调节式旋转带冲击的特种电钻，可用来冲打砖墙、混凝土等建筑物的墙孔。冲击钻按照用途不同，可分为旋转用电钻、振动用电钻和锤击用电钻、旋转用电钻主要用来对木材、石板、灰浆和气泡混凝土等结构进行穿孔，其旋转转速在 400 ~ 600r/min 最为适宜。振动用电钻主要用来对砖、瓦、石板、灰浆和气泡混凝土等结构进行穿孔，其旋转转速为 400 ~ 600r/min，振动次数在 10000 ~ 14000次/min 最为适宜。其结构如图 1-74b 所示。锤击用电钻主要用作对钢筋混凝土等建筑物进行穿孔。其结构如图 1-75 所示。

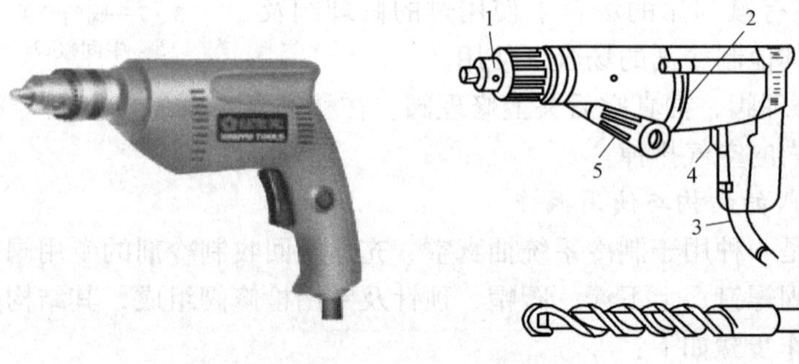


a)　　b)

图 1-74　振动用电钻

a）实物图　b）结构

1—钻头夹　2—锤、钻调节开关　3—电源引线　4—电源开关　5—把柄

（2）冲击钻的使用操作

1）冲击钻的使用注意事项。使用冲击钻进行钻孔操作时应注意以下事项：

① 使用前应检查工具是否完好，电源线是否有破损以及电源线与机体接触处有无橡胶护套，通电后外壳是否漏电。

② 按额定电压接好电源，选择合适的钻头，调节好按钮，将刀具垂直于墙面钻孔。

③ 使用时，如果听到有不正常的杂音应停止使用，如果发现转速突然下降应立即放松压力，钻孔时若突然停转应立即切断电源。

④ 移动冲击电钻时，必须握持手柄，不能拖拉电源线，防止擦破电源线绝缘层。

2）冲击钻头的操作使用。下面以旋

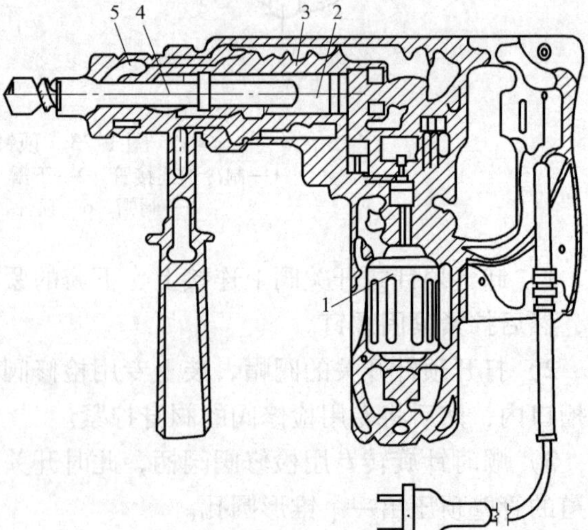


图 1-75　捶击用电钻的结构

1—电动机　2—冲击活室

3—弹簧　4—钻杆　5—钻头套

转及振动用冲击钻为例说明其使用方法。旋转及振动用冲击钻钻头的结构如图 1-76 所示。打制墙孔的具体步骤如下：

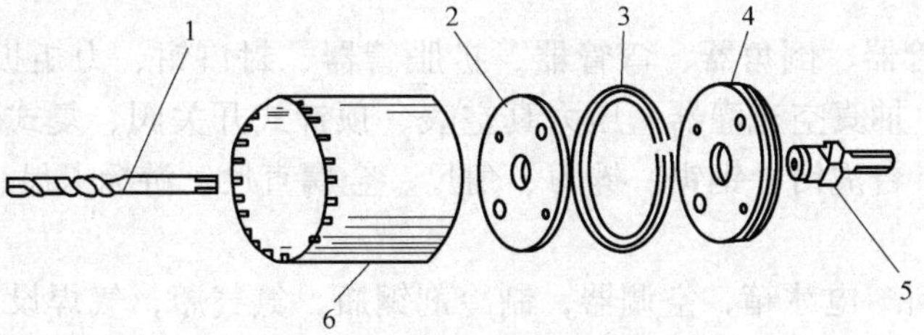


图 1-76　旋转及振动用冲击钻钻头

1—中心钻头　2—移动板　3—环　4—固定板　5—柄　6—外壳

① 组装钻孔辅助件的移动板、环和固定板，如图 1-77a 所示。

② 从钻孔辅助件的固定板后方旋入柄，如图 1-77b 所示。

③ 将膨胀接续器装入外壳中，如图 1-77c 所示。

④ 使用两把专用扳手完全紧固，靠环的作用使外壳固定，如图 1-77d 所示。

⑤ 将中心销嵌入柄内部的凹孔中，如图 1-77e 所示。

⑥ 用六角扳手旋转固定螺钉，固定中心钻头，如图 1-77f 所示。

⑦ 将柄装入主体中，如图 1-77g 所示。

⑧ 用钻夹头钥匙旋紧，准备工作完毕，如图 1-77h 所示。

⑨ 打制墙孔，如图 1-77i 所示。

⑩ 退出工具，结束打孔。

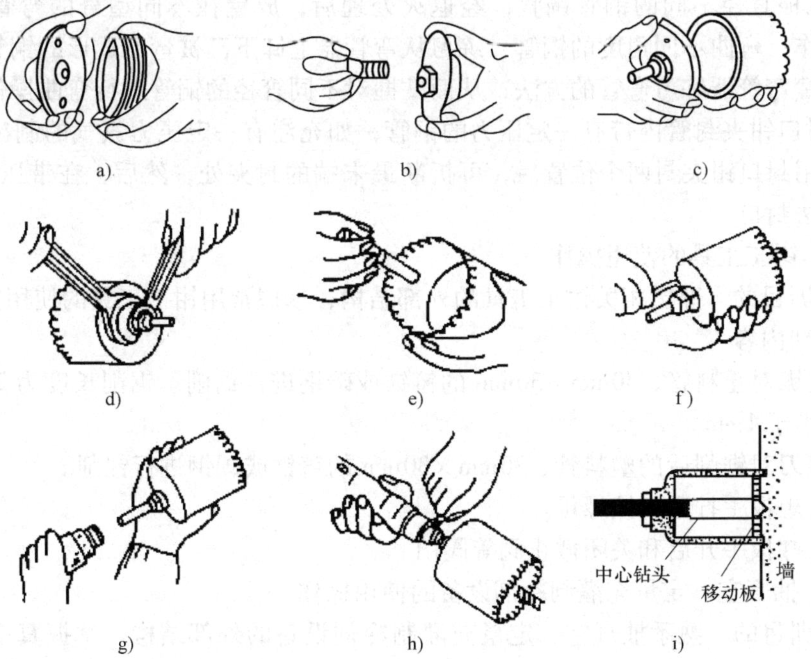


图 1-77　冲击钻使用步骤

## 二、操作训练

1. 实训设备

（1）工具　割管器、倒角器、弯管器、扩胀管器、封口钳、力矩扳手、方榫扳手、真空泵、定量充灌器、抽真空充灌器、压力真空表、顶针式开关阀、复式修理阀、快速接头、翅片梳、清洗喷壶、台虎钳、钢锯、锉刀、角尺、金属直尺、游标卡尺、冲击电钻、其他辅助工具。

（2）设备与材料　电冰箱，空调器，制冷剂钢瓶，氮气瓶，气焊设备，$\phi$4mm、$\phi$6mm、$\phi$8mm、$\phi$10mm 的铜管，锁固螺母，塑料管，30mm × 30mm 的铸铁或碳钢。

2. 实训任务

任务1　管工工具的使用操作

（1）实训目的　熟悉管工工具的外部结构，掌握常用管工工具的使用方法。

（2）实训内容

1）用割管器分别割断不同管径的几根铜管。割管器大小的选择应与铜管的直径相适应。

2）将割断的管口用倒角器整修，去掉毛刺，然后用气焊火焰加热至暗红色，放在空气环境下自然冷却。

3）把经过退火处理后的铜管放入扩（胀）管器的夹具内，按照扩口的要求和操作方法，分别扩若干个喇叭口和杯形口。扩喇叭口时要配装锁固螺母（纳子），借以检验喇叭口的密封情况和质量。扩制的杯形口要与相同管径的另一根未经扩口的铜管相接插，检验扩口的深度和间隙。

4）把几根直径不同的铜管调直，经退火处理后，放置在不同型号的弯管器弯曲导槽内，徒手操作，弯曲不同角度的铜管，练习从弯管器上卸下已被弯曲成形的铜管的方法。此外，可用弹簧弯管器练习弯管的方法，从而掌握对不同管径的铜管进行弯曲操作的要领。

5）用封口钳夹封管内带有一定压力的铜管，如充注有一定压力氮气的制冷系统中压缩机工艺管。用封口钳夹封两个位置后，可折断最末端的封夹处，然后，在带压力的情况下，用气焊的方法封口。

任务2　钳工工具的使用操作

（1）实训目的　熟悉相关钳工工具的外部结构，掌握常用钳工工具的使用方法。

（2）实训内容

1）用钢锯对塑料管、30mm × 30mm 的铸铁或碳钢进行锯削。锯削长度为 20mm ± 1mm，要求平面度小于 1mm。

2）用锉刀对锯削后的塑料管、30mm × 30mm 的铸铁或碳钢进行锉削。

3）用力矩扳手拧紧联接螺母。

4）用方榫扳手开启和关闭截止阀等阀门。

任务3　抽真空、定量充灌制冷剂设备的使用操作

（1）实训目的　熟悉抽真空、定量充灌制冷剂设备的外部结构，掌握真空泵、定量充灌器和抽真空充灌器的使用方法。

（2）实训内容

1）用真空泵对电冰箱或空调器制冷系统抽真空。

2）练习定量充灌器和抽真空充灌器的使用。

任务4　翅片梳和清洗喷壶的使用操作

（1）实训目的　熟悉翅片梳和清洗喷壶的外部结构，掌握翅片梳和清洗喷壶的使用方法。

（2）实训内容

1）用翅片梳整理空调器风冷式换热器上变形的翅片。

2）用清洗喷壶清洗空调器风冷式换热器翅片上的污垢。

任务5　复式修理阀的使用操作

（1）实训目的　熟悉复式修理阀的外部结构，掌握复式修理阀的使用方法。

（2）实训内容

1）把单表修理阀和双表修理阀接上压力真空表。把两种修理阀分别按正确方法与压缩机工艺管相连接。

2）把修理阀的其余接口按正确方法分别与制冷剂钢瓶（或模拟制冷剂钢瓶的氮气瓶）、真空泵相连接。

3）练习操作各类修理阀的开启手轮，熟悉手轮的开闭对各连接设备的通断关系。

任务6　顶针式开关阀和快速接头的使用操作

（1）实训目的　熟悉顶针式开关阀和快速接头的外部结构，掌握顶针式开关阀和快速接头的使用方法。

（2）实训内容

1）将顶针式开关阀安装在铜管上。

2）用扩管器做两个连接快速接头的接管头，套在与铜管规格一致的快速接头两端，然后将快速接头对接。

任务7　冲击电钻的使用操作

（1）实训目的　熟悉冲击电钻的外部结构，掌握冲击电钻的使用方法。

（2）实训内容　练习用冲击电钻在砖墙、混凝土墙上打孔或穿墙孔。

3. 实训注意事项

1）认真做好预习，在实训前应熟悉训练内容和操作方法。

2）对所用的工具和设备在使用前要认真地进行检查，发现问题应及时报告。使用中要严格遵守实训室安全操作规程。

3）实训过程中要严格按照各种工具的操作方法进行，确保设备及人身安全。

4）在使用各种专用工具时，应注意工具对加工对象的尺寸要求，同时还应注意各自的使用范围。

5）封口配合气焊操作时，周围不应有易燃易爆物品，注意防火、防爆，使焊接操作在安全环境中进行。

6）使用冲击电钻前应检查冲击电钻外壳接地是否可靠；通电后外壳是否漏电；操作时应带上绝缘手套，穿着绝缘鞋或站在干燥的木板、木凳上，防止触电。

7）未经教师允许，不得擅自使用设备和仪器，以防发生安全事故。

8）实训结束时，要对用过的工具、设备、材料进行整理归位，放置到指定位置。实训工具、设备不得私自带出实训室。

9）通电设备使用后切记关闭电源，置于安全档位。

## 任务四　气焊操作训练

**能力训练目标**　能正确使用气焊工具进行制冷管路的焊接操作。

### 一、知识与技能

制冷设备中的焊接主要是指铜管、铝管、铁管等金属管之间的焊接。小型制冷与空调设备的制冷系统一般采用铜、铝和钢等金属材料，其管道的连接一般采用气焊焊接。气焊是利用可燃气体和助燃气体混合点燃后产生的高温火焰来熔化两个被焊件连接处的金属，熔化钎料使之成为间隙的填充金属，从而使焊件连接。

#### （一）气焊设备及其材料

1. 气焊设备及其使用操作

气焊设备包括氧气瓶、乙炔瓶、减压器、焊炬、胶管等。其连接如图 1-78 所示。

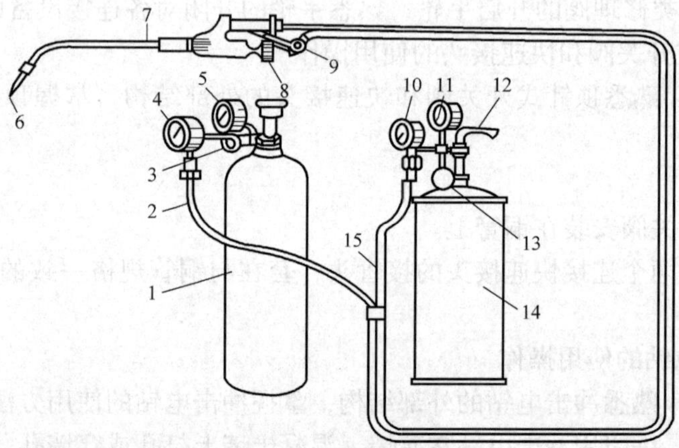


图 1-78　气焊设备连接

1—氧气钢瓶　2—氧气输气胶管　3—氧气压力调节器
4—氧气低压表　5—氧气高压表　6—喷火嘴
7—焊炬　8—氧气调节阀　9—乙炔气调节阀
10—乙炔气低压表　11—乙炔气高压表　12—乙炔气钢瓶阀门扳手
13—乙炔气压力调节器　14—乙炔钢瓶　15—乙炔气输气胶管

（1）氧气瓶的结构及使用操作

1）氧气瓶的结构。氧气瓶是储存和运输高压氧气的容器。最常用的氧气瓶容积为 40L，额定工作压力为 15MPa，可以储存相当于常压下容积为 $6m^3$ 的氧气。维修使用的轻便型氧气瓶容积约 2 ~ 10L。氧气瓶主要由瓶体、瓶阀、瓶帽、瓶箍和防振圈等组成，如图 1-79 所示。氧气瓶体上部瓶头的内壁有锥形内螺纹，可用来旋上瓶阀，瓶头外部套上瓶箍和防振橡胶圈，以保持瓶阀在运输过程中不会因受冲击而损坏。瓶体和瓶帽的表面漆成天蓝色，用黑漆写上“氧气”字样。瓶的外面套有两个防振橡胶圈，可起到防撞缓冲作用。氧气瓶的瓶体用低合金钢制成，为了使瓶体在直立时保持稳定，通常把瓶底制成凹形。

为了便于从气瓶表面的颜色上区别各种气体和危险程度，避免气瓶在充灌、运输、储存和使用时造成混淆而发生事故，各种气瓶均根据《气瓶安全监察规程》的规定涂刷不同颜色、标写气体名称。常用气瓶外表的颜色标志见表1-5。

2）氧气瓶的使用。使用氧气瓶时要严格注意防止爆炸，其使用注意事项如下：

① 运输和放置氧气瓶时，必须戴上瓶帽，避免碰撞。氧气瓶一般应直立放置，并必须安放稳固，防止倾倒。使用氧气瓶时，要放在凉棚内，严禁阳光直接照射或靠近火炉、暖气片，以防因温度升高使瓶内压力剧增，引起爆炸。冬季当气瓶冻住时，不得在阀门或阀门保护帽下面用撬杠撬动气瓶使其松动。应使用40℃以下的温水解冻，严禁用明火加热。

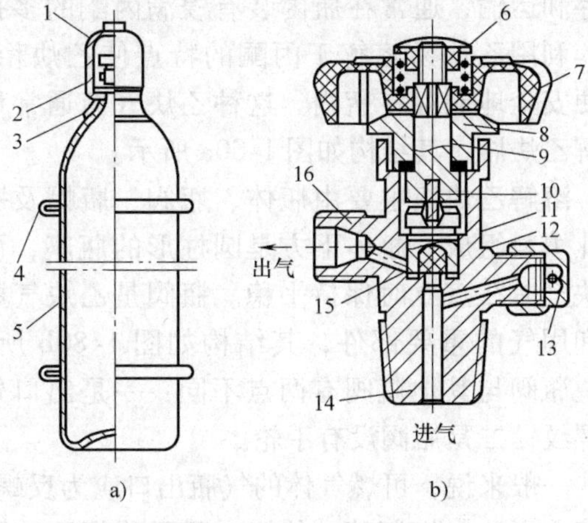


图1-79 氧气瓶

a）氧气瓶的结构 b）活瓣式氧气瓶阀门

1—瓶帽 2—瓶阀 3—瓶箍 4—防振橡胶圈 5—瓶体 6—弹簧螺母 7—手轮 8—压紧螺母 9—阀杆 10—开关板 11—活门 12—密封垫料 13—安全阀装置 14—锥形尾 15—阀体 16—侧接头

② 严禁让粘有油脂或易燃物的手套、棉纱和工具等接触氧气瓶阀、氧气减压器、焊炬、氧气橡胶软管，以免引起火灾和爆炸。

表1-5 常用气瓶外表的颜色标志

| 气瓶名称 | 涂刷颜色 | 字样 | 字样颜色 |
|---|---|---|---|
| 氧气瓶 | 天蓝 | 氧气 | 黑色 |
| 液化石油气瓶 | 银灰 | 液化石油气 | 红色 |
| 乙炔气瓶 | 白 | 乙炔气 | 红色 |
| 氮气瓶 | 黑 | 氮气 | 黄色 |

③ 氧气瓶内的氧气不能全部用完，必须留有不小于0.1MPa表压的余气，以便充氧时鉴别气体的性质和吹除瓶阀口的灰尘，以及防止可燃气体倒流入瓶内发生事故。

④ 使用时必须安装减压器。在安装减压器前，应缓慢微开瓶阀，吹掉接口内、外的污物。打开时，操作人员应站在瓶口侧面，以免被气流射伤。禁止用各种吊车吊运氧气瓶，禁止使用没有减压器的氧气瓶。

⑤ 在瓶阀上安装减压器时，和阀门联接的螺母应拧紧，以防止开启时脱落。安装好减压器后，要检查一下各部分是否漏气和管道是否畅通。瓶阀打开时应缓慢。在使用氧气瓶时，按逆时针方向旋转瓶阀的手轮，可开启瓶阀：反之，则是关闭瓶阀。

⑥ 取瓶帽时，只能用手或扳手旋转，禁止用铁锤等硬物敲击。

⑦ 氧气瓶和操作场所应当远离高温区。任何油脂和可燃物、熔融金属飞溅物及其他明火均不得与氧气瓶接触，与氧气瓶的距离应在10m以上。

⑧ 氧气瓶应定期检查，经检验合格后才能继续使用。

（2）乙炔气瓶的结构及使用操作

1）乙炔气瓶的结构。乙炔气瓶是储存和运输乙炔气体的专用钢瓶，其外形和氧气瓶相似，但直径较大，内部结构比氧气瓶复杂。由于乙炔不能用高压直接压入瓶体内储存，为了储存和运输，通常在瓶内装有浸满丙酮的多孔材料，利用乙炔易溶解于丙酮的特点使乙炔稳定，以便安全地储存在瓶内。这种乙炔气瓶通常称为溶解乙炔瓶，其结构如图1-80a所示。

溶解乙炔瓶主要由瓶体、瓶阀、瓶帽及瓶内多孔填料组成。瓶体下方是圆柱形的瓶座，可使乙炔气瓶在直立时保持平稳。瓶阀是乙炔气瓶充气和用气的重要部件，其结构如图1-80b所示。乙炔瓶阀与其他瓶阀有两点不同：一是出口处没有螺纹；二是瓶阀没有手轮。

一般来说，可燃气体的气瓶出口应为反螺纹，如液化石油气钢瓶等，使用时只要将螺纹相同的减压器安装在瓶阀出气口上即可。乙炔气体不同于其他燃气，它有特殊的危险性。由于瓶阀出口没有螺纹，使得不能将其他气体减压器误装到乙炔气瓶上，必须使用带夹环的乙炔气瓶专用减压器。

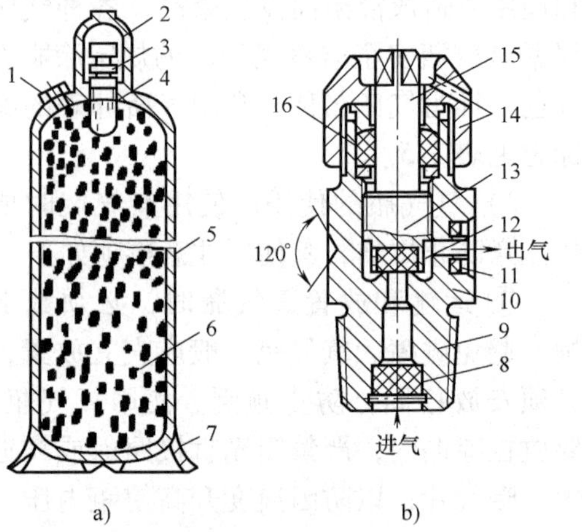


图1-80　乙炔气瓶

a）乙炔气瓶的结构　b）乙炔气瓶的瓶阀

1—可熔安全塞　2—瓶帽　3—瓶阀　4—过滤物质　5—瓶体　6—多孔性填料　7—瓶座　8—过滤件　9—锥形尾　10—阀体　11—密封垫　12—密封垫料　13—活门　14—压紧螺母　15—阀杆　16—防漏垫圈

乙炔瓶阀没有手轮，它的开启和关闭是通过方孔套筒扳手将阀杆上端的方形头旋转，使嵌有尼龙密封垫料的阀门向上或向下移动来实现的。阀杆逆时针方向旋转，开启瓶阀，反之，关闭瓶阀。没有方孔套筒扳手就不能开关瓶阀，增加了乙炔气瓶的安全性。

乙炔气瓶外表的颜色及字样标注可见表1-5，乙炔气瓶的工作压力为1.5MPa，设计压力为3.0MPa，瓶的上部应标出瓶的容积、质量、制造年月及生产厂家等。

2）乙炔气瓶的使用。乙炔气瓶在使用过程中，除必须遵守氧气瓶的使用要求外，还应注意以下事项：

① 乙炔气瓶在运输和放置时，不能受到剧烈的振动和撞击，以免发生爆炸。

② 乙炔气瓶在使用时应直立放置，严禁卧放，防止丙酮随乙炔流出，发生危险。

③ 开启乙炔气瓶的瓶阀时应缓慢，严禁超过一圈半，一般只开至3/4圈以内，以便在紧急情况下迅速关闭气瓶。注意保护瓶阀，应配备专用方孔套筒扳手开启和关闭瓶阀，不要用普通扳手代替专用扳手，以免损坏阀杆端的方榫。

④ 乙炔气瓶的放置地点应离明火10m以上，并严禁在烈日下暴晒和靠近热源，一般瓶体温度不得超过30～40℃。

⑤ 乙炔使用压力不应超过0.15MPa，输出流量不应超过1.5～2.5$m^3$/h。

⑥ 在减压器与瓶的连接口或其他接头管道有漏气时严禁使用。

⑦ 乙炔气瓶内的气体不能全部用完，必须留有不小于0.05～0.3MPa表压的余气，以防止空气进入瓶内，避免发生爆炸事故。

⑧ 气瓶不应绝缘，要时刻保持接地，以防止静电的产生。

⑨ 严禁铜、银、汞及其制品等与乙炔接触，必须使用铜合金时，其铜的质量分数应在70%以内。

（3）减压器的结构与使用操作

1）减压器的结构。减压器是将高压气体调节为低压气体，并保持输出气体的压力和流量稳定不变的调节装置。由于气焊时不需要高压，而装在瓶内的氧气和乙炔气、液化石油气的压力都较高，不能直接提供给焊炬使用。为了把钢瓶内的高压气体调节成工作时的低压气体，并保持稳定的压力，不会因为气源压力降低而降低，就必须使用减压器。

减压器按构造不同可分为双级式和单级式；按工作原理不同可分为正作用式和反作用式两类；按照用途不同可分为氧气减压器和乙炔减压器。目前国产减压器主要是单级反作用式和双级混合式两类。常见的单级反作用式减压器的外形如图1-81所示，主要部件包括软管接头、调压手柄、高低压表、安全阀及气瓶接头等。

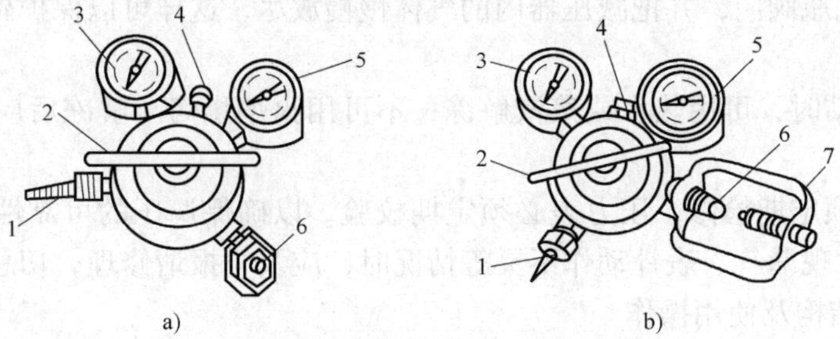


图1-81　单级反作用式减压器的外形

a）氧气减压器　b）乙炔减压器

1—软管接头　2—调压手柄　3—低压表

4—安全阀　5—高压表　6—气瓶接头　7—夹环

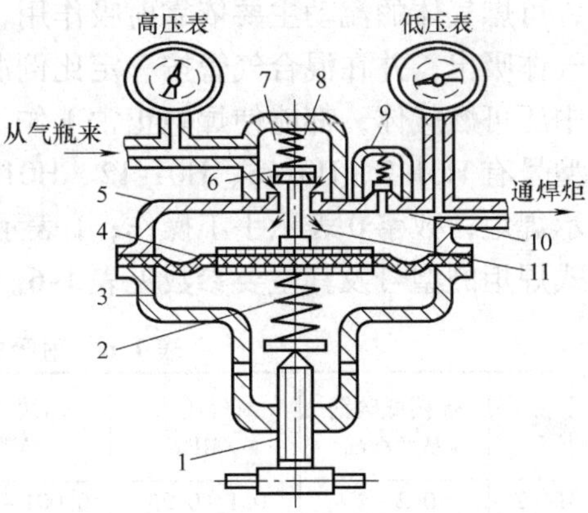


图1-82　单级反作用式减压器的工作原理

1—调压螺杆　2—调压弹簧　3—罩壳

4—弹性膜片　5—本体　6—减压阀门

7—高压室　8—副弹簧　9—安全阀

10—低压室　11—传动杆

单级反作用式减压器的工作原理如图1-82所示。从气瓶来的高压气体进入高压室，其压力数值可由高压表显示。工作时顺时针转动调压螺杆，调压螺杆通过调压弹簧、弹性膜片、传动杆将阀门压开，高压气体经过减压阀门减压后流入低压室，此时气体体积增大，压力降低，由出气口供给气焊使用。低压表指示的是减压后气体的工作压力值。当焊接使用的气量增大时，低压室中的气体压力就会下降，但弹性膜片下部与大气相通，弹性膜片下部压力不变，在压差的作用下弹性膜片上升使减压阀门开大，增加流入低压室气体的流量，使其自动恢复正常压力。

2）减压器的使用操作。使用减压器时应注意以下事项：

① 在安装减压器之前，要稍微打开气瓶阀门，以吹除污物，防止灰尘或水分进入减压器内。在开启氧气阀门时，阀嘴不能朝人体方向。

② 使用减压器时，要先将减压器拧紧到气瓶阀上，再将输气橡胶软管接到减压器低压端出口上，并用卡箍拧紧。减压器在气瓶上应安装合理、牢固。采用螺纹联接时，应拧足5

个螺扣以上；采用专门的夹具压紧时，装夹应平整牢固。调节工作气体的压力时，顺时针方向旋动调压手柄，便可调节输出的低压气体的压力。

③ 先将减压器的调压手柄逆时针方向旋松后才能打开气瓶阀门，开启气瓶阀门时要缓慢进行，不要用力过猛，以防高压气体损坏减压器及高压表。

④ 调节工作压力时，应缓慢地旋转调压手柄，以防高压气体冲坏弹性膜片装置或使低压表损坏。

⑤ 减压器必须保持清洁，氧气瓶减压器不得粘有油脂。装卸时应使用专用扳手。不同气体的减压器不得调换使用。

⑥ 减压器使用完毕时，必须把调压螺杆旋松。停止工作时，应先完全松开减压器的调压手柄，再关闭气瓶阀门，并把减压器内的气体慢慢放尽，这样可以保护副弹簧和减压阀门免受损坏。

⑦ 减压器冻结时，可用热水或蒸汽解冻，不可用火焰烘烤。解冻后应及时吹除其中残留的水分。

⑧ 减压器必须定期检修，压力表必须定期校验，以确保调压的可靠性和压力表读数的准确性。使用中发现漏气、表针动作不灵等情况时，应及时报请修理，切忌自行处理。

（4）焊炬的结构及使用操作

1）焊炬的结构。焊炬俗称焊枪，是气焊时用于控制可燃气体与助燃气体的混合比、流量及火焰类型并进行焊接的工具。按可燃气体与氧气的混合方式不同，焊炬可分为等压式和射吸式两类。等压式焊炬中可燃气体的压力和氧气的压力是相等的，因此称等压式。其优点是不易发生回火，但等压式焊炬不能用于低压可燃气体，所以目前很少采用。在射吸式焊炬中，可燃气体的流动主要依靠射吸作用，即氧气从喷嘴口快速射出，将聚集在喷嘴周围的可燃气体吸出，并在混合气管按一定比例混合后从喷嘴喷出燃烧，所以不论使用低压可燃气体或中压可燃气体，都能使焊炬正常工作。目前普遍使用的焊炬多为射吸式焊炬。射吸式焊炬的型号有 H01-2、H01-6、H01-12、H01-20 四种。其中，H 是“焊”字汉语拼音的首字母，表示焊炬；数字 0 表示手工操作；1 表示射吸式；2、6、12、20 表示可焊接的最大厚度。射吸式焊炬的型号及其主要参数见表 1-6。

**表 1-6 射吸式焊炬的型号及其主要参数**

| 型号 | 焊接低碳钢厚度/mm | 氧气压力/MPa | 乙炔压力/MPa | 可换喷嘴个数 | 喷嘴孔径/mm | | | | | 焊炬总长/mm |
|---|---|---|---|---|---|---|---|---|---|---|
| | | | | | 1# | 2# | 3# | 4# | 5# | |
| H01-2 | 0.2~2 | 0.1~0.25 | 0.001~0.01 | 5 | 0.5 | 0.6 | 0.7 | 0.8 | 0.9 | 300 |
| H01-6 | 1~6 | 0.2~0.4 | 0.001~0.01 | 5 | 0.9 | 1.0 | 1.1 | 1.2 | 1.3 | 400 |
| H01-12 | 6~12 | 0.4~0.7 | 0.001~0.01 | 5 | 1.4 | 1.6 | 1.8 | 2.0 | 2.2 | 500 |
| H01-20 | 10~20 | 0.6~0.8 | 0.001~0.01 | 5 | 2.4 | 2.6 | 2.8 | 3.0 | 3.2 | 600 |

射吸式焊炬的结构如图 1-83 所示。它由喷嘴、混合气体管、射吸管、乙炔调节阀、手柄、乙炔导管、氧气导管、氧气调节阀等组成。焊炬尾部的两个导管通过橡胶软管与气瓶上的减压器相接，一个接可燃气体（乙炔或液化石油气），一个接氧气，不可接错。焊炬前端喷嘴的孔径有大有小，可根据焊件需要的火焰大小来更换。两种气体的混合比例可通过两个调节阀 5、8 来调节。

由于焊炬的好坏直接影响管件焊接的效果，因此要求焊炬应具有良好的调节性能，应

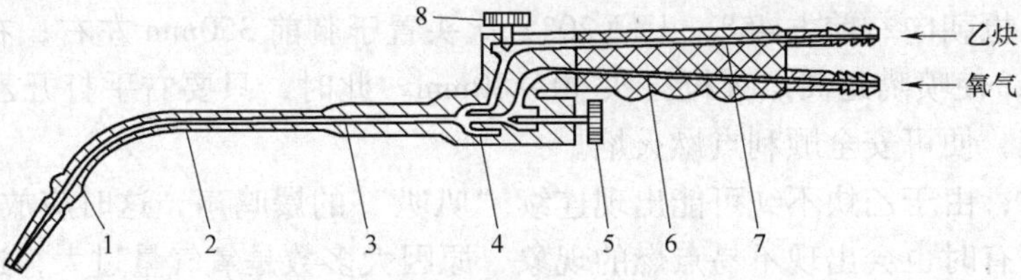


图 1-83　射吸式焊炬的结构

1—喷嘴　2—混合气体管　3—射吸管　4—射吸喷嘴
5—氧气调节阀　6—氧气导管　7—乙炔导管　8—乙炔调节阀

能够保持可燃气体的比例及火焰的大小，使混合气体的喷出速度等于或大于气体的燃烧速度，实现稳定燃烧，同时要求焊炬的质量要轻一些，使用安全可靠。

2）焊炬的使用操作。使用焊炬时，首先应根据焊件的厚度，按照表 1-6 选择合适的焊炬和喷嘴，用扳手将喷嘴拧紧，拧到不漏气为止。然后按照以下顺序进行操作：

① 检查焊炬的射吸能力是否正常。应将黑色的氧气胶管接在焊炬下方的氧气导管上，乙炔胶管暂时不接。然后打开氧气瓶阀，调节减压器的调节螺钉，向焊炬输送氧气。打开乙炔调节阀和氧气调节阀，当氧气从喷嘴流出时，用手指按在乙炔进气导管上，如果手指上感觉有足够的吸力，说明焊炬的射吸能力是正常的；若无吸力，则说明焊炬的射吸能力不正常，必须进行修理，正常之后才可使用。

② 确定焊炬射吸能力正常后，可将红色的乙炔胶管接在乙炔导管上，并和氧气胶管一起用钢丝或管卡夹紧。

③ 打开乙炔瓶阀。按照表 1-6 分别调节氧气和乙炔压力，然后关闭焊炬上的氧气调节阀和乙炔调节阀，用肥皂水检查喷嘴及各气体调节阀处是否漏气。若发现漏气，必须进行修复后才能使用。

④ 手持焊炬。如图 1-84 所示，右手大拇指与食指放在氧气调节阀处，其他 3 个手指握住焊炬手柄。左手大拇指与食指调节乙炔调节阀。使用熟练后，也可将右手大拇指放在乙炔调节阀处，食指放在氧气调节阀处，以便于随时调节气体流量，其他 3 个手指握住焊炬手柄。

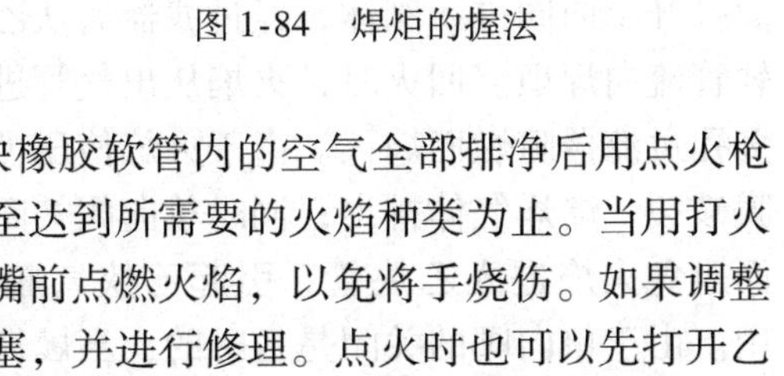


图 1-84　焊炬的握法

⑤ 点燃焊接火焰。先稍微打开氧气调节阀（逆时针旋转约 1/4 圈），再打开乙炔调节阀（逆时针旋转约 1/2 ~3/4 圈），然后停留 3 ~4s，等乙炔橡胶软管内的空气全部排净后用点火枪或打火机点火，并随即调整火焰的大小和形状，直至达到所需要的火焰种类为止。当用打火机点火时，必须将火源从喷嘴的后下方缓缓移到喷嘴前点燃火焰，以免将手烧伤。如果调整不正常或有灭火现象，应检查是否漏气或管道被堵塞，并进行修理。点火时也可以先打开乙炔调节阀，点燃乙炔并冒黑烟，此时立即打开氧气调节阀调节火焰。这种点火方法可避免点火时的爆鸣现象，而且在送氧后一旦发生回火便可立即关闭氧气，防止回火爆炸。这种点火方法还能较容易地发现焊炬是否堵塞等故障，其缺点是稍有烟灰，影响卫生，但有利于安全操作。

点火时，拿火源的手不要正对喷嘴，也不要将喷嘴指向他人，以防烧伤。当右手持焊炬时，左手拿点火枪朝向右前方45°，上倾20°，火头置于胸前350mm左右；右手持焊炬朝向左前方40°下倾，使喷嘴距离点火枪火头40～80mm。此时，只要右手打开乙炔调节阀，左手按下点火按钮，便可安全顺利点燃火焰。

开始点火时，由于乙炔不纯可能出现连续"叭叭"的爆鸣声，这时应放出不纯的乙炔，然后重新点火。有时也会出现不易点燃的现象，原因大多数是氧气量过大，这时应微关氧气调节阀。

⑥ 关闭焊炬。停止焊接时，应先调小氧气调节阀，火焰调为碳化焰，然后关闭乙炔调节阀，熄火后再完全关闭氧气调节阀，避免产生爆鸣、冒黑烟、火焰倒吸或残留余火。

3）焊炬操作的注意事项。焊炬在使用中应注意以下事项：

① 在点燃焊接火焰时，点火的姿势要正确，最好用专用的点火枪点火，尽量不用火柴和打火机。点火时，要注意选取喷嘴的方向，以防火焰吹向气瓶、人和其他物体。在点燃焊接火焰后，如果发现火焰分叉或内焰不规则，说明喷嘴内有脏物，应马上按正确方法熄灭火焰，关闭乙炔瓶与氧气瓶上的阀门，然后对喷嘴进行清理或更换。禁止将正在燃烧的焊炬随意卧放在焊件或地面上。

② 使用过程中若发生回火，应迅速关闭乙炔调节阀，同时关闭氧气调节阀。等回火熄灭后，再打开氧气调节阀，吹除残留在焊炬内的余烟和烟灰，并将焊炬手柄前面的部分放在水中冷却。回火严重时，需拆开焊炬用稀盐酸清洗，再用清水冲洗干净。

③ 焊炬的各气体管路均不允许沾染油脂，以防氧气遇到油脂而燃烧爆炸。另外，焊炬的配合面不能损伤，以防止因漏气而影响使用。

④ 焊炬的喷嘴被堵塞时，应用捅针清理，严禁采用喷嘴与平板摩擦的方法清理堵塞物。

⑤ 工作暂停或结束后，需将氧气和乙炔瓶阀关闭，并将压力表的指针调至零位；还要将焊炬和橡胶管盘好，挂在靠墙的架子上。

（5）回火保险器的结构与使用操作

1）回火保险器的结构。回火保险器是防止逆向燃烧的火焰烧向乙炔瓶，避免发生爆炸事故而装在燃料气体系统上的保险装置。当焊炬发生回火时，回火保险器可以阻止火焰在乙炔管道内燃烧，防止火焰回烧进入乙炔瓶。因此，乙炔通道上必须设置回火保险器。按作用原理不同，回火保险器可分为水封式和干式两种。

图1-85所示为干式回火保险器。正常工作时，乙炔从下面打开单向阀进入阀体，经过滤器后从乙炔出口接头通过橡胶软管流向焊炬。回火时，火焰从出气管进入回火保险器内，被多孔过滤器阻燃而熄灭。由于火焰使压力突然升高，防爆橡胶膜破裂，爆炸气体排出；同时单向阀关闭，暂时停止供气，从而避免火焰进入乙炔管，引起乙炔气瓶爆炸，起到保险的作用。由于单向阀的关闭是暂时的，当爆炸室降压后，一定压力的乙炔会将单向阀顶开继续供气，所以此时应关闭乙炔总阀门，更换防爆橡胶膜后再继续使用。

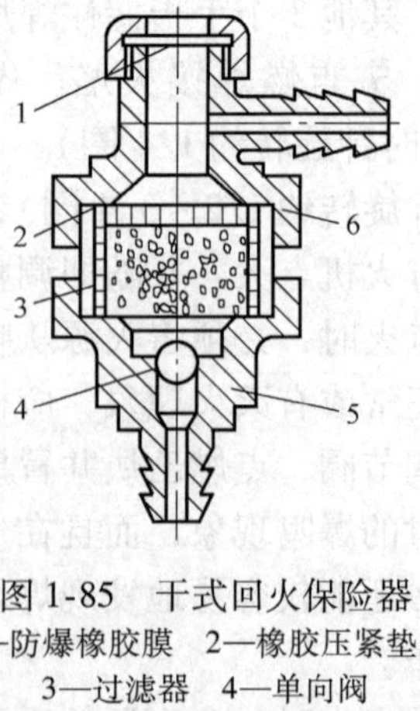


图1-85 干式回火保险器
1—防爆橡胶膜 2—橡胶压紧垫圈
3—过滤器 4—单向阀
5—下端盖 6—上端盖

2）回火保险器的使用操作。干式回火保险器在使用过程中，应注意其密封是否良好，如果有漏气应立即停止工作，进行修理。如果发现流量减少，阻力增加，压力下降，很可能是过滤器产生堵塞，应旋下端盖，拆开主体取出过滤器，浸于丙酮中清洗，干燥后才可装回主体中。装配后需做阻火性试验，合格后才能使用。回火保险器的防爆橡胶膜爆破后，必须及时更换。

（6）橡胶软管的结构与使用操作

1）橡胶软管的结构。橡胶软管作为输气通道，其主要作用是把经减压器减压成正常工作压力的可燃气体和助燃气体，从气体来源的出口接头输送到焊炬上，保证焊炬的工作。橡胶软管的结构可分为三部分：核心部分是由富有弹性、能抗弯曲和气体压力的橡胶组成的，呈圆筒形；中间部分是由2~3层纤维组成的；外层是由带色的坚韧的橡胶组成的。橡胶软管可分为氧气胶管和乙炔胶管，二者不能相互代用。一般氧气橡胶软管外表为红色，内径为8mm，中间部分纤维层数较多，允许工作压力为1.5~2.0MPa。乙炔或液化石油气橡胶软管外表为黑色，内径通常为10mm，中间部分纤维层数较少，允许工作压力为0.5~1MPa。

2）橡胶软管的使用操作。橡胶软管在使用中应注意以下事项：

① 由于氧气橡胶软管和可燃气体橡胶软管在使用中不得相互代用，因此在与气瓶及焊炬连接时一定注意不可接错。橡胶软管长度一般为10~15m，接头处必须用专用卡箍或退火的金属丝卡紧扎牢。软管距离焊炬1.5m内不准有接头。

② 使用可燃气体橡胶软管中发生脱落、破裂、着火时，应先将焊炬的火焰熄灭，然后停止供气。氧气橡胶软管着火时，应迅速关闭氧气瓶阀，停止供氧。不准用弯折橡胶软管的办法来消除氧气橡胶软管着火；可燃气体橡胶软管着火时可弯折前面一段橡胶软管来将火熄灭。

③ 禁止把橡胶软管放在高温管道和电线上，禁止把重的或热的物件压在橡胶软管上，也禁止将橡胶软管与电焊用的导线敷设在一起。橡胶软管穿过车行道时应加防护套和盖板。

④ 橡胶软管出现损坏时，若其他部分完好，可用粗细合适的铁管连接，并用卡箍或退火的金属丝扎牢。对于乙炔橡胶软管，切不可用纯铜管连接。橡胶软管使用老化后，易出现漏气现象，应及时更换新管，以防发生危险。

⑤ 在使用新橡胶软管时，必须先把管内壁的滑石粉吹干净，防止焊炬的通道被堵塞。在使用中应避免受外界挤压和机械损伤，不得将管身折叠。

2. 气焊材料的使用

（1）气焊气体的性质　气焊使用两种气体，一种是助燃气体，一种是可燃气体。在气焊操作中，氧气是助燃气体，乙炔气或液化石油气是可燃气体。

1）氧气的性质。氧气在常温常压下是一种无色、无味、无毒的气体，密度比空气稍大。氧气的化学性质很活泼，极易和其他元素化合生成氧化物。一般把激烈的氧化反应称为燃烧。氧气本身不能燃烧，但它有很强的助燃作用。气焊正是利用可燃气体和氧气混合后燃烧所放出的热量作为热源的。高压氧气在常温下能和油脂物质发生化学变化，引起发热、自燃或爆炸。因此，氧气瓶嘴、氧气减压器、焊炬以及连接管道中切不可沾染油污和油脂。

2）乙炔的性质。乙炔是一种无色的碳氢化合物，它含有93%的碳和7%的氢。由于乙炔中含有硫化氢和有毒的磷化氢等杂质，所以带有刺鼻的气味。乙炔是可燃性气体，乙炔的自燃点为335℃，在空气中的着火温度为428℃。它与空气混合燃烧时所产生的火焰温度为2350℃。乙炔本身不能达到完全燃烧，不完全燃烧就会产生大量的黑烟。它与适量的氧混合后，点火即可产生3200℃的高温火焰，是气焊理想的可燃气体。

乙炔在300℃以上或0.15MPa以上的压力下，有自燃爆炸的危险，在常温下撞击也有爆炸的危险。乙炔与空气或氧气混合而成的气体也具有爆炸性。乙炔在空气中体积分数为2.1%～81%，在氧气中体积分数为2.8%～93%的范围内所形成的混合气体，只要遇到高温、静电火花及明火就会发生爆炸，使用时要特别注意。

乙炔与铜或银长时间接触后，会在铜或银的表面生成一种爆炸性的化合物，即乙炔铜和乙炔银，当它们受到摩擦、剧烈振动或加热到110～120℃时，就会发生爆炸。所以所有与乙炔相接触的部件（包括仪表、管路、附件等）不得由铜、银以及铜（或银）的质量分数超过70%的合金制成。

乙炔还能和氯、次氯酸盐等化合，发生燃烧和爆炸。因此，由于乙炔燃烧引起的火灾绝对禁止使用四氯化碳灭火器来灭火。

3）液化石油气。液化石油气是裂化石油时的副产品，主要成分是丙烷、丁烷、丙烯、丁烯等碳氢化合物；在常温常压下它以气体状态存在，但只要加大压力（约0.8～1.5MPa）就可变成液体。液化石油气呈气态时是无色气体，密度比空气大。液化石油气与空气或氧气混合点燃后可获得理想的火焰。液化石油气要达到完全燃烧，它所需的氧气量比乙炔多。其火焰温度可达2 500℃左右。液化石油气的几种主要成分与空气或氧气的混合气体具有爆炸性，但比使用乙炔安全。

液化石油气与乙炔一样，与空气或氧气混合后具有爆炸性，但爆炸危险的混合比值范围比乙炔小得多。它在空气中的爆炸范围为3.5%～16.3%（体积分数），同时由于燃点为500℃左右（比乙炔高），因此，使用时比乙炔安全。

液化石油气和乙炔相比，具有成本低、操作安全、使用方便等优点。目前，在制冷与空调设备维修中，液化石油气得到越来越广泛的应用。

液化石油气易挥发，在常温、常压下液态液化石油气会迅速挥发成250～350倍体积的气体而快速扩散，向压力较低处流动，遇到明火会引起燃烧事故。另外，吸入过量的液化石油气可导致人窒息。空气中液化石油气含量小于0.5%（体积分数）时，一般不会引起事故；空气中液化石油气的浓度大于10%（体积分数）时，则有使人窒息的危险。因此，使用液化石油气时必须注意通风。

（2）钎料的使用　钎料在气焊中作为填充金属与熔化的焊件混合形成焊缝。用于制冷与空调设备气焊的钎料主要是银钎料、铜锌钎料和铜磷钎料。常用国产气焊钎料的牌号和成分见表1-7。

**表1-7　常用国产气焊钎料的牌号和成分**

| 钎料 | 牌号 | 熔点/℃ | 化学成分（质量分数,%） | | | |
|---|---|---|---|---|---|---|
| | | | 铜 | 锌 | 银 | 磷 |
| 铜锌钎料 | 36号铜锌合金 | 833 | 34～38 | 余数 | — | — |
| | 48号铜锌合金 | 850 | 46～50 | 余数 | — | — |
| | 54号铜锌合金 | 870 | 52～56 | 余数 | — | — |
| 铜磷钎料 | 料909 | 715 | 余数 | — | 1～2 | 5～7 |
| | 料204 | 604 | 余数 | — | 14～16 | 4～6 |
| | 料203 | 650 | 余数 | — | — | 5～7 |
| 银钎料 | 12号银合金 | 785 | 36 | 52 | 12 | — |
| | 25号银合金 | 765 | 40 | 35 | 25 | — |
| | 45号银合金 | 720 | 30 | 25 | 45 | — |

铜锌钎料的力学性能和熔点与锌的含量有关。它具有较好的抗腐蚀性能，配合钎剂可焊接铜、含锌较少的黄铜、钢及铸铁等。铜磷钎料适用于焊接铜和黄铜，但不能焊接黑色金属表面，并且在焊缝靠近基体金属的边界处，易生成脆性的磷化铁，使焊缝变脆。其特点是流动性好、填缝和润湿性强、价格便宜等。这种钎料焊接的接头能很好地在拉伸状态下工作，并且有良好的导电性。但焊缝塑性差，故处于弯曲、冲击状态下工作的接头不宜采用。银钎料是银、铜和锌的合金，并有少量的镉和镍等。它可以焊接铜及其合金、钢铁、不锈钢、耐热合金、硬质合金等。这种钎料的特点是熔点低、润湿性好、操作容易、强度高、导电性和耐蚀性优良，所以得到了广泛的应用。

为有效地保证焊接质量，要根据焊件材料选用合适的钎料。铜与铜之间的焊接可选用铜钎料或低含银量的钎料，而且不需要钎剂。不需钎剂的钎料称为自钎性钎料，这种钎料对制冷系统的焊接较好。因为钎剂有强腐蚀性，若焊后的残留物清洗不净，将带来极大的后患，自钎性钎料则可避免这类腐蚀。铜与钢或钢与钢之间的焊接可选用银钎料或铜锌钎料，焊接时需用钎剂。焊后必须将焊缝附近的残留物用热水或水蒸气刷洗干净，以防产生腐蚀。使用钎剂时最好用酒精稀释成糊状，涂在焊缝表面，气焊时酒精迅速挥发而形成平滑薄膜不易流失，也可避免水分浸入制冷系统。

（3）钎剂的使用　钎剂也称焊药，是氧乙炔气焊时的钎剂。在气焊过程中，其作用主要是除去气焊时熔池中形成的高熔点氧化物杂质，防止被焊工件金属及钎料的氧化，并使钎料能够均匀地流动，形成熔渣覆盖在熔池表面，使熔池与空气隔离。同时，还可以减少已熔化了的钎料的表面张力，容易去除熔渣，具有改善湿润性能和精炼作用，促使获得致密的焊缝组织。在气焊合金钢、铸铁及各种有色金属时，若不使用钎剂，焊缝中夹杂的氧化物会使焊缝处的强度降低，产生泄漏，因此必须使用钎剂。

钎剂分非腐蚀性和活化性两种。非腐蚀性钎剂对气焊温度在800℃以上的金属有效。活化性钎剂具有较强的清除氧化物和杂质的能力，但熔剂的熔渣对金属有腐蚀作用，焊完后必须全部清除。

气焊时要根据焊件的材料、钎料选用钎剂。铜管与铜管的焊接使用铜磷钎料可不用钎剂，若使用银钎料或铜锌钎料可选用非腐蚀性钎剂，如硼砂、硼酸或两者混合的钎剂。铜管与钢管或钢管与钢管的焊接使用银钎料或铜锌钎料时，要选用活化性钎剂。常用钎剂的性能和用途见表1-8。

**表1-8　常用钎剂的性能和用途**

| 名称 | 性　能 | 用　途 |
|---|---|---|
| 不锈钢及耐热钢钎剂 | 熔点约为900℃，焊时具有良好的润湿作用，能防止金属氧化，焊后覆盖在金属表面的焊渣容易去掉 | 用作不锈钢及耐热钢气焊钎剂 |
| 铸铁气钎剂 | 熔点约为650℃，呈碱性反应，能有效去除铸铁在气焊过程中所产生的硅酸盐和氧化物，有加速金属熔化的功能 | 用作铸铁气焊时的钎剂 |
| 铜气钎剂 | 属硼基盐类，熔点约为650℃，呈碱性反应，能有效地溶解氧化铜和氧化亚铜 | 用作铜和铜合金气焊时的钎剂 |
| 铝气钎剂 | 主要成分为卤族元素的碱金属化合物，熔点约为560℃，呈碱性反应，能有效地破坏氧化铝膜，具有潮解性，能在空气中引起铝的腐蚀，焊后必须将残渣从金属表面洗刷干净 | 用作铝及铝合金气焊时的钎剂 |

## （二）焊接操作的基本技能

制冷系统一般采用钢、铜、铝等金属材料制作，其各部分的连接通常采用气焊。焊接制冷系统管路时应掌握以下操作技能。

1. 气焊火焰的调节与选择

焊接火焰是气焊的热源，火焰的正确选用和调节是焊接质量的保证。在进行制冷管道焊接的操作中，要根据不同的材料和维修的目的选择不同的火焰类型。

（1）氧乙炔焰的调节与选择　氧乙炔焰焊接是制冷设备维修中应用最为广泛的焊接方式，几乎对任何材料的焊接都适用。按照氧气与乙炔的比值不同，氧乙炔焰可分为碳化焰、中性焰、氧化焰三种类型，其构造与形状如图 1-86 所示。

1）碳化焰。当乙炔气的含量超过氧气的含量，体积之比小于 1 时，燃烧后的气体中乙炔气未充分燃烧，喷出气体的火焰为碳化焰。点火后可将乙炔调节阀开得稍大一些，再控制氧气调节阀的开启度。随着氧气供量的增加，会使得其火焰分为三层，焰心呈白色，外围略带蓝色，内焰为淡白色，外焰为橙黄色，如图 1-86a 所示。由于碳化焰中有过剩的乙炔，易分解为氢气和碳，使其含碳成分较高，因此焊接时会使焊件金属渗碳，从而改变焊件金属的力学性能，使其强度增高，塑性降低。其火焰长而柔软，温度在 2700℃左右，一般多在对焊件进行预热、加温时使用，适用于焊接铜管与钢管。

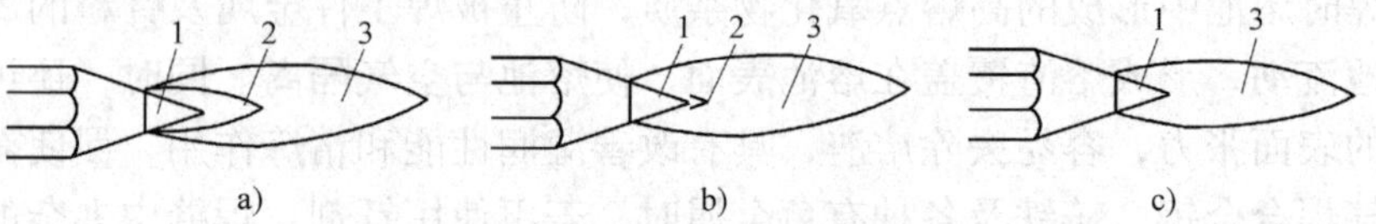


图 1-86　氧–乙炔焰类型
a）碳化焰　b）中性焰　c）氧化焰
1—焰芯　2—内焰　3—外焰

2）中性焰。当氧气含量与乙炔气含量适中，氧气与乙炔气的体积之比为 1～1.2 时，乙炔气充分燃烧，喷出的火焰为中性焰。点火后缓慢地调节氧气调节阀旋钮，使其火焰也分三层：焰芯呈尖锥形，色白而明亮；内焰为蓝白色，呈杏核形；外焰由里向外逐渐由淡紫色变为橙黄色，如图 1-86b 所示。中性焰的温度在 3100℃左右，温度最高点位于距离焰芯尖端 2～4mm 处。这种火焰燃烧后的气体中既无过剩的氧，也无过剩的乙炔，所以没有氧化和碳化作用，是气焊的标准火焰。中性焰适宜焊接铜管与铜管、钢管与钢管。在制冷设备管道焊接中主要采用的是中性焰。气焊时金属应放置在该处进行加热和焊接。

3）氧化焰。当氧气超过乙炔气的含量，其体积之比大于 1.2 时，喷出的火焰为氧化焰。氧化焰的火焰只有两层，如图 1-86c 所示。点火后随着氧气调节阀开启程度的增大，内焰将消失，焰心短而尖，呈青白色；外焰也较短，略带紫色。火焰挺直，燃烧时有“嘶嘶”的响声。氧化焰的火焰温度在 3500℃左右，由于氧化焰中有剩余的氧气存在，使整个火焰氧化性增强，容易造成焊件熔化，焊缝处会产生气孔、夹渣，影响焊缝质量。因此，氧化焰不适用于制冷设备管道的焊接。

火焰点燃后，略增加氧气流量，再加大乙炔流量，使之先调整为碳化焰；如果要调成中性焰，则应再逐渐增加氧气流量，火焰由长变短，颜色由淡红色变为蓝白色，当焰芯、内焰、外焰出现明显的界限时，即为中性焰；如果再继续增加氧气流量或减少乙炔流量，则可得到氧化焰。

（2）氧液化石油气火焰的调节与选择　氧液化石油气焊接相对于氧乙炔气焊接来说，焊接温度略低，但焊接工件不易氧化，使用方便安全，设备简单，一般可用于铜磷焊或银焊的焊接。

按照氧气与液化石油气的比例不同，氧液化石油气焊接火焰可分为碳化焰、氧化焰两种类型。其构造与形状如图1-87所示。

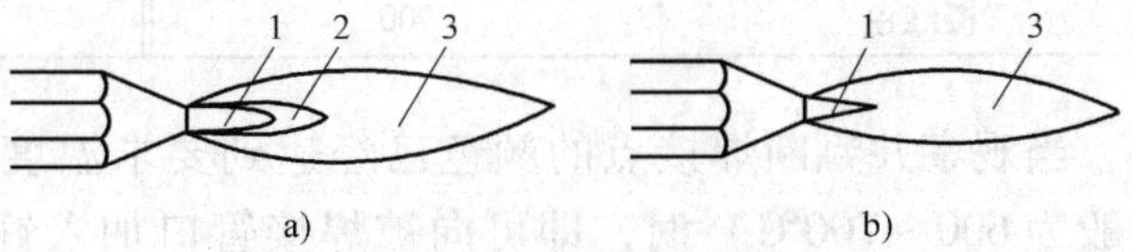


图1-87　氧液化石油气焊接火焰类型
a）碳化焰　b）氧化焰
1—焰芯　2—内焰　3—外焰

1）碳化焰。氧气与液化石油气体积之比为1.1~1.3时，其火焰为碳化焰。点火后可将液化石油气调节阀开得大一些，再控制氧气调节阀的开启程度。随着氧气供应量的增大，内焰的外形逐渐减小，火焰挺直度也随之增加，使得火焰分为三层，焰芯呈白色，内焰为淡白色，外焰为橙黄色，如图1-87a所示。碳化焰的温度在2500℃左右，适用于铜管与钢管的焊接。

2）氧化焰。氧气与液化石油气体积之比为1.4~1.6时，其火焰为氧化焰。点火后随着氧气调节阀开启程度的增大，内焰将消失，焰芯和外焰缩短，火焰分为两层。焰芯呈尖形，为青白色，外焰为淡白色，如图1-87b所示。氧化焰的温度为2900℃左右，适用于铜管与铜管、钢管与钢管的焊接。

2. 焊接操作的方法与步骤

（1）焊接操作的方法

1）预热。焊接之前必须对焊件进行预热。开始加热时，焊件的起始温度较低。为了便于预热，喷嘴与焊件之间的夹角应大些，火焰的焰芯端距焊件以2~4mm为宜。当喷嘴垂直于焊件表面时，火焰的热量最集中，同时焊件吸收的热量也最大。

加热焊件时，火焰方向不能正对管子接头的间隙，以免使火焰燃烧中产生的水分或其他杂质进入制冷系统管道内，形成冰堵或脏堵故障。为了使焊件加热均匀，还应使火焰缓慢地往复移动，而不应使火焰只停留在某一局部加热，以免造成局部过热，导致焊件氧化或烧熔穿孔，影响焊接质量。

当对不同材料的管件进行焊接时，应先加热热导率较大的管体（例如铜管），再加热另一管体（例如钢管）。对于同一种材料的管道，要先加热插入的管子，然后加热扩口管子。在焊接两个厚度或大小不同的焊件时，为了保证焊接质量，使两焊件均匀受热，应重点加热较厚或较大的焊件。例如焊接毛细管与干燥过滤器时，为了保证焊缝两边的温度均匀，不使毛细管烧熔，火焰应重点加热干燥过滤器一边。

应当特别强调的是，焊件在预热时，其预热的时间不能过长，以避免管道内壁产生氧化层。特别是在焊接毛细管时，若预热时间过长，会使毛细管由于加热过度而熔化，造成制冷系统毛细管、干燥过滤器产生堵塞，所以要掌握好预热时间。

2）钎料的加入。当焊接点受热温度发生变化时，焊接点的颜色也随之发生变化。在焊接时，应通过观察焊接点的颜色来确定放置钎料的时机进行焊接。铜管受热后，颜色与温度的关系见表1-9。

表 1-9 铜管颜色与温度的关系

| 颜色 | 温度/℃ | 颜色 | 温度/℃ |
|---|---|---|---|
| 微红色 | 525 | 亮樱色 | 1000 |
| 暗红色 | 700 | 暗黄色 | 1100 |
| 微樱色 | 800 | 亮白色 | 1400 |
| 樱红色 | 900 | 眩目 | 1500 |

当观察并判断焊接点的颜色已经达到要求温度（焊接温度要比被焊物的熔点温度低，一般为600～700℃）时，即可向被焊接管口加入钎料，并用外焰继续向管口处加热保温，钎料就可以熔化，沿着焊口自动流成一圈，达到焊接的目的。

使用铜磷钎料进行焊接时，要尽快地使被焊的铜管接口处升温，钎料熔入焊缝的深度应在3～4mm以上，以保证接口处有足够的强度。焊接时，要反方向送入钎料，使钎料不直接接触火焰，以免在焊接过程中产生气孔。

使用银钎料进行焊接时，为了增加坡口处的热容量，提高坡口质量，应相对放慢对坡口的加热速度。

3）钎料的使用方法。当焊接火焰对焊接点加热到合适温度时，可用右手持焊炬，左手持钎料一头，将钎料的另一头顶端放置于焊接部位。为了保证安全，手持部位应该离火焰6cm以外。当钎料被熔化并通过自身流动性或移动钎料头的位置，使焊接部位呈现光滑有坡度的铜色焊接点时，应抽去钎料，移开焊炬并关闭。

在使用钎料过程中，经常会在焊接时出现钎料变短而无法直接使用的情况，这时可将两到三根变短的钎料焊接起来，这样既方便使用，又可节约材料。

（2）焊接操作的步骤

1）氧乙炔气焊接操作步骤。当采用氧乙炔气进行焊接操作时，可按下列步骤进行：

① 选择H01—2微型或H01—6小型焊炬，配以不同型号的喷嘴，按要求安装好焊接设备。

② 在确保设备完好的情况下，打开乙炔瓶阀和氧气瓶阀，此时瓶内的压力由各自的高压表显示出来，再顺时针方向旋转各自减压器上的调压手柄，观察低压表，调到所需要的压力。一般氧气压力为0.1～0.3MPa，乙炔的压力为0.01～0.03MPa。检查各减压器和管接头处有无泄漏，若调整的压力值超过了工作压力值时，可先逆时针旋松减压器的调压手柄，之后打开焊炬上的氧气调节阀或乙炔气调节阀，放掉管路内的氧气或乙炔气后关紧阀门，重新调节减压器。

③ 准备好合适的焊料。

④ 点燃焊接火焰，并将焊接火焰调节为中性焰。

⑤ 加热焊件至所需的焊接温度后，将焊料送入焊接部位，使焊料充分熔化填满缝隙。

⑥ 焊接完毕后，关闭焊炬，松开各自减压器上的调压手柄并关闭各自的瓶阀。

2）氧液化石油气焊接操作步骤。氧液化石油气焊接与氧乙炔气焊接相比，方法基本相同，只是由于可燃气体的不同，主要有以下几点区别：

① 喷嘴要选择大些。根据维修经验，采用液化石油气作为可燃气体时，应采用相应的丙烷喷嘴或将原配喷嘴的孔径扩大到1.5mm左右比较合适。

② 液化石油气压力调至0.05MPa左右。

③ 焊接火焰需用明火点燃，禁用火柴之类火源点燃。

④ 因为液化石油气燃烧火焰温度低于乙炔，所以焊接时间一般较长。

3）便携式氧丁烷焊炬焊接操作步骤：便携式氧丁烷焊炬焊接火焰与氧乙炔的火焰一样。其操作步骤如下：

① 按要求安装好焊接设备。

② 在确保设备完好的情况下，打开丁烷气瓶阀和氧气瓶阀，此时氧气瓶内的压力由压力表显示出来，再顺时针方向调节氧气减压器上的调压手柄，调到所需要的压力（氧气减压器上没有低压表，根据经验调节）。检查各调节阀和管接头处有无泄漏。丁烷气瓶不需要减压调节。

③ 点火操作。右手拿焊炬，左手逆时针方向少许拧开氧气阀，再开丁烷气阀，然后点火。

④ 焊接火焰的调整。调节氧气和丁烷气的混合比，使火焰呈中性焰。焰芯呈光亮的蓝色，火焰集中，轮廓清晰。

⑤ 加热焊件至所需的焊接温度后，将钎料送入焊接部位，使钎料充分熔化填满缝隙。

⑥ 焊接完毕后，关闭焊炬，松开氧气减压器上的调压手柄并关闭氧气瓶和丁烷气瓶的瓶阀。

4）液化石油气焊接操作步骤。液化石油气焊接在制冷领域内是一种较为新型的焊接方式，相对于氧乙炔气焊接和氧液化石油气焊接来说，焊接温度较低、焊接火焰较分散，但比较卫生、安全性较高、使用方便、设备简单、成本低。用液化石油气作燃料时，焊接火焰温度较低，因此钎料也要用低熔点的铜磷钎料或低含银钎料。为提高液化石油气火焰的加热温度，在焊接较大直径铜管时，可在被焊管子后面加衬一块有长柄的弧形反热钢板，起到反射热量加热铜管背面的作用，弥补这种焊接火焰温度较低的缺点，提高焊接质量。其操作步骤如下：

① 将液化石油气涡流焊炬由专用接头通过耐压软管装在液化石油气钢瓶减压器上。最好在液化石油气钢瓶上安装压力表，以监测焊接过程中液化石油气的压力能否保持平稳（0.1～0.4MPa）。

② 检查连接管路与连接件的完好与密封。

③ 打开液化石油气钢瓶的阀门，稍微打开焊炬上的调节阀，利用液化石油气的压力把供气管内的空气排出。

④ 点燃火种使之引燃焊炬。点火时机要掌握好，一定要做到“火等气”，不能“气等火”。也就是要“先点火，后放气”，不要“先放气，后点火”。

⑤ 根据需要缓慢调节焊炬的调节阀，待火焰稳定后即可施焊。

⑥ 熄灭火焰时，先关闭液化石油气瓶阀，待火焰熄灭后，再关掉焊炬上的调节阀。

需要强调的是，使用液化石油气焊接时，焊接工位要离液化石油气钢瓶至少3m以上。所用的气体只能是瓶装液化石油气，而不能使用管道燃气。在使用过程中需经常检查供气管及接头是否漏气，特别注意管接头内胶垫是否损坏或丢失。为了防止发生腐蚀，禁止在接头处沾染油脂或油垢，禁止管道接触有机溶剂，同时也禁止在高温环境下使用。

3. 焊接结构形式的确定

（1）相同管径铜管的对焊　两根直径相同的纯铜管进行焊接时，应采用插入式的焊接结构。纯铜管的一端用扩管器扩成杯形口，接口部分内、外表面用砂纸打磨擦亮，不可有毛刺、锈蚀或凸凹不平，另一根纯铜管也按此方法清理干净，然后插入扩口内压紧，以免焊接时焊料从间隙流进管内，如图 1-88 所示。

焊接时两管之间要有适当的插入长度和配合间隙，如图 1-89 所示。插入长度 $a$ 太短或配合间隙 $b$ 过大，钎料容易流入管内，造成污染或堵塞，会影响强度和密封性。若配合间隙过小，钎料不能流入焊接面，只能堆积在接口外面，受到振动或弯曲时就可能开裂泄漏，致使其强度很差。同时焊缝中钎料填充不满也会造成泄漏，不但不能保证焊接质量，而且浪费钎料。合理的插入长度与配合间隙见表 1-10。

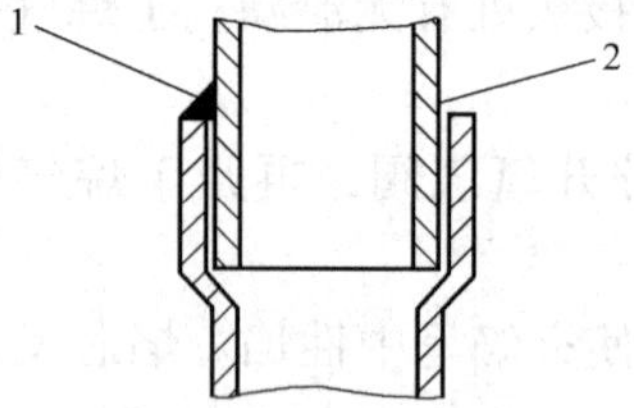


图 1-88 相同管径的对接结构
1—焊后 2—焊前

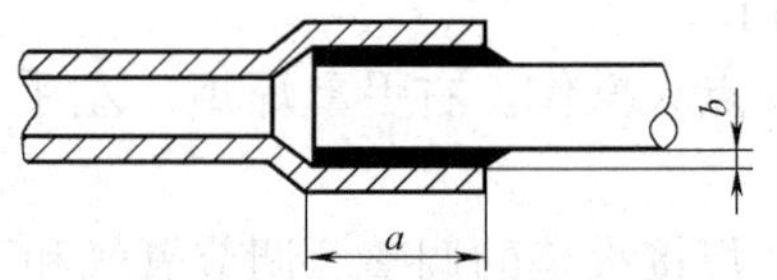


图 1-89 插入长度及配合间隙
$a$—插入长度 $b$—配合间隙

**表 1-10 纯铜管焊接合理的插入长度与配合间隙**

| 插管外径 | 5 ~ 8 | 8 ~ 12 | 12 ~ 16 | 16 ~ 25 | 25 ~ 35 | 35 ~ 45 |
|---|---|---|---|---|---|---|
| 插入最小长度 | 6 | 7 | 8 | 10 | 12 | 14 |
| 配合间隙 | 0. 05 ~ 0. 35 | 0. 05 ~ 0. 35 | 0. 05 ~ 0. 45 | 0. 05 ~ 0. 55 | 0. 05 ~ 0. 55 | 0. 05 ~ 0. 55 |

如果插焊受到管路长度的限制，可采用图 1-90 所示的喇叭口结构和短套管结构。

（2）管径相差较大的铜管对焊　对两根管径相差较大的管路进行焊接时，焊接前应先将小管径的铜管插入大管径的管子内，插入深度为 20 ~ 30mm，然后用钳子把大管径的管口多出部分夹扁，外管的夹扁长度为 10 ~ 15mm。为了避免夹扁小管径铜管造成堵塞，要边夹边转动小管径铜管，如图 1-91 所示。

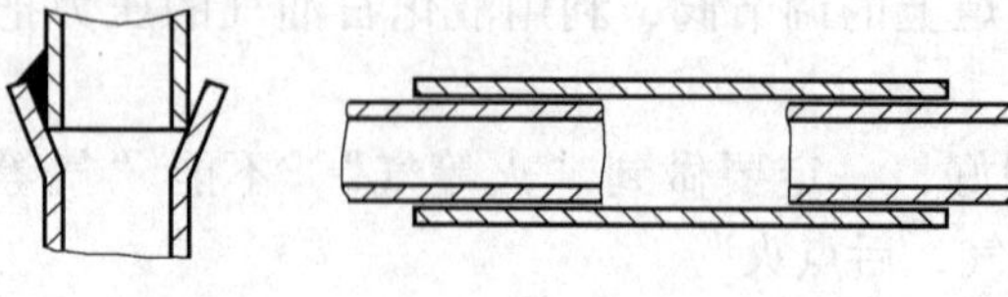

a) b)

图 1-90 相同管径纯铜管的焊接
a）喇叭口结构 b）短套管结构

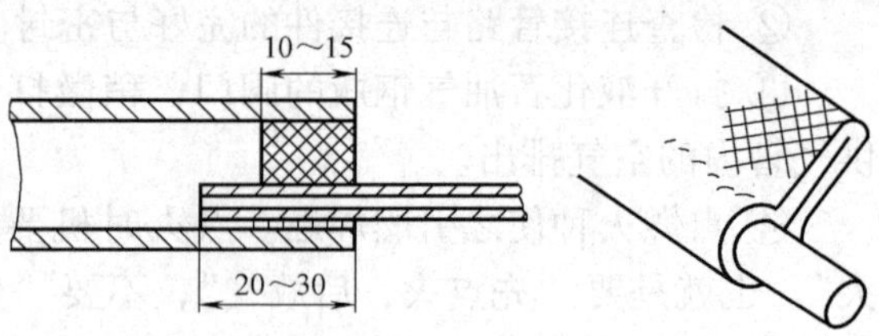


a) b)

图 1-91 管径不同的纯铜管的焊接
a）夹扁前 b）夹扁后

（3）压缩机导管与制冷剂管焊接管口的对焊　在焊接压缩机导管与制冷剂管时，制冷剂管插入压缩机导管的深度必须大于 10mm。若小于 10mm，在加热时插入的制冷剂管易变位向外移动，导致钎料堵塞管口，如图 1-92 所示。电冰箱、空调器的制冷剂管插入压缩机导管的间隙要控制在 0. 05 ~ 0. 20mm。若间隙过大，钎料难以均匀地渗入，会出现气孔，导致漏气。若间隙过小，则流进间隙的钎料太少，易造成强度不够或虚焊。

（4）毛细管与干燥过滤器焊接管口的对焊　毛细管与干燥过滤器焊接时，要特别注意毛细管的插入深度，一般为15mm，毛细管插入端面距滤网端面为5mm，如图1-93所示。如果插入过深，会触及过滤网，杂质会堵塞管口，并会造成制冷量不足；如果插入过浅，钎料会流进毛细管端部，使阻力加大，造成堵塞。毛细管端部最好作成45°，以防杂质微粒滞留在端面而造成堵塞。

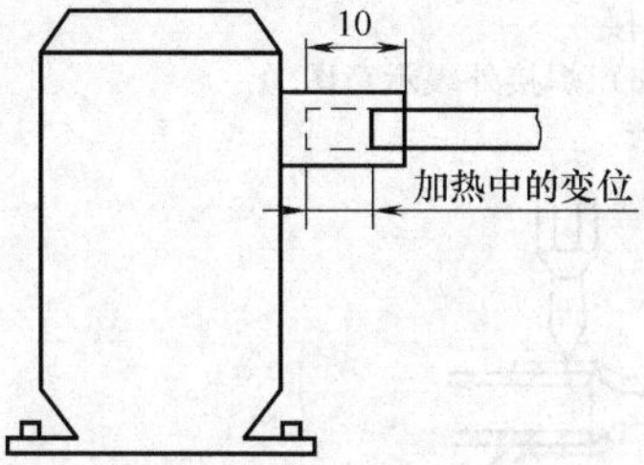


图1-92　压缩机导管与制冷剂管的焊接

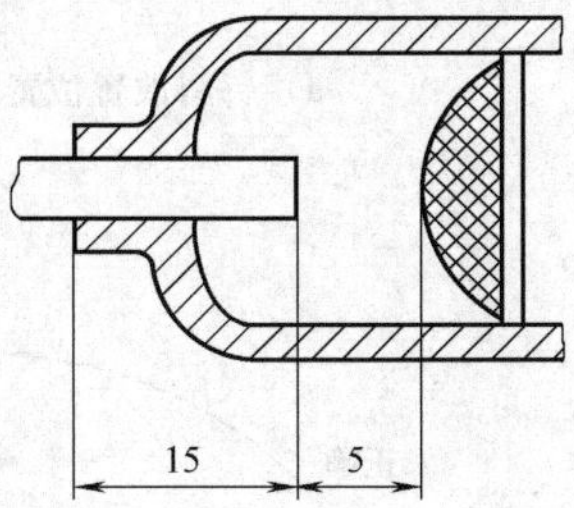


图1-93　毛细管与过滤器的焊接

（5）毛细管与蒸发器焊接管口的对焊　毛细管与蒸发器焊接管口的对焊应根据制冷设备及管径的不同来确定毛细管的插入位置。图1-94a所示为毛细管在电冰箱中的对接；图1-94b和图1-94c所示为毛细管在空调器中的对接。在空调器和电冰箱中，毛细管插入长度约为25～30mm，蒸发器管夹扁长度约为15～20mm。焊接时要注意焊接温度不能过高，焊接时间不能过长，以免烧熔毛细管或损坏蒸发器。

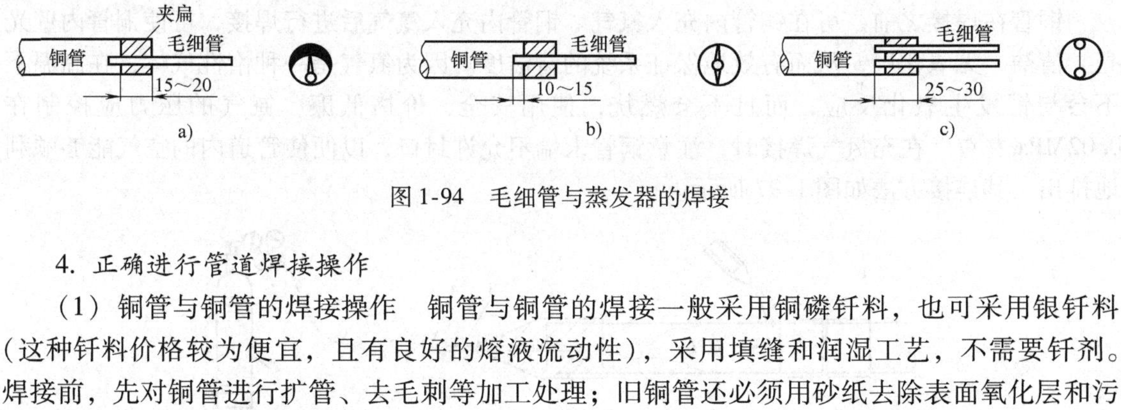


图1-94　毛细管与蒸发器的焊接

4. 正确进行管道焊接操作

（1）铜管与铜管的焊接操作　铜管与铜管的焊接一般采用铜磷钎料，也可采用银钎料（这种钎料价格较为便宜，且有良好的熔液流动性），采用填缝和润湿工艺，不需要钎剂。焊接前，先对铜管进行扩管、去毛刺等加工处理；旧铜管还必须用砂纸去除表面氧化层和污物。焊接时的具体操作步骤如下：

1）打开焊炬点火，调节氧气和可燃气体的混合比。采用氧乙炔气焊接时选择中性焰，采用液化石油气焊接时选择氧化焰。

2）先用火焰加热插入管，稍热后把火焰移向外套管，使火焰的焰芯端距焊件约2～4mm。应左右前后移动焊炬，使管子接头均匀加热到焊接温度显暗红色时，加入钎料，如图1-95所示。在铜管加热过程中依靠铜管温度的提高使钎料熔化，因此需要用火焰的外焰维持铜管接头的温度，而不能采用预先将钎料熔化后滴入焊接接头处，然后再加热焊接接头的方法（这样会造成钎料中的低熔点元素挥发，改变焊缝成分，影响接头的强度和致密性）。焊接时应该使管接头的坡口向下或呈水平状态，绝对不能使接口向上焊接，以防止钎料从间隙流入管内，如图 1-96 所示。

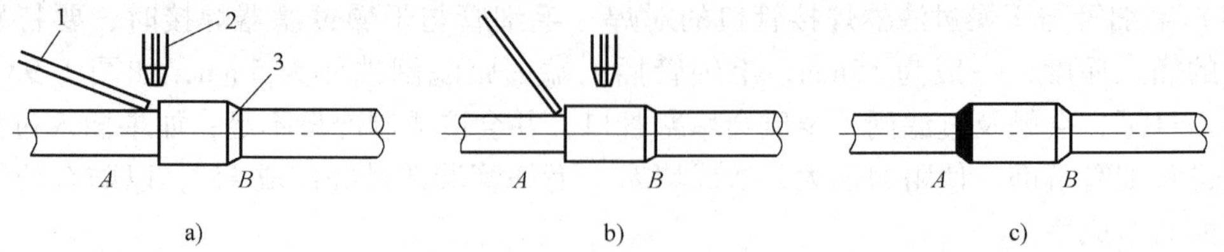


图 1-95 铜管与铜管的焊接

a）钎料放置位置 b）火焰在 *A*、*B* 间移动 c）焊接外表示意图

1—钎料 2—焊炬 3—铜管

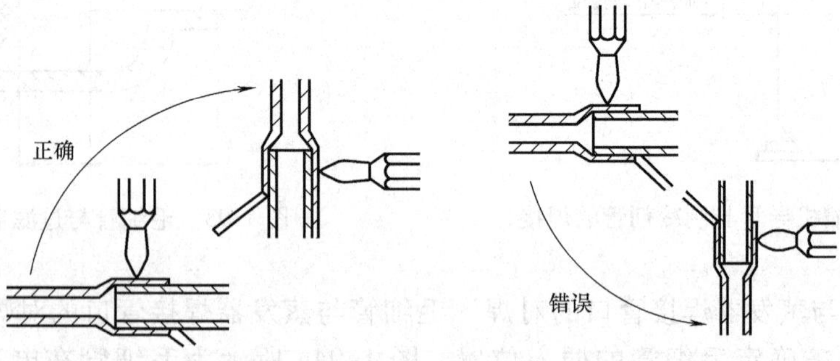


图 1-96 焊口的方向

3）焊接完毕后，将火焰移开，关闭焊炬。

4）检查焊接质量。如果发现有砂眼或漏焊的缝隙，则应再次加热焊接。

铜管在焊接之前，可在铜管内充入氮气。铜管内充入氮气后进行焊接，可使铜管内壁光亮、清洁，无氧化层，从而有效地保证系统的清洁度。因为氮气是一种惰性气体，在高温下不会与铜发生氧化反应，而且不会燃烧，使用安全，价格低廉。氮气的压力应控制在 0.02MPa 左右。在充氮气焊接时，注意铜管末端不允许封口，以便使管道内的空气能够顺利地排出。其连接方法如图 1-97 所示。

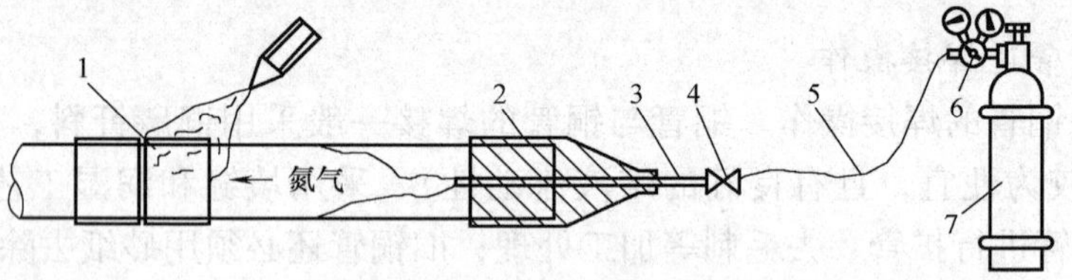


图 1-97 充氮气焊接

1—气焊部位 2—密封胶带 3—细铜管 4—无填料阀

5—橡胶软管 6—氮气减压器 7—氮气瓶

（2）铜管与钢管的焊接操作 铜管与钢管的焊接一般采用 45%（质量分数，下同）、35% 或 25% 的银钎料，此钎料的流动性较好，但需要钎剂的帮助增加熔合性，选用的钎剂应是柔性混合物或粉状物，一般可使用硼砂 $Na_2B_4O_7 \cdot 10H_2O$。焊接前应对焊接的铜管和钢管进行胀管、去毛刺等处理。如果是旧管，则必须去除表面氧化层、油漆及油污等。焊接时的具体操作步骤如下：

1）打开焊炬调节氧气和可燃气体的混合比，选择碳化焰。在加热前，先将已用酒精调好的糊状钎剂均匀涂在待焊接部位，如图1-98a所示。

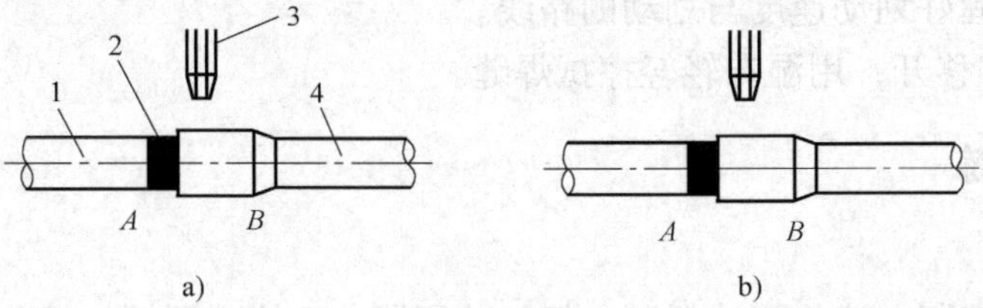


图1-98　铜管与钢管的焊接
a）焊接加热部位　b）钎料熔化后火焰在$A$、$B$间移动
1—钢管　2—熔化的钎剂　3—焊炬　4—铜管

2）焊炬火焰集中加热插入管和套管接触部位，将火焰在$A$、$B$两管间连续来回移动，如图1-98a所示。加热时火焰不可直接接触钎剂：加热钢管的温度要略高于加热铜管的温度。

3）当管子加热至樱红色、钎剂熔化成液体时，立即将钎料放到焊点上，焊炬则在$A$、$B$间来回移动，如图1-98b所示，直至钎料流入两管间的缝隙内。

4）将火焰移开，关闭焊炬。

5）检查焊缝质量。如果发现焊缝仍有缝隙或砂眼，则重新加热补焊。

（3）铜铝接头的焊接操作　铜铝接头焊接工艺比较难掌握，焊接时应仔细操作。其具体步骤如下：

1）焊接前的准备工作。先将泄漏的铜铝接头焊开，把泄漏的那段管子用割管器割掉，然后将铜管内壁清理干净；同时，将铜管外表面的氧化膜、灰尘或油脂清除掉。焊开铜铝接头时，用中性焰加热铜管部分即可，严禁直接加热接合处或铝管部分，否则有烧熔铝管的可能，给重新焊接带来困难。

2）铜、铝管的断面处理。用平板锉将铜、铝管的断面锉平，使铜、铝管对合后不会有明显的裂缝，将铜、铝管的断面处理干净。

3）插入铜管。把管壁内、外已清理干净的铜管（铜管外径等于铝管内径）外壁均匀地涂上已调制好的糊状铝钎剂，插入铝管内10mm。

4）打开焊炬，点燃焊接火焰，调节氧气和乙炔的混合比，选择中性焰。

5）用火焰在距焊缝10mm的铜管部分加热，加热要均匀，不允许只局部加热，火焰不能烧到铝管部分。由于铝的熔点是658℃，低于铜的熔点（1080℃），因此当铝管开始熔接于铜管上时，应立即停止加热，同时，将铜管稍作转动，使之均匀熔在一起，然后用碳化焰烘烤保温，使之缓慢冷却。

6）关闭焊炬。

7）冷却后，用清水把焊接部位刷洗干净，以免焊件被腐蚀，并用氮气吹去管内污物。

（4）封口焊接操作　封口焊接常用于制冷系统维修后对压缩机工艺管（纯铜管）的密封。其具体操作步骤如下：

1）把需封口的管道用封口钳或其他钳子夹扁封口，用锉刀锉平，去掉毛刺。

2）用焊炬加热封口。加热要快速，加热位置要集中。

3）当封口部分加热至呈樱红色时，将钎料沿着封口的中心线匀速轻轻划过。注意：不可重复动作，要掌握好划动速度与划动的路线。

4）迅速将火焰移开，用湿布轻轻擦拭焊缝。

## 二、操作训练

1. 实训设备

氧气瓶、乙炔气瓶、液化石油气瓶、氧气减压器、乙炔减压器、液化石油气减压器、回火保险器、氧气橡胶软管、乙炔气橡胶软管、液化石油气橡胶软管、H01-2 或 H01-6 射吸式焊炬、液化石油气涡流焊炬、钎料、橡胶软管接头专用卡箍、点火枪、护目镜、铜管、钢管、肥皂水或洗洁精等。

2. 实训任务

任务 1　氧乙炔气焊接设备的连接与操作

（1）实训目的　熟悉氧乙炔气焊接设备的外部结构，掌握氧乙炔气焊接设备的连接与基本操作方法。

（2）实训内容

1）将氧乙炔气焊接设备按规定方法连接起来。各气焊设备连接好后应用洗洁精或肥皂水对接头处进行检漏。

2）正确使用氧乙炔气焊接设备进行安全操作训练，主要包括：氧气瓶、乙炔气瓶的开启与关闭；氧气减压器、乙炔减压器的使用与调整；双手及单手开启和关闭调节阀，同时，可练习左、右手的单手使用技巧。

3）焊接火焰的点燃与熄灭，各种焊接火焰的调整操作。

4）各种材质管子的加热熔融操作。要求掌握其温度和熔点温度的特征。将焊接火焰调至中性焰后，可对铜管、钢管、钢-铜连接件进行加热，观察铜、钢管材表面颜色的变化；过度加热时会将管材烧熔，进而掌握各类材料温度与表面颜色的关系；最后，以钎料涂抹，掌握钎料被焊件熔化的温度和颜色。

任务 2　氧液化石油气焊接设备的连接与操作

（1）实训目的　熟悉氧液化石油气焊接设备的外部结构，掌握氧液化石油气焊接设备的连接与基本操作方法。

（2）实训内容

1）将氧液化石油气焊接设备按规定方法连接起来。

2）正确使用氧液化石油气焊接设备进行安全操作训练。

3）焊接火焰的点燃与熄灭，各种焊接火焰的调整。

4）各种材质管子的加热熔融操作，掌握其温度和熔点温度的特征。

任务 3　液化石油气焊接设备的连接与操作

（1）实训目的　熟悉液化石油气焊接设备的外部结构，掌握液化石油气焊接设备的连接与基本操作方法。

（2）实训内容

1）练习液化石油气焊接设备的连接。

2）液化石油气涡流焊炬的使用操作：焊接火焰的点燃、调整与熄灭；焊件的加热。

任务4　制冷系统管道焊接操作训练

（1）实训目的　熟悉常用钎料、焊炬的特点，掌握制冷系统中各种管道的焊接操作方法。

（2）实训内容

1）铜管与铜管的焊接操作：包括相同管径及管径相差较大铜管的焊接。

2）铜管与钢管的焊接操作。

3）铜铝接头的焊接操作。

4）封口焊操作。

5）压缩机导管与制冷剂管的焊接操作。

6）毛细管与干燥过滤器的焊接操作。

7）毛细管与蒸发器的焊接操作。

3. 实训注意事项

1）操作现场环境必须按照气焊的安全规范要求进行布置，现场应配备必要的消防器具。

2）认真做好预习，在实训前应熟悉训练内容和操作方法。

3）对所用的工具和设备在使用前要认真地进行检查，发现问题应及时报告。必须严格按照操作规程并在正确指导下使用气焊设备，应有专人负责安全防护，避免出现事故。

4）氧气瓶严禁接触油及油污。严禁将点燃的焊炬对准人或焊接设备、橡胶软管，操作前应做好防火隔离等安全措施。

5）进行管道焊接时，焊接接头在焊接前应做好净化处理，清除氧化物和油渍，并做好防火隔离准备工作；焊接完毕后要将焊缝清除干净，不得有残留钎剂、氧化物和焊渣。

6）进行管道焊接时，火焰要强，焊接速度要快，焊接时间不宜过长；否则，会使管道生成氧化物等过多。若氧化物混入制冷系统中，可能会导致管道堵塞，影响系统正常运行。

7）焊接操作中，在钎料没有完全凝固时，不可移动或振动被焊接管道，以免产生裂缝。

8）气焊设备出现故障时，应立即报告指导老师，不可自行拆修，更不能带故障继续工作。

9）操作结束后，将焊炬关闭，完全松开减压器的调压手柄，关闭气瓶阀门，并把减压器内的气体慢慢放尽，然后整理橡胶软管。训练中焊接完的铜管应统一排放，以防烫伤人及烫坏橡胶软管。

10）实训结束时，要对用过的工具、设备、材料进行整理归位，放置到指定位置。实训工具、设备不得私自带出实训室。

11）通电设备使用后切记关闭电源，置于安全档位。

# 项目二　家用电冰箱维修技能操作

## 任务一　家用电冰箱维修基本技能操作

**能力训练目标**　能正确进行家用电冰箱维修基本技能的操作。

### 一、知识与技能

#### （一）家用电冰箱的基本结构

电冰箱是由箱体、制冷系统、电气控制系统和附件四大部分组成的。其主要组成部件如下：

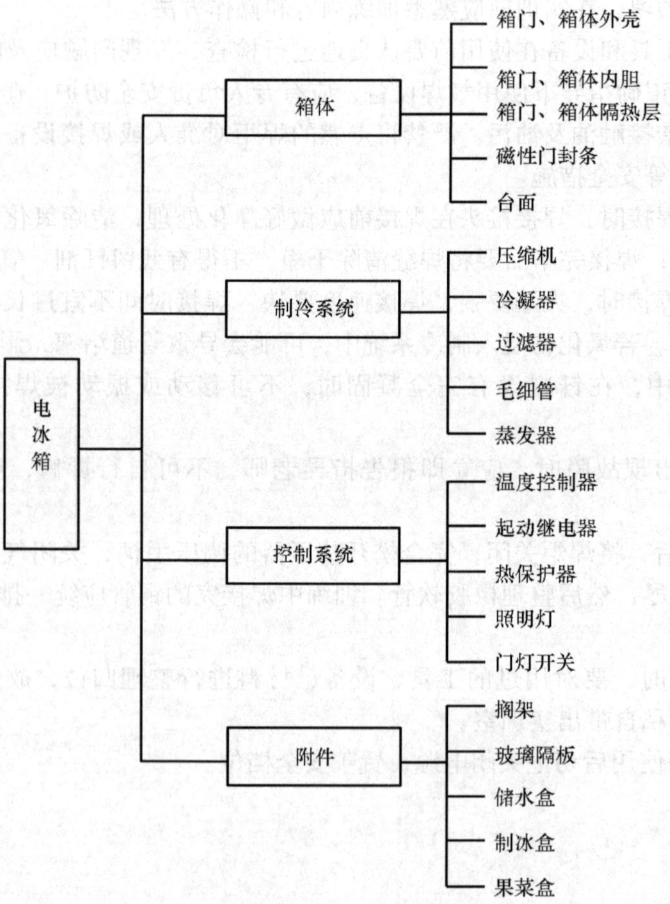


1. 箱体

箱体是电冰箱的躯体，用来提供隔热保温的冷藏和冷冻食品的空间，主要由箱体外壳、箱门外壳、箱体内胆、箱门内胆、隔热层、磁性门封条、箱门及台面组成，如图 2-1 所示。

电冰箱的箱体结构直接影响到电冰箱的能耗、外观、使用性能及使用寿命。箱体的主要作用：一是用来保温隔热，箱体隔热层的热损失占电冰箱总热损失的80%左右；二是制冷系统和控制系统以其为支撑体，合理安装和布置在箱体上；三是工业化造型设计可以使箱体造型美观大方。

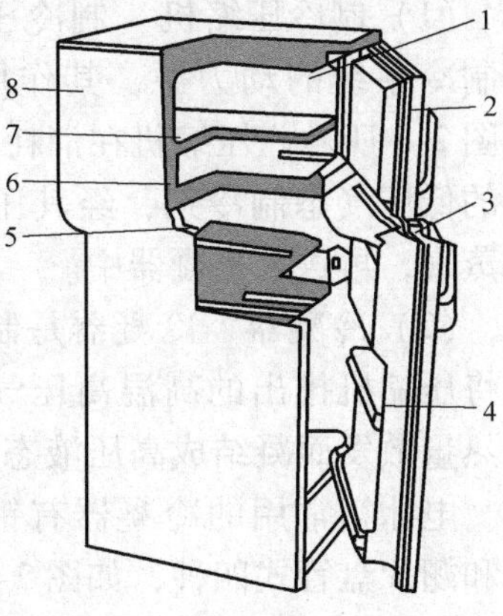

图2-1　电冰箱的箱体
1—冷冻室　2—门封条　3—箱门外壳
4—蛋架　5—冷藏室　6—隔热层
7—内胆　8—箱体外壳

（1）箱体外壳和箱门外壳　电冰箱的箱体外壳和箱门外壳通常用0.6～1.0mm的冷轧钢板制成，磷化后喷塑或喷漆，有的采用彩色钢板，具有较好的装饰性。

（2）箱体内胆和箱门内胆　电冰箱的箱体内胆和箱门内胆一般采用压花铝板或印花铝板、不锈钢板等制成，也有用3～4mm的优质工程塑料ABS或改性聚苯乙烯塑料经加热干燥后真空成形的。由于内胆具有储藏食品的功能，因此要求必须清洁，在食物放入、取出过程中表面不易被擦伤，不易被食品污染，内胆表面应有优越的抗低温、抗水及热传递性能。

（3）隔热层　电冰箱的隔热层采用质量小、绝热性能好、不吸水，具有良好的粘结性和耐压性的硬质聚氨酯泡沫塑料，经现场发泡成形。通常隔热层厚度为40mm左右。发泡后，内、外完全成为一个严密的整体，可提高密封性能及箱体的强度和刚度。

（4）磁性门封条　为了防止电冰箱从箱门与箱体接合处泄漏冷气，电冰箱的箱门上均装有磁性门封条。它由软质聚氯乙烯门封条和塑料磁性条组成，塑料门封条具有良好的弹性和耐老化性，在塑料门封条中插入塑料磁条，靠塑料磁条与铁质箱体外壳之间的磁力可将门密封。

2. 制冷系统

电冰箱制冷系统是利用制冷剂在循环过程中的吸热和放热作用，将箱内的热量转移到箱外环境空气中去，使箱内温度降低，达到冷藏、冷冻食物的目的。其主要部件包括全封闭式制冷压缩机、冷凝器、干燥过滤器、毛细管和蒸发器。电冰箱的制冷系统组成如图2-2所示。

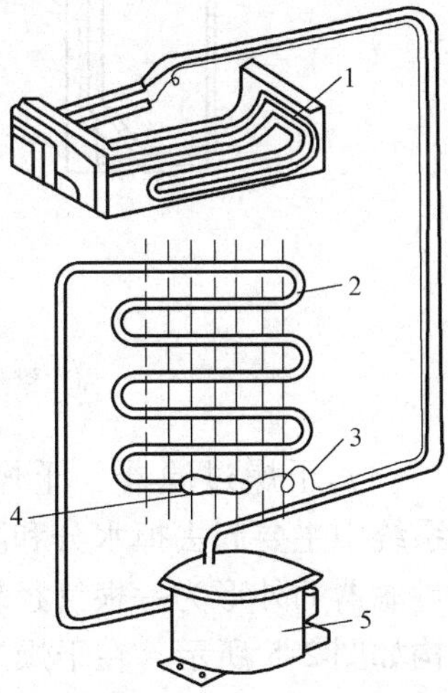

图2-2　电冰箱的制冷系统组成
1—蒸发器　2—冷凝器　3—毛细管
4—干燥过滤器　5—制冷压缩机

电冰箱系统中各部件之间通过管道连接形成封闭系统。系统内充注制冷剂密闭在循环系统内。当电冰箱接通电源后，制冷压缩机吸入从蒸发器中排出的低温低压气态制冷剂，并将其压缩变成高温高压的气态制冷剂，输送至冷凝器。在冷凝器中，气态的高温高压制冷剂将大量的热量传递给箱外的空气，成为温度不高、压力较高的液态制冷剂。然后经过干燥过滤器，制冷剂中的微量水分和杂质被干燥过滤器吸收过滤。这部分高压制冷剂液体经毛细管节流降压进入蒸发器，在蒸发器中制冷剂吸收其周围空气的热量，使其沸腾蒸发、汽化变成低温低压的气态制冷剂，再被吸入压缩机进行压缩，继续下一个循环。这样，制冷剂在这个密闭的系统中反复循环，将冷藏空间的热量通过制冷剂传递给周围的空气，使电冰箱内温度降低，达到人工制冷的目的。

（1）制冷压缩机　制冷压缩机是电冰箱的心脏，是整个制冷系统的动力源，其作用是压缩、输送制冷剂气体，如图 2-3 所示。压缩机在消耗一定的外加功后，吸入蒸发器中的低压气态制冷剂，经其压缩为冷凝压力下的高压制冷剂蒸气，再送入冷凝器中。

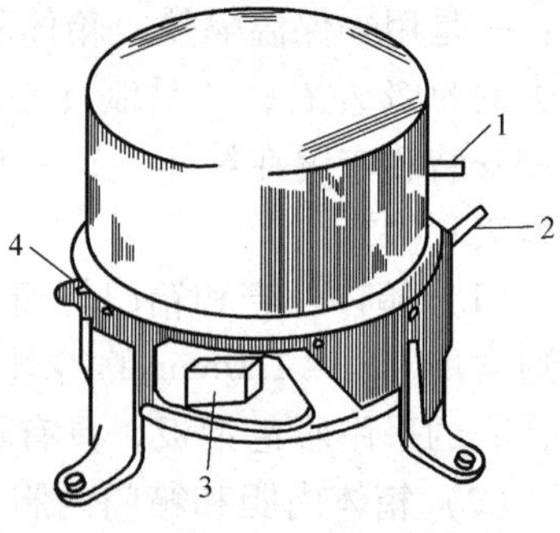

图 2-3　电冰箱压缩机
1—排气管　2—工艺管
3—接线盒　4—吸气管

（2）冷凝器　冷凝器是制冷系统的散热设备，其作用是将压缩机排出的高温高压气态制冷剂，通过对流的方式将热量散发而凝结成高压液态制冷剂。

电冰箱常用的冷凝器有钢丝盘管式、百叶窗式、内藏式和翅片盘管式四种，如图 2-4 所示。

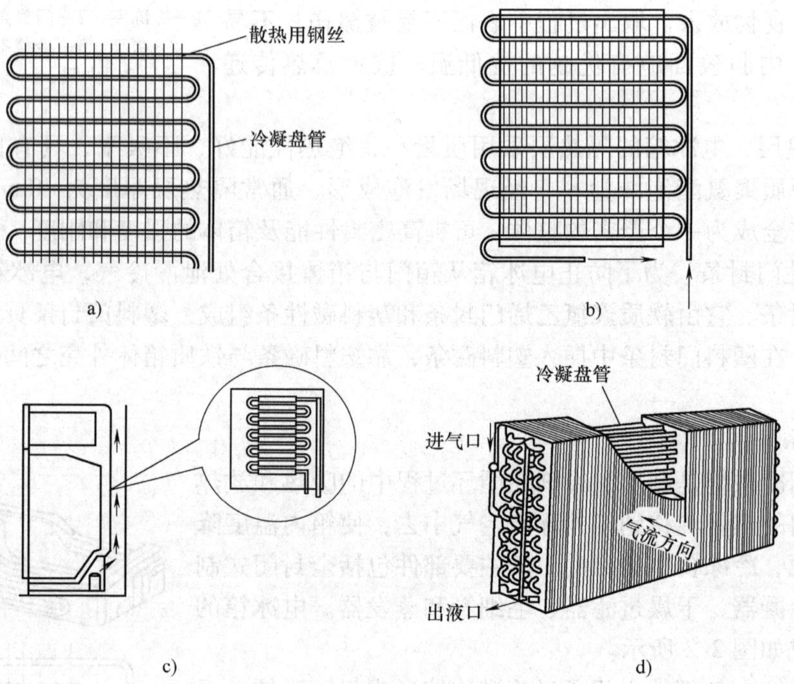

图 2-4　电冰箱用冷凝器
a）钢丝盘管式　b）百叶窗式　c）内藏式　d）翅片盘管式

（3）干燥过滤器　干燥过滤器在电冰箱制冷系统中主要起去掉水分和除去杂质的作用。干燥过滤器的外形为一根管径较大的铜管，其内部结构如图 2-5 所示。在干燥过滤器的进、出口处设有 120～180 号筛的粗、细两个过滤网，两个过滤网中间装有分子筛或硅胶（无水氯化钙、活性氧化铝）等干燥剂。干燥过滤器的过滤网可以防止毛细管脏堵，干燥过滤器的干燥剂可以防止系统发生“冰堵”。

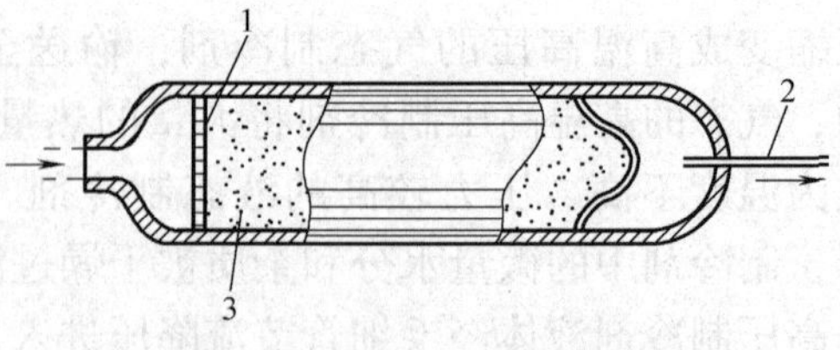

图 2-5　干燥过滤器的结构
1—铜丝滤网　2—毛细管　3—干燥剂（分子筛）

(4) 毛细管　毛细管是电冰箱的节流元件，是安装在电冰箱后背并与低压回气管焊在一起或穿在低压回气管里的内径通常为0.6～2.5mm的细长铜管，其长度一般为2～4m，如图2-6所示。

图2-6　毛细管

毛细管在制冷系统中起节流降压的作用，从冷凝器排出的高压液态制冷剂通过毛细管节流，使制冷剂从冷凝压力降到蒸发压力，以适应冷负荷变化的需要。由于毛细管的自动调节范围小，而且不能人工调整，所以不适用于热负荷变化大的制冷装置，只可用于热负荷较稳定的小型制冷装置，如家用电冰箱、空调器和除湿机等。

(5) 蒸发器　蒸发器是制冷系统的吸热设备，它是制冷系统中获得“冷量”的重要装置。其作用是把经毛细管节流后的制冷剂液体进行蒸发，吸收蒸发器周围空气的热量，使箱内空气温度下降，达到制冷的目的。

电冰箱常用的蒸发器有铝复合板式、管板式、单脊翅片盘管式和翅片盘管式几种，如图2-7所示。

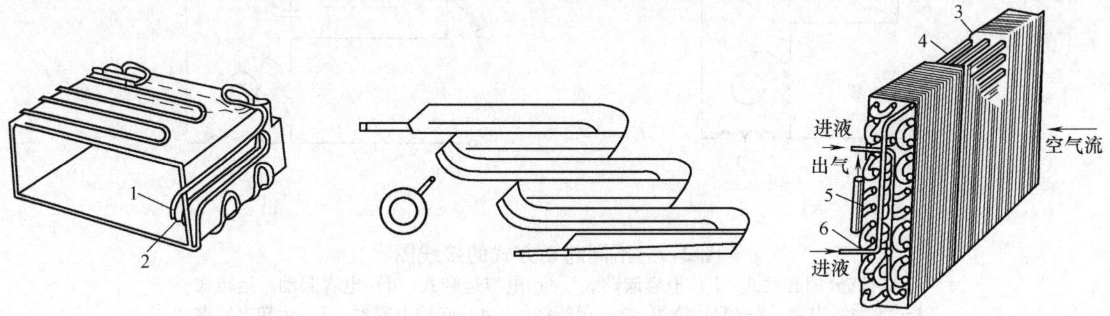


图2-7 电冰箱用蒸发器
a) 管板式　b) 单脊翅片盘管式　c) 翅片盘管式
1—出口　2—进口　3—翅片　4—蒸发管　5—集气管　6—毛细管

3. 电气控制系统

电冰箱的电气控制系统是通过由专门的装置组成的各个电路，来控制箱内温度，压缩机电动机开启、运行、进行过载过热保护，确保电冰箱安全运行的系统。它主要由压缩机电动机、温度控制继电器（温控器）、起动继电器、热过载保护继电器（热保护器）、照明灯、各种电加热器（丝）及其他电气控制部件组成。图2-8所示为单门直冷式电冰箱控制电路。

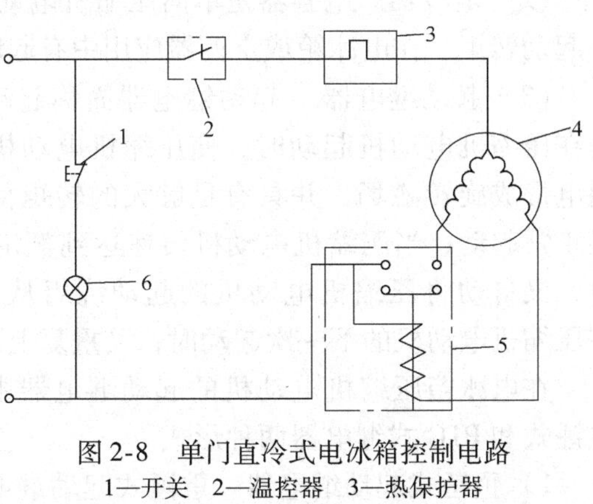


图2-8　单门直冷式电冰箱控制电路
1—开关　2—温控器　3—热保护器
4—压缩机电动机　5—重力起动器　6—照明灯

(1) 电冰箱用电动机　电动机是为电冰箱压缩机和风扇提供动力的设备，可将电能转换为机械能，驱动压缩机实现制冷循环。家用电冰箱一般采用单向交流异步电动机。它由定子和转子两部分组成，在定子上设两组绕组：运行绕组（又称主绕组），其端子符号一般用“M”

表示；起动绕组（又称副绕组），其端子符号一般用“S”表示；公共端用符号“C”表示。

单向电动机由于起动方式不同，可分为阻抗分相起动式（RSIR），电容起动式（CSIR），电容运转式（PSC）和电容起动、运转式（CSR）四种。四种起动方式的接线图如图 2-9 所示。

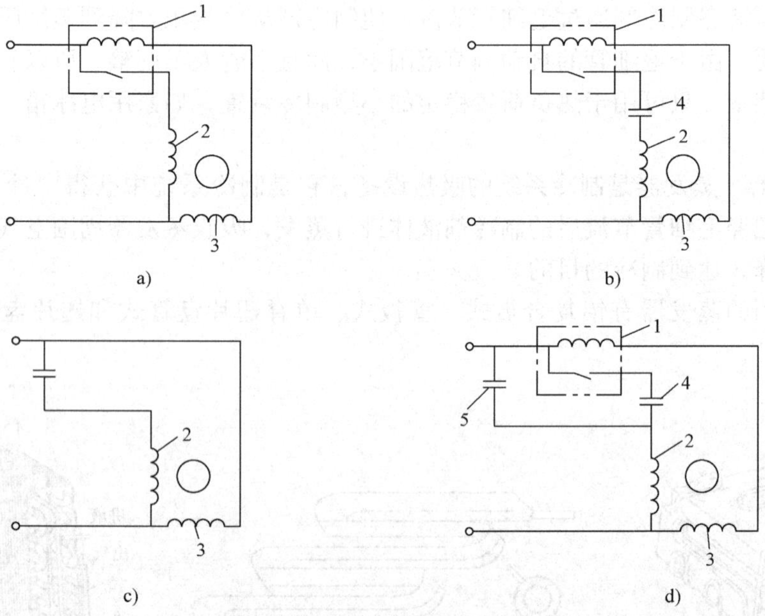


图 2-9　不同起动方式的接线图

a）阻抗分相起动式　b）电容起动式　c）电容运转式　d）电容起动、运转式

1—起动继电器　2—起动绕组　3—运行绕组　4—起动电容器　5—运转电容器

电冰箱压缩机电动机一般采用 RSIR 或 CSIR 起动方式，它们共同的特点是副绕组在电动机起动时接通，当电动机运转稳定后断开。而空调器压缩机电动机一般采用 PSC 起动方式，即不管电动机起动还是稳定运行，副绕组始终接通。

（2）电容器　电容器是单向压缩机电动机和风扇电动机的起动元件，它为电动机提供了起动转矩。在电冰箱或空调器应用中有起动电容器和运转电容器两种。

（3）起动继电器　起动继电器简称起动器，其作用是在压缩机电动机起动时，使压缩机电动机的起动绕组通电形成旋转磁场，并具有足够大的转矩使压缩机电动机正常起动；当压缩机电动机转速达到额定转速的 80% 时，又自动将压缩机电动机的起动绕组从电路中断开。在压缩机电动机的下一次起动时，又重复上述过程。

在电冰箱压缩机电动机的起动继电器中，常用的有重锤式和 PTC 式继电器两种形式。

1）重锤式起动继电器。重锤式起动继电器的结构主要包括电流线圈、重锤（衔铁）、回复弹簧、静触点、动触点、T 形架和绝缘外壳等，如图 2-10 所示。

起动继电器的线圈和压缩机电动机的运行绕组串联

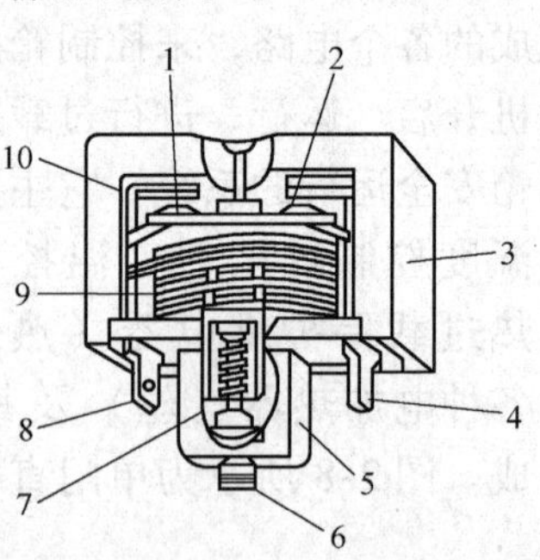


图 2-10　重锤式起动继电器的结构

1—电源静触点　2—起动静触点
3—绝缘外壳　4—起动绕组接线柱
5—回复弹簧　6—调整螺钉
7—重锤（衔铁）　8—电源接线柱
9—电流线圈　10—动触点

在一起，连接线路如图 2-11 所示。在压缩机电动机接通电源的瞬间，由于只有运行绕组接入，压缩机电动机无法起动，此时有较大的起动电流。该电流值超过了继电器的吸合电流值，衔铁被吸上，衔铁带动动触点向上运动与静触点闭合，接通起动绕组电源，在定子中产生旋转磁场，使转子转动。此时，运行绕组中的电流随着压缩机电动机转速的升高而下降，当压缩机电动机转速约在 1s 内达到额定转速的 80% 时，运行绕组中的电流下降到继电器的释放电流值以下，继电器线圈产生的电磁力无法吸住衔铁，在自身重力的作用下，衔铁下落时触点断开，从而完成起动。

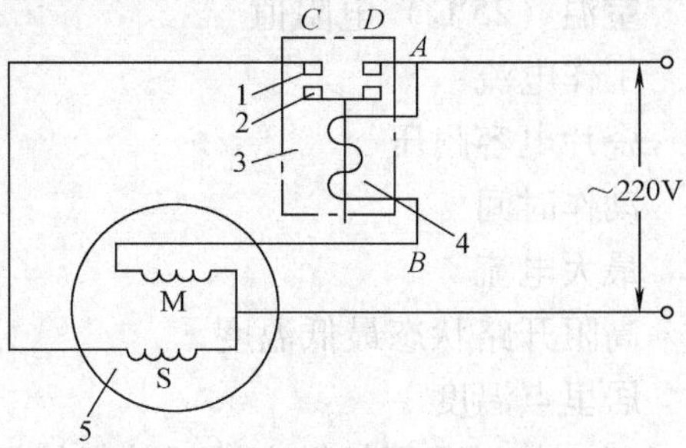

图 2-11　重锤式起动继电器接线图
1—静触点　2—动触点　3—重力起动器
4—继电器线圈　5—压缩机电动机
M—运行绕组　S—起动绕组

重锤式起动继电器的优点是体积较小，结构紧凑，可靠性强。但当电压波动较大时，容易因触点接触不良或粘连而引起电动机故障或损坏。

2）PTC 式起动继电器。PTC 是正温度系数热敏电阻英文名称的缩写。PTC 元件是以高纯度的钛酸钡添加微量的 Bi、Sb 等杂质烧结而成的。PTC 元件无触点，电路转换时不产生电弧和火花，无噪声，对周围电器无干扰，其结构简单，性能可靠，使用寿命长，特别适用于低压电起动，在电压降到 180V 时，也能顺利起动，改善了电动机的起动性能。但由于元件的热惯性，压缩机电动机每次起动后，必须间隔 2～3min 后才能再次起动。PTC 式起动继电器的结构如图 2-12 所示。

PTC 起动元件与压缩机电动机的起动绕组串联后，再与运行绕组并连接入电源电路中。其接线图如图 2-13 所示。在电路接通的一瞬间，由于 PTC 元件刚刚通过电流，产生的热量很少，温度较低，电阻值很小，处于导通状态，因此起动与运行绕组同时接入电路，定子中产生旋转磁场，压缩机电动机起动旋转。经过 1～5s 后，电流热效应使 PTC 元件温度迅速升高，其阻值也快速增加，当温度超过 100℃后，PTC 元件呈高阻值状态。这时，流过元件的 PTC 电流恰好起到维持高阻值温度即维持起动绕组开路的作用，使压缩机电动机完成了起动过程。在压缩机电动机停止运行后，PTC 元件断电，开始冷却，当温度下降到 70℃以下时，恢复低阻值状态，为下次起动做好准备。

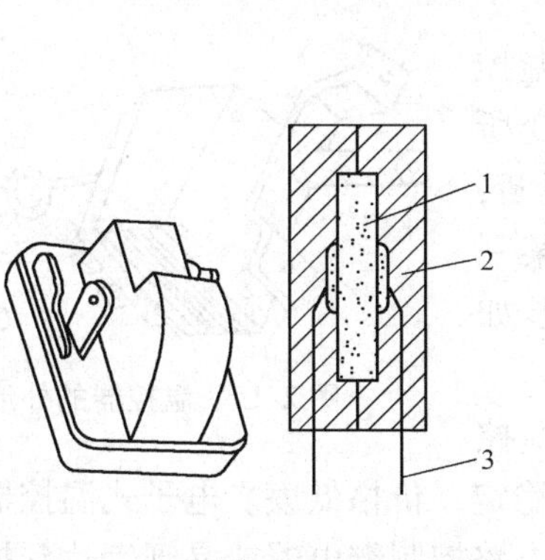

图 2-12　PTC 式起动继电器的结构
1—PTC 元件　2—绝缘壳　3—接线端

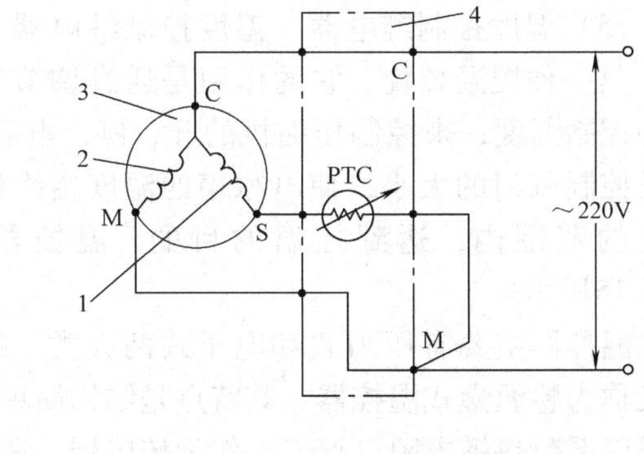

图 2-13　PTC 式起动继电器接线图
1—起动绕组　2—运行绕组　3—电动机　4—PTC 起动继电器

目前，电冰箱起动继电器应用的PTC元件主要指标如下：

| | |
|---|---|
| 室温（25℃）电阻值 | $R=15\sim40\Omega$ |
| 工作电流 | $I=10\sim20A$ |
| 瓷片电容耐压 | $U\geqslant300V$（50Hz） |
| 动作时间 | 0.1～0.5s |
| 最大电流 | $I_m=7\sim8A$ |
| 高阻开路状态最低温度 | 120～130℃ |
| 居里点温度 | 50～60℃ |

（4）热过载保护继电器（热保护器） 热过载保护继电器是压缩机电动机的安全保护装置。当压缩机负荷过大或发生卡缸、抱轴等故障，以及电压过高或过低而不能正常起动时，都要引起电动机电流增大；另外，当制冷系统出现制冷剂泄漏，压缩机连续运行时，电动机的运行电流虽然比正常运行时的额定电流低，但由于系统回气冷却作用的减弱，也会使电动机的温升过高。热保护继电器的作用就是当出现上述故障切断电源时，保护压缩机电动机不被烧坏。

目前，家用电冰箱和房间空调器普遍使用的是双金属片碟形保护器，其外形结构如图2-14所示。它具有过电流和过热保护双重功能，一般与起动继电器装在一起，并紧贴于压缩机壳外表面。

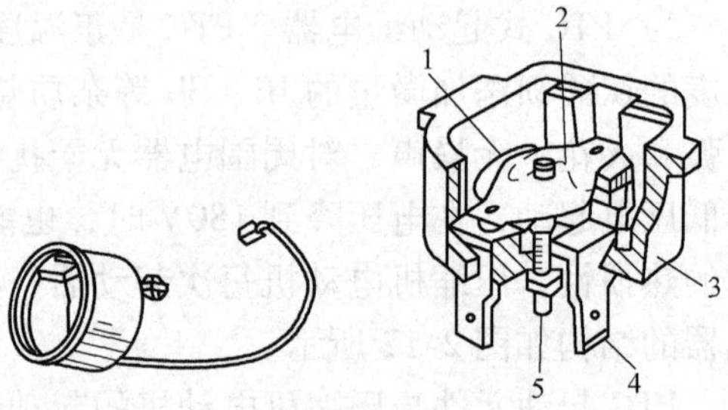

图2-14 热过载保护继电器
1—电阻丝 2—碟形双金属片
3—壳体 4—接线栓 5—调整螺钉

当电源电压过高或过低、制冷系统堵塞（如脏堵）或压缩机电动机绕组短路等原因而导致电流过大时，热过载保护继电器的电阻丝（加热器）发热，使碟形双金属片受热向上弯曲翻转，触点断开，自动切断电源，从而达到保护压缩机电动机绕组不被烧毁的目的。

碟形热过载保护继电器中双金属片的加热需要一定的时间（一般为10～15s）才会弯曲变形切断电路，而电动机的正常起动时间只有几秒，因此这种热保护继电器不会因起动电流过大而引起误动作。出厂时，其延时断开和复位时间都已调好，在使用和维修中不需要再进行调整。

（5）温度控制继电器 温度控制继电器（又称温控器）是一种控温装置。它的作用是通过调节旋钮改变所需的控制温度，来控制压缩机的开、停，电磁阀的通断，以及控制风门的大小，使电冰箱的温度始终保持在某一预定的范围内，达到控温的目的。温控器的外形如图2-15所示。

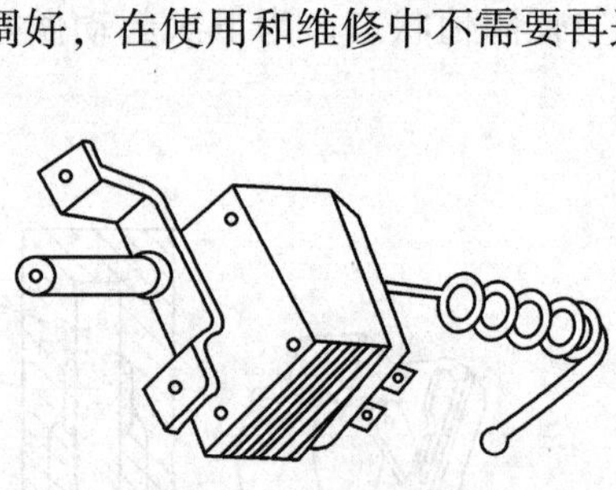
图2-15 温控器的外形

温控器主要有压力式和电子式两大类。压力式温控器又称为感温囊式温控器。其特点是结构简单，性能稳定，价格低廉。电子式温控器一般用负温度系数热敏电阻（NTC）作为传感器，通过电子电路控制继电器或晶闸管达到控温的目的。其特点是机械部件少，可靠性强，控温精度高，控制方便，可进行多门多温的复杂控制。

常见的压力式温控器有普通型、半自动融霜型、定温复位型和风门型四种。

1）普通型温控器。普通型温控器的结构如图2-16所示。温控器动触点是杠杆一端，杠杆另一端与接线相接，动触点后部有温差调节螺钉，静触点与另一接线柱相接。温度调节螺钉通过杠杆上的螺母与主弹簧另一端固定于温控板上，与调节旋钮相连的凸轮控制温控板的位置。感温管与波纹管或膜盒组成感温腔，腔内充满感温剂。

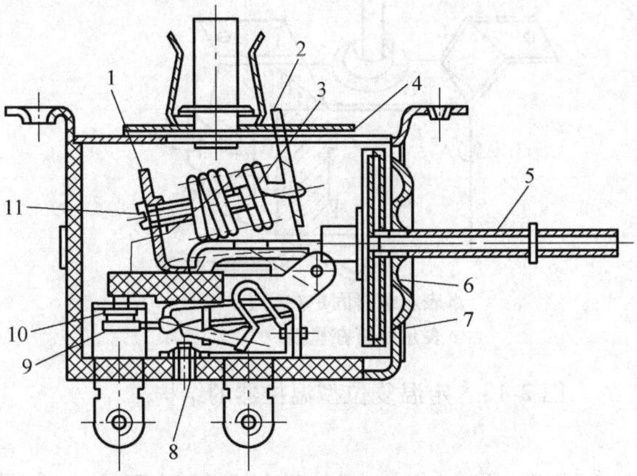


图2-16　普通型温控器的结构

1—主架板　2—温度控制板　3—主弹簧　4—调温凸轮　5—感温管　6—感温腔　7—传动膜片　8—温差调节螺钉　9—快跳活动触点　10—固定触点　11—温度调节螺钉

箱温的调节是通过转动调温螺钉来实现的。顺时针转动调温螺钉，箱温降低。逆时针转动调温螺钉，箱温升高。这种温控器没有除霜机构，如需要除霜时，需由人工关闭电冰箱电源进行除霜。除霜完毕后再接上电源。

2）半自动融霜型温控器。这种温控器多用于直冷单门电冰箱，其结构如图2-17所示。它一方面可以像普通温控器那样对箱内温度进行调节和控制；另一方面，当电冰箱蒸发器表面霜层过厚时，可用其进行除霜。除霜时，按下融霜按钮，使得动、静触点断开，压缩机停止运行，进入融霜工作状态。当感温管温度达到6℃左右时，温控器自动复位，压缩机再次起动。

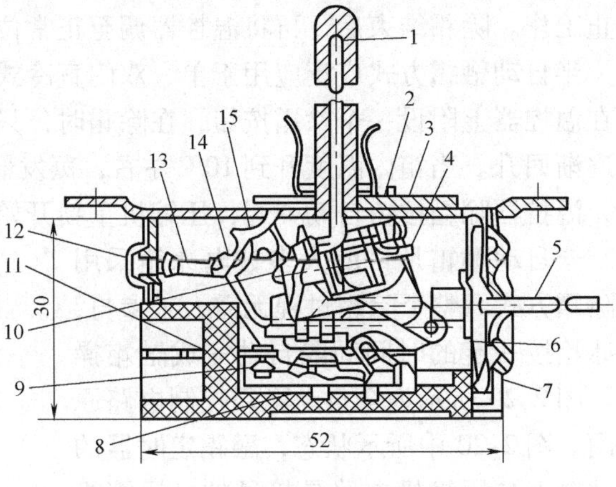


图2-17　半自动融霜型温控器的结构

1—融霜按钮　2—温度控制板　3—融霜平衡弹簧　4—主弹簧　5—感温管　6—气腔　7—传动膜片　8—温差调节螺钉　9—快跳活动触点　10—范围调节螺钉　11—静触点　12—融霜温度调节螺钉　13—融霜弹簧　14—主架板　15—融霜控制板

3）定温复位型温控器。定温复位型温控器多用在直冷式双门双温或单温控电冰箱中，其结构与普通型温控器大体相同，如图2-18所示。这种温控器采用感温管来感应冷藏室蒸发温度，其停机温度与调温螺钉的位置有关，开机温度固定不变，开机温度一般为（4.5±1.5）℃。定温复位型温控器通常有3个接线端子，H、L和C，其中L—C触点开关受温度控制，H—L称为内电路开关，只有当温控器调至“停止”时，H—L触点才断开，其他情况时，H—L触点始终闭合。

4）风门型温控器。风门型温控器主要用于间冷式电冰箱，用来控制冷冻室流向冷藏室的冷空气量，以控制冷冻室和冷藏室的温度。常见的风门型温控器为盖板式风门型温控器，如图2-19所示。其感温管装在出风口附近的风道内。当冷藏室温度升高时，感温腔伸长，流入冷藏室的冷空气量增加。当冷藏室温度降低时，感温腔收缩，流入冷藏室的冷空气量减少，从而使得冷藏室的温度控制在一定范围之内。

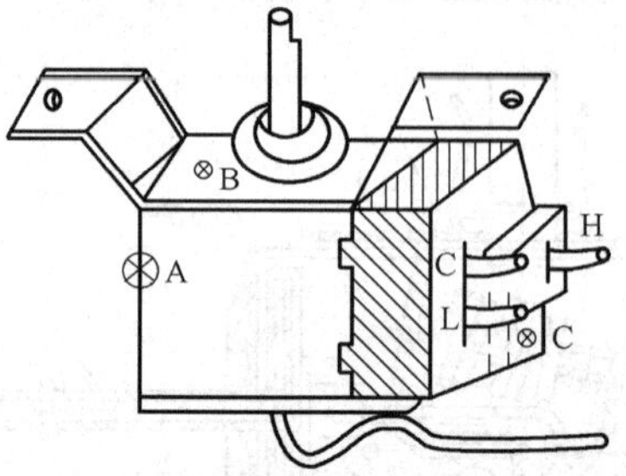


ф表示螺钉固定在壳上

⊗表示螺钉在里面

图 2-18　定温复位型温控器的结构

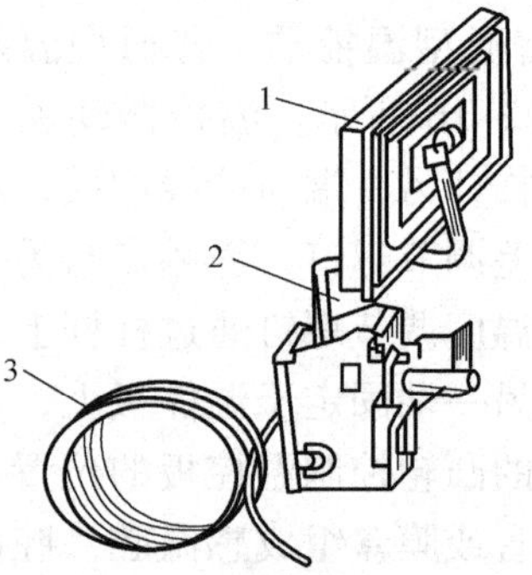


图 2-19　风门型温控器

1—风门　2—调节钮轴　3—感温管

（6）融霜方式　电冰箱在运行过程中，食品蒸发的水分和空气中的水分会在蒸发器的表面渐渐结成冰霜，使电冰箱的制冷效率明显下降。为了使电冰箱有效地工作，必须及时进行融霜。融霜方式分为人工融霜、半自动融霜和全自动融霜三种。

人工融霜是依靠人工进行融霜，用于不带电加热融霜装置的电冰箱。当电冰箱蒸发器表面的霜层厚度达到 4 ~ 6mm 时，将温控器旋钮旋至停止位置上，或拔下电源插头，使压缩机停止工作。除霜结束后，再将温控器调至正常位置，或接通电源。

半自动融霜方式广泛应用于单、双门直冷式电冰箱。它与停机除霜的原理是一样的，只是在温控器上附设一个除霜按钮，在除霜时，只要按下此按钮，使压缩机停止工作，箱内温度逐渐回升。当箱内温度升到 10℃左右，蒸发器表面温度升到 6℃左右时，除霜便结束，此时，温控器除霜按钮自动弹起，压缩机重新开始工作，电冰箱恢复制冷。

全自动融霜是目前大多数电冰箱采用的除霜方式。整个除霜过程无需人工参与，电冰箱按一定的时间间隔自动完成融霜操作。图 2-20 所示为全自动融霜控制电路原理图。图 2-20 中所示状态，融霜定时器的活动触点与压缩机电路是接通的，压缩机运转，系统进行制冷循环，融霜定时器中的电动机也同步运行，记录压缩机运行的时间。当定时电动机记录压缩机运行的时间达 8h 时，融霜定时器的活动触点就切断压缩机电路而转接融霜电路，让电流经融霜温控器流过融霜加热器。融霜加热器布置在蒸发器的表面，一通电就会对蒸发器表面加热进行融霜。融霜温控器与定时电动机并联，由于融霜温控器电阻很小，使定时电动机被短接处于停滞状态。当蒸发器表面的霜层全部融化，并且温度升高到融霜温控器双金属片跳开温度（13 ± 3℃）时，触点断开，使通往融霜加热器的电路被切断，停止对蒸发器的加热。同时，定时电动机得电开始运行计时，运行 2min 后，活动触点跳回，接通压缩机电路，又开始制冷。当蒸发器表面温度下降到 - 5℃时，双金属片融霜温控器又恢复开始状态。

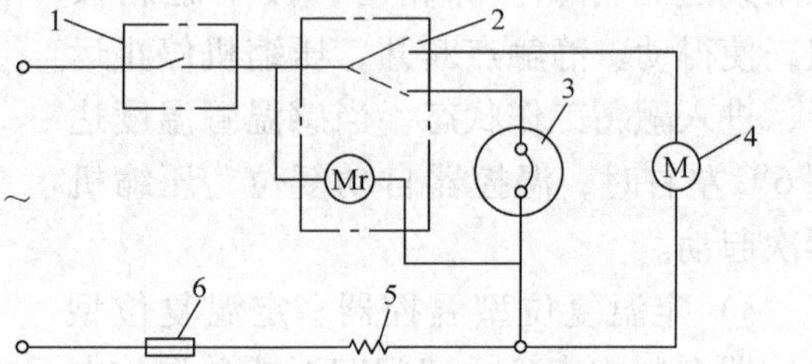


图 2-20　全自动融霜控制电路原理图

1—温度控制器　2—融霜定时器　3—融霜温度控制器　4—压缩机电动机　5—融霜加热器　6—融霜热保护熔断器

融霜热保护熔断器可防止因融霜温控器出现故障导致蒸发器温度过高。此时，融霜热保护熔断器断开加热电路，对系统起保护作用。

（7）照明装置　电冰箱的照明灯一般安装在冷藏箱的箱内右侧壁上。灯开关的位置要使电冰箱的门开后接通照明灯，门关后则熄灭，功率在15W以下。在无霜电冰箱中，门开关还兼有控制风扇电动机的作用，即打开箱门使风扇电动机瞬时停止运转，关门后恢复运行。

### （二）电冰箱制冷系统吹污与检漏

1. 制冷系统吹污操作

电冰箱在进行全面检修或临时停机检修时，制冷系统在进行密闭性检验或充灌制冷剂前，需用表压力为0.5～0.6MPa的氮气或干燥的压缩空气将系统残存的油污、杂质、水分吹除干净。

制冷系统吹污宜分段进行，先吹高压系统，后吹低压系统，排污口应选择在较低部位。在排污口放一张干净的白纸，当纸上无污点出现时，可认为系统已吹干净。

2. 制冷系统的试压与检漏操作

制冷系统在完成系统吹污操作后，为确保系统的密封性能，必须对系统和焊接点进行试压检漏操作。

加压气体通常采用氮气，首先应割开电冰箱的工艺管，将系统内的气体排空；然后用焊炬将工艺管的检修口焊好，再用软管连接电冰箱的工艺检修口、双表修理阀及氮气瓶减压阀。将双表修理阀及氮气瓶的阀门打开，调节氮气瓶减压阀，使氮气缓缓进入系统。此时要注意观察双表修理阀压力表上的压力值。当压力达到0.8MPa时，关闭双表修理阀及氮气瓶的阀门，松开氮气减压阀螺扣，加压过程即可结束。

加压过程完成后即可对系统进行检漏操作。电冰箱制冷系统常用的检漏方法有外观检漏、肥皂水检漏、真空检漏、充氟检漏、仪器检漏等。

（1）外观检漏　由于氟利昂类制冷剂和冷冻机油具有一定的互溶性，当制冷剂泄漏时，冷冻机油也会随之渗出或滴出。在电冰箱制冷系统中可通过目测或手摸系统焊接处有无油渍的方法，来判断该处有无泄漏。当泄漏量较少时，用手指触摸不易察觉，可在被检处放一张干净的白纸，用手轻轻按压，如果白纸上出现油渍，说明该处有渗漏点。外观检漏法一般在修理时只作为初步判断，且仅适用于对暴露在外的管道进行检查。

（2）肥皂水检漏　肥皂水检漏也称为压力检漏，是一种方便有效的检测方法。首先向制冷系统内充入氮气，使其压力达到0.6～0.8MPa，然后用肥皂水或洗洁精检漏。若采用肥皂水检测，可先将肥皂削成薄片，浸泡在热水中，不断搅拌使其溶化，待冷却成稠状浅黄色溶液即可使用。检漏时，先将被检部位的油渍擦干净，然后用小毛刷蘸上备好的肥皂水，均匀地涂抹在需检查部位的四周，并仔细观察。如果被检部位出现白色泡沫或气泡不断溢出，即说明该处就是泄漏点，做好标记，继续对其他部位进行检漏。全部检查结束后，再对所有标出的泄漏点逐一进行修复。

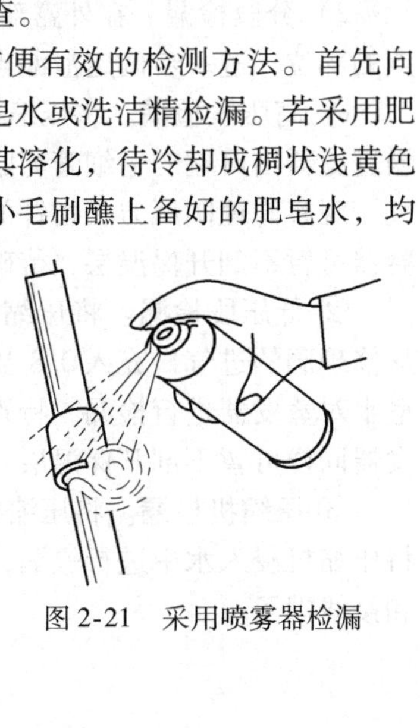
图2-21　采用喷雾器检漏

目前，常采用洗洁精来代替肥皂水，因为洗洁精具有携带方便、调制迅速、粘度适中、泡沫丰富等优点，其检漏方法与肥皂水法相同。另外，还可采用喷雾器检漏，如图2-21所示，喷出的液体附着在检漏部位，当发现有气泡并渐渐膨胀变大时，就说明该处有泄漏。

在具体查找泄漏点的过程中，可分别采用整体检漏或分段检漏。通常先进行整体检漏，若在外露部分无法找到或不易找到泄漏点，而制冷系统又确实存在泄漏，再以分段检漏来缩小泄漏点的范围，直至最后找出泄漏点。

1）整体检漏。电冰箱制冷系统整体检漏示意图如图2-22所示，具体操作步骤如下：

① 割断压缩机上的工艺管，加焊$\phi$4mm或$\phi$6mm的一小段铜管，在铜管的另一端连接装有压力表的修理阀。

② 用耐压胶管连接修理阀及氮气瓶减压器。

③ 打开氮气瓶阀，顺时针方向旋转减压器上的调压手柄，使其工作压力达到0.8MPa。

④ 打开修理阀，使氮气缓缓进入制冷系统，同时注意观察修理阀压力表上的压力值。当压力达到与减压器低压表压力相等时，关闭修理阀和氮气瓶阀，松开氮气减压器调压手柄，加压结束。

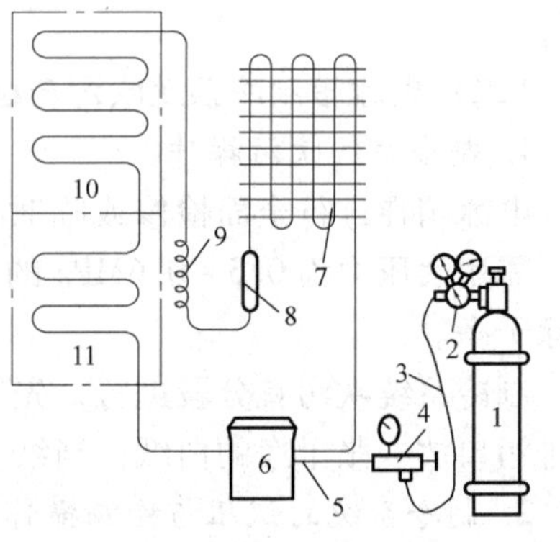

图2-22 电冰箱制冷系统整体检漏示意图
1—氮气瓶 2—氮气瓶减压器 3—耐压胶管 4—修理阀 5—压缩机工艺管 6—压缩机 7—冷凝器 8—干燥过滤器 9—毛细管 10—冷冻室蒸发器 11—冷藏室蒸发器

⑤ 用洗洁精或肥皂水对制冷系统上的各焊接点和每个可疑之处进行检漏，每涂一处要仔细观察，如果有气泡证明该处泄漏，重复涂抹2~3次，准确找到漏点。

⑥ 上述检漏操作如果未发现漏点，而修理阀压力表读数下降，说明系统内漏，另行维修。

⑦ 找到漏点后，先用干毛巾将漏点周围擦干净，并放出制冷系统中的氮气。

⑧ 用适当的方法进行补漏。

⑨ 重新打压检漏，直至系统无泄漏点。

⑩ 确认系统无泄漏点后，再向系统充入0.8MPa的氮气，保压24h。一般24h压力降不允许超过0.01MPa，如果压力降超过0.01MPa，则说明系统中仍然存在泄漏点。

2）分段检漏。在外露部分无法找到泄漏点时，就需要采用分段检漏的方法来缩小泄漏点的部位，进一步确定泄漏点。

① 高压段检漏。将压缩机排气管割开，在冷凝器的进气端焊接上修理阀，然后，将干燥过滤器出口端的毛细管剪断，用气焊封死，接着往冷凝器内充入1.0~1.2MPa的高压氮气，观察修理阀压力表指针的变化，同时用洗洁精或肥皂水对冷凝器进行检漏。对内藏式冷凝器可暂不剖开保温层，待确定有泄漏后再决定维修方法。

② 低压段检漏。将压缩机的吸气管断开，焊接上修理阀，然后，将毛细管剪断封死，从修理阀的进气口充入0.8 MPa的氮气，观察修理阀压力表指针的变化，同时用洗洁精或肥皂水对蒸发器进行检漏，特别要对那些因酸碱腐蚀而产生的斑点进行仔细检查。对内藏式蒸发器同样可暂不剖开保温层。

③ 压缩机检漏。将压缩机排气管和吸气管割开封死，从工艺管充入1MPa的高压氮气，将压缩机浸入水中进行检漏，也可用洗洁精或肥皂水进行检漏。压缩机泄漏的可能点是焊缝和接线端子。

（3）真空检漏 用真空泵进行抽真空，真空度应达到133Pa，保持24h内真空度没有明显降低即可。抽真空的目的有三个：一是抽出系统中残留的氮气；二是检查系统有无渗漏；三是使系统干燥。只有在系统抽真空后才能充灌制冷剂。

（4）充氟检漏 在通过上述方法检测后，如果在保持压力过程中仍发现有轻微的泄漏，可进行充氟检漏，即在系统中充入0.3～0.4MPa的氟利昂后，用卤素灯检漏仪或电子检漏仪进行检测。

用卤素灯检漏的具体操作步骤如下：

1）通过三通修理阀对制冷系统充入制冷剂，当制冷剂压力为0.3～0.4MPa时，关闭制冷剂钢瓶阀和三通修理阀。

2）将卤素灯的底座倒置，向灯筒内加入无水酒精，然后旋紧底座并将卤素灯放正。

3）顺时针旋转卤素灯的手轮，关闭阀芯，将酒精杯加满酒精后点燃。

4）等酒精杯内的酒精燃尽时，逆时针旋转卤素灯的手轮约一圈。阀芯开启后，卤素灯火焰圈内即有酒精蒸气喷出并燃烧。

5）将卤素灯的探管移至被检测的部位。

6）观察火焰是否变色，判断是否有漏点存在。

7）检漏完毕后，将手轮按顺时针方向旋转至关闭位置，打开底盘将未用完的酒精倒出。

（5）仪器检漏 电冰箱等小型制冷系统常用的检漏仪器为电子检漏仪。采用电子检漏仪检漏的操作步骤如下：

1）通过三通修理阀对制冷系统充入制冷剂，当制冷剂压力为0.3MPa时，关闭制冷剂钢瓶阀和三通修理阀。

2）将电池装入电子检漏仪，打开电源开关，此时电源指示灯会发亮，同时可听到电子检漏仪发出缓慢的“嘟”、“嘟”声，这表示电子检漏仪处于正常的工作状态。如果打开电源，仪器啸叫，可按一下复位开关，便可恢复正常。

3）将电子检漏仪的探头靠近被检处距离约5mm，并以不大于250mm/s的速度慢慢移动。

4）如果电子检漏仪发出“嘟——”的长鸣时，说明该处存在漏点。为保证准确无误地确定漏点，应及时移开探头，待电子检漏仪恢复正常后，在发现漏点处重复检测2～3次。

5）重复上述检测法，检测其他管路。

### （三）电冰箱制冷系统抽真空与充灌制冷剂操作

#### 1. 制冷系统抽真空操作

电冰箱制冷系统在充灌制冷剂之前，必须先进行抽真空，将系统中的空气和水分排出，要求残留空气的绝对压力不得高于133 Pa，否则，会使制冷系统产生冰堵、冷凝压力升高、对系统零部件产生腐蚀等现象，影响系统的正常运行。常用抽真空的方法有以下4种：

（1）低压单侧抽真空 低压单侧抽真空是利用压缩机上的工艺管进行的，而且可以利用压力检漏时连接在工艺管上的修理阀进行，不必另外再接焊口。应当注意的是，在低压单侧抽真空的系统中，高压侧（即冷凝器、干燥过滤器内）的空气需要通过毛细管、蒸发器、压缩机，然后由真空泵排出。由于毛细管内径小，流动阻力很大，当低压侧的真空度达到要求时，高压侧仍然不能达到要求，高压侧的真空度是低压侧的1/10左右，因此采用低压单侧抽真空时必须反复进行多次，抽真空时间较长。通常抽真空的时间视真空泵抽气能力而定，若使用抽气速率为4L/s的真空泵，一般抽15min可使系统绝对压力达到133Pa以下。低压单侧抽真空的步骤如下：

1）检查并确定制冷系统内的制冷剂基本排空。

2）在压缩机的维修工艺管上焊接带有真空表的修理阀。

3）用一根胶管将真空泵的抽气口与带有真空压力表的修理阀连接起来，如图2-23所示。

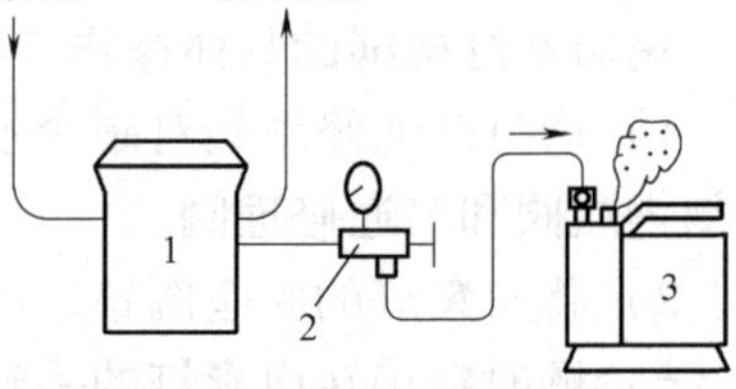


图2-23 低压单侧抽真空
1—压缩机 2—修理阀 3—真空泵

4）关闭修理阀开关，然后起动真空泵，同时缓慢打开修理阀的开关进行抽真空。

5）30min后关闭修理阀，观察真空压力表指针的变化，如果压力回升，说明系统有渗漏；如果压力无回升，则表明系统无渗漏，此时可继续抽真空，使系统绝对压力为133Pa，并保持该压力1～2h不变。

6）关闭修理阀开关，然后切断真空泵电源。

（2）高、低压双侧抽真空　为了克服低压单侧抽真空的缺点，可采用高、低压双侧抽真空，如图2-24所示。高、低压双侧抽真空是在双尾干燥过滤器的工艺管上焊接上带有压力真空表的修理阀，使其与压缩机上的工艺管并联在一台真空泵上进行抽真空，或用两台真空泵同时进行抽真空。这种抽真空的方法克服了毛细管阻力对高压侧真空度的不利影响，提高了整个制冷系统的制冷性能，而且能使制冷系统在较短时间内获得较高的真空度，但需要增加一个焊口，工艺上较为复杂。高、低压双侧抽真空的步骤如下：

1）检查并确定制冷系统内的制冷剂基本排空。

2）在压缩机的维修工艺管上焊接带有真空表的修理阀。

3）在双尾干燥过滤器的工艺管上焊接上带有压力真空表的修理阀。

4）用软管将压缩机、干燥过滤器、修理阀与真空泵并联在一起，如图2-24所示。

5）起动真空泵，进行抽真空操作，使表压降至−0.1MPa。

6）用封口钳将干燥过滤器的工艺管封死，关闭修理阀，继续抽真空30～60min。

7）关闭修理阀开关，然后切断真空泵电源。

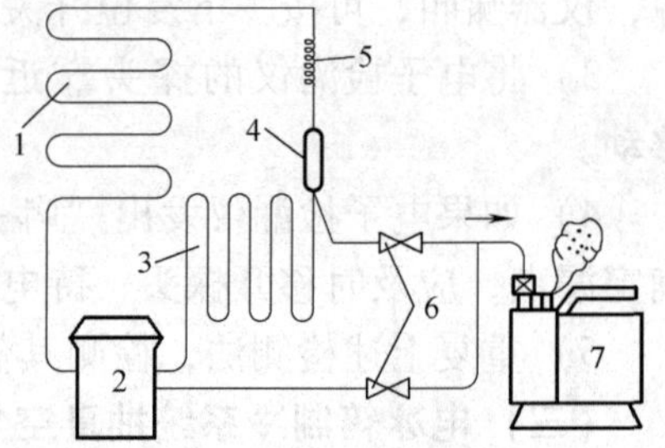


图2-24 高、低压双侧抽真空
1—蒸发器 2—压缩机 3—冷凝器
4—干燥过滤器 5—毛细管
6—修理阀 7—真空泵

（3）二次抽真空　在采用低压单侧抽真空时，为了使真空度达到要求，可以采取二次抽真空的方法。二次抽真空的工作原理是：先将制冷系统抽真空到一定的真空度后，拧下真空泵抽气孔的耐压胶管管帽，接在制冷剂钢瓶阀口上，向系统内充入少量的制冷剂，起动压缩机运转数分钟，使系统内的压力恢复到大气压力，这时系统内已成为制冷剂与空气的混合气体，再起动真空泵进行第二次抽真空，抽真空时间至少在30min以上。达到一定的真空度后，系统中绝大部分为制冷剂气体，空气只有很小的比例，从而达到排除空气的目的。

二次抽真空的方法比单侧抽真空效果好，但增加了制冷剂的损耗，因此维修中一般多采用高、低压双侧抽真空的方法。

（4）加热抽真空　加热抽真空是先将带真空压力表的三通阀用纯铜管与制冷剂连接起来。若制冷系统较小，或能将制冷系统从箱体上卸下，可将整个系统放入干燥箱内，并将连接制冷系统的纯铜管与二次修理阀一起延伸到干燥箱外。将干燥箱温度加热到100℃，保持1~2h以后，待制冷系统内的温度与干燥箱内的温度相平衡时，再开启真空泵抽真空。

若没有容积足够大的干燥箱，可先起动真空泵进行一段时间的抽真空，再用电吹风烘烤蒸发器、冷凝器、吸气管、排气管以及压缩机等部件。电冰箱的内胆不能烘烤，以免出现变形。在烘烤过程中为避免烤化漆皮，一定要不断地移动电吹风机，同时注意各部件的温度控制在50℃较为适宜。在抽真空过程中可以起动压缩机，当壳体的温度超过50℃时，可以使附在部件上的水分蒸发出来，也可以使溶解于冷冻机油内的水分蒸发出来，由真空泵抽出。

在加热抽真空的过程中，要注意观察真空压力表的数值变化。当真空度达到0.1MPa时，可根据制冷系统的大小，在抽空1~2h后关闭三通阀的抽空通道，抽真空过程可结束。

在抽真空过程中，压缩机工艺管与三通检修阀之间连接管的管径一定要选择合理。因为管径过大会使最后封口较为困难；而管径过小会使流动阻力增大，从而导致制冷系统的实际真空度与压力表所指示的真空度数值相差较大。通常选用6mm的铜管较为合适。

2. 制冷系统充灌制冷剂的操作

电冰箱在检漏和抽真空合格之后才可充灌制冷剂。制冷剂充灌量应根据电冰箱的型号确定，电冰箱的铭牌上都注明了制冷剂名称和充灌量，一般在100~200g之间。制冷剂充灌过多或过少都会影响制冷效果。若制冷剂充灌过多，会使低压压力升高，蒸发温度也升高，使制冷量减少；过多的制冷剂液体进入压缩机，会产生液击，损坏压缩机。而制冷剂充灌过少，进入蒸发器内的制冷剂不足，同样会使制冷量减少，电冰箱内的温度达不到要求。

电冰箱制冷系统充灌制冷剂的方法有4种，即定量充灌法、称量充灌法、压力充灌法和综合判断法。其中，定量充灌法和称量充灌法通常适用于固定场所维修使用。上门维修一般多采用压力充注法和综合判断法。

（1）定量充灌法　定量充灌法要使用专门的定量充灌器进行充灌，其外形结构如图1-65所示。容器的最外层是转筒，转筒上刻有不同制冷剂在不同压力下的定量充液线。操作时可按照压力表上所指示的压力值和制冷剂的种类，将转筒所对应的刻度线旋转到液量观察管的位置，通过三通截止阀将压缩机工艺管和定量充灌器下方用管道相连接，向制冷系统充灌制冷剂。充灌过程中要随时注意观察液量管及转筒刻度线，达到充灌量后应立即关闭阀门停止加注。再用手或热毛巾逐段焐一下充制冷剂软管，以便管内残留制冷剂进入系统中。

（2）称量充灌法　称量充灌法是采用计量单位最小为1g的高精度电子秤，按照电冰箱铭牌上标定的制冷剂质量进行充灌。将装有制冷剂的小钢瓶放在小磅秤上，瓶口朝下，使制冷剂液面高于瓶口，保证充入制冷系统的是液态制冷剂，以减少不凝性气体进入制冷系统，用连接钢管将小钢瓶与三通阀连接起来。制冷剂钢瓶与电冰箱的连接如图2-25所示。

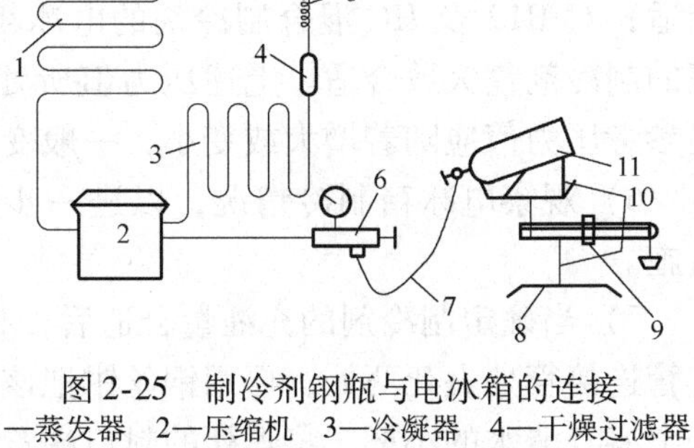

图2-25　制冷剂钢瓶与电冰箱的连接
1—蒸发器　2—压缩机　3—冷凝器　4—干燥过滤器
5—毛细管　6—修理阀　7—充制冷剂软管　8—台秤
9—游码　10—垫块　11—制冷剂钢瓶

在充灌制冷剂之前，应先使充制冷剂软管与修理阀的连接呈松动状态，联接螺母不要拧紧，并稍微打开制冷剂钢瓶阀放出一些制冷剂，以便将充制冷剂软管内的空气完全排除。当听到“咝咝”声的时候，说明排出的已经是制冷剂，这时迅速将软管与修理阀的联接螺母旋紧。用台秤称出这时候制冷剂钢瓶的质量，将游码向左移出应充灌制冷剂量的刻度，然后打开修理阀，将制冷剂缓慢地注入制冷系统内。待台秤平衡后，立即关闭制冷剂钢瓶阀。用手或热毛巾逐段焐一下充制冷剂软管，将管中的制冷剂赶进制冷系统内，随后关闭修理阀。20min 后起动压缩机运行，观察运行时的低压压力、结霜、散热状态等情况，以判断其充灌量是否合适。待全部运转参数正常后，充灌制冷剂过程结束。

称量充灌法充灌制冷剂的优点是加注量准确，多用于要求加注量准确度较高的电冰箱，如以 R134a、R600a 为制冷剂的电冰箱。

（3）压力充灌法　压力充灌法适用各种电冰箱，包括一些因改变制冷装置配置而无法确定制冷剂合适量的电冰箱，如因内漏自制盘管蒸发器的电冰箱等。

压力充灌法实际上是控制制冷系统的低压压力值，因为制冷系统低压侧压力的高低是由制冷剂流量的多少来决定的。若系统中制冷剂充灌量多，则低压压力就高，蒸发温度也高；若系统中制冷剂充灌量少，则低压压力就低，蒸发温度也低。此外，制冷系统的低压压力还会受环境温度变化的影响，冬季气温低，低压压力应稍低；夏季气温高，低压压力可略高。采用压力充灌法充灌制冷剂时，制冷剂钢瓶与电冰箱的连接可参照图 2-25。与之不同的是可以不用台秤，并且制冷剂钢瓶应直立。压力充灌法操作步骤如下：

1）用充制冷剂软管将修理阀与直立的制冷剂钢瓶连接后，将充制冷剂软管用制冷剂排空。

2）起动压缩机，打开修理阀对电冰箱制冷系统充灌制冷剂。

3）先充灌少量制冷剂。采用细充制冷剂软管（管径约 4mm）时，充灌时间约为 30s；采用粗充制冷剂软管（管径约 6mm）时，充灌时间约为 10s，然后关闭制冷剂钢瓶阀。

4）判断电冰箱制冷管路是否畅通，主要通过听有无制冷剂流动声判断。如果有制冷剂流动声，则说明制冷管路通畅；如果无制冷剂流动声，说明制冷管路堵塞。

5）继续充灌制冷剂并观察修理阀上压力真空表的读数。在 4）判断制冷管路通畅后，再次打开制冷剂钢瓶阀充灌制冷剂，同时观察压力真空表的读数，根据铭牌标称充灌量及当时的季节确定制冷剂充灌量是否合适。在达到大致合适时，依次关闭修理阀和制冷剂钢瓶阀。下面提供了常用制冷剂充灌量，仅供参考，在具体维修时还需结合现场情况进一步确定：对于 R134a 制冷剂的电冰箱，在压力真空表指示为 0MPa 左右时，所加的制冷剂量大致合适；对 R12 及 HC 混合制冷剂的电冰箱，在压力真空表指示为 0.05～0.07MPa 时，所充灌的制冷剂量大致合适。上述压力值所处环境温度为 25℃。在环境温度升高或下降时，上述参考压力值应随着增大或变小，一般变化范围在 0.01～0.04MPa 内。

6）观察电冰箱制冷情况，以进一步确认所充灌的制冷剂量是否合适，并采取相应的措施。

7）当确定制冷剂的充灌量合适后，封切压缩机工艺管。用封口钳在修理阀与压缩机工艺管连接管处夹死两处，再用钢丝钳把该连接管夹断，然后将夹断处焊死。焊接完毕后，取一个盛有清水的小杯，将焊死的封口端置于水杯中，观察是否有气泡产生。如果有气泡，表明漏气，需重新封焊，直至无气泡产生。为确保封口处无泄漏，应使压缩机停机，待高、低压力平衡，低压侧压力上升后再次用清水杯检测封口处的密封情况，确定无泄漏后才可认定操作完成。

（4）综合判断法 综合判断法是在电冰箱运行过程中，通过判断压缩机高压管的温度及冷藏室、冷冻室的结霜情况，来综合判断充灌量是否合适。这种方法一般适用于有经验的维修人员，可通过以下几个方面来判断：

1）观察蒸发器上的结霜情况。电冰箱的蒸发器在制冷运行时其表面会结一层薄霜。当制冷剂充灌量准确时，电冰箱上、下蒸发器表面结霜均匀，霜薄而光滑，用沾有水的手指接触蒸发器表面有粘手感。制冷剂充灌量不足时，蒸发器的全表面面积不能被有效地利用，蒸发器上结霜不匀，甚至只有部分结霜。对于制冷剂从下蒸发器到上蒸发器循环的电冰箱，会出现冷藏室温度低而冷冻室温度降不下来的现象。制冷剂充灌量过多时，蒸发器内的液体不能完全蒸发，蒸发器上结浮霜，冷冻室内的温度达不到设计温度要求。

2）通过触摸来感觉不同部件的表面温度加以判断。首先用手感觉冷凝器上的温度。冷凝器是制冷系统的散热设备，当压缩机运行时，若制冷剂充灌量准确，用手去触摸冷凝器上部管道会有发热烫手的感觉，而且整个冷凝器从上到下散热均匀。若制冷剂充灌量不准确，则会有不同的感觉：当充灌量过多时，冷凝器的大部分管道发烫；而当充灌量不足时，冷凝器上部管道温热，下部管道不发热。然后，用手感觉干燥过滤器和毛细管的温度。制冷系统在运行过程中，若制冷剂充灌量准确，用手触摸干燥过滤器应该有热感；若干燥过滤器温度较高，说明制冷剂充灌量过多；若干燥过滤器不热，说明充灌量不足。同时，毛细管进口处管道的温度应略高于干燥过滤器的温度：若毛细管温度较高，则充灌量过量；若毛细管没有热感，则为制冷剂充灌量不足。最后，用手感觉压缩机吸气管上的温度。制冷系统在运行过程中，若制冷剂充灌量准确，则吸气管有凉感；若吸气管没有凉感，则为制冷剂充灌量不足；若吸气管上结霜，则说明制冷剂充灌量过多。

3）测制冷系统的压力。制冷系统的饱和蒸气压力与温度是一一对应的关系。若测出制冷系统的高压侧和低压侧的压力，即可由制冷剂饱和蒸气压表查出其对应的冷凝温度和蒸发温度；反之，也可由蒸发温度和冷凝温度查出与之对应的低压压力和高压压力。当所测系统的高、低压压力均符合正常值时，说明制冷剂充灌量合适。测量时，压力表可以安装在修理阀上，也可装在压缩机的吸、排气管上。

4）测运行电流。充灌制冷剂的过程中，应以压缩机电动机的规定满载电流为标准，使用钳形电流表来测量电冰箱的运行电流。若所测电流符合铭牌上的规定，即表明充灌量合适；若运行电流过大，则表明充灌量过多；运行电流小于额定电流，则表明充灌量过少。

综合判断法也称为经验充灌法，其最大的特点是可以在电冰箱处于运行状态下对制冷系统充灌制冷剂。此时由于受压缩机排气功能的影响，制冷剂流动速度加快，因而充灌制冷剂的速度会很快。通常，若真空压力表采用管径为6mm的粗铜管时，充注时间为30s左右；若采用管径为4mm的细铜管时，充注时间为1min左右。

### （四）电冰箱制冷系统的清洗操作

压缩机电动机绝缘击穿、绕组匝间短路和烧毁是电冰箱的常见故障。电动机绕组烧毁后会产生大量的酸性物质，使制冷系统受到污染。当污染严重时，除更换压缩机和干燥过滤器外，还需对制冷系统进行清洗。如果仅更换压缩机和干燥过滤器，由于酸性物质的逐渐腐蚀，往往在修理使用1~2年后，压缩机电动机又会遭到损坏。

1. 污染程度鉴别

电冰箱制冷系统污染有严重污染和轻度污染之分，制冷系统污染的程度不同，其清洗方法也不相同。因此，在清洗制冷系统前首先应鉴别其污染程度。当制冷系统轻度污染时，打开压缩机工艺管时无焦油气味，倒出的润滑油比较清洁，润滑油的颜色也无明显变化，用石蕊试纸浸入润滑油后，试纸的颜色呈柠檬色。当制冷系统严重污染时，润滑油会有焦油气味，其颜色呈深棕色而且呈混浊状态，用石蕊试纸检验时，试纸的颜色将变成淡红色或红色。

2. 制冷系统的清洗操作

（1）严重污染的清洗　清洗严重污染的制冷系统时，首先应切开压缩机的工艺管，排完制冷剂，并拆下压缩机和干燥过滤器。然后，参照图2-26所示的接法，用四氯化碳作为清洗剂，用氮气分别对冷凝器和蒸发器进行吹洗。由于毛细管的阻流作用，清洗剂的流量很小，不易将污染物清洗干净，因此需要用气液交替的方法反复进行清洗。在最后一次用氮气吹洗时，应将清洗剂吹洗干净，以防其积留在系统中。清洗时，清洗剂保持0.2～0.4MPa的表压力，吹除清洗剂的氮气表压力为0.8～1MPa。

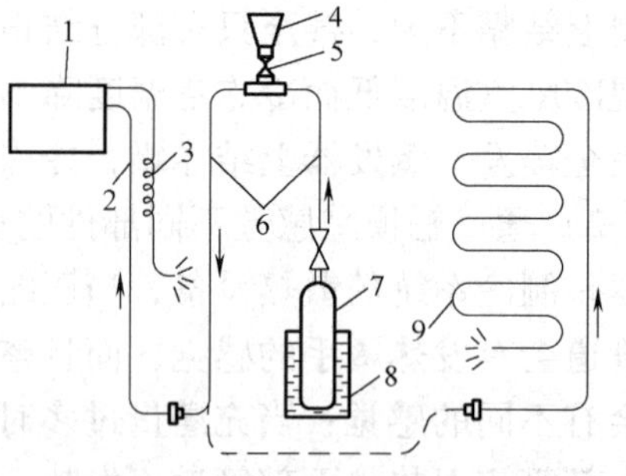


图2-26　冷凝器和蒸发器分别清洗的方法
1—蒸发器　2—吸气管　3—毛细管
4—漏斗　5—截止阀　6—软管
7—制冷剂钢瓶　8—温水桶　9—冷凝器

对于蒸发器便于卸下和移出的系统，可将毛细管与蒸发器断开，参照图2-27所示的接法，以耐压胶管取代毛细管，将蒸发器和冷凝器连接起来进行清洗。

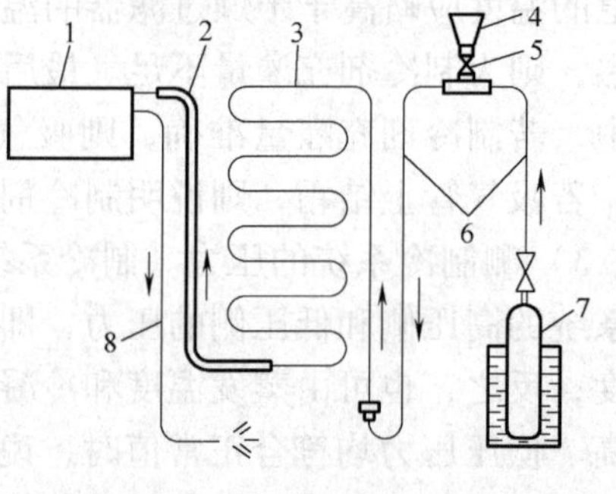


图2-27　拆除毛细管全部系统清洗方法
1—蒸发器　2—连接软管　3—冷凝器
4—漏斗　5—截止阀　6—软管
7—制冷剂钢瓶　8—吸气管

（2）轻度污染的清洗　清洗轻度污染的制冷系统时，可在拆去压缩机和干燥过滤器后，按图2-26所示的方法，不加清洗剂，直接用制冷剂或氮气对冷凝器和蒸发器吹洗30s以上。制冷系统清洗后不宜久放，应及时将更换的新压缩机和干燥过滤器组装、封焊好。其具体操作步骤如下：

1）冷凝器的清洗。

① 将压缩机的低压吸气管和高压吸气管焊开。

② 将干燥过滤器的进、出口连接部位割开，拆下干燥过滤器。

③ 将冷凝器的进口与漏斗截止阀相接。

④ 将氮气钢瓶的减压阀与漏斗截止阀相接。

⑤ 打开漏斗截止阀，从漏斗注入200mL的四氯化碳。

⑥ 关闭截止阀。

⑦ 打压0.8MPa。

⑧ 用手不断堵住和松开冷凝器的出口。

⑨ 重复⑤～⑧，反复清洗，直至放在出口处的白纸不变色。

⑩ 关闭氮气钢瓶，将减压器调节杆旋回原位，拆除连接管和截止阀。

2）蒸发器的清洗。

① 将蒸发器的进口与漏斗截止阀相接。

② 将氮气钢瓶的减压阀与漏斗截止阀相接。

③ 打开漏斗截止阀，从漏斗注入200mL的四氯化碳。

④ 关闭截止阀。

⑤ 打压0.8MPa。

⑥ 用手不断堵住和松开冷凝器的出口。

⑦ 重复③~⑥，反复清洗，直至放在出口处的白纸不变色。

⑧ 关闭氮气钢瓶，将减压器调节杆旋回原位，拆除连接管和截止阀。

**（五）更换冷冻机油**

1. 压缩机冷冻机油的选用

电冰箱制冷系统使用的制冷剂不同，所使用的润滑油也不相同。HFC类制冷剂大多选用合成润滑油，HCFC、HC类制冷剂大多选用矿物润滑油。25号冷冻机油适用于制冷剂为R22的压缩机，18号冷冻机油适用于制冷剂为R600a的压缩机。由于R134a与矿物油及烷基苯油的亲和力较差，制冷剂为R134a的压缩机的润滑油必须使用酯类油。

2. 电冰箱压缩机冷冻机油的更换

电冰箱的压缩机在使用较长时间后，冷冻机油会变混浊和变质，尤其在压缩机电动机绕组过热后更是如此。因此，对于使用时间比较久的电冰箱，在修理制冷系统的同时可对压缩机内的冷冻机油进行检查、补充和更换，以保证压缩机的正常工作和延长其使用寿命。

（1）压缩机冷冻机油的倒出　倒油时，将压缩机由制冷系统中拆下，使其排气管、吸气管和工艺管的管口均敞开。若为旋转式全封闭压缩机，则应倒置压缩机并将高压侧排气管对准容器后倒入。如果是往复活塞式全封闭压缩机，则倒置压缩机并将低压侧吸气管对准容器后倒入。然后量出所倒出的冷冻机油的容积，并以此为基础再增加原量的10%~15%，将新的冷冻机油倒入盛油容器中。

（2）压缩机冷冻机油的充灌　往复活塞式压缩机和旋转式压缩机的冷冻机油采用不同的充灌方法。

1）往复活塞式压缩机冷冻机油的充灌。如图2-28所示，将工艺管堵死后起动压缩机将油吸入。在充灌过程中，若高压管喷出雾状油滴，为避免油雾乱喷，可将高压管插入事先准备好的杯子中。具体操作步骤如下：

① 取一根清洁、干燥的软管，将一端接在压缩机的吸气管（或工艺管）上，另一端插入按规定的注入量盛有冷冻机油的容器中。

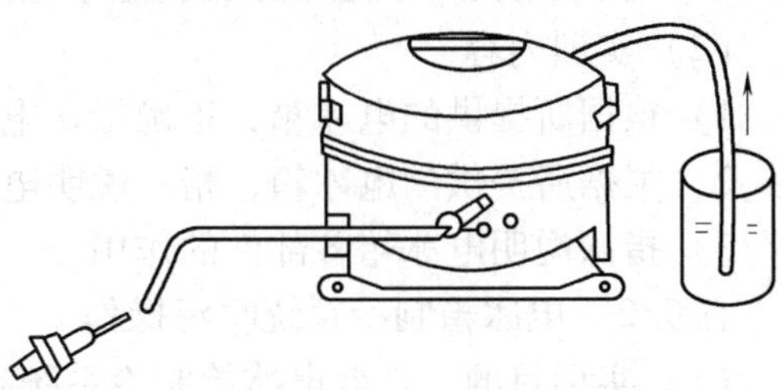

图2-28　往复活塞式压缩机充灌冷冻机油

② 起动压缩机，用手堵住工艺管（或吸气管），冷冻机油自然被吸入压缩机内。当容器中的冷冻机油吸完后停机。

还有一种更为简单的充灌冷冻机油的方法，就是用干净的量杯和漏斗，将冷冻机油从压缩机的工艺管处注入。

2）旋转式压缩机冷冻机油的充灌。旋转式全封闭压缩机充灌冷冻机油的具体操作步骤如下：

① 将冷冻机油按规定的注入量倒入清洁、干燥的容器内。按照图 2-29 所示的连接方法将压缩机与盛油容器连接在一起。

② 将压缩机的吸气管封死。

③ 将双表修理阀的中间接口与压缩机排气管连接，将与双表修理阀高压接口相连的软管放入盛油容器中，将与双表修理阀低压接口相连的软管与真空泵连接。

④ 将双表修理阀的高压阀口关闭，低压阀口打开。

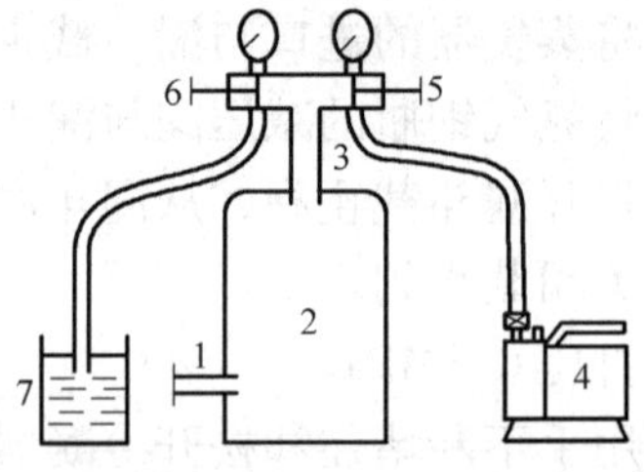

图 2-29 旋转式全封闭压缩机充灌冷冻机油
1—吸气管 2—压缩机 3—排气管 4—真空泵
5—低压阀口开关 6—高压阀口开关 7—盛油容器

⑤ 起动真空泵，将压缩机内部抽成真空。

⑥ 抽真空结束后，关闭双表修理阀的低压阀口，打开高压阀口，冷冻机油便自动吸入压缩机内，待容器中的冷冻机油全部流入压缩机内时，冷冻机油充灌完毕。

## 二、操作训练

1. 实训设备

1）具有良好性能的电冰箱和有明显漏孔或微小漏点的电冰箱，以及活塞式和旋转式全封闭制冷压缩机。

2）气焊设备、装有氮气的氮气钢瓶、氮气减压器、耐压橡胶软管、连接软管、复式修理阀、真空压力表、电子检漏仪、卤素灯、真空泵、封口钳、割管器、胀管器、倒角器、抽真空充灌器或定量充灌器、制冷剂钢瓶、截止阀、盛油容器、漏斗、尖嘴钳、扳手、斧子、锤子等，肥皂水或洗洁精、白纸、$\phi$6mm 铜管、钎剂、钎料、四氯化碳、冷冻机油等。

2. 实训任务

任务 1 认识电冰箱的基本结构

（1）实训目的 熟悉电冰箱的基本结构，认识电冰箱各组成部件。

（2）实训内容

1）根据所提供的电冰箱，正确指认电冰箱各部件的位置。

2）根据所提供的电冰箱，指示说明电冰箱工作时制冷剂的流动方向。

3）指认说明电冰箱各部件的作用。

任务 2 电冰箱制冷系统吹污操作

（1）实训目的 掌握电冰箱制冷系统吹污的操作方法。

（2）实训内容

1）高压段吹污操作。

2）低压段吹污操作。

任务 3 电冰箱制冷系统检漏操作

（1）实训目的 熟悉电冰箱制冷系统检漏的基本程序，掌握电冰箱制冷系统检漏的操作方法。

（2）实训内容

1）采用外观检漏法进行检漏。

2）采用压力检漏法进行检漏。

3）采用真空检漏法进行检漏。

4）采用电子检漏仪及卤素灯进行检漏。

任务4　电冰箱制冷系统抽真空操作

（1）实训目的　熟悉电冰箱制冷系统抽真空的基本程序，掌握电冰箱制冷系统抽真空的操作方法。

（2）实训内容

1）电冰箱制冷系统低压单侧抽真空操作。

2）电冰箱制冷系统高、低压双侧抽真空操作。

3）电冰箱制冷系统二次抽真空操作。

任务5　电冰箱制冷系统充灌制冷剂操作

（1）实训目的　熟悉电冰箱制冷系统充灌制冷剂的基本程序，掌握电冰箱制冷系统充灌制冷剂的操作方法。

（2）实训内容

1）采用定量充灌法对电冰箱制冷系统进行充灌制冷剂的操作。

2）采用称量充灌法对电冰箱制冷系统进行充灌制冷剂的操作。

3）采用压力法对电冰箱制冷系统进行充灌制冷剂的操作。

4）采用综合判断法对电冰箱制冷系统进行充灌制冷剂的操作。

任务6　电冰箱制冷系统污染程度的鉴别与制冷系统的清洗操作

（1）实训目的　熟悉电冰箱制冷系统污染程度的鉴别方法，掌握电冰箱制冷系统的清洗操作方法。

（2）实训内容

1）鉴别电冰箱制冷系统污染程度。

2）严重污染的电冰箱制冷系统的清洗操作。

3）轻度污染的电冰箱制冷系统的清洗操作。

任务7　电冰箱压缩机更换冷冻机油操作

（1）实训目的　熟悉电冰箱压缩机更换冷冻机油的操作步骤，掌握电冰箱压缩机更换冷冻机油的操作方法。

（2）实训内容

1）活塞式全封闭制冷压缩机冷冻机油的倒出与充注。

2）旋转式全封闭制冷压缩机冷冻机油的倒出与充注。

3. 实训注意事项

1）认真做好预习，在实训前应熟悉训练内容和操作方法。

2）对所用的工具和设备在使用前要认真地进行检查，发现问题应及时报告。使用中要严格遵守实训室安全操作规程。

3）实训过程中要严格按照相关工具、检测仪表、气焊设备的使用和操作方法进行操作，遵守安全操作规程，以保证仪器设备及人身的安全。

4）电冰箱制冷系统检漏操作相关注意事项如下：

① 进行加压检漏时，不能用压缩机或其他设备直接向制冷系统中充入空气。

② 电冰箱检漏时，充注压力不宜过高，一般不要超过 1.2MPa。检漏操作一定要在系统内压力平衡后才可进行。

③ 氮气瓶一定要用氮气减压阀，不可将双表修理阀直接接到氮气瓶上。

④ 电冰箱制冷系统泄漏点有时比较小，一定要仔细观察，对有可能泄漏的部位应耐心反复地进行检漏。

⑤ 系统与修理阀的连接一定要密封，避免因连接处漏气造成错误判断。

⑥ 用洗洁精或肥皂水检漏找到漏点后，一定要先用干毛巾擦去洗洁精或肥皂水，以免水分进入系统造成冰堵，然后放出制冷系统中的氮气。

⑦ 使用卤素灯检漏结束后，手轮不要关得太紧，防止灯冷却时阀体收缩而损坏阀座。

⑧ 真空检漏时，只能观察压力真空表的指针变化，不得用涂抹洗洁精或肥皂水的方法查找，以免水分进入系统造成冰堵。

⑨ 在维修电冰箱的过程中，只有用制冷剂打压检漏且制冷剂泄漏点很小时，才使用电子检漏仪进行检查；当泄漏点较大（压力下降很快）时，最好不使用电子检漏仪，以免损坏电子检漏仪。

⑩ 电子检漏仪灵敏度较高，在使用电子检漏仪进行检漏时，室内必须通风良好（无卤素气体），以免发生错误判断；由于电子检漏仪是精密仪器，在使用过程中一定要注意轻拿轻放；在使用电子检漏仪的过程中，不可将检漏口直接对准氟利昂钢瓶，然后打开阀门进行检测，以免损坏电子检漏仪；使用电子检漏仪完毕后，取出电源，以避免因长期不用，电池熔化，而损坏电子检漏仪。

5）电冰箱制冷系统抽真空操作相关注意事项如下：

① 真空泵的极限真空度要求超过制冷系统所要求的真空要求，真空泵的抽气速率应视制冷系统的大小而定。一般电冰箱维修选用的真空泵为 2XZ—0.5、2XZ—1 即可。

② 在使用真空泵的过程中，要注意其油位不得低于指示油位，真空泵应使用专用真空泵油。

③ 抽真空前，制冷系统内压力一定要与大气平衡，以免系统压力过高造成真空泵喷油。

④ 各连接处要检查拧紧情况，以免发生串气现象，影响抽真空质量。

⑤ 抽真空的时间不宜过短，一般应在 30min 左右。

⑥ 抽真空结束时，应先关闭修理阀，再关停真空泵，以防止空气回流。

6）电冰箱制冷系统充灌制冷剂操作相关注意事项如下：

① 向制冷系统充灌制冷剂前应先用制冷剂将充制冷剂软管中的空气排尽。

② 电冰箱制冷系统制冷剂充灌量一般较少，不要将制冷剂钢瓶倒置。

③ 采用控制低压压力法和综合判断法充灌制冷剂时，初始充灌时充灌量不要太大，以免向大气排放后污染环境。

④ 调节制冷剂充灌量时，应耐心、仔细，每次充灌量不宜过多；同时，应注意观察压力及运行电流的变化。

⑤ 压缩机工艺管的封口应在压缩机运行时进行。

⑥ 电冰箱正常开停 3 ~4 次后，确认其冷冻室和冷藏室温度都达到了要求时，再进行封

口处理。

7）电冰箱制冷系统清洗操作相关注意事项如下：

① 最后一次氮气吹洗时应将清洗剂吹洗干净。

② 制冷系统清洗后不应久放，应及时更换压缩机、过滤器，并组装、封焊好。

8）电冰箱压缩机更换冷冻机油操作相关注意事项如下：

① 牌号不同的冷冻机油不能混合使用。

② 冷冻机油的充注量应以产品说明书为标准，或比检修时的倒出量多充注10%～15%。

③ 连接吸油管时，应预先在吸油管内灌满冷冻机油。

④ 充注的冷冻机油与原冷冻机油不同时，应将原冷冻机油全部倒出，加入新冷冻机油，起动压缩机数分钟后，将油再次全部倒出后重新充注冷冻机油。

9）实训结束时，要对用过的工具、设备、材料进行整理归位，放置到指定位置。实训工具、设备不得私自带出实训室。

10）通电设备使用后切记关闭电源，置于安全档位。

# 任务二 家用电冰箱常见故障检修

**能力训练目标** 能对家用电冰箱常见故障进行分析与排除。

## 一、知识与技能

### （一）电冰箱常见故障分析原则与判别方法

电冰箱常见故障有多种情况，其故障的直观反映通常包括不制冷或制冷温度不够引起的制冷效果差、起动后立即停机或不停机、振动和噪声过大以及电冰箱不能正常起动等现象。对于这些故障现象，必须通过检查分析故障产生的原因，才能确定排除故障的方法。

1. 电冰箱常见故障分析原则

分析电冰箱常见故障应坚持的基本原则是：结合构造，联系原理，分清现象，具体分析。即在电冰箱发生故障以后，遵循先想后动的原则，首先应辨明现象，根据其组成结构和运行原理进行分析。分析过程应由外部到内部，外部因素包括电冰箱工作环境温度、使用方法、电源电压等是否符合要求，确定正常以后，再对电冰箱本体进行检查。进行本体检查时应由简单到复杂，即先从容易出现问题的部位着手检查，如易损、易漏部件，后考虑故障率低、结构复杂、拆卸困难的器件与部位。先考虑单一性故障，然后考虑综合性故障。进行系统检查时应先电后冷，即先检查电器系统是否正常，再检查制冷系统是否正常。先确定故障所在的系统，再按系统分段进行推理检查。

2. 电冰箱常见故障判别方法

（1）电冰箱故障类型的判别 电冰箱故障类型概括起来可分为三大类，一是电冰箱不能正常起动运转，二是电冰箱不制冷或制冷效果差，三是电冰箱运转后不停机。

1）电冰箱不能正常起动运转。产生这种故障的原因较多，如电源供电有故障、电源电压过低、电冰箱电源线或电路导线有断路、压缩机电动机绕组断路或短路、起动元件或保护元件损坏、温度控制器有故障、压缩机的机械部分卡死等。

2）电冰箱不制冷或制冷效果差。产生这种故障的原因较多，如制冷剂泄漏、制冷剂充灌量过多或过少、换热条件不佳、压缩机排气能力下降、间冷式冰箱的通风系统不良、制冷系统堵塞、制冷系统的高低压压力不正常等。

3）电冰箱运转后不停机。产生这类故障的原因，有的是设备本身确有故障缺陷，有的是使用不当，如制冷剂充灌量过多或过少、制冷系统有泄漏、温控器失灵、门封不严、存入箱内的食品过多、间冷式冰箱风道被堵塞、环境温度太高、周围空气不流通、箱门开关太频繁、达不到温控器的控制温度，或是温控器的位置不当、温控器的触点粘连等。新选配的压缩机容量太小也会产生这种现象。究竟属于哪一种原因，维修人员需要对具体设备及现场进行检测、分析，才能得出正确的判断。

虽然故障现象有时相同，但产生故障现象的原因是多种的，而排除故障的方法自然也不相同。因此，在实际维修操作中，故障分析、判断能力（即能够准确判断故障产生的部位和原因的能力）就显得非常重要。

按组成部件，电冰箱的故障主要是压缩机损坏、干燥过滤器堵塞、毛细管堵塞、温控器粘连或失灵、过载保护器烧毁、起动继电器老化、蒸发器或冷凝器出现漏孔等。

按结构组成，电冰箱的故障主要发生在电气控制系统、制冷系统和保温系统。电气控制系统的故障主要包括电路接线有错误，起动继电器和过载保护器损坏，温控器损坏或控温失调，压缩机电动机损坏，门灯开关失灵，照明灯烧毁，融霜电路故障以及间冷式冰箱中的风扇电动机烧毁等。制冷系统的故障主要包括制冷效果差、制冷系统堵塞或泄漏、蒸发温度低、冷凝温度高、制冷系统部件损坏以及间冷式冰箱中的循环风道被冰或霜堵塞等。保温系统的故障主要包括冷冻室门框被冻住打不开、制冷正常但开机时间过长或不停机、冷藏室向外流水、箱体顶部结露、箱体的某个部位塌陷和门内胆碎裂等。

在维修过程中由于操作不当容易产生的故障有电路接线有误，空气未排净造成制冷效果差，过多的水分进入系统产生冰堵，制冷剂充灌量过多或过少，压缩机容量选用的太小，起动继电器和过载保护器与压缩机不匹配，蒸发器选配的面积小或管路太短、太长，冷凝器选配的面积小或管路太短、太长，毛细管焊接发生堵塞，毛细管选配的太长或太短，干燥过滤器焊接时间过长或温度过高使吸水材料失效，制冷管路焊接时出现漏孔等。

由于外界原因或是使用不当，也会使电冰箱产生故障或是造成电冰箱的损坏。例如，外供电源的电压过高或过低会造成压缩机不能起动或损坏；一次性存入电冰箱的食品过多会造成压缩机不停机；冷冻室温度偏高，电冰箱周围温度偏高，空气不流通会造成压缩机不停机；电冰箱存放处的环境温度过低会造成压缩机不起动运转；电冰箱放置不平稳会造成振动与噪声；温度控制器选位不当，如在夏季选放在强冷档，会造成压缩机不停机；急于从冰箱中取出食品，用金属工具硬性撬拿食品会造成蒸发器出现破裂等。

总之，电冰箱的故障现象从表面看可分成几大类，但产生的原因是多种多样的。只有现场对它进行检查、测量、分析、判断之后，才能得出正确的结论。

（2）电冰箱的故障判别方法　电冰箱的故障判别要经过查看、测量及分析的过程，维修人员通常采用“一问”、“二看”、“三听”、“四摸”、“五测”的方法来分析判别故障。

1）问。向用户询问电冰箱的使用情况、使用过程、损坏时的过程和现象。例如，询问电冰箱损坏时有无停电；电压是否过高或过低；是否有一次性存入食品过多的情况；电冰箱不制冷的现象是突然产生的还是逐渐形成的；是否是在融霜之后，或是经过搬动后产生的故障；对旧电冰箱，要了解电冰箱的故障史以及维修前后的使用情况。对曾维修过制冷系统的电冰箱，要多留意冰堵、脏堵、混入空气、冷冻机油是否变质等故障。用户提供的损坏过程和现象，可以帮助维修人员分析故障产生的原因和范围。

2）看。当电冰箱未通电时，主要应看电冰箱的外观与内胆有无明显损坏、各零部件及电路的连线是否松动与脱落、制冷系统管道是否破裂。特别应注意管路焊接处是否有油渍，如有油渍，则该处很可能就是制冷剂泄漏点。

当电冰箱通电后，通过检查箱内照明可以判断电源是否正常；通过观察压缩机能否正常起动和运行可以判断电冰箱电气控制系统的工作情况。

当电冰箱通电运行半个小时后，通过观察蒸发器结霜是否均匀、霜层是否结满，可以检查制冷效果。正常工作的直冷式电冰箱蒸发器表面应有霜且霜层均匀、厚实，若发现蒸发器无霜，或上部结霜下部无霜或结霜不均匀、有虚霜等现象，都说明电冰箱制冷系统工作不正常。如果出现周期性结霜情况，说明制冷系统中含有水分，可能出现冰堵。若电冰箱工作很长一段时间后，蒸发器仍不结霜，说明制冷系统可能有泄漏。

观察毛细管、干燥过滤器局部是否有结霜或结露。若有，则表明局部有堵塞现象。看压缩机吸气管是否结霜、箱门四周是否凝露，由此可判断制冷剂是否过量、防露管是否有故障。

3）听。通电时，听起动继电器是否有动作声。若听到起动继电器的吸合声（PTC 起动继电器除外），随即压缩机正常运行为正常；若通电后压缩机发出“嗡、嗡”声，压缩机起动困难，可能是压缩机抱轴或卡缸；若起动运行数秒钟后，听到过载保护器的断开声，压缩机停止运转，片刻后压缩机又起动，出现这种频繁起动现象则说明压缩机运行电流过大，造成过载保护器动作。

通电后，听压缩机的运转噪声是否正常。电冰箱正常工作时，压缩机会发出微弱的声音，若听到下列声响为不正常现象：“嗒、嗒”声是压缩机内部运动件松动后发出的金属撞击声；“铛、铛”声是压缩机机壳内减振弹簧松脱或折断，压缩机倾斜运转后发出的撞击声；压缩机机壳内发出“嘶、嘶”的气流声可能是压缩机内高压缓冲管断裂后，高压气体窜入机壳的声音。

通电后，听蒸发器内的气流声是否正常。电冰箱运行时，将耳朵贴近蒸发器或箱体外侧，即可听到有气流声，这说明电冰箱工作正常；若听不到蒸发器内制冷剂的气流声，可能是制冷系统堵塞或制冷剂全部泄漏；若听到间断性的气流声，说明制冷系统中有水分。

4）摸。用手触摸电冰箱有关部件，以感觉各部位的温度变化情况，从而可分析、判断电冰箱的故障情况。

① 在室温 30℃时，接通电冰箱电源运行 30min 后，用手触摸压缩机排气管。工作正常时，排气管夏季烫手，冬季也应感觉很热，否则，就是工作不正常。

② 用手摸压缩机机壳。第一次起动压缩机运行时，因开机时间较长，因此在夏季用手摸有烫手的感觉（80℃左右），待正常运行后，用手摸压缩机机壳感觉温度很高。

用手触摸压缩机机壳还可证实压缩机是否起动：方法是用手轻轻接触压缩机机壳，若有振动感，说明压缩机起动运行；若无振动感，则可以说明压缩机没有起动。在遇到门灯亮不制冷及压缩机不能起动运行故障时，用手摸压缩机机壳，如果有温度，说明压缩机电路被接通，但因故进入了保护状态；如果无温度且无振动感，说明压缩机没有进入工作状态，应检查压缩机电路是否开路，或是压缩机本身是否有问题。

③ 用手触摸冷凝器表面温度是否正常。电冰箱制冷系统在正常的连续工作且室温不高于32℃时，其自然冷却式冷凝器的最高温度可达55℃左右。温度分布是：上部最热、中部较热、下部基本接近室温。冷凝器的温度与环境温度有关，冬季时冷凝器的整体温度偏低些，夏季时冷凝器的整体温度偏高些。对于内藏式冷凝器，用手触摸箱体两侧或后背应感到温热。若温度不够，可能是制冷剂不足；若温度过高，说明冷凝压力过高，系统中可能含有空气等不凝性气体或制冷剂充灌过量；若手摸冷凝器不热，蒸发器中也听不到“嘶嘶”的气流声，说明制冷系统在干燥过滤器或毛细管等部位发生了堵塞。

④ 用手触摸压缩机吸气管。正常工作时，手摸吸气管应感到发凉。

⑤ 用手触摸干燥过滤器表面。正常工作时，干燥过滤器表面温度应与室温差不多，手摸应有微热的感觉（约40℃）。若出现明显低于室温或有结露或结霜现象，说明干燥过滤器内部发生脏堵。

⑥ 用手指蘸水触摸蒸发器表面。正常工作时，抬起手时应有粘手的现象，手指离开后应有手印。若无粘手现象，而且手摸之处的霜层融化，可能是制冷系统内制冷剂过多或过少。

5）测。通过上述的问、看、听、摸之后，即可对故障发生的部位和程度有了初步的认识。但因电冰箱是多个部件的组合体，各个部件之间相互联系、相互影响，因此，在实际维修过程中，只掌握个别故障现象很难准确地判断出发生故障的部位。若需进一步分析判断故障所在准确部位以及故障程度，还需用有关仪表对电冰箱进行性能检测。

① 用卤素检漏仪或电子检漏仪可以查出泄漏的部位；根据修理阀上的压力真空表读数可以判断制冷系统的堵塞或泄漏情况；用测温仪表可测量出电冰箱内温度是否正常。

② 用绝缘电阻表或万用表来检测电气控制系统的绝缘电阻值是否为正常值。正常情况下的绝缘电阻值一般不得低于2MΩ；若绝缘电阻值低于2MΩ，应对压缩机、温度控制器、起动继电器电路作进一步检查，看其是否漏电。

③ 用万用表电阻档检查压缩机电动机绕组电阻值是否正常。

④ 通过测试电冰箱工作时的电流大小来判断电冰箱的故障。电冰箱在正常工作时，其工作电流与铭牌上标称的额定电流应基本相符。因此，当电冰箱压缩机或制冷系统出现故障时，其工作电流就会增大或减小，所以，可以用钳形电流表检测电冰箱工作电流的办法，来判断电冰箱发生的各种故障。

引起电冰箱工作电流过大的故障主要有：制冷系统发生堵塞、制冷剂过量、冷冻机油不足或润滑系统故障、压缩机抱轴或卡缸、压缩机电动机定子与转子之间的间隙配合不当以及压缩机电动机绕组绝缘强度降低或绕组匝间短路等。

引起电冰箱工作电流较小的故障主要有：制冷剂不足或泄漏以及压缩机气阀密封不严、活塞与气缸间隙过大、高低压腔串通、气缸垫损坏等。

根据检测到的电冰箱工作电流，再结合观察电冰箱各管路及其接头，以及各部件表面是否损坏、有油渍等，听压缩机内有无异常的响声；用手触摸压缩机机壳、吸排气管、冷凝器等，判断温度是否正常，这样就可准确地判断出故障的部位。

**（二）全封闭式制冷压缩机的检修操作**

小型制冷设备全封闭式压缩机常见的故障可分为两大类：一类是电气故障，包括电动机短路、断路，或碰壳接地、绝缘不良引起绕组烧毁等；另一类是机械故障，如卡缸、抱轴，减振弹簧变形、脱位和断裂及阀片损伤、断裂、积炭和缓冲管断裂，或压缩机接线柱渗漏等。

1. 压缩机电器故障的检修

全封闭式压缩机的电器故障，一般可用万用表测试压缩机绕组的电器参数的方法来确定。

（1）单相压缩机接线柱的识别　电冰箱压缩机为单相电动机，电动机定子中有运行绕组和起动绕组。在压缩机壳体上装有3根引线柱，机壳外的3个端子分别用来连接起动继电器和过载保护器，引伸到机壳内的3个端子分别连接压缩机电动机绕组。电动机运行绕组与起动绕组的公共引出线端常用C表示，运行绕组的引出线端常用M（或R）表示，起动绕组的引出线端常用S表示。3个接线柱呈等边三角形分布，如图2-30所示。

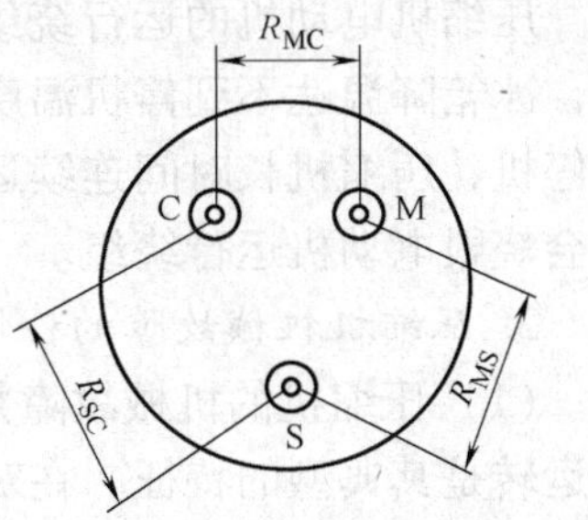

图2-30　压缩机接线端子的判断

识别压缩机的接线柱可采用下列方法：将万用表调至电阻 $R\times1\Omega$ 档，校零；分别测出各端子之间的电阻值，即 $R_{MC}$、$R_{SC}$、$R_{MS}$，若 $R_{MS}$ 阻值最大，则端子C为公共端；其余的两个端子若 $R_{MC}<R_{SC}$，则说明S为起动端子，M为运转端子。

应当注意的是，不论是国产机组还是进口机组，压缩机3个接线端子的位置并不一致，电动机内的电阻也不相同，故不可根据主观臆断来作出判断，一定要经测试判断后才能让压缩机运行。

（2）电动机质量鉴别　通过测量压缩机接线端子之间的电阻值可判断出电动机绕组有无故障。图2-31所示为压缩机接线盒分解图。用旋具拨开盒盖卡簧，拆下盒盖，松开热保护器压簧，拆下过载保护器和起动继电器，用万用表 $R\times1\Omega$ 档测量电动机绕组的阻值。分别测量每两个接线柱之间的电阻，即 $R_{MC}$、$R_{SC}$ 和 $R_{MS}$。一般情况下，正常压缩机应满足下列关系，即

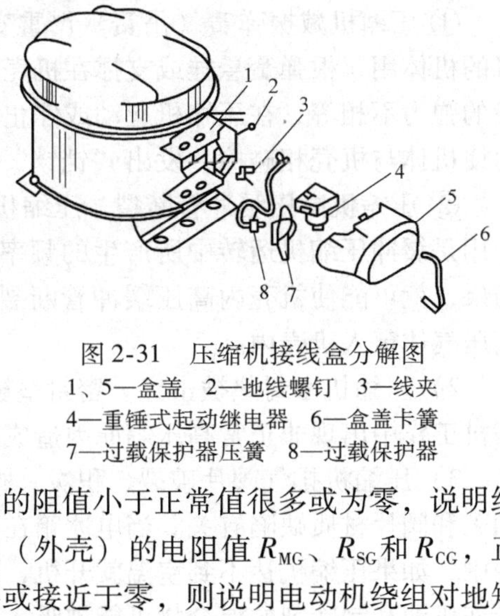

图2-31　压缩机接线盒分解图

1、5—盒盖　2—地线螺钉　3—线夹　4—重锤式起动继电器　6—盒盖卡簧　7—过载保护器压簧　8—过载保护器

$$R_{MC}<R_{SC}<R_{MS} \text{和} \quad R_{MS}=R_{MC}+R_{SC}$$

如果某一绕组的阻值为无穷大，说明该绕组烧毁或内部引线接插件脱落。如果某一绕组或绕组之间的阻值小于正常值很多或为零，说明绕组匝间短路。利用绝缘电阻表测量3个接线端子对地（外壳）的电阻值 $R_{MG}$、$R_{SG}$ 和 $R_{CG}$，正常值应在 $2M\Omega$ 以上，如果绝缘电阻值小于 $2M\Omega$ 较多或接近于零，则说明电动机绕组对地短路，绕组绝缘已损坏，发生绕组碰壳故障。

表2-1列出了电动机绕组的可能故障情况与测量电阻值间的关系。

**表2-1　电动机绕组的可能故障情况与测量电阻值间的关系**

| $R_{MC}$ 或 $R_{SC}$ 无穷大 | $R_{MG}$、$R_{SG}$ 和 $R_{CG}$ 小于 $2M\Omega$ | $R_{MC}$、$R_{SC}$ 或 $R_{MS}$ 远小于正常值 | $R_{MC}$、$R_{SC}$、$R_{MS}$、$R_{MG}$、$R_{SG}$、$R_{CG}$ 均无穷大 |
|---|---|---|---|
| 绕组短路 | 绕组对地短路 | 绕组匝间短路 | 机内线盒与接线柱分离 |

一般情况下，若压缩机不起动，多为电动机绕组烧毁，也可能是电动机绕组引线内接插件脱落所致。电动机绕组烧毁有两种情况：一是绕组烧毁；二是绕组碰壳，即绕组与定子铁心短路或是绕组之间匝间短路。压缩机电动机绕组烧毁多发生在起动绕组。当电动机不能正常起动，而过载保护器又不能及时动作时，就可能烧毁起动绕组。如果过载保护器可以及时动作，但由于电动机不能起动运行，而出现频繁起动时，由于起动电流是额定电流的 5 ~ 7 倍，将使起动绕组温度不断升高，如果不及时切断电源，时间过长仍会烧毁起动绕组。

压缩机电动机的运行绕组相对起动绕组来说烧毁较少。但在毛细管堵塞或制冷剂泄漏时，冰箱降温达不到停机温度；或者冰箱能降温，但温度控制器失灵时，达到温度却不能自动停机，压缩机长时间连续运行，温度不断升高，如果同时过载保护器的保护作用失效，可能会烧毁电动机运行绕组。

2. 压缩机机械故障的检修

（1）压缩机的机械故障判断　全封闭式压缩机的机械部分出现故障后，压缩机不能起动运转是其典型的特征。在对压缩机电器系统进行检测以后，若确定电路接线正确，而且电源电压稳定；确认电动机性能良好，起动继电器和过载保护器与电动机相匹配且无故障，一般可以判定是机械故障。

（2）压缩机的主要机械故障

1）压缩机发出异常噪声。压缩机在运行中，必然存在一定的声响，但整个系统工作时噪声不超过允许值（一般在 50dB 以下）就是正常的。如果噪声超过规定限度或出现异常声音，则说明压缩机内某些部位出现了故障。

① 压缩机减振弹簧（吊簧）严重变形，甚至断裂或脱位。在全封闭式压缩机内，压缩机的机体用 3 根弹簧悬挂或支撑在机壳内，以达到防振或消除部分噪声的效果。如果 3 根弹簧的弹力不相等，在压缩机起动或停止时，会使机体在某一方向倾斜而更靠近机壳，因抖动而使机体与机壳相碰撞，发出“铛铛”的金属撞击声。

② 压缩机高压缓冲管断裂。压缩机内高压缓冲管管径较细，且悬挂在机壳内，其主要作用是缓冲压缩机运转中所产生的频率很高的颤动。但由于排气管材质问题或“共振”的结果，就可能使机壳内高压缓冲管断裂，此时，压缩机机壳内发出“嘶嘶”的气流声，有高压气体窜入机壳内。

2）压缩机密封垫被击穿。密封垫被击穿多是由于紧固螺栓紧固力较小或螺栓松动，压缩机工作中出现非正常高压等原因造成的。

3）压缩机排气阀片破裂、积炭。阀片破裂多是由于压缩机运转中产生“液击”或是与加工和阀片材质缺陷有关。当电冰箱在低温环境中长时间不用时，制冷剂大部分溶于冷冻机油中，如果压缩机达不到室温就开机，则制冷剂迅速从冷冻机油中逸出形成泡沫沸腾状态，冷冻机油和制冷剂的混合物可能被吸入气缸而造成“液击”事故，使阀片受到损坏。

阀片积炭是在压缩机运行时，由于阀片开、闭频繁，压缩机高速运转，冷冻机油在高温压缩以及制冷剂作用下，逐渐变质老化，在阀片和阀板上产生积炭，降低了润滑和散热作用，同时使阀片关闭不严，密闭性下降，影响压缩机的排气效率。

4）压缩机出现抱轴、卡缸。抱轴和卡缸是活塞式压缩机活塞与气缸无法进行相对运动的一种机械故障。其现象是电冰箱通电后，压缩机不运转，发出“嗡嗡”声。在电源电压、电动机绕组、起动继电器正常时，电动机不转动，稍后保护器过载动作。这种故障多发生在主轴、活塞、气缸和连杆等部位。其主要原因是压缩机油路被脏物堵塞，使供油系统不通畅，造成润滑不良，热量无法被带走，摩擦面的温度急剧升高，产生机械热膨胀，机件受到磨损而“卡死”以及定子移位、余隙过小等。

5）压缩机机壳上接线柱渗漏。若接线柱上有油迹，可用棉纱蘸上汽油，将接线柱周围擦干净，过一段时间后，再用清洁的白纸或手指去接触有漏油的地方，又发现有新的油迹，则说明接线柱处有渗漏。

（3）压缩机排气量检测　当压缩机排气量下降时，制冷系统表现为制冷量下降、制冷效果不良、冷凝器不热、吸气管不凉、压缩机不能停机等现象。

由于活塞与气缸壁之间的间隙增大，或是有拉伤划痕，吸、排气阀不严，机壳内的高压管路有漏孔，使部分高压气体返回到低压区等原因，都会造成压缩机排气压力下降，吸气压力上升。这时如果用手指堵住排气管口，可以封堵得很严、不漏气，当松开手指时，气流喷射能力很低。如果用手指堵住吸气管口，没有手指被压迫、被吸入的感觉，这说明压缩机的低压腔压力过高，吸气能力很弱。这就是常说的“排气效率低”或“排气能力低”的故障。试验时，用手指封堵排气管口，压缩机如果运转，排气压力大约在 0.8MPa 以上，无论如何也封堵不住的。若手指感觉压力很大，则说明压缩机排气能力很好。若用手指能够堵住排气管口，说明排气压力低，该压缩机有排气压力下降的故障，如图 2-32 所示。

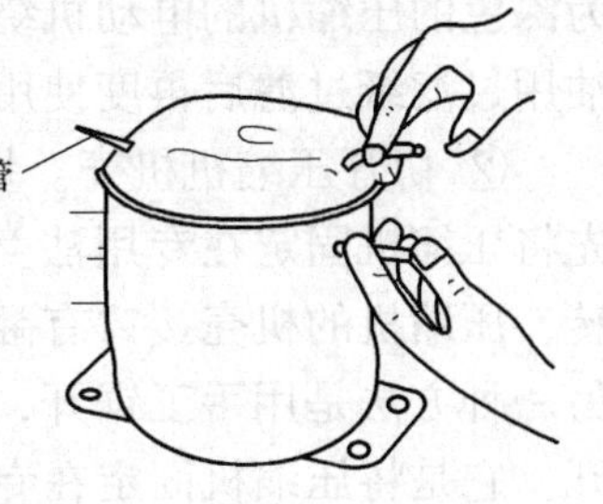


图 2-32　压缩机排气量测试

（4）压缩机抱轴、卡缸的故障维修　全封闭式压缩机发生了抱轴、卡缸故障后，不能轻易地进行开壳维修，也不能武断地直接更换压缩机，这时可应用下述方法进行修理。

首先，可使用木锤从中心向四周逐圈沿各个方向敲打，敲时用力要适当，不可过重，注意不要损伤压缩机吸气管和排气管。然后，接通电源，看压缩机能否起动。若仍不能正常起动，可参照图 2-33 所示的接线图，在电源输出端加设一只调压器，在压缩机起动绕组中串联一只 75μF、耐压 300V 以上的交流电解电容器，用以增大电动机的起动转矩。将压缩机电动机接入图 2-33 所示电路，然后逐渐将电源电压提高。

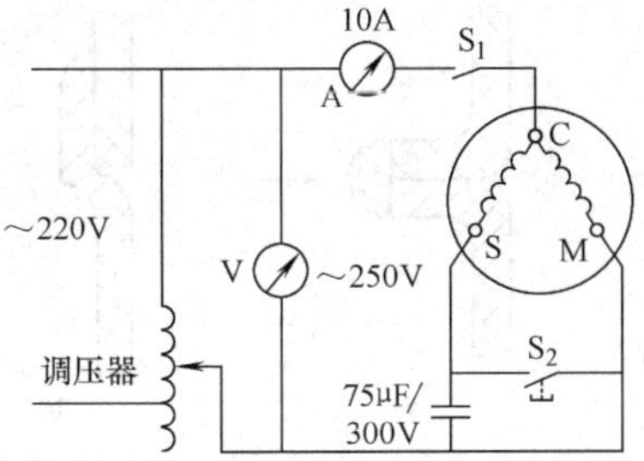


图 2-33　加大起动转矩接线示意图

具体步骤是：先接通电源，将电压调至 200V，然后闭合开关 $S_1$，再快速按一下开关 $S_2$，看压缩机是否能起动。如果仍未起动，5min 后经电压调高后再试。每次可增高 5～10V，不可一次调高太多。每次强行起动时间不要过长，以免烧坏电动机。

经过上述方法的处理，一般的抱轴和轻微的卡缸都可以排除。当压缩机起动运行半小时后，需要换新的冷冻机油，以免再出现抱轴现象。

（5）压缩机的开壳维修　当全封闭式压缩机出现故障而采用上述方法不能解决时，只有把机壳切割开才能进行维修。这种打开机壳的维修称为开壳维修。压缩机的开壳修理是在不得不开的情况下才进行的。开壳维修适用于用 R12 和 R600a 作制冷剂的压缩机。用 R134a 作制冷剂的压缩机由于装配时精度、干燥度和清洁度要求很高，且只能使用酯类油，所以损坏后一般不推荐开壳维修，而是直接更换压缩机。

1）开壳前的准备与开壳方法。压缩机开壳以前要做相应的准备工作，然后才能进行开壳操作。

① 开壳前的准备工作。首先拔下电源插头，切断压缩机的工艺管，放出制冷系统内的制冷剂，然后用气焊的中性火焰将压缩机与冷凝器和回气管接头焊开拔出，松开压缩机与箱体之间的固定螺栓，将压缩机从电冰箱的底座上取下。在使用气焊时，要用铁皮挡住压缩机和后箱底部，以免烧坏箱体漆层和压缩机接线柱。

将压缩机放倒，倒出压缩机中的冷冻机油，并收集在一个量杯中，待油流尽后将油量记录下来，作为修复后重新加注冷冻机油的依据。将量杯的盖子盖好，以防冷冻机油吸入水分。为了使压缩机内的冷冻机油能迅速排除，可以从工艺管处吹入氮气，以加速排油。

将冷冻机油排出后，观察其颜色，若为深棕色，则该冷冻机油不可再用，且冷冻机油变为深色的压缩机的电动机绕组曾经过热且已经被烧坏。如果冷冻机油未被污染，可将冷冻机油用过滤纸过滤后再度使用。修复后，按倒出的油量增加10% ~15%注入新冷冻机油。

② 切开压缩机机壳。切开压缩机机壳的方法有两种，一种是用车床车，具体方法为：先将压缩机固定在专用法兰卡盘上，然后将法兰卡盘装在车床上，使压缩机与卡盘同心旋转，压缩机的机壳接口有翻边对接和插接两种形式，切割时要贴近原坡口，如图2-34所示；另一种方法是用手工锯开，在无车床时或是椭圆形机壳的压缩机只能用手工的方法将其锯开。它是将压缩机固定在专用的固定支架上，如图2-35所示，用钢锯沿焊缝锯开，锯削前可先用砂轮磨去焊缝表面的接续层，以便确定焊缝的位置。切割时要随时清扫铁屑，以免过多的铁屑落入机壳内，造成清洗困难。

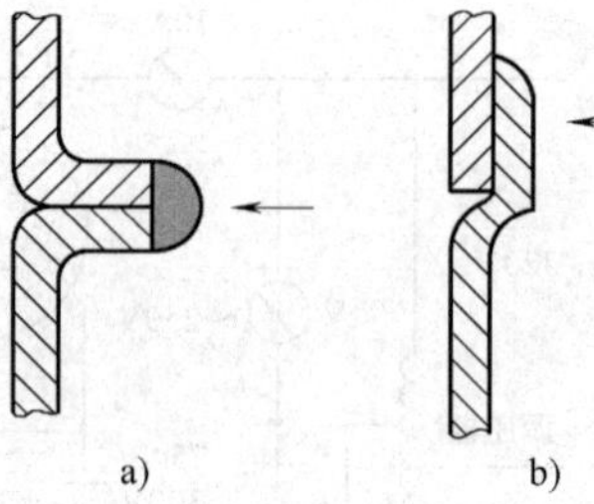


图2-34 机壳切割部位
a）翻边对接 b）插接

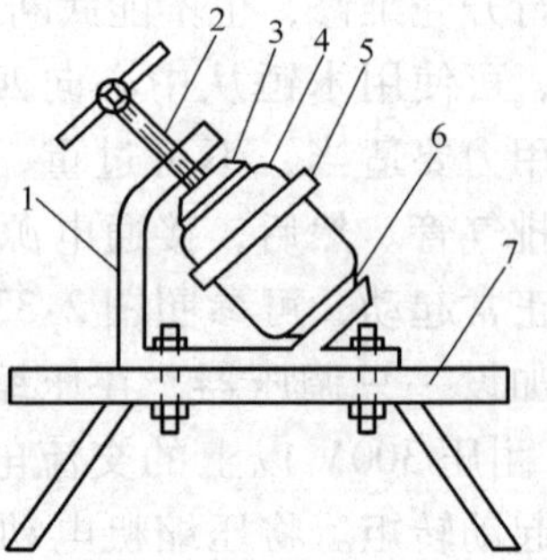


图2-35 机壳切割工作台
1—钢架 2—丝杠 3—压盘 4—压缩机
5—坡口 6—橡胶垫板 7—工作台

切割过程中还应注意切口不能过深，一般为3 ~5mm，进锯太深易造成内部机件的人为损伤，给维修工作增加不必要的麻烦。还应避免铁屑落入电动机绕组中，以免造成新的更加严重的电动机绕组匝间短路或碰破绕组绝缘层。在切割机壳时还要注意保护机壳上的接线柱，因为固定接线柱的绝缘材料是由玻璃或陶瓷烧结成的，容易破碎，操作时严防碰撞或强力弯曲接线柱。

2）开壳后的故障维修。压缩机开壳以后，针对不同的故障应采用不同的方法进行维修。

① 压缩机弹簧维修。由于压缩机型号不同，安装吊簧的方法有多种，所以拆卸方法也

不相同。大部分压缩机内减振悬挂弹簧呈圆柱形，只有少部分的吊簧下端呈圆锥形。弹簧上端钢丝向外弯折，旋入机壳挂耳螺孔，下端钢丝向内弯曲，旋入机座螺孔。拆卸时，应将上端向外弯折处作为逆时针拧出的受力支点；安装时，应将下端弯折处作为顺时针拧入的受力支点。操作时，应根据压缩机的具体结构合理地确定拆卸方法，避免发生弹簧损坏或变形的现象。对于发生断裂或因封焊时被高温退火、拉长变形的吊簧，更换时应注意更换同规格、同型号的弹簧；若发生吊簧脱位现象，一定要找出脱位的原因，重新固定，以防再次脱落。若机壳内吊簧座断裂、弹簧座脱落，必须将压缩机从壳内取出，铲除断裂部分，更换相同的弹簧坐在原位置重新焊接，然后重新固定机壳。

② 压缩机密封垫被击穿维修。压缩机密封垫被击穿与阀片关闭不严的故障现象相似，通常缓冲管多发生在高、低压分隔处，拆卸气缸盖与阀片时一定要注意检查。气缸盖垫片是用石棉丁腈橡胶板制成的，垫厚约0.25~0.45mm。如果气缸盖紧固力不够或者在运行中出现短时间的反常高压，垫片最窄处就容易被击穿，致使压缩机失去排气能力。此时需更换新的密封垫片，为了不影响活塞端部的余隙量，在修理中应注意低压吸气阀片侧的石棉丁腈橡胶垫厚度不能随意更改。重新制成的垫片边角不能有毛刺，使用前应在冷油中浸泡数小时后才可使用。如果没有标准备件配用，绝不可用普通石棉垫替代。因为普通石棉板内含有铝粉和银粉，遇油时会变形掉渣，使电动机的绝缘性能降低，管路系统出现“脏堵”的现象，造成制冷系统新的故障。

③ 压缩机高压缓冲管断裂维修。压缩机内高压缓冲管发生断裂时，压缩机可以正常工作，但不能制冷，此时用手触摸压缩机的排气管会感觉只有一端发热，并能听到压缩机内有气流声，且压缩机外壳的温升很快。当焊开压缩机吸、排气管，用手去堵排气管时，会感觉压缩机排气压力很小或没有排气。

进行维修时，在解开机壳后，可根据其发生断裂的部位不同，或去掉断头后重新焊接，或更换同规格的内缓冲管，或用一段稍大的管子套焊断头即可解决。但应当注意，无论采用哪种方法维修，都应保证内缓冲管的畅通，且不能发生泄漏。

④ 压缩机排气阀片维修。电冰箱压缩机大多采用簧片阀，一旦阀片磨损变形，一般是不能修复的，必须重新更换新阀片。若阀片只有锈蚀和炭化且没有新阀片可供更换时，要进行研磨抛光后再用。研磨时，将阀片固定在夹具上，在厚玻璃板上用研磨膏进行研磨。当进行手工研磨时，用力要均匀，应采用“8”字形法研磨，必须不断地改变研磨的位置和方向，不要只在一个方向或一个位置上研磨。研磨平整后还应进行清洗，使阀片保持清洁平整。凡属积炭的阀片、阀板，只要采取上述的研磨法除去积炭即可。当气阀组与压缩机装配之后，在压缩机封焊之前应先进行一段时间的磨合，经过气密性试验合格后，才可对压缩机进行封焊。

⑤ 压缩机润滑供油系统故障维修。全封闭式压缩机由于转速较高，多采用离心式油泵润滑方式，曲轴为竖轴式，该上油方式是在轴上钻一斜孔，轴下端装有油嘴，当曲轴高速旋转时，润滑油在离心力的作用下经油嘴输油孔上升。一部分润滑油进入机架孔，对高速旋转的主轴颈进行润滑，另一部分润滑油沿螺旋槽上升，并被甩溅出来，对各运动部件进行润滑。

压缩机供油系统主要故障有以下几种现象：

其一是油路堵塞，此时电动机的旋转方向是正确的，但油槽内无油喷出。其原因一般是压缩机机壳中的污物或是焊接机壳管路时的氧化物沉积后被吸入油槽内，造成油路堵塞。此时应取出机芯，从曲轴底部的吸油孔处用氮气加压将脏物吹净。

其二是供油量不足，这种现象一般是由于曲柄销和滑块之间因磨损增大，使油路的密封性变差，从而使上油量减小。润滑油在高温的作用下呈细雾状，使摩擦副得不到很好的降温和润滑，压缩机温度升高很快，若不及时进行修复，将导致压缩机出现抱轴、卡缸等故障。解决的方法是将油嘴拔下，在油嘴内插入 0.1mm 厚的铜舌片，使润滑油的供油情况有所好转。若仍不能解决，则应将磨损的零部件进行更换。

其三是上油与旋转方向，如果是修过电动机定子绕组的压缩机不上油，说明转子的旋转方向发生错误，如图 2-36 所示。当曲轴逆时针方向旋转时不上油，要顺时针方向旋转时才上油，这时改变电动机绕组的接线即可解决。

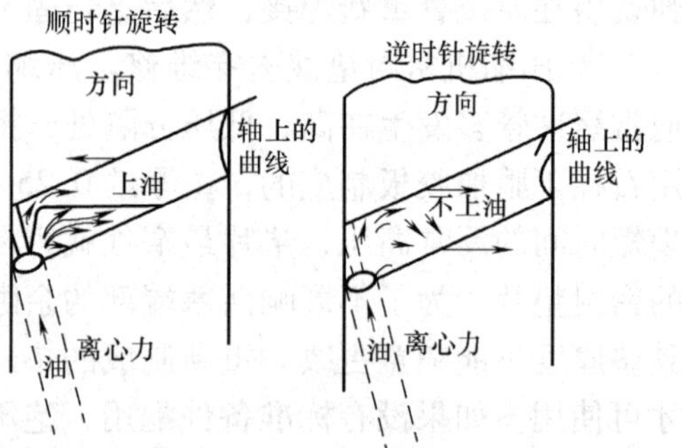

图 2-36　上油与旋转方向

（6）修复后的装配和性能试验　压缩机进行维修以后，需将各零部件按原有位置进行装配，然后再进行性能试验。

1）压缩机的装配。装配压缩机是将修复后的各种零部件进行清洗、烘干并擦拭干净后，按原装配位置进行装配。

① 曲轴与转子的安装。先将曲轴涂上润滑油，插入机架内，将电动机转子套入曲轴的下端，在曲轴的末端再套上一根粗铁管，放在台虎钳上将曲轴压入转子的中心孔内。为防止装偏，在压入一定距离后，应将转子和曲轴一起转动一定角度后再压，直至合格为止。转子的轴向窜动量为 0.3mm。装好曲轴与转子之后，再将吸油嘴装到曲轴下端。

② 电动机定子的安装。电动机定子多装在机架下面，用 4 支螺栓固定。螺栓依次对角拧紧，边紧边转动曲轴和转子，以检查转子和定子之间是否存在摩擦。

③ 活塞的安装。安装活塞之前应在活塞与气缸上分别涂上一层润滑油。将活塞插入气缸后，用手掌封住气缸端面，另一手拉动活塞，活塞对手掌的吸力越来越大，此时松开拉动的活塞，活塞应被吸进气缸。这说明活塞与气缸间隙配合得当。如果没有吸力或吸力很小，则说明活塞与气缸间隙比较大，这样的活塞与气缸不能再继续使用。

安装时，将活塞组件插入气缸体内，滑管较长的一端应靠近低压腔，较短的一端应靠近高压腔。在滑管中推入滑块，然后将滑块孔套在曲轴的大、小头上，再用 4 只螺栓将气缸体固定在机架上，并在气缸体与机架之间垫上纸垫。

在安装过程中应反复转动曲轴，观察活塞的往复运动以及滑块在滑管中的往复运动是否灵活。特别是活塞在上止点时不能碰撞阀板。如果活塞运动不灵活或者出现碰撞阀板的现象，可松动固定缸体的 4 支螺栓，适当调整气缸体的位置，直至运转灵活，且不发生撞缸为止。

④ 阀板和阀片的安装。在将阀片装到阀板上面以前，必须先将阀片与阀板清洗干净、吹干，然后将阀片放在安装位置，用手压住阀片在阀板上研磨几次，观察阀片与阀板是否能接触，再按照拆下时的位置，将低压阀片和阀板垫片装在阀板的低压阀面，轻轻往外掰一掰低压阀片的顶端，再把阀板翻过来，将高压阀片及阀板垫上紧，最后将高、低压气室及端盖

拧紧。在装配阀片过程中，要检查每一个阀片是否能张开，有没有卡住的地方，最后将排气阀片升程限位器、销子等装好，防止螺栓松动而损坏压缩机。

装配时，要严格挑选、检查和紧缩阀组中的月牙紧固螺栓，阀片的开启度应调整到1~3mm，阀组装配好后必须用煤油做渗漏试验。

应当注意的是，试验之前还应检查漏电情况，有些电动机线圈本身并不漏电，但装入机壳后会发生漏电，此时应检查套在3个内接线柱上的绝缘垫子是否因高温炭化而损坏。

2）压缩机性能试验。开壳修理的压缩机，故障全部排除且组装完毕后，在焊接之前必须进行性能试验。压缩机性能试验装置如图2-37所示。

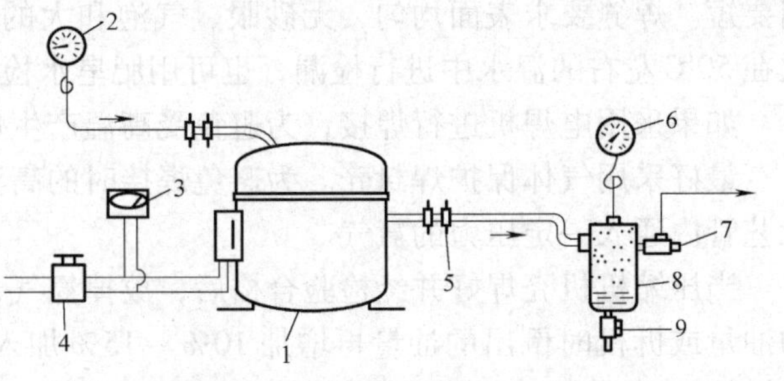

图2-37　压缩机性能试验装置

1—压缩机　2—真空表　3—电压表　4—调压器　5—光管接头　6—压力表　7—放气阀　8—排气罐　9—放油阀

① 空载试验。在接通电源之前，应先测压缩机的绝缘电阻，其阻值不得少于2MΩ。在机壳内加入规定量的冷冻油，在压缩机转动时，油应从活塞、气缸和转轴顶部空中喷出来，如果无此现象出现，说明转向反了。如果油多了，由于被转子带动，则可看到油在机壳底部翻动；若油太少，则没有喷油现象。接通电源后，压缩机电动机应在1~3s内起动，其起动空载电流为5A左右，当压缩机正常运转后，其空载电流应为0.8A左右。

② 负载试验。在高压管口直接接上储气罐，将储气罐上的排气阀关闭。接通电源后，储气罐内的压力逐渐上升。当压力表读数为0.8~0.9MPa时，调节放气阀，使压力值稳定在0.8~0.9MPa，此时电流不应超过额定电流值，在0.9~1.2A之间。

切断电源，将储气罐压力调到0.3~0.35MPa，再让压缩机停机3min以上，重新接通电源，让压缩机在高压有负载的情况下起动。测出有负载时压缩机的起动时间和起动电流，所测数据若与空载时的数值相差不大，则表明压缩机在电压低时能正常工作。如果起动器与压缩机匹配得当而不能正常起动，则是起动绕组中的反绕组有错，或因高压阀片密封不严，造成不能起动。此时应分析判断是哪种原因，然后进行重新修复。

③ 气密性、密封性和排气量试验。接通电源，起动压缩机，当储气罐上的压力表指示到1.5MPa时停机。在密封垫、缸盖螺栓、排气管接头处滴上冷冻机油，此时不应有气泡出现。若出现气泡，则应重新进行修复。如果无气泡出现，则用手转动转轴，观察转轴转动是否灵活。转轴转动灵活，说明高压阀片密封性能好；如果转轴转动不灵活，而压力表的压力值下降很快，则说明高压阀片密封性能不好。

将储气罐上的放气阀关闭，通电后电动机运转，看压力表能否达到3MPa，如果能达到并超过3MPa，则表明压缩机排气量已够。如果低于3MPa，则说明活塞与气缸间隙过大或高压阀片密封性能不好，造成排气不足。

当压缩机检测合格后，再试转并听一下声音是否正常，如果一切正常，便可焊接外壳。焊好后，将压缩机充入1MPa压力的气体，放在水中5min，对焊缝进行检漏。合格后对压缩机加热烘干，将管口封闭并将焊缝涂上黑漆备用。

检测时要注意，压缩机试运转时吸进去的是空气，由于空气中含有水分，所以测试时间应该尽量短些。

（7）封焊　压缩机内部故障排除后必须进行清洗，经过检查与试运转后才可封壳。封壳前要用平锉将机壳锯口毛刺锉掉，以免影响焊接质量，然后用汽油将壳体内清洗干净，并用氮气吹干。

封焊时，通常采用电弧焊焊接，要求电焊机的电流大小要调节合适，使用直径为2mm的低碳钢焊条。焊接时，首先在360°的圆周上均匀点焊4处，然后顺次焊完一圈，焊接时间要短。焊缝要求表面均匀，无砂眼、气泡和大的疤痕。焊完后充入压力为1MPa的氮气，放在50℃左右的温水中进行检漏，也可用肥皂水检漏。如果发现漏电，必须进行补焊。

如果采用电焊机进行焊接，为避免受高温产生爆裂，机壳内不准加油。

最好采用气体保护焊封壳。为避免焊接时的高温在压缩机内部产生氧化物，焊接时可在工艺管内通入一定压力的氮气。

当压缩机机壳焊好并经检验合格后，放掉氮气，用真空泵抽净机壳中的气体，并按规定的油量或拆机时倒出的油量再增加10%～15%加入冷冻润滑油。然后，放入120～130℃的干燥箱内干燥8 h，而后通电试机，合格后备用。若放置时间较长，机壳内应充入0.03～0.05MPa的氮气，并用胶木塞或软木塞封死管口，保护压缩机。

### （三）电冰箱电气控制系统故障分析与排除

电气控制系统是指由起动继电器、过载保护器、温度控制器及其他电气部件组成的控制箱内温度，压缩机的起动、运行、停机和进行过载保护，确保电冰箱安全运行的控制电路。

1. 电气控制系统故障的检查

（1）电源和电路检查　当电源出现故障时，通常表现为压缩机不起动；当电路系统出现故障时，除表现为不起动外，还可能表现为不停机或频繁起动，这时需要对主控制回路中的有关元件进行个别检查。

1）检查电源。当压缩机不起动时，首先要拔掉电冰箱的电源插头，用万用表测量电源线插座两端交流电压是否在190～240V。若低于190V或高于240V，对电冰箱的损伤较大，会造成压缩机不起动或过载保护器跳开，使压缩机在通电与断电之间反复动作，长时间后会损坏压缩机的起动绕组，损坏压缩机。

当确定电源插座输出电压正常后，可测量电冰箱电源插头两端的电阻值。若阻值在10～40Ω之间，则可基本判定为正常，所测的电阻值实际上是电动机运行绕组的直流电阻；若测得阻值为0，则为断路故障，此时可分别检查压缩机起动电路中各元件的性能，如起动继电器、过载保护器、温度控制器以及压缩机本身的绕组。如果测量电源插头两端的阻值为0，则为短路，这时要重点检查压缩机是否损坏。

2）检查控制电路。电冰箱的控制电路依据不同类型的制冷特点而有所不同，但其工作原理是基本相同的。无论直冷式电冰箱还是间冷式电冰箱，一个根本的工作特征就是箱内温度升高到设定值时，压缩机必须起动运行开始制冷，所以贯穿这一控制主线的元件就构成了电冰箱控制系统的主回路。此外，对于间冷式电冰箱，还要有融霜加热电器、风扇控制电路等。只要对不同的功能电路从控制原理和动作过程上加以分门别类地分析，就不难看出各个分支电路与主控制电路之间的联系。

检查控制电路是否有故障时，可采用以下简易速判法：将电冰箱的温度控制器旋至任意非零档位置，关好冰箱冷冻室和冷藏室的箱门，然后用万用表分别测电冰箱电源插头上L—

N、L—E（E 极接电冰箱的金属外壳）和 N—E 间的电阻值，敞开冷藏室箱门，再测试上述各极间的电阻值。测得的电阻值和相应的结论以及应检查的部位见表 2-2。表 2-2 中 L—N 间正常电阻值的大小主要由压缩机运行绕组的电阻值大小决定。

表 2-2 电冰箱控制电路故障简易速判法

| | | L—N | | | L—E 或 N—E | | |
|---|---|---|---|---|---|---|---|
| 关门 | 电阻值 | 15～50Ω | ∞ | 0 | ∞ | 0 | 2MΩ 以下 |
| 关门 | 结论 | 正常 | 断路 | 短路 | 正常 | 短路 | 绝缘电阻不合格 |
| 关门 | 检查部位 | — | 起动继电器、过载保护器、温控器、压缩机电动机绕组 | 压缩机电动机绕组 | — | 连接线及各电气控制元件 | 压缩机、起动继电器、温控器 |
| 开门 | 电阻值 | 稍小于关门电阻值 | ∞ | 0 | ∞ | 0 | 2MΩ 以下 |
| 开门 | 结论 | 正常 | 断路 | 短路 | 正常 | 短路 | 绝缘电阻不合格 |
| 开门 | 检查部位 | — | 灯座、灯泡 | 灯座 | — | 灯座 | 灯座 |

若测得 L—E 或 N—E 间的电阻值在 2MΩ 以下，则说明电冰箱的绝缘电阻不合格。造成电冰箱绝缘电阻不合格的主要原因一般是控制电路中的电气元件（如压缩机电动机绕组、起动继电器、温控器和灯座等）漏电，也可能是导线老化，造成绝缘性能下降。若为电气控制元件受潮，可将受潮的元件拆下，放入烘箱内烘干；若为导线绝缘不良，则应更换导线；若测得绝缘电阻为零，则可能是电动机的绕组或引线与压缩机机壳相碰，或是导线破皮接地，或是压缩机电动机绕组已烧毁，这时必须开壳检查，查明原因后重新绕线或更换压缩机。

（2）电气控制元件的检查

1）起动继电器的检查。目前我国电冰箱所采用的起动继电器有两种，即重锤式起动继电器和 PTC 起动继电器。

① 重锤式起动继电器的检查。重锤式起动继电器常见故障为触点粘连、触点接触不良和电流线圈烧毁。检查的方法是用手拿住起动继电器，按重锤的直立方向上下摇动，应听到其内的撞击声，然后将其平面朝上，线圈向下放置，如图 2-38a 所示。用万用表测量 M、S 间的电阻，当阻值无穷大时为正常，若电阻值很小或为零，则说明触点粘连。M、N 之间应为通路，若电阻为∞，则说明线圈烧毁。将起动继电器翻转 180°倒立放置，如图 2-38b 所示。检测 M、S 间电阻，等于零为正常；若阻值太大，则说明触点接触不良；若阻值为∞，说明触点烧毁或重锤卡死使触点不能下落闭合。

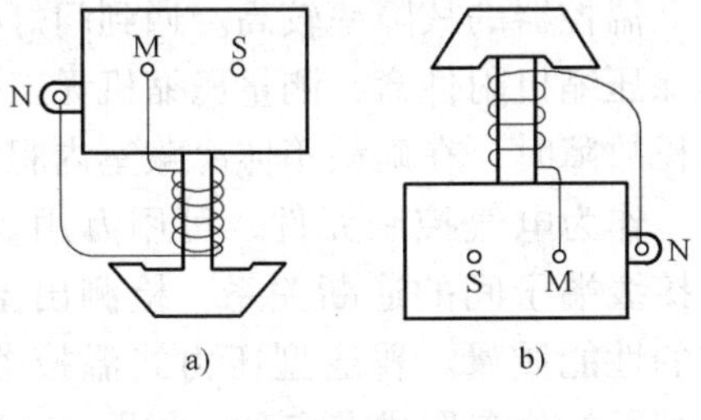

图 2-38 重锤式起动继电器的检查

当重锤式起动继电器出现触点烧毁粘连时，可将其顶盖拆下，取出触点，用细砂纸将触点表面轻轻磨平即可。如果触点损坏过重，无法修复，则应更换同原机匹配的起动继电器。

② PTC 起动继电器的检查。PTC 起动继电器属于无触点式半导体器件，一般不易发生故障。若发生故障主要有两种可能：一是由于 PTC 起动继电器内进水受潮，造成 PTC 元件

破损；二是PTC起动继电器内的弹簧片弹性变差，使其与PTC元件接触不良。

手持PTC起动继电器摇动时不应有任何声响，如有声响，说明内部的PTC陶瓷片破碎或触点脱落。在室温下测量PTC起动继电器接线端子，其阻值应符合该种PTC标准的电阻值（一般在10~50Ω之间，允许变化20%）。若电阻值为零或过大，则说明已损坏。也可用实验方法检测PTC起动继电器工作性能是否正常。其操作方法是将PTC起动继电器与一只220V、100W灯泡串联后接入电源，闭合控制开关后，灯泡应立即亮起。十几秒后，灯泡应自动熄灭。切断电源3min再次接通电源，灯泡能立即亮起。否则，说明PTC起动继电器已损坏。

PTC元件应防水防潮，一旦受潮，接通电源后会马上破裂损坏。若PTC元件受潮，可将其放入干燥箱内干燥处理，干燥箱温度控制在140~150℃，时间为3h左右即可。如果PTC起动继电器因其他原因而损坏，只能更换同原机匹配的起动继电器。

2）过载保护器的检查。过载保护器一般不易发生故障。若发生故障，一般是内部的电热丝烧断或是因电路曾出现故障，使其反复动作，造成触点间严重积炭或粘连。用万用表测量过载保护器两个接线端的电阻值，在正常情况下为1Ω左右；若为∞，则说明电热丝已烧断；若有十几欧以上的阻值，则说明其触点间严重积炭。把过载保护器放在150℃以上的热物体上，触点应跳开，电阻值变为∞；若不能跳开，则为触点粘连，过载保护器不能使用。

过载保护器出现上述故障，一般不予修理，而是直接更换新品。如果过载保护器的损坏是由于压缩机电动机短路或电气参数不匹配造成的，必须查明原因，不能简单地进行更换。

3）温度控制器的检修。电冰箱中使用的温控器主要有压力式温控器和电子式温控器。

① 压力式温控器的检修。电冰箱中使用的压力式温控器按结构、功能和用途不同，分为普通型、半自动融霜型、定温复位型和风门型四种。

a. 压力式温控器的常见故障与检测方法。压力式温控器的常见故障有：感温剂泄漏，造成其触点不能闭合，引起的故障现象是门灯亮但压缩机不起动；触点之间严重积炭，使触点间电阻很大，造成压缩机不能正常起动运行；触点之间粘连，造成箱内温度很低，但压缩机仍不能停机；机械机构失灵使控温范围漂移。

温控器的故障率较高。遇到门灯亮但压缩机不起动时，可先对温控器进行检查，也可在拆除压缩机附件盒，测量压缩机无工作电压的情况下再检查温控器；遇到制冷基本正常但不停机故障时，在确认箱体冷藏室内胆无脱离现象后，可以直接检查温控器。

作为电气控制元件，可用万用表检查接线端子间的通断关系，检测出温控器的性能质量。普通型压力式温控器接线端子的分布形式有多种，如图2-39所示。它们都有一个外壳接地端子。以图2-39a为例，1和3两个接线端子为主电路中连接电源与压缩机的接线端子，它们之间具有受温度变化而产生通断关系的变化。同时也受到温控器调节杆旋钮的控制，若将旋钮逆时针拨至最低档时，1和3两个接线端子间呈断开状态，此时用万用表测量电阻值应为∞；若将旋钮顺时针拨至任何位置（正常位置）时，将出现机械动作声，

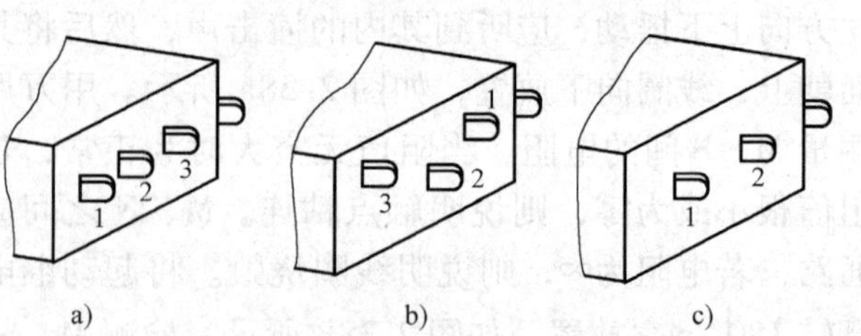


图2-39 温控器接线端子的分布
a）一字形接线端子 b）三角形接线端子
c）两个接线端子

即把1和3两端接通，此时电阻值应为零或1~2Ω。如果为∞，则说明感温元件内的感温剂已泄漏光；如果阻值在10Ω以上，则说明触点间已严重积炭；若温控器阻值正常，则可把温控器放入电冰箱、冷藏箱等小型制冷设备冷冻室内10min左右，然后用万用表迅速测量其阻值。正常情况下应为∞，如果阻值为0，则说明是触点粘连。在确认温控器触点没有粘连的情况下，用手握住温控器的感温管，然后再测1和3两个接线端子之间的阻值。应该看到，当手握住感温管时，两触点间会迅速导通，即万用表的指示值迅速由∞变为0，这就说明温控器各机构工作灵敏、正常。否则，为温控器失灵。温控器的1、2接线端子在任何状态下永远处于常通状态，它实际上是供照明灯电路而设置的，此处应接电源进线，即电源进线应接在1处，照明电路接在2处，与压缩机相连的电源接头应接在3处。如果错将3接在电源进线，而1与压缩机相接，则会造成压缩机停转时冰箱内照明灯不亮的故障。

对于半自动融霜型温控器，还应检查其半自动融霜功能。在室温下用万用表测量，发现其两接线端子间的电阻值为0。当按下融霜按钮时，可以听到“喀嚓”一声，电阻值由0变为∞；当松开按钮后，又听到“喀嚓”一声，按钮弹回，且电阻值又变为0，即说明感温剂没有泄漏。不能弹回，则表明感温剂已泄漏。

定温复位型温控器一般有3个接线端子，即H、L和C，其中L—C触点通断受温度控制。H—L称为内电路开关，只有当温控器调至“停止（OFF）”时，H—L触点才断开，其他情况时，H—L触点始终闭合。用万用表检测接线端子间的通断关系可判断其是否有故障。

对于间冷式电冰箱中的感温风门温控器，由于工作参数不同，可采用试验的方法来判断是否有故障。检查此种温控器时，可将旋钮按逆时针方向旋转，并准备2℃以下的冷水，摘掉感温管外的塑料套后，将感温管浸入冷水中，此时风门应呈关闭状态。将感温管从冷水中取出，用手握住感温管，观察风门的开启情况。若风门全闭不开启，则说明感温剂泄漏；若风门能打开但开启度不够（微开），则应检查风门的弹簧是否工作正常。

b. 压力式温控器出现故障后的维修。在实际操作中，对于感温剂泄漏故障，由于充注感温剂的工艺比较复杂，一般的修理单位没有条件，只能采用更换温控器的方法。

对于温控器触点粘连和严重积炭的故障，可采用维修的方法予以排除。方法是：用小号旋具轻轻插撬温控器金属外壳两侧，取下触点绝缘座板，用小刀将触点撬开，然后用细砂纸将触点表面打磨光亮即可。

对于因温控器内部弹簧件的疲劳而造成控温点的漂移，可通过调整温度范围调整螺钉或温差螺钉，稍加弥补。由于温控器的种类不同，对温控器的调整应在积累经验的基础上进行。

c. 压力式温控器的更换。更换温控器的原则是按原型号更换，以保证电气控制参数不变。若一时难以买到原型号的温控器，可用其他参数或规格相似的温控器进行替换。

更换时应注意温度控制范围要与原电冰箱的星级标准相符，其类型要与原电冰箱适应，感温管的尾部要足够长。在更换时，对于两接头的温控器，只需将两接线直接接入即可，而三接头的温控器应注意接头的性质。由于温控器因产地、生产厂家不同，温度旋钮的可调角度，强冷点、弱冷点的位置也不相同。更换后若出现与原温控器标记不相对应的情况时，可按新温控器的调节范围重新做好标记或与原温控器标记进行对照参考。

更换新的温控器后，要认真检查实际温度控制效果、温度控制范围和压缩机的起停温差。压缩机的起停温差不能太大，也不能太小，要合适。必要时可对温控器上的温度范围调整螺钉进行适当调节。

② 电子式温控器的检查。电子式温控器的常见故障有热敏电阻损坏或失灵、电路脱焊、元器件损坏等。引起的故障现象是门灯亮但压缩机不起动，或制冷基本正常但不停机。热敏电阻的检查方法是：用手握住热敏电阻，然后用万用表测量其阻值的变化，随着温度的升高，电阻值应该减小，反之则增大。如果温度变化，而阻值不变，说明已经损坏。实际维修中也可直接用同型号的电子式温控器进行替换，以确定温控器是否有问题。

4） 自动融霜电气元件的检查。间冷式电冰箱都具有自动融霜功能，主要控制元件有双金属融霜温控器、融霜电加热器、融霜超热保护器和融霜定时器。

因自动融霜电气元件均设置在冷冻室风道栅板或冷藏室组件盒内，所以，在对融霜电气元件检测及拆装前，均要先拆下风道栅板或组件盒。

① 风道栅板与组件盒拆卸与安装方法。风道栅板位于冷冻室内，在其内侧设置有风道槽，用于将冷冻室的冷风传输到冷藏室内。拆下风道栅板的目的是便于维修其内部的融霜电加热器、融霜温度控制器和风扇等元件。组件盒位于冷藏室内，拆下它即可露出内部温度控制器及融霜定时器等元件。

a. 风道栅板的拆装方法。拆卸风道栅板时，先把用于固定制冷搁架的塑料卡箍用一字形旋具取下，再取下制冷搁架，然后抓住风口部位凸起处往外拉，取出风道栅板，就可以看到蒸发器及其他元件。

风道栅板的安装方法按照拆卸的逆过程进行即可。

拆装风道栅板时应注意：风道栅板是用塑料挡板及泡沫塑料压制而成的风道槽组成的，用于将冷冻室的冷量传输到冷藏室。在拆装风道栅板及其他元件时，不要把泡沫塑料弄坏，否则会造成冷藏室没有冷气，导致不停机故障。

b. 组件盒的拆装方法。组件盒通常用4~6个螺钉或卡箍固定在冷藏室顶部后背。拆卸时拆下固定螺钉或撬开固定卡箍，然后拔下组件盒与箱体接线组件插头即可。

安装组件盒时，先插上组件盒与箱体插头，再将组件盒恢复到原位置，然后固定好组件盒。

② 双金属融霜温控器的检查。双金属融霜温控器在电冰箱融霜终了时起开关作用。此元件一般卡装在蒸发器上，直接感受蒸发器表面温度。双金属融霜温控器有两条引线，常温下为断路，当蒸发器表面温度降至-5℃左右时，其触点应闭合，使加热器的电源接通；当蒸发器表面的霜化尽并被继续加热到（13±3）℃时，其触点应断开。双金属融霜温控器可拆下检测。检测时，在室温（一般高于15℃）下用万用表测量其两端引线间的电阻值，应为∞，再将其置于另一台运行正常的电冰箱的冷冻室中，在低于-5℃的温度下放置5~10min，其电阻值应变为0，同时还能听到触点跳开时“啪”的声音（触点闭合），否则，说明双金属融霜温控器已损坏，应更换同型号的新品。

③ 融霜电加热器的检查。融霜电加热器在电冰箱中种类很多，检测时可用万用表测量加热器引线两端是否处于导通状态，同时应有一定的电阻值。不同用途的加热器其电阻值不同，一般从几百欧至几千欧不等。如果处于断路状态，则说明加热丝已经被烧毁，应更换同型号的新品。

④ 融霜超热保护器的检查。融霜超热保护器卡装在蒸发器上，直接感受蒸发器表面温

度。其作用是当融霜温控器出现故障，蒸发器温度上升至70℃左右时，该元件便熔断，防止蒸发器管路内压力不断升高而导致管路爆裂。融霜超热保护器是否正常，可用万用表测量其两端引线间的电阻值是否为0加以判断。当测得其电阻值为0时，说明融霜超热保护器已熔断。它属于一次性使用元件，不能修复，损坏后应更换同型号的新品。

⑤ 融霜定时器的检修。融霜定时器又称为融霜继电器，其作用是累计压缩机的运转时间，当压缩机连续运转8～12h（由出厂时设定）后，断开压缩机接通融霜电路。融霜定时器故障率远远低于其他融霜电气元件，所以，在电冰箱出现不融霜故障或不融霜导致压缩机不运转时，要在确定融霜温控器、融霜电加热器均正常的情况下，才有必要对融霜定时器进行检查。融霜定时器一般多安装在电冰箱的后背或冷藏室内，拆装和检查比较方便。融霜定时器的外形和结构如图2-40所示，其常见故障有电动机绕组损坏、触点接触不良或粘连、机械传动装置失灵等。

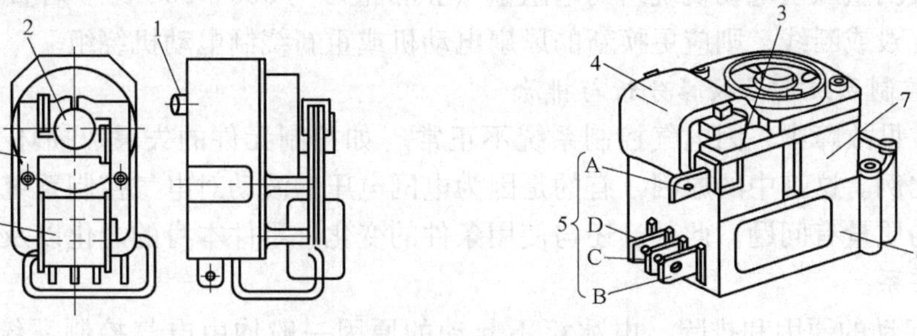


图2-40 融霜定时器的外形和结构

1—手控旋钮 2—电动机转子 3—定子 4—定子绕组 5—端子 6—开关箱 7—齿轮箱

检查时应拆下融霜定时器，先用万用表测量融霜定时器电动机绕组A、B或A、C两端子间的直流电阻值，正常时应在7kΩ以上（不同型号的融霜定时器，其串阻值有所不同）。若为∞或0，说明融霜定时器电动机绕组断路或短路。电动机绕组损坏后修复的难度较大，一般多采用更换同型号新品的方法。

如果融霜定时器电动机绕组电阻值正常，则用手顺时针旋转定时器外壳表面上的手控旋钮，可使定时器人为地运转计时，当达到8～12h计时终点时，可听到“啪”的一声触点动作的声音，则转换为融霜位置，即C、B断开，C、D接通。此后如果再将手控旋钮顺时针旋转很小一个角度，又会出现“啪”的一声，又恢复到C、B接通，C、D被断开的制冷位置。分别用万用表测量融霜和制冷时的C、B和C、D是否接通（电阻值为0）和断开（电阻值为∞），则可判断其好坏。如果某两个接线端子之间电阻值较大，说明融霜定时器内部的触点接触不良。如果C、B和C、D同时接通，表明触点粘连。当触点粘连时，电冰箱将边制冷边融霜，使制冷效果下降并导致不停机。当出现触点接触不良时，可用细砂纸磨去积炭或氧化物，并用无水酒精将触点擦洗干净。当触点粘连时，可用细砂纸将触点磨平。如果触点损坏严重，则应更换同型号新的融霜定时器。

由于融霜定时器中还有一些减速齿轮，必须对其传动性能进行检测。简单的办法就是将融霜定时器的接线接上，让电冰箱通电工作，并在手控旋钮上做一个记号，待电冰箱工作1～2h后，所做的记号应顺时针转动一定角度。否则，融霜定时器的机械传动装置有问题。融霜定时器的机械传动装置故障多为减速箱齿轮脱落、磨损、过脏或被异物卡住等。处理时可针对不同原因采取不同的方法：齿轮脱落时，可将其重新装入；齿轮磨损时，可将齿轮拆下用细整形锉对磨损处进行整形处理，但齿轮磨损严重时，应更换新齿轮；内有异物时，可将其取出；齿轮过脏时，可用酒精清洗。当故障严重无法修复时，应更换新的融霜定时器。

更换融霜定时器时型号一定要匹配。维修中发现，有的融霜定时器大小及外观完全相同，但内部结构不同，引脚功能也不同。

5）风扇电动机的检查。间冷式电冰箱采用的风扇电动机为罩极式电动机或电容运行式电动机，它的接线端子外接220V电源。检测时接通电源，在温控器与融霜定时器使压缩机处于运行状态时，按下冷冻室门开关，观察风扇是否运转，有无冷风从后栅板吹出。如果没有冷风吹出，可打开箱体背后的控制电路保护盖，关闭冰箱门接通风扇电动机电源，测量风扇电动机两端的电压。如果没有220V电压，说明开关不通或风扇限温保护器熔断；若有电压，则应断开电源，先查看有无高温烧毁的痕迹，再检查风扇电动机的接线插口是否脱落，然后用万用表测量风扇电动机绕组的电阻值（正常值多为300～500Ω）。若查出故障为风扇电动机绕组烧毁或断线，则应更换新的风扇电动机或重新绕制电动机绕组。

2. 电气控制系统常见故障分析与排除

电冰箱常见故障中，因电气控制系统不正常（如控制元件的失灵、损坏）而造成的事故率占很大比例。这其中的原因，有的是因为电网电压的波动对电气控制系统的影响，有的是电气零件的质量有问题。此外，还与使用条件的变化、零件本身的老化以及使用者操作不当有很大的关系。

（1）不起动的原因和排除　电冰箱不起动的原因一般均由电气控制系统的故障造成。对不起动的检查应首先判断压缩机是否正常运转。在维修中，用事先准备好的性能正常的起动保护套件取代原电冰箱上的起动保护装置，按正确的接线方法连接后，将检查用的电源插头（非电冰箱电源插头）插在临时插座上，将插座电源线分出单股。用钳形电流表卡住单股线，在起动时观察电流值。如果起动时的瞬间电流在8A以上而压缩机仍不能正常运转，说明压缩机已损坏，必须迅速拔下电源插头；如果插上电源后，电流值迅速回落至正常值，压缩机也能正常运转，说明压缩机无故障，造成不起动的原因可能是起动保护部件或其他控制部件故障。这样，在经过对压缩机的好坏初步判断后，再决定是否对其他部件做进一步的检查。

造成不起动的原因有两类，一类是电气系统电路及其元件造成的，另一类是外部原因造成的。

1）外部原因。造成压缩机不起动的外部原因主要包括以下几个方面：

① 电源熔丝因超载而烧断。这种现象导致的直接后果是电冰箱无供电电源，其原因往往是电冰箱本身制冷系统的过载负荷引起的超载电流使熔丝烧断。处理这类故障时，将熔断器更换后，还要继续对制冷系统和电气控制系统做进一步的检查，以避免重复出现相同的故障。

② 电源插座接触不良或接线脱落。一般电冰箱的电源插头插座连接后不得频繁拔插，所以松动的情况应该是比较少见的，但频繁的起动电流对电路造成的冲击，以及电网电压对系统工作的影响，也会造成插头、插座的氧化和烧损，从而使接点接触不良、脱落造成供电电源的断开。检查时可用万用表的交流250V档测量电源插座的电源电压。若测得电压为零，则可能是电源熔断器被烧断或电源插座断线；若测得电压正常，则说明故障在电冰箱内

的电源线部分，可用万用表电阻档测其插头与接线点接线端子间的通断，找出具体的故障点。查出故障点后，进行相应的修复。

③ 温控器调节钮置于“停”的位置。使用者在除霜和清洗电冰箱时，有时会不慎将温控器调节钮改变位置，置于“停”档，冬、夏季进行开、停机比例调整时，也会误使调节钮置于“停”档，从而造成压缩机不起动，维修时应注意这一现象。

④ 间冷式时间继电器处于融霜位置。融霜继电器在工作若干小时之后，会自动进入融霜周期，在此期间将断开压缩机电路，接通电加热器电路，所以压缩机不会起动。这种停机的时间视各厂家的融霜定时器参数的不同而有所差异，维修时应明确这一现象与压缩机是否起动的关联，以免不必要的无效劳动。

⑤ 环境温度太低。这一故障只发生在冷藏室未安装冬用加热器（或称补偿加热器）的直冷式双门双温电冰箱中。在环境温度低于10℃时温控器触点不接通，压缩机不起动。排除方法是提高环境温度或加装冬用加热器。

2）内部原因。压缩机不起动大部分是由于电路系统和控制元件故障造成的。检查这一类故障时，一定要先理解电冰箱控制原理和电路接线图，具备基本的读图识图能力，能够根据实物与电路接线图的对照，找出元器件之间的联系。尤其是对于计算机控制的电冰箱，一定要清楚输入信号与输出控制回路之间的关系。常见的故障主要有：

① 压缩机故障。如压缩机抱轴、卡缸等，检查时可发现压缩机电动机的阻值无短路、断路的现象，测量3个接线柱间的阻值也符合 $R_{MS}=R_{MC}+R_{SC}$ 的要求，但用检测起动元件作检测时仍不能起动。这种情况即可判定为压缩机的电动机部分绕组正常，而压缩机部分因卡缸而不能起动。一般情况下，与之配套的起动保护元件可能已被损坏，此时，可同时检测起动继电器和过载保护器，如果出现吸合不良，触点粘连或开路，应予以更换。同时，加装起动电容对压缩机进行强行起动试验，如果起动成功应对制冷系统充注冷冻油，若仍不能起动，应考虑更换新的压缩机。

② 温控器感温剂泄漏，触点不闭合。温控器是压缩机控制回路中的一个感温断路器，只有这一开关闭合时，压缩机控制电路才能构成回路。温度控制器的电源接线端子因受潮引起放电打火，烧毁绝缘物，造成动静触点不能吸合，电路不能接通，压缩机则不能正常起动。一般由于绝缘物烧毁，造成箱体带电或动、静触点不能启闭的现象较多。所以，当排除了其他诸如起动保护元件和外部因素后，应检查温控器触点的闭合情况。可拆下温控器，将温度调节旋钮旋至最低档，然后将感温毛细管部分放入电冰箱的冷冻室中，用万用表的两个表笔测量接线端子，观察表针是否指向零。如果几分钟后仍不能接通，说明感温剂已泄漏，无法对温度变化作出反应。这时应更换新的温控器或对感温腔重新充注感温剂。

对于电子控温的电冰箱，要根据技术说明书上的要求，检查接线是否有脱落和接触不良的现象，同时用万用表测出常温和低温下的阻值变化。如果阻值不能随温度发生改变或改变的幅度偏离了温度-阻值特性曲线，则说明热敏电阻已损坏，需更换；如果热敏电阻正常，则要检查继电器的工作情况和控制器各引脚的电压，找出故障原因并加以排除。

③ 过载保护器或起动继电器出现故障。碟形过载保护器的双金属片触点不能复位、内部电热丝熔断时，应更换新的过载保护器。若过载保护器的电热丝熔断，则应查明其熔断的原因。除个别因电热丝产品质量差外，一般均是压缩机出现严重故障，必须对制冷系统做全面检查，及时找出故障加以排除。

起动继电器触点接触不良或线圈烧毁时，可修复触点或更换新的起动继电器。如果起动继电器与压缩机不匹配，通电后压缩机不能正常运转，应拆开起动继电器的防护壳，改变它的放置位置。

④ 对于间冷式电冰箱，还应检查融霜定时器的触点是否导通。若不导通，则电动机不能起动运转。检查时要根据电气原理图，找出定时器各触点的接线关系，若使压缩机正常起动，必须使与温控器相接的触点与压缩机相通，同时也与融霜温控器相通。而当旋至停止融霜位置时，应断开压缩机，只与融霜温控器相通。这一检查过程，应将转轴旋转一周，用万用表分别测量其端子的通断情况。

（2）压缩机刚起动过载保护器即动作　造成压缩机刚起动过载保护器即动作的主要原因及排除方法为：

1）电源电压过高。起动时，如果电源电压高于规定的电压值（如高于240V），则通过起动继电器的电流将大于起动继电器的吸合电流，使继电器触点吸合，电动机起动运转。但是，由于电源电压过高，电动机起动后电流不能及时降至起动继电器的释放电流，使衔铁不能被释放以致引起过电流，从而造成过载保护器动作。检查的方法是用万用表500V交流电压档检查电源插座中的电压，若在240V以上，则说明电源电压过高。

若电源电压过高，应待电源电压恢复正常后再起动压缩机，或配置交流稳压电源，使电冰箱电源电压稳定在220V左右。

2）起动继电器触点粘连。当压缩机出现轻度过电流运行或起动、停止频繁时，起动继电器的触点就可能会拉弧，烧损触点而导致粘连。由于压缩机起动后无法断开起动绕组，因此会引起过电流，使过载保护器动作。这时应拆下起动继电器，用整形锉修磨触点，并用细砂纸打光。若触点烧损严重，则需更换新的继电器或换用参数合适的PTC起动继电器。

3）压缩机电动机运行绕组局部短路。用万用表测量运行绕组的电阻值，若小于规定值，则说明运行绕组有局部短路的地方。也可用钳形电流表进行检查，若电流值为2~3A，则说明运行绕组有局部短路的地方。这时应将压缩机开壳后重新绕制电动机绕组或更换新压缩机。

4）压缩机电动机定子和转子间隙不均匀。定子与转子的间隙不均匀不仅会使工作电流增大，而且电磁噪声也会增大。产生这一故障的主要原因是电动机转子没有装正或定子没有固定牢。这时应将压缩机开壳后装正转子或将定子固定牢，若仍无法排除故障，可更换新压缩机。

5）压缩机的运动部件装配过紧，运转后形成热态抱轴。当压缩机的运动部件装配过紧时，在冷态时能起动运转，但随着压缩机温度的升高，部件的配合间隙变小，被迫停止运转，这一现象俗称热态抱轴。出现热态抱轴时，一般应更换压缩机。

6）压缩机排气压力过高。制冷系统中含有空气或环境温度太高，都可能引起压缩机排气压力过高，从而造成过电流的故障。若故障是由制冷系统中含有空气引起的，则应放出制冷剂，然后对制冷系统抽真空，再重新充灌制冷剂。若是由环境温度过高引起的，则应改善散热条件或降低环境温度。

（3）压缩机起停频繁　在正常工作条件下，电冰箱压缩机的起停次数为每小时不能多于9次，否则，视为故障。引起压缩机起停频繁的主要原因和排除方法是：

1）电源电压过高或过低，且不稳定。这时应待电源电压恢复正常后再接通电源或配置交流稳压电源，使电冰箱电源电压稳定在220 V左右。

2）温控器开、停温差调得过小或者跳动弹簧失灵。这时应调节温控器的温差调节螺钉，使开、停温差合适，或更换新的温控器。

3）感温点选择不合适。若故障为开机时间较短，则可采用在感温管与蒸发器表面之间增加塑料垫片或加装套管的方法来延长开机时间；若停机时间过短，则可采用去除套管或垫片，将感温管紧贴在蒸发器表面的方法解决；若为感温点选择不合适，可移动感温点，使感温部位的温度与温控器通断特性相匹配。

4）过载保护器的球形双金属片失灵。这时应更换新过载保护器。

5）冷凝器散热效果差。冷凝器的散热效果差将会降低压缩机的制冷量，引起压缩机超负荷运转，致使工作电流增大，引起过载保护器动作而切断电路，压缩机停止运转。当保护器双金属片感受温度下降到复位温度时，触点又重新闭合，压缩机再次起动运转，致使压缩机频繁地起停。

引起冷凝器散热效果差的主要原因有冷凝器表面有污物、电冰箱环境温度过高等。这时应定期清扫冷凝器上的污物，并使电冰箱与墙壁保持10cm以上的距离，以形成空气对流的环境。

（4）冷藏室温度过低，但压缩机不停机　电冰箱在规定的工作条件下，冰箱内温度已降低于设定的使用温度，甚至将冷藏室内的食物都冻坏了，而压缩机仍运转不停。出现这种故障的主要原因和排除方法是：

1）温控器的调温旋钮置于强冷点或不停点。这时应将温控器旋钮旋至中间位置。

2）温控器的感温管没有卡紧在蒸发器的表面上。这时应把感温管重新卡好贴紧蒸发器表面，保证接触良好，传感灵敏。

3）温控器触点粘连。这时应拆下温控器后检修或更换新的温控器。

4）普通型温控器的最低温度或定温复位型温控器的断开温度调得过低。这时应重新调整普通型温控器的温度范围调节螺钉或定温复位型温控器的断开温度调节器螺钉至适当位置。

（5）融霜元件故障　融霜元件主要应用在间冷式电冰箱中，目前基本上都采用全自动融霜控制方式，常见的故障现象主要有不融霜、不停止融霜等。对于此类故障，应参照电冰箱的电气控制图进行分析。当蒸发器结霜很厚而不化时，一般为双金属融霜温控器的触点接触不良、融霜超热保护器烧断、融霜电加热器加热丝烧断以及融霜定时器触点接触不良等几类原因造成的。检查时用万用表对照电气控制图进行分析检测，找出故障零件后进行修复或更换。

另外，风扇电动机不转也是融霜系统常见的故障。风扇电动机不转易造成电冰箱的冷气循环不良，以及结霜严重。风扇电动机不转的原因除了门触开关接触不良以外，还可能是电动机绕阻短路、断路，轴被冻结等原因造成的，检测时用万用表测试电动机绕组的直流电阻及对地电阻即可判定。对于损坏的风扇电动机要拆下来进行修复或更换。若由于轴承处结冰而卡住，可用电吹风机将结冰处融化。

（6）箱体漏电　电冰箱通电运行时，如果其金属裸露部分带电，人体接触箱体时会出现麻电、打人的现象，即为电冰箱漏电。出现这种故障的主要原因和排除方法是：

1）压缩机组漏电。压缩机电动机由于受到电磁力和机械起动等方面的冲击，引起漆包线和硅钢片间相互摩擦而导致绝缘薄膜损坏；在运输过程中剧烈振动使电动机绕组与机壳相碰而引起漆包线局部破损。上述原因都会造成电动机绕组与机壳短路，电冰箱通电时即产生漏电现象。这时应拆修或更换压缩机。

2）温控器、融霜定时器等电气元件漏电。因箱内的凝露水或融霜水流入温控器，使温控器内接点与箱体短路而造成漏电。将温控器拆下烘干即可排除故障。另外，应定期除霜，经常擦净箱内积水，防止凝露水或融霜水流入温控器。至于融霜定时器等电气元件漏电，可用万用表查出漏电原因并予以排除。

3）接插件松脱、相线与外壳接通或接线错误。此时应检查各接点和电路连接点，查出漏电点并予以排除。

4）感应漏电。由于压缩机组控制电路和箱内照明电路均从箱体外壳和内壁之间穿过，本身存在着一定的分布电容，而且机组采用感应电动机，在转子上会产生自感电动势，因此电冰箱若无可靠的接地线，人接触箱体就可能有麻手的感觉。这时应接好保护接地线，使箱体可靠接地。

### （四）制冷系统常见故障分析与排除

#### 1. 制冷系统常见故障分析与排除操作

电冰箱制冷系统常见的故障主要有以下几个方面：

（1）制冷效果差　制冷效果差是指电冰箱能正常运转制冷，但在规定的时间、条件下，箱内温度降不到设定温度。造成这种现象的原因很多，具体分析如下：

1）制冷剂泄漏。系统中制冷剂泄漏后，其制冷量就不足，可观察到的现象是蒸发器不挂霜或挂少量的浮霜。停机后，系统内平衡压力一般低于相同环境温度所对应的饱和压力。当出现制冷剂泄漏现象后，首先应进行检漏操作，查找出泄漏点，进行修复后再充灌制冷剂。

由于电冰箱接头多、密封面多，潜在的渗漏点相应就多。检修时，必须注意摸索易漏的部位，根据经验来查找各主要连接点是否有油迹、管路断裂等现象。如果没有发现较大渗漏点，可按正常的检修方法充氮气、检漏、修复渗漏点、抽真空、充灌制冷剂，然后运转试机。

2）制冷系统内有空气。制冷系统中有空气存在，会使制冷效果降低。此时出现的现象是吸、排气压力升高（但排气压力还未超过额定值），压缩机出口至冷凝器进口处温度明显增高。由于系统内有空气，排气压力、温度都有所升高，同时气体喷发声断续且明显加大，所以发生这种故障后，必须将系统中的空气排出。可在停机几分钟后，打开工艺管放空制冷剂，然后对系统进行抽真空，再重新充灌制冷剂。

3）充灌制冷剂过多。系统中充灌的制冷剂量超过系统的容量，过多的液态制冷剂就会占去冷凝器一定的容积，冷凝器的散热面积减少，使系统的制冷效果降低。此时出现的异常现象是：吸、排气压力普遍高于正常压力值，冷凝器温度高，压缩机电流增加，蒸发器结霜不实，箱内温度降得慢，压缩机吸气管结霜。当出现充灌制冷剂过多的现象后，应打开工艺管放掉多余的制冷剂，将故障排除。

4）蒸发器霜层过厚。直冷式冰箱长期使用时，蒸发器要定时除霜，如果不除霜，蒸发器管路上霜层会越积越厚。当霜层过厚时，将会严重影响传热，致使箱内温度降不到要求范围内。发生这种现象后，应停机除霜，打开箱门让空气流通，也可用风扇等加速流通，减少除霜时间，切勿用铁器、木棒等敲击霜层，以防损坏蒸发器管路。

5）压缩机效率低。制冷压缩机效率低是指压缩机的排气量下降，从而使得制冷量相应减少。这种现象多发生在经过较长时间使用的压缩机上，压缩机运动部件已有相当大程度的磨损，各部件配合间隙增大，气阀密封性能下降，进而引起实际排气量的下降。这种故障的排除方法是更换新的压缩机，或对压缩机进行开壳维修。

6）制冷系统不畅通。若制冷系统清洗不干净，使用一段时间后，残存的污物会逐渐淤积在干燥过滤器中，使部分网孔堵塞，致使制冷剂流量减少，影响制冷效果。系统中产生微堵的现象是排气压力偏低，排气温度下降，被堵塞的部位比正常时温度低，堵塞严重时会出现凝露和结霜现象。排除的方法是将系统的管路吹净，更换新的干燥过滤器，然后重新抽真空、充灌制冷剂并封口。

7）蒸发器管路中有冷冻机油。在制冷循环过程中，有些冷冻机油残留在蒸发器管路内，经过较长时间的使用，蒸发器内残留的油较多时，会严重影响蒸发器的传热效果，出现制冷效果差的现象。判断蒸发器管路内冷冻机油的影响是较困难的，因为这种现象易于同其他几种故障混淆。一般来说，如果积油过多，在电冰箱工作时，能听到蒸发器内的“咕噜”声，也可以从蒸发器结霜的现象来判断。若蒸发器结霜不全，也结得不实，此时若未发现有其他故障，可判断是积油所致的制冷效果差。

判断出蒸发器有积油后，可断开压缩机吸气管和毛细管与干燥过滤器之间的连接管，用氮气打压至0.5～0.6MPa，并采用不断堵住和松开毛细管出口的方法予以清除。对于积油过多的蒸发器，为保证效果，也可在蒸发器内灌入清洗剂然后打压吹出积油。吹洗时应反复进行几次，直到清除干净为止。吹洗后的蒸发器需经干燥处理，还需更换干燥过滤器后，才可继续使用。

（2）制冷系统堵塞　制冷系统被堵塞，会使制冷剂流动中断，如发生部分堵塞，会使制冷剂流量减少。电冰箱制冷系统堵塞可分为脏堵和冰堵两种情况。

1）脏堵。脏堵是指制冷系统中各种污物（焊渣、氧化皮和其他杂质）引起的系统堵塞。脏堵一般发生在制冷系统的毛细管、干燥过滤器等部位。

毛细管发生脏堵有两种情况，一种是微堵，其现象是：冷凝器下部汇集大部分的液态制冷剂，流入蒸发器内的制冷剂明显减少，蒸发器内只能听到“嘶嘶”的过气声，有时听到间断的制冷剂流动声，蒸发器结霜时好时坏；另一种是全堵，其现象是：蒸发器内听不到制冷剂的流动声，蒸发器不结霜，断开毛细管与干燥过滤器的接口后，会看到有制冷剂从干燥过滤器中喷出，即为毛细管脏堵。

对于轻微脏堵的毛细管，可用加热的方法将毛细管内的脏堵物烧化。操作方法是：先要找到堵塞部位，观察何处结霜或结露，或用手触摸何处最凉，表明堵塞处就在此处前端，然后用气焊将毛细管与干燥过滤器割开，用气焊的炭化焰烘烤毛细管堵塞处，将脏物化为炭灰，用氮气加压0.6～0.8MPa吹通。吹通时，应用手按住放气口，然后迅速脱离，以增加对毛细管的冲力。对于严重脏堵的毛细管可采取更换的办法。毛细管脏堵多出现在进口端，把毛细管的外露部分全部换掉，多数情况下很有效。

干燥过滤器脏堵的外观现象是：干燥过滤器表面凝露或结霜，导致向蒸发器供制冷剂量不足或制冷剂不能循环制冷。判断干燥过滤器脏堵的方法是：起动压缩机运行后，若发现冷凝器由开始发热而逐渐变凉；蒸发器内听不到制冷剂正常循环时发出的液流声；干燥过滤器表面凝露或结霜，用手摸干燥过滤器的进、出口，有冷热差别；压缩机发出沉闷的过载声，即说明干燥过滤器产生了脏堵。

为了进一步判断干燥过滤器是否脏堵，可用割管器将其与冷凝器的连接处割开，看有无制冷剂液体喷出。操作时要小心，当快割透管壁时，要换下割管器，用钳子轻轻在割口处掰开一条细缝。若是脏堵，就会看到有制冷剂液体以白色烟雾状喷出。要注意避免制冷剂液体喷射到人的皮肤上，以免造成伤害。

干燥过滤器脏堵后的维修方法是：将系统内的制冷剂放干净后，用气焊将干燥过滤器从系统上熔下，重新焊上一只新的干燥过滤器。

应当注意的是，无论何种情况，在维修毛细管的同时都应更换干燥过滤器。在维修电冰箱制冷系统后，必须用干燥的氮气进行吹污处理，以防止产生脏堵现象。

2）冰堵。制冷系统内由于有水蒸气的存在，当温度低于0℃时，水蒸气聚集在毛细管的出口处结成冰珠将毛细管堵塞，这种现象称之为“冰堵”。

冰堵的现象是在维修过程中产生的。冰堵故障发生后，电冰箱的特征与完全脏堵时的特征相同。两者的区别是脏堵是长久的，不会自行消失；而冰堵则随温度而变化，只有在0℃以下才会发生。当冰融化后，冰堵自行消失。具体来讲，电冰箱箱内温度高于0℃时，电冰箱不会出现冰堵特征而是运转正常；当冷冻室温度降至0℃以下时，逐渐变为不正常，随着水蒸气的积累最终出现堵塞后的所有特征；再恢复冷冻室的温度至0℃以上，冰融化，将重复上述变化。

排除冰堵故障实质上是设法把水蒸气排出系统，具体方法可有以下两种：

① 排气烘烤。机械真空泵排除水蒸气的能力很弱，长时间抽气也很难将水蒸气排除干净。所以在抽真空的同时对制冷系统全面烘烤升温，是排除水分的最有效、最科学的方法。烘烤的方法多种多样，如用电吹风机对蒸发器加热，用气焊火焰对冷凝器、过滤器加热等。

② 系统抽真空后，给系统充一定压力的氮气，然后起动压缩机运转片刻，再把氮气放掉，如此反复两三次，冰堵现象可基本消除。

冰堵出现后，干燥过滤器已失效，必须重新更换。在重新充灌制冷剂时，为防止制冷系统因加入的制冷剂中的含水量超标而造成系统冰堵，可在充制冷剂管中串接一只干燥过滤器，使制冷剂中的水分在充灌制冷剂过程中被干燥剂吸收，以保证充入制冷系统内的制冷剂含水量合格。

### 2. 制冷换热器的故障维修

（1）蒸发器故障维修　蒸发器产生的故障主要是泄漏，出现泄漏故障后会产生制冷效果差或根本不制冷的现象。蒸发器泄漏的原因主要是蒸发器的材质有问题，使用中因受到制冷剂压力和液体的冲刷或受到腐蚀后出现微小的泄漏。另外，如果用刀尖等物取食品时，也容易将蒸发器表面扎破，引起制冷剂泄漏。铝制吹胀式或铝盘管式蒸发器在使用数年后故障率较高；铜制蒸发器和目前市场销售量比较大的镀锌丝管抽屉式电冰箱的蒸发器故障率较低。

电冰箱无论采用何种蒸发器，在其两端多接有一段铜管，因此存在着铜铝、铜焊等接头，蒸发器泄漏大多发生在各个接头上。所以当蒸发器泄漏时，接头的查找就显得尤为重要。

部分电冰箱的各个内藏式接头集中在一个或几个不大的范围内，并在后背打上凹形印记或用一块活动铁皮盖住。当蒸发器出现泄漏需要查找接头时，只需从凹形印记范围内切开铁皮或卸下活动铁皮，挖去泡沫保温层即可露出接头。

对于没有印记和活动铁皮的电冰箱，如果不知道内部管路的走向和接头位置时，可根据电冰箱外露的下蒸发器的两根连接管穿入保温层的位置，在冷冻室与冷藏室隔板相对应的电冰箱背部开孔，挖去保温材料找出接头进行检查。如需查找其他接头，则可采取顺管找接头的方法。

在查找接头时，应注意其数量。多数电冰箱在上、下蒸发器各自的末端都有铜铝接头，而蒸发器与毛细管和压缩机吸气管则采用铜焊接头。电冰箱开背找出漏点后根据材料的不同，在维修中应采用不同的方法进行堵漏。

1）铜管铜板式蒸发器泄漏后的维修。此类蒸发器发生泄漏的位置一般在坡口处。对于单门电冰箱，无须将蒸发器拆下，可先将蒸发器从悬挂部位取下，找到坡口后直接进行补焊。补焊宜采用铜银钎料，操作时间要短，动作要快而准确，以免系统中产生过多的氧化物，造成系统脏堵。

2）铝蒸发器泄漏后的维修。铝蒸发器泄漏后，一般可采用锡铝补焊法、酸洗焊接法、粘接修补法和气焊补焊法进行修理。

① 锡铝补焊法。锡铝补焊法适合焊补直径为0.1~0.5mm的小孔。操作时，先把蒸发器漏孔周围用砂纸打磨干净，再将配制好的助焊粉（配方是：松香粉50%，石英粉20%，耐火粉30%，三者均用80号筛铜网过筛，然后进行均匀混合）涂在漏孔周围，然后用150~200W电烙铁将锡条熔化并牢固地附着在铝材上，漏孔补好之后要趁热用干布将多余的锡料和助焊粉擦干净。

② 酸洗焊接法。先用布将蒸发器漏孔周围擦拭干净，用小火柴梗将小孔塞住，再用滴管在漏孔周围滴几滴稀盐酸溶液，用以除去铝表面的氧化膜，稍等片刻后再加入几滴高浓度的硫酸铜溶液，待到漏孔周围有铜覆盖时，用湿布擦去多余的硫酸铜和盐酸溶液，然后用100~150W的电烙铁进行锡焊修补。

③ 粘接修补法。粘接修补法是采用环氧树脂胶粘剂进行修补。操作时，可选用如JC—311型通用双组分胶粘剂，把其A、B两种胶液以1:1的比例混合均匀。使用时要用细砂纸将要修补处打磨干净，并用丙酮溶液将修补处的污垢清除干净，待干燥后，将混合均匀的胶粘剂涂到漏孔上。若漏孔直径大于1.5mm，可选用一块软铝片，用同样的方法处理干净并涂上胶粘剂后，与漏孔处叠合加压，在室温下固化24h即可。

铝质蒸发器进、回气管断裂后，一般也采用粘接的方法进行修理。其操作方法是：用一段约3cm的纯铜管（内径与铝管的外径相当，以保证密贴和便于铝管的插入），用细砂纸将铝管的外表面打磨光亮后用丙酮溶液涂擦，再涂以混合均匀的JC—311型通用双组分胶粘剂；之后用细砂纸将铜管的内径表面打磨干净，也用丙酮溶液涂擦，涂以胶粘剂，然后将断裂并已涂好胶粘剂的铝管插入铜管内，在室温条件下固化24~48h，即可粘牢。

④ 气焊补焊法。将蒸发器从系统上拆下，用细砂纸把漏孔周围清理干净，使其露出清洁的铝表面，涂上钎剂，同时在铝焊条上蘸上钎剂，选用小号焊炬，调节火焰为中性焰，用外焰预热补焊部位和铝钎料，温度控制在70~80℃；然后用内焰加热补焊处（喷嘴倾斜45°），同时将钎料靠近火焰，保持钎料的温度。当加热处有微小细泡出现时，迅速将钎料移向补焊处，钎料向补焊处轻轻一触，火焰马上离开焊接处，焊接完毕后用水将焊渣清洗

干净。

不论用哪种方法修补，都要将蒸发器进行检漏，可充入 0.8MPa 的氮气，用洗洁精或肥皂水进行检漏，确认无泄漏后才可装入系统中使用。

（2）冷凝器的故障维修　在电冰箱制冷系统中，冷凝器的故障率相对较低。冷凝器常发生的故障有冷凝器泄漏和冷凝效果下降。

1）冷凝器泄漏的维修。当外置式冷凝器出现泄漏时，维修较简单，可用气焊将其漏点焊好，充入氮气检查，不漏即可。当内藏式冷凝器和箱体内壁的防露管出现漏点时，修复较为复杂，其修理方法是将冷凝器内充入 1.0～1.2MPa 的氮气，用声检测器或将耳朵贴近箱体细听泄漏声，判断泄漏部位。当泄漏点在后壁或侧壁上时，可进行箱体外壳局部开口检漏，并将漏点焊好。当箱门防露管出现泄漏时，可将露在箱体外的防露管进、出口焊开，去掉防露管不用，在箱体外面直接将压缩机排气管与冷凝器进口管焊接好即可。

2）冷凝效果下降故障维修。电冰箱冷凝器冷凝效果下降的主要原因是电冰箱使用或保养不当和冷凝器内积油过多。

电冰箱使用或保养不当，如电冰箱放置时位置不当，离墙太近，室温过高，通风不良或外置式冷凝器外壁粘满较厚的污垢，会引起冷凝器冷凝效果下降。针对上述故障，可有针对性地合理选择电冰箱放置位置，降低室温，改善冷凝器的通风条件。对于外壁粘满较厚污垢的外置式冷凝器，可在切断电源的情况下，用不滴水的湿毛刷顺着钢丝的走向单方向刷洗、擦拭冷凝器表面。

电冰箱冷凝器除本身因使用原因造成的故障外，还会因压缩机的原因造成大量冷冻机油进入冷凝器内部，在管道内壁上形成油垢，若油垢过厚，就会使冷凝器冷凝效果下降。需清除冷凝器油垢时，应从冷凝器进口充入表压力为 1MPa 左右的氮气，然后用手不断堵住和松开冷凝器出口，使油垢排出，将一张白纸放在出口处以不变色为宜。油垢清除后，用气焊或电吹风机烘烤冷凝器，烘烤时要快速移动焊炬或电吹风机，不要停留在某一个地方，以免烧坏冷凝器管子。另外，焊炬或电吹风机不要离冷凝器管道太近。将冷凝器干燥后即可装入电冰箱制冷系统中使用。

3. 制冷系统主要零部件更换操作

（1）压缩机的更换操作　当压缩机出现严重故障而无法修复时，就需更换新的压缩机。在选用新压缩机时，要注意新选用的压缩机功率应与原压缩机的功率一样，或略大于原压缩机的功率。对新选用压缩机，在安装之前应进行检测。检测的主要内容包括排气能力、起动性能、振动与噪声、运行电流等，还需测量新压缩机的高度、长度、宽度，以保证能装在电冰箱原压缩机的位置上。压缩机底座上的固定孔与电冰箱底盘上的固定孔间的孔距不符时，可重新在电冰箱底盘钻孔，使孔距与压缩机底座上的孔距一致。检测合格后可按下列步骤进行更换操作：

1）从电冰箱上拆下旧压缩机。拆下压缩机上的起动继电器、过载保护器等电气元件；割开压缩机工艺管，放出制冷剂，用割管器或气焊焊炬断开压缩机与制冷系统连接管的坡口；然后拆下压缩机底座与电冰箱底盘上的紧固螺栓与减振胶圈，取下压缩机。

2）吹污。用高压氮气对制冷系统进行吹污。

3）安装新压缩机。检查原压缩机底座的减振胶圈，如有老化、变形或损坏，则应更换。把新的压缩机放到电冰箱底盘上，加减振胶圈，用紧固螺栓加以固定，对压缩机形成 4

点支撑而悬空。除这 4 个胶圈支撑外，压缩机的其他部位不得与电冰箱底盘相碰。

4）焊接制冷管路。将压缩机的吸、排气管与制冷系统的管线套接好。这时当管长允许时可在管口处直接扩口，把另一管插入；当管较短不能直接相连时，需要另取一段适当长度和直径的纯铜管，并制成杯形口连接形式，把另一管插入。在这些管路连接接口都制作好之后，点燃焊接焊炬，对各坡口逐一进行焊接。

5）检漏。从压缩机的工艺管向制冷系统充入 0.8MPa 的氮气，用洗洁精或肥皂水对已焊接的各坡口进行仔细的检漏，如有漏孔必须补焊。确认无漏孔后，将系统内的氮气放净。

6）电路连接。分清压缩机上接线端子之后，将起动继电器、过载保护器安装在压缩机的接线盒内，再按电气原理图连接电源线和温度控制器、照明灯等电路。确认电路连接无误后，用钳形电流表监测起动电流和运转电流，通电起动压缩机。

7）抽真空，充灌制冷剂，封焊工艺管。压缩机通电后能够正常起动、正常运转后，对制冷系统抽真空，充灌入适量的制冷剂，再封焊工艺管。工艺管口焊接点检漏应无漏气现象。

更换压缩机时应注意的相关事项：排放制冷剂时，不宜将工艺管整根切断，否则，冷冻机油会随制冷剂喷出。制冷管路焊接、检漏后，一定要在压缩机起动和试运转正常后，才可进行抽真空、充灌制冷剂的操作。如果选用的压缩机不是新购置的，而是闲置的旧压缩机，需进行吹污与干燥处理，防止在使用过程中制冷系统出现脏堵和冰堵。

（2）蒸发器的更换操作　当蒸发器漏点较多，损坏严重时，可将电冰箱的后板或顶板取下，挖去泡沫保温层，取出蒸发器后更换同规格的新蒸发器，然后发泡修复。也可以将一个稍小的新蒸发器嵌入原蒸发器内侧，并将其连接管从原蒸发器后面穿出和原蒸发器连接管相接。无合适的新蒸发器时，可用与原蒸发器同管径和长度的纯铜管自行绕制后嵌入。

1）操作步骤。更换蒸发器时可按下列步骤操作：

① 对新选用的蒸发器进行检漏。无论是新选购的蒸发器还是配用的旧蒸发器，或是自己弯制成的蒸发器，都必须经过认真检漏后，确认无漏孔的情况下才能使用。检漏方法：充入一定压力的氮气后，浸入水槽中看是否有气泡产生，以此来判断有无漏孔。

② 拆卸旧蒸发器。首先拆下蒸发器的固定螺栓，使蒸发器变成可移动的状态。然后移动蒸发器，把蒸发器入口与毛细管连接部位和蒸发器与压缩机吸气管连接部位露在明处，以便用火焰烧熔这两个焊接口，使蒸发器与制冷管路完全脱离，这样才能把蒸发器从箱体内取出。

③ 安装蒸发器，焊接管路。新蒸发器在电冰箱内应经过试装，试装的目的是保证蒸发器易于安装、固定可靠、位置适当、箱门关闭严紧、不影响其他结构件等。试装后再安排毛细管与蒸发器入口端的焊接和蒸发器出口与压缩机吸气管间的焊接，焊接时要防止烧坏箱体。

④ 割断压缩机上的工艺管，加焊 $\phi$4mm 或 $\phi$6mm 的一小段铜管，在铜管的另一端连接装有压力真空表的修理阀。

⑤ 检漏和安装。制冷管路焊接完毕之后，要进行检漏试验，在确认无漏孔存在后，把蒸发器固定好。

⑥ 从修理阀处连接真空泵抽真空，然后充灌制冷剂，起动压缩机。制冷剂的充灌量调整适当后，封闭工艺管。

2）更换蒸发器时的注意事项。

① 更换后的冰堵现象。更换蒸发器后，要警惕制冷系统产生冰堵的故障。这一现象在

维修实践中是经常出现的。其原因主要是蒸发器出现漏孔损坏后，空气进入制冷系统时带入大量水蒸气，这些水蒸气留在了压缩机、冷凝器、过滤器中，在更换蒸发器的工艺过程中，如果没有对这些水分进行彻底的抽出，当制冷系统恢复工作后，由于水分过多而容易产生冰堵故障。要消除这一隐患，就需要在抽真空时，对压缩机、冷凝器和干燥过滤器进行加热，或同时更换干燥过滤器，把制冷系统内的水分减到最低限度。

② 过渡接头的处理。铝蒸发器的入口端和出口端都装有铝、铜过渡接头。铝铜过渡接头在生产厂是采用氩弧焊的方法焊接的，采用手工维修的手段不能保证焊接质量，因此，在焊接蒸发器时，对铝铜过渡接头必须采取降温保护措施，一般是用湿布搭在上边降温，而且焊接时应尽量地迅速。

③ 膜合式蒸发器的操作。膜合式蒸发器是用铝材料制成的，质地很软，对其进行操作时一定要轻拿轻放，不得出现硬伤，更不能出现制冷管路被压扁的现象。

（3）冷凝器的更换操作　更换冷凝器时应按以下程序进行：

1）检查冷凝器生产日期是否超期，如果超期则不能使用。

2）拔掉冷凝器堵头试气，有明显气流声的为合格品，灭气早或气流小的为不合格品，不能使用。

3）检查副冷凝器是否掉漆、脱焊、变形，如果有上述损坏则不能使用。

4）打开压缩机工艺管、过滤器工艺管，放出制冷剂。

5）将毛细管进口处拔断，焊开冷凝器与压缩机之间的坡口。

6）拆下旧冷凝器，换上新冷凝器并固定好。

7）将冷凝器、干燥过滤器焊接在制冷系统内，然后保压检漏，抽真空，充灌制冷剂，试机。

（4）干燥过滤器的更换操作　在使用电冰箱制冷系统一定时间后，尤其是因泄漏、堵塞等原因需打开制冷系统维修时，一般都应换掉原干燥过滤器。特别是用 R134a 等制冷剂的“无氟电冰箱”制冷系统，只要在维修中打开系统管道，就必须更换干燥过滤器。

更换干燥过滤器的过程中，在对干燥过滤器两端进行焊接时，应当注意焊接火焰要略强，焊接时间要短；还要在干燥过滤器上用湿布降温，这样可以防止干燥过滤器的温度过高而损坏其中的吸水材料，否则，吸水材料失效后很容易使系统产生冰堵现象。焊接好后需让坡口自然冷却，不能用水冲击，以免坡口处表面“脱皮”。

安装干燥过滤器时，拆开干燥过滤器真空铝箔包装后，10min 内必须焊接在系统上，以免干燥过滤器在空气中放置时间过长，自然吸附空气中的水分过多，使其实际吸水能力下降。

干燥过滤器在制冷系统上的安装方法目前有两种：一种是平接法，一种是顺向竖接法。竖接法比平接法的杂质沉积区要大一半左右，可以滤存较多的杂质，阻止其进入毛细管造成毛细管的脏堵。竖接法由于制冷剂的流动方向与其重力方向一致，流动阻力小，与分子筛接触比较均匀，因此，竖接法比平接法好，不易发生脏堵故障。其安装方法如图 2-41 所示。

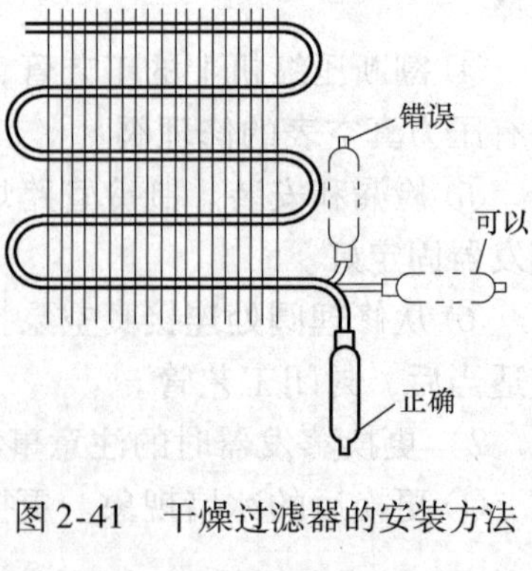

图 2-41　干燥过滤器的安装方法

（5）毛细管的更换操作　更换毛细管应按照以下步骤进行：

1）选择毛细管尺寸。毛细管的尺寸必须合适，只有这样，才能保证制冷系统的正常运行。若毛细管长度过短或直径过大，则使节流能力下降，制冷剂液体流量过大，使制冷剂在冷凝器内的压力过度降低，不能与环境温度保持一定的温差，降低了其冷凝能力，导致制冷效果变差。相反，如果毛细管过长或直径过细，则使制冷剂液体通过能力减小，制冷剂在冷凝器内积存过多，造成冷凝压力过高，压缩机负荷增大，同时也使蒸发器的制冷剂供应量减少，造成制冷能力下降。

由于毛细管中气、液两相流动过程的理论比较复杂，再加之管径偏差和管壁粗糙度不同，所以电冰箱选用多长、多细的毛细管一般要通过试验来校正、确定。常用的毛细管选择方法有以下两种：

① 比较法。可参考原毛细管内径，估测内埋段和外露段相加的长度，选用同一尺寸毛细管直接替换。

② 简易测量法。简易测量法利用电冰箱自身压缩机进行。毛细管的流量取决于压缩机排气效率。在压缩机的工艺管和排气管两侧各安装一只带压力表的修理阀。选一段长 3m，内径为 0.6mm 以上的毛细管，把毛细管一端焊在干燥过滤器的出口上，另一端甩空，如图 2-42 所示。起动压缩机运行，使空气通过压缩机吸气管被吸入，直到低压侧吸入压力与外界大气压相等（即表压力为 0），此时高压侧修理阀上压力表的表压力应稳定在 1～1.2MPa。如果其高压压力过高，则说明流量过小，可试着截去一段毛细管，边试边截，直到压力合适为止；如果其高压压力过低，则说明流量过大，要更换长一些的毛细管或更换一根内径细一点的毛细管，以增大毛细管的阻力。

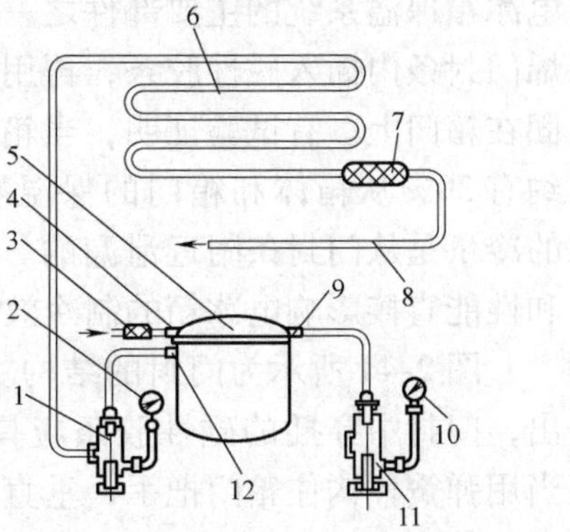


图 2-42 毛细管流量测量示意图
1—高压侧修理阀 2、10—压力表 3—修理用干燥过滤器 4—吸气管口 5—压缩机 6—冷凝器 7—系统干燥过滤器 8—毛细管 9—工艺管口 11—低压侧修理阀 12—排气管口

选择电冰箱用的毛细管时，一般先确定孔径，再决定长度，在较小的内径和短的管子与较大的内径和较长的管子间选择。在合理范围内选择最大内径的毛细管是有利的，因为它不易堵塞。电冰箱维修中，发现原毛细管堵死损坏需换新时，在满足长度装配尺寸的前提下，应尽量选择最大内径（不小于 0.6mm）。

2）毛细管的安装。毛细管的孔径、长度选定后，要全面检查有无表面伤痕。毛细管的两端在焊接前，要将管口加工成 30°的斜面，以增大制冷剂进出的面积，有利于制冷剂的流动，再用高压氮气进行吹污处理，确保管内没有铜屑脏物，才能准备焊接。

毛细管与制冷系统的连接随机型各异。在单回路制冷系统中，毛细管的进口与干燥过滤器出口焊接，毛细管另一端与蒸发器进口管焊接，毛细管插入蒸发器进口管的深度以 30mm 为宜。双回路制冷系统有两根毛细管，分别焊接在电磁阀与蒸发器之间。

安装毛细管时，还要注意使新更换的毛细管与压缩机的吸气管并焊一段长度，以便毛细管与吸气管进行充分的热交换，进一步冷却毛细管内的制冷剂，使其过冷度提高，增大蒸发器的制冷量。毛细管与压缩机吸气管的并焊方法有外接法和内穿法两种。

① 外接法。将毛细管用锡焊焊接在压缩机吸气管的外表面上，如图 2-43a 所示。在不影响与蒸发器和干燥过滤器连接的条件下，并管的焊接长度长些好，一般不要小于 0.7m。

② 内穿法。将毛细管直接穿入吸气管内，如图 2-43b 所示。这种安装方法的热交换效

果好，能获得较大的过冷度，但加工难度大，穿入与穿出端容易堵塞，并易造成毛细管的折断。为防止出现这种故障，毛细管的穿入和穿出端均应在吸气管上缠绕 1 ~ 2 圈。

（6）门封条的更换操作　门封条在电冰箱中起着密封和保温的双重作用。家用电冰箱的磁性门封条是电冰箱保温系统的主要部件之一，它是在软质聚氯乙烯门封条内插入磁性胶条，再用螺钉穿过箱门内板压固在箱门上。有试验证明，当箱门关闭后，箱内冷量约有 30% 从箱体和箱门的保温层散失，而大约 70% 的冷量是从门封条附近泄漏的。因此，门封条的质量和性能直接影响电冰箱的制冷效果和其他主要性能。

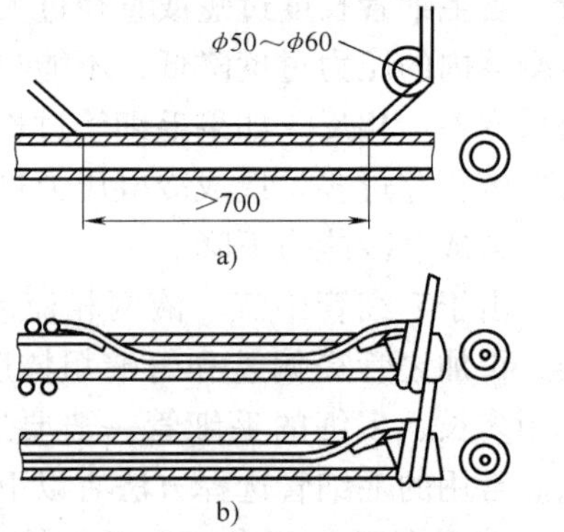

图 2-43　毛细管与压缩机吸气管的并焊
a）外接法　b）内穿法

图 2-44 所示为门封的结构。从图 2-44 中可以看出，门封中穿插的磁性胶条应具有较强的磁性吸力。当用弹簧秤钩住箱门把手，垂直于箱门方向打开箱门时，其开启拉力应在 1.5kg 左右。因此，磁性胶条是保证门封密封性的关键部件。在使用中，磁性胶条的老化、硬化和脆化常造成断裂、气泡、掉块和脱粉现象，造成贴合不紧、密封不严，这时只能更换磁性胶条。但单纯更换磁性胶条必然会破坏塑料胶条的密封性，所以更换的方法一般是连同整个门封条一起更换。更换新的门封条目前有两种方法：一是将已制作成框形的门封条（包括塑料胶条和已穿插入槽的磁性胶条）固定在箱门四周；二是把塑料胶条和磁性胶条复合，然后剪裁成需要的矩形，粘接成形，固定在箱门上。两种方法中，第一种成形的门封条品种较少，应用范围和机种相对也较少，很大一部分的更换方式都是重新复合粘接。更换门封条的操作步骤如下：

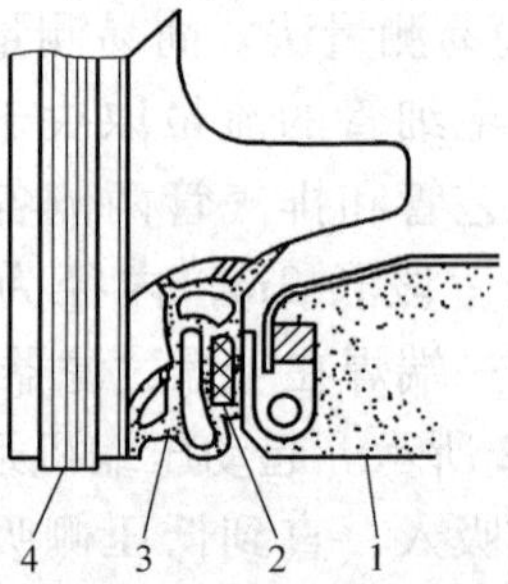

图 2-44　门封的结构
1—箱体　2—磁性胶条
3—塑料胶条　4—箱门

1）外观检查和门封条密封性能的检测。

① 检查电冰箱门封条的外观情况，观察门封条上有无霉斑、裂纹、裂缝。用手拨开气室翻皮，检查气室弹性，有无扭曲、变形。若门封条表面有霉斑、粘连，开启箱门时需用力才能打开，这时，可先用 60℃左右的温水稀释洗洁精，用毛巾浸水后擦拭门封条表面。霉斑及污物嵌入过深时，需拨开气室边缘或门封翻边仔细清洗。清洗后，用电吹风机吹干，然后敷以滑石粉，使表面洁净、光滑，富有弹性。

② 检查门封条与箱体的贴附情况。在电冰箱储藏室内放置几把手电筒，打开后使光线指向不同的门缝处，然后关闭箱门。设法挡住电冰箱周围的光线，使冰箱周围成为暗区，沿门缝四周观察是否有光线从门缝射出。如果门封的平伏性变差，磁性吸力弱，门缝与箱体之间就会存在缝隙，门缝处就会有漏光现象。另外，如果以薄纸片夹于门缝处，当门封贴合不严时，纸片就会滑动，从而可判断贴合不严的位置。此时可用电吹风机对门封条进行加热整形。这种方法也适合于对门封条扭曲变形的处理。加热前先将门封条清洗干净，然后用电吹风机通电加热，沿门封方向边晃动边吹热风，使磁性门封温度升高而变软。对扭曲变形的部位，可待其温度升高后，移去电吹风机，用薄铁片压住门封变形的翻边或起褶皱的部位，使

它与电冰箱箱门贴紧，待其自然冷却后可恢复原形。用电吹风机加热门封条时应当注意，加热表面的温度不宜过高，同时应均匀加热，勿停留在一处持续加热。

2）更换门封条。确定必须更换之后，首先拆除破损、无吸力的旧门封条。拆除的方法是沿箱门门封条方向掀开翻边，用旋具拆下紧固螺钉。待全部紧固螺钉拆下后，再拿掉箱门内胆（储物瓶架），此时，可拆下门封条。

将新的成形门封条贴附在箱体门框上，试验其磁性吸力性能。贴附好后，将无门封条的箱门关闭，观察并尝试其关门情况，看看是否有抵触的地方或位置。尤其在门轴方向，若有挤压或无法关门，则需对箱门作适当调整。

确定箱门开关顺畅后，可将门封条置入门内胆的压覆下，然后加以紧固。对于相同品牌的成形门封条，紧固时依照门内胆上的孔穿入螺钉，压住门封条后，直接紧固在门体上即可。

更换完毕后，可再通过箱门的开关，检测门封条的密封性能和磁性吸力，如果状况不理想，可再进行仔细调整。注意漏光检查时禁止使用明火，如酒精灯、打火机、蜡烛等，如果采用电灯泡，应使用40W左右的电灯泡，以免温度过高损伤电冰箱内胆。

### （五）电冰箱故障分析检测流程与故障分析速查表

1. 电冰箱常见故障分析检测流程与操作

电冰箱故障检查的方法不能一概而论，应经过现象分析、检查、判断和验证等多项过程，现将故障检查分析及检验流程作一归纳，维修时可参照其进行操作。

（1）直冷式电冰箱故障分析检测流程与操作　直冷式电冰箱压缩机出现不起动或起动频繁等异常现象，其故障分析及检测流程如图2-45所示。若压缩机起动、运行正常，但制冷不正常，其故障分析及检测流程如图2-46所示。故障判断可按以下程序进行操作：

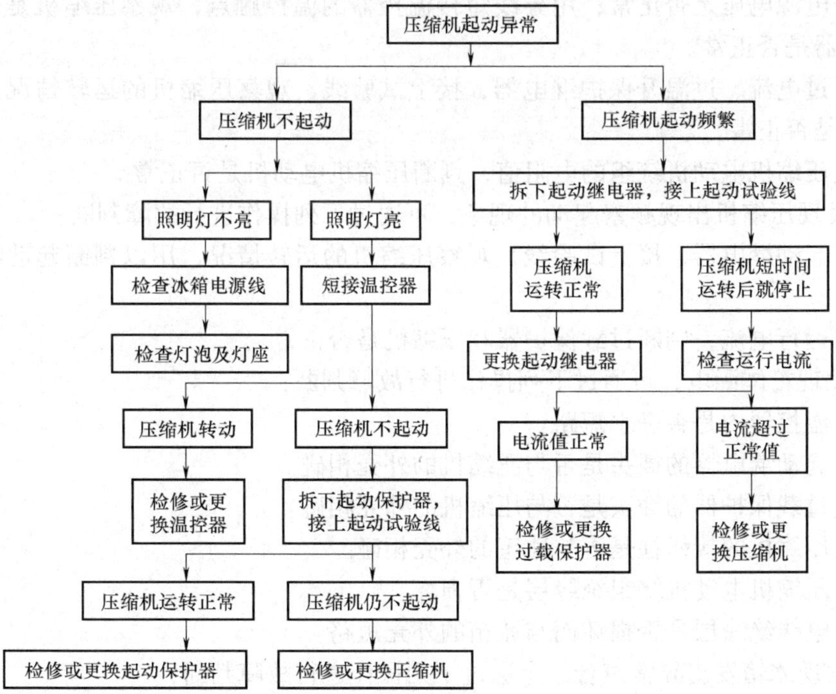


图2-45　直冷式电冰箱压缩机起动异常故障分析与检测流程

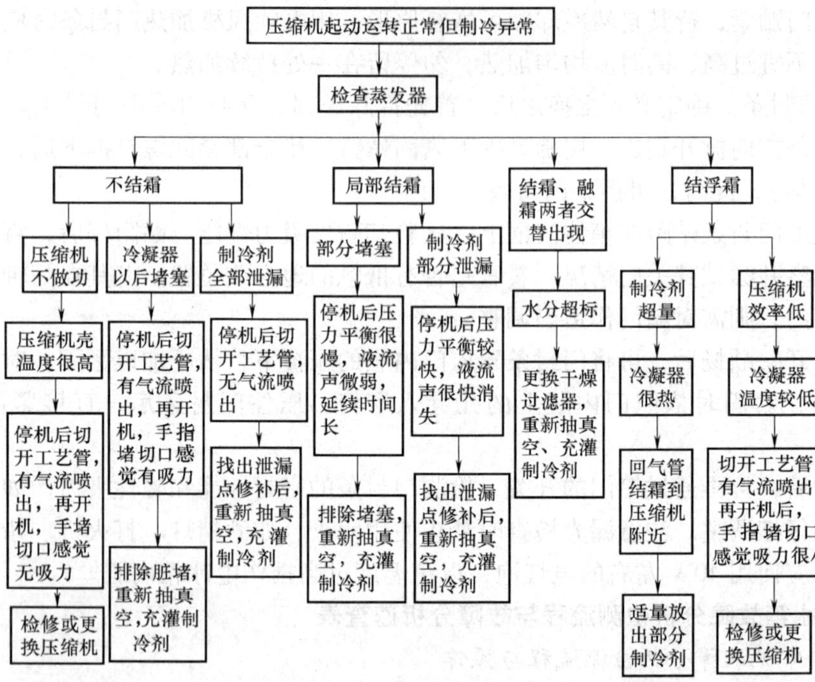


图 2-46　直冷式电冰箱压缩机起动正常但制冷异常故障分析与检测流程

首先接通电源，将温控器旋钮旋至强冷点，观察压缩机的运转情况、蒸发器的结霜情况；然后根据观察到的现象，进行相应的操作，判断出其故障点。

1）若发现压缩机不运转，可通过下列操作进行故障判断：

① 检查电源电压是否正常；用导线短接温控器的温控触点，观察压缩机是否运转，用以判断温控器是否正常。

② 拆下过电流、过温升保护继电器，接上试验线，观察压缩机的运转情况，用以判断保护继电器是否正常。

③ 检查压缩机电动机绕组的电阻值，判断压缩机电动机是否正常。

2）若发现压缩机出现频繁起动的现象，可通过下列操作进行故障判断：

① 拆下起动继电器，接上试验线，观察压缩机的运转情况，用以判断起动继电器是否正常。

② 检查运行电流，判断过载保护器和压缩机是否正常。

3）若发现箱体漏电，可通过下列操作进行故障判断：

① 检查温控器内是否进水短路。

② 检查起动继电器的插头是否与压缩机的外壳相碰。

③ 检查过载保护器的插头是否与压缩机的外壳相碰。

④ 检查压缩机的接线柱是否与冰箱的外壳相碰。

⑤ 检查压缩机电动机绕组绝缘层是否损坏。

⑥ 检查电线绝缘层是否损坏而与冰箱的外壳短路。

4）若发现冰箱发出异常声音，可通过下列操作进行故障判断：

① 检查压缩机地脚螺钉是否松动。

② 检查管道与管道之间是否碰撞。

③ 检查管道与箱体之间是否碰撞。

④ 检查声音是否来自压缩机内部。

5）若发现压缩机运转 0. 5h 后蒸发器不结霜，可通过下列操作进行故障判断：

① 检查冷凝器的温度。

② 检查压缩机外壳的温度。

③ 听压缩机内是否有气流声。

④ 在停机后切开工艺管，观察是否有气流喷出。

⑤ 判断制冷剂是否已全部漏出。

⑥ 重新开机，用手指堵住工艺管切口，检查切口是否有压力。

⑦ 判断压缩机是否正常。

⑧ 判断制冷系统是否全堵。

6）若发现压缩机运转 0. 5h 后蒸发器局部结霜，可通过下列操作进行故障判断：

① 检查冷凝器的温度。

② 停机后仔细听蒸发器内气流流动的时间长短。

③ 判断制冷剂是否出现部分泄漏。

④ 判断制冷系统是否部分堵塞。

7）若发现压缩机运转 0. 5h 后蒸发器结虚霜，可通过下列操作进行故障判断：

① 检查冷凝器通风积尘情况。

② 检查冷凝器的温度。

③ 观察压缩机回气管的结霜情况。

④ 停机后，切开压缩机的工艺管。

⑤ 重新开机，用手指堵住工艺管切口，检查切口压力的大小。

⑥ 判断冷凝器的传热效率。

⑦ 判断压缩机是否效率偏低。

⑧ 判断制冷剂是否充注过多。

8）若发现压缩机正常运转，但结霜和融霜交替出现，可通过下列操作进行故障判断：

① 观察毛细管的结露、结霜情况。

② 检查毛细管的温度情况。

③ 用热毛巾加热毛细管。

④ 检查蒸发器是否有气流声，电冰箱是否开始制冷。

⑤ 取下热毛巾，观察电冰箱是否正常制冷，经过一定时间后又不制冷。

⑥ 判断毛细管是否出现冰堵现象。

9）若箱体内温度过低，而压缩机运转不停，可通过下列操作进行故障判断：

① 检查温控器的旋钮位置是否合适。

② 检查温控器的感温管是否脱落。

③ 将温控器的旋钮置于停止位置，观察压缩机是否仍然在运转，判断温控器的触点是否粘连。

④ 将温控器的旋钮置于弱冷位置，观察压缩机是否仍然在运转，判断温控器是否出现

温度控制范围失灵。

上述各种故障判断得出结果后，可根据不同的原因分别采取相应的方法将故障排除。

（2）间冷式电冰箱故障分析检测流程与操作　压缩机出现不起动或起动频繁等异常现象时，首先应检查融霜定时器转轴是否已转离融霜位置，然后再按图 2-47 所示的流程进行检查。当压缩机起动、运行正常，但制冷不正常时，其故障分析及检测流程如图 2-48 所示。故障判断可按以下程序进行操作：

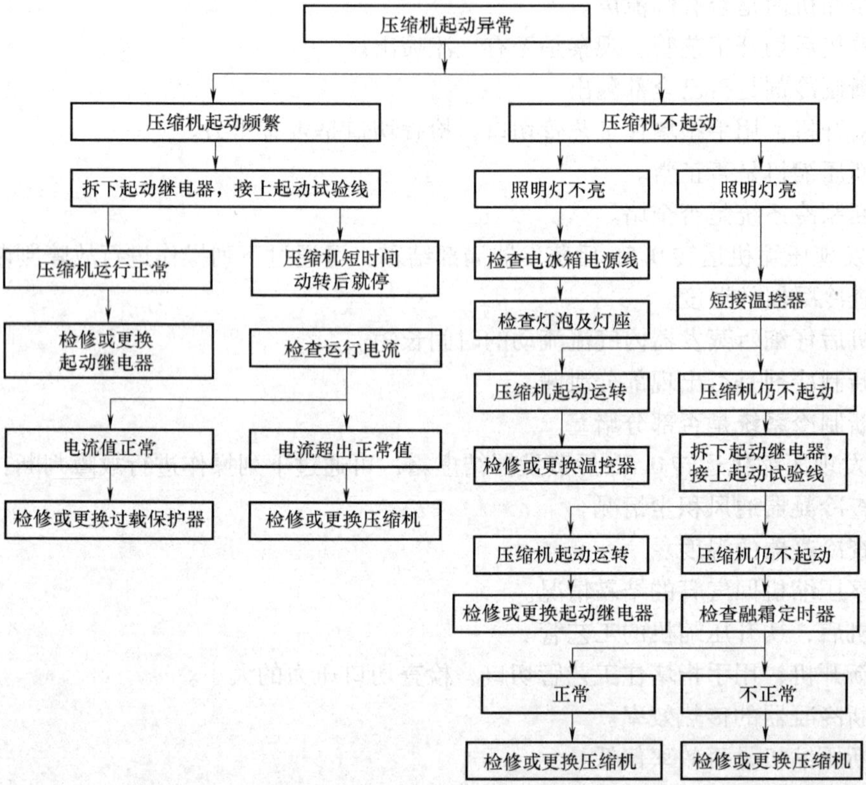


图 2-47　间冷式电冰箱压缩机起动异常故障分析与检测流程

首先接通电源，将温控器旋钮旋至强冷点，观察压缩机的运转情况、蒸发器的结霜情况；然后根据观察到的现象，进行相应的操作，判断出其故障点。

1）若发现压缩机不运转，可通过下列操作进行故障判断：

① 检查电源电压是否正常；用导线短接温控器的温控触点，观察压缩机是否运转，用以判断温控器是否正常。

② 拆下起动继电器，接上试验线，观察压缩机的运转情况，用以判断起动继电器是否正常。

③ 拆下过电流、过温升保护继电器，接上试验线，观察压缩机的运转情况，用以判断保护继电器是否正常。

④ 用试验线短接融霜定时器的 C、B 端子，观察压缩机的运转情况，用以判断融霜定时器是否正常。

⑤ 检查压缩机电动机绕组的电阻值，判断压缩机电动机是否正常。

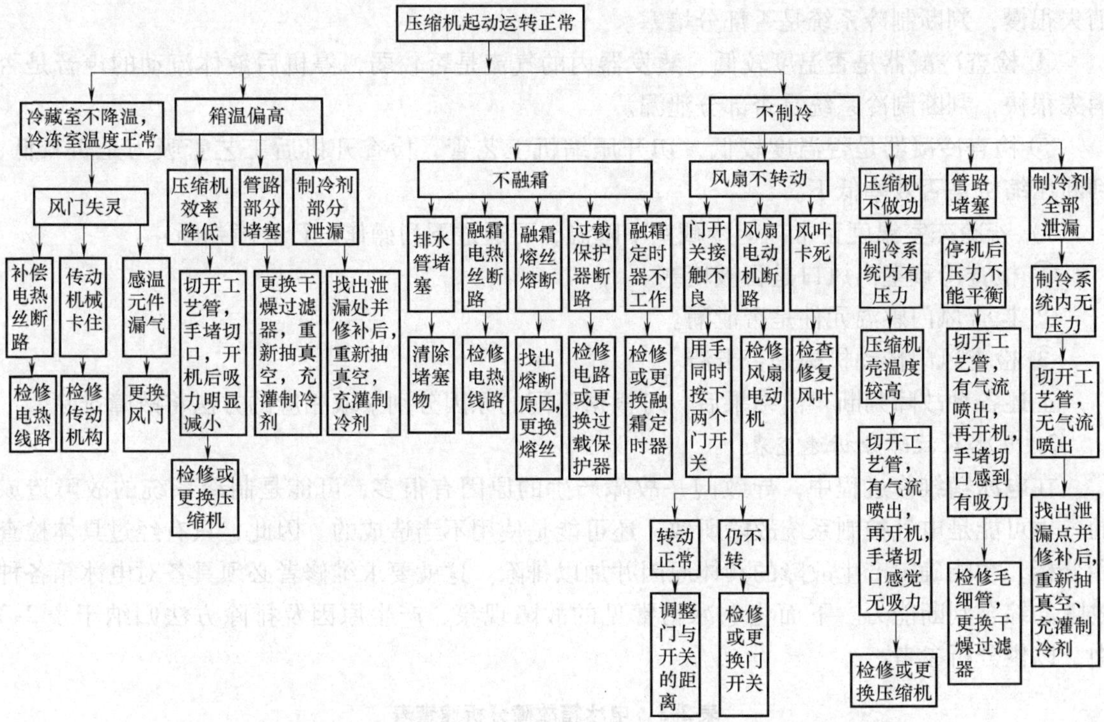


图 2-48　间冷式电冰箱压缩机起动正常但制冷异常故障分析与检测流程

2）若发现压缩机出现频繁起动的现象，可通过下列操作进行故障判断：

① 拆下起动继电器，接上试验线，观察压缩机的运转情况，用以判断起动继电器是否正常。

② 检查运行电流，判断过电流和过温升保护器和压缩机是否正常。

3）若发现压缩机运转正常但不制冷，可通过下列操作进行故障判断：

① 检查融霜超热保护器熔丝是否断裂。

② 检查融霜电加热器的电热丝是否被烧断。

③ 检查融霜温控器是否断路。

④ 检查融霜定时器是否被损坏。

⑤ 检查风扇扇叶是否被卡。

⑥ 检查风扇电动机是否被损坏。

⑦ 检查箱门开关是否接触不良。

⑧ 停机后切开压缩机工艺管，观察是否有气流喷出。判断制冷剂是否已全部漏出。

⑨ 切开压缩机工艺管，观察是否有气流喷出。开机后用手指堵住工艺管切口，检查切口是否有压力，判断压缩机是否正常。

⑩ 判断制冷系统是否堵塞。

4）若压缩机运转正常，但制冷量达不到要求，可通过下列操作进行故障判断：

① 检查冷凝器是否积尘过多。

② 检查蒸发器是否交替积霜，判断制冷系统内水分是否过多。

③ 检查冷凝器是否温度较低、蒸发器内的气流是否较弱，停机后液体流动的声音是否

消失很慢，判断制冷系统是否部分堵塞。

④ 检查冷凝器是否温度较低、蒸发器内的气流是否较弱，停机后液体流动的声音是否消失很快，判断制冷系统是否部分泄漏。

⑤ 检查冷凝器是否温度较低，切开压缩机工艺管，检查开机后工艺管吸力是否较低，判断压缩机是否效率低下。

5）若冷冻室温度正常，但冷藏室不降温，可通过下列操作进行故障判断：

① 检查冷藏室出风口是否被堵塞。

② 检查风门感温元件是否泄漏。

③ 检查风门传动机构是否卡滞。

上述各种故障判断得出结果后，可根据不同的原因分别采取相应的方法将故障排除。

2. 电冰箱故障分析速查表

在电冰箱维修过程中，导致同一故障产生的原因有很多，可能是制冷系统的故障造成的，也可能是电气控制系统故障所致，还可能是使用不当造成的。因此，只有经过具体检查和分析，才能确定产生故障的具体原因并加以排除。这就要求维修者必须具备对电冰箱各种故障的综合判断能力。下面将电冰箱常见的故障现象、产生原因及排除方法归纳于表 2-3 中，以供分析参考。

**表 2-3　电冰箱故障分析速查表**

| 故障现象 | 原　因　分　析 | 排　除　方　法 |
|---|---|---|
| 通电后压缩机不能起动也无响声 | ① 电源线、插头、熔断器等线路中断或接头处松脱<br>② 起动继电器损坏<br>③ 过载保护器触点未闭合，或电热丝烧断<br>④ 温控器失灵，触点未闭合或接触不良，感温包内的感温剂泄漏<br>⑤ 电动机故障，电动机引出线与机壳内接线柱脱落，压缩机接线端子上有绝缘物或接线盒没有插紧 | ① 检修电路排除故障，更换熔断器，若松脱，需插紧或焊牢<br>② 检修或更换起动继电器<br>③ 更换热过载保护器<br>④ 更换温控器或检修触点，调整触点位置，给感温包充加感温剂<br>⑤ 打开机壳检查电动机，接好电动机引线，清除压缩机接线端子上的绝缘物，插紧接线盒 |
| 通电后压缩机不能起动，只听到嗡嗡声 | ① 电源电压过低<br>② 起动继电器未闭合，或触点接触不良，或起动继电器与压缩机不匹配<br>③ 电动机起动绕组断路或短路<br>④ 电容器断路或短路<br>⑤ 有漏电，造成电压降过大<br>⑥ 压缩机磨损或润滑不好<br>⑦ 压缩机负荷过重，充灌制冷剂过多，高压压力过高，如制冷系统堵塞或停机时间过短就起动压缩机 | ① 测量电压，其值不应低于额定值的 15%<br>② 检修起动继电器，或选用匹配的起动继电器<br>③ 更换压缩机或开壳重绕起动绕组<br>④ 检测和更换<br>⑤ 找出漏电原因，并排除<br>⑥ 更换压缩机，或开壳维修、充注冷冻机油<br>⑦ 减少制冷剂，排除堵塞故障，减小高、低压压差后再起动 |
| 压缩机刚起动，过载保护器即动作，导致停机 | ① 电源电压过高<br>② 起动继电器触点粘连<br>③ 电动机运行绕组局部短路或定子和转子间隙不均匀<br>④ 压缩机的运动部件装配过紧，运转后形成热态抱轴<br>⑤ 制冷系统中含有空气或环境温度太高 | ① 测量电压，配置交流稳压电源<br>② 检修或更换<br>③ 打开机壳检修电动机或更换压缩机<br>④ 更换压缩机<br>⑤ 排除空气，或改善散热条件，或降低环境温度 |

（续）

| 故障现象 | 原因分析 | 排除方法 |
|---|---|---|
| 达不到设定温度就停机，或压缩机过热 | ① 压缩机润滑不良<br>② 压缩机工作压力过高或系统内有空气<br>③ 制冷剂不足，制冷量低<br>④ 电动机绕组短路或接地<br>⑤ 压缩机排气阀片破裂，或排气管有漏孔<br>⑥ 毛细管发生冰堵或脏堵 | ① 添加冷冻机油<br>② 检查高、低压力，若过高就要放掉少量制冷剂或排除空气<br>③ 充灌制冷剂<br>④ 更换压缩机或重绕电动机绕组<br>⑤ 更换或开壳维修压缩机<br>⑥ 清除制冷系统中的水分，拆下毛细管清污 |
| 压缩机起停频繁 | ① 电源电压过高或过低<br>② 温控器开停温差调得过小或者跳动弹簧失灵<br>③ 温控器感温点选择不合适<br>④ 过载保护器的双金属片失灵，使触点频繁动作<br>⑤ 冷凝器散热效果差 | ① 测量电压，配置交流稳压电源<br>② 调整温控器或更换<br>③ 调整温控器感温点<br>④ 调整双金属片或更换过载保护器<br>⑤ 改善冷凝器散热条件 |
| 压缩机运转不停或运转时间较长 | ① 磁性门封不严<br>② 冷冻室和冷藏室放入的食物过多<br>③ 有轻微的泄漏，蒸发器有局部结霜<br>④ 冰箱周围空气不流通<br>⑤ 温控器失灵或控制点漂移<br>⑥ 温控器的感温管没有被卡紧在蒸发器的表面上<br>⑦ 电冰箱的门开关频繁<br>⑧ 融霜不好，蒸发器大量积霜 | ① 更换或整修门封条<br>② 不能使冰箱的贮存食物量过大<br>③ 检漏，充灌制冷剂<br>④ 调整冰箱放置位置，使空气有足够的对流间隙<br>⑤ 检修或更换温控器<br>⑥ 把温控器的感温管与蒸发器贴紧<br>⑦ 减少开门次数<br>⑧ 检查各种电热丝是否导通，发现断线要更换，融霜定时器及融霜温控器不好也要更换，要检查熔断器是否完好 |
| 压缩机运转时噪声大 | ① 箱体未放平<br>② 接水盘振动<br>③ 间冷式冰箱风扇与其他部件碰撞<br>④ 压缩机机壳与箱底盘接触<br>⑤ 管道与箱体或管道与管道之间碰撞<br>⑥ 压缩机高压缓冲管断开 | ① 进行调整<br>② 移动位置并垫上软泡沫塑料<br>③ 调整风扇<br>④ 更换压缩机减振胶圈<br>⑤ 调整管道位置<br>⑥ 更换或开壳维修压缩机 |
| 压缩机工作时间长，蒸发器表面只有水珠凝结，或蒸发器前半部分结霜 | ① 毛细管过长或过短，使低压过低或过高<br>② 管路漏气，制冷剂不足<br>③ 压缩机阀片破裂，有脏物，或气阀关闭不严，使排气能力下降<br>④ 干燥过滤器或毛细管堵塞 | ① 调整毛细管的长度<br>② 检漏，充灌制冷剂<br>③ 更换压缩机或开壳维修<br>④ 更换干燥过滤器或毛细管 |
| 制冷效果差，结冰慢 | ① 冷凝器表面灰尘积聚过多，散热不好<br>② 箱内存放食物过多<br>③ 空气不流通，太阳直射或附近有热源<br>④ 蒸发器上结霜过多<br>⑤ 轻微泄漏<br>⑥ 温控器动作不良<br>⑦ 干燥过滤器或毛细管堵塞 | ① 清洗冷凝器<br>② 适当减少存放食物<br>③ 将电冰箱放在通风凉爽的地方<br>④ 按时除霜<br>⑤ 检漏，充灌制冷剂<br>⑥ 更换温控器<br>⑦ 更换干燥过滤器或毛细管 |

（续）

| 故障现象 | 原因分析 | 排除方法 |
| --- | --- | --- |
| 制冷效果差，结冰慢 | ⑧ 压缩机运转时风扇电动机不转<br>⑨ 门封条扭曲或破损导致冷气外漏 | ⑧ 检查风扇电动机有无绕组断线，轴烧坏、结冰固化，还要检查门开关机构的动作，若不好，需更换<br>⑨ 修理或更换门封 |
| 冷藏室温度太低 | ① 间冷式电冰箱风门控制位置在冷点<br>② 直冷式电冰箱温控器调整位置在最冷点，或放在速冻档<br>③ 风门关不上<br>④ 风门控制器（感温系统）损坏<br>⑤ 加热器损坏 | ① 调整风门温度控制位置<br>② 调整温控器旋钮位置<br>③ 排除障碍物<br>④ 检修或更换控制器<br>⑤ 更换加热器 |
| 冰箱能制冷，箱内照明灯不亮或不灭（箱门关上时） | ① 照明灯不亮，可能是接触不良，回路断线或灯泡损坏<br>② 照明灯不灭，可能是门灯开关损坏或门灯开关位置不当 | ① 用万用表查出断路处加以修复以及更换灯泡<br>② 更换门灯开关或调整门灯开关的位置 |
| 接通电源，熔断器熔断 | ① 压缩机插头接线端子、电动机短路或接地<br>② 起动电容器损坏<br>③ 起动继电器触点粘连或接触不好<br>④ 电路中有接地或短路处<br>⑤ 照明灯灯座短路 | ① 用汽油去污垢，再用干布擦干净，或重绕电动机绕组<br>② 更换起动电容器<br>③ 检修或更换起动继电器<br>④ 用万用表查出故障处并进行修复<br>⑤ 更换灯座 |
| 箱体漏电 | ① 温控器、照明灯、门灯开关等受潮而引起漏电<br>② 继电器接线螺钉碰到机壳短路而漏电<br>③ 电动机绕组绝缘层损坏、短路而漏电<br>④ 机壳接线端子与机壳相碰而漏电 | ① 进行干燥防潮处理<br>② 检查调整接线螺钉<br>③ 更换压缩机或打开机壳重绕电动机绕组<br>④ 检查修理机壳接线端子 |
| 外壳凝露滴水 | ① 门封条有损坏或有间隙<br>② 外界使用环境湿度过高<br>③ 防露装置失效<br>④ 保温层受潮或破损 | ① 更换或调整门封条<br>② 移到通风好、湿度低的地方使用<br>③ 检查，更换<br>④ 检查，修复 |

3. 电冰箱修复后的检测

电冰箱修复后应进行必要的性能检测，用以检查修复后的质量是否符合要求。

（1）绝缘电阻的检测　使用500V绝缘电阻表，将两个线夹接入电冰箱电源插头的电源端子与地线端子进行测量，绝缘电阻不小于2MΩ为合格。开机后用手背触及压缩机机壳，应无漏电感觉。

（2）起动性能检测　采用人工操作的方法，开机和停机3次，每次开机3～5min，然后停机5min，每次的开、停机都应正常。

（3）运转电流检测　测量运转电流，数值应在额定电流范围之内，且电流应保持相对稳定。

（4）性能测试　性能测试应包含以下几个方面：

1）制冷速度测试。制冷速度测试可按以下步骤进行：

① 降温速度测试。将温度控制器调节按钮调在中间位置，冷冻室的温度从32℃开始，

下降到 -5℃，冷藏室的温度从 32℃开始，下降到 10℃，压缩机运转时间不能超过 2h。

② 结霜效果测试。压缩机运转 30min 后冷冻室四壁应结霜，用手指蘸水接触四壁应有粘手的感觉。

③ 结冰效果测试。将冷冻室有效容积 5% 的水装入冰盒内，测量其结冰的时间，应在 2～3h内结成实体冰。

④ 凝霜现象测试。在环境温度为 32℃、相对湿度为 70%～80% 的条件下，电冰箱稳定后箱体表面不应出现凝霜现象。

⑤ 降温能力测试。所测电冰箱的降温能力应满足其原星级（*）所对应的温度要求。

2）制冷系统残留空气试验。开机 20～30min 后用手触摸冷凝器上、下部，正常状态应为上部较热，下部温热；若上部很热，下部不热，则说明表面残留空气较多。

3）制冷系统内残留水分试验。将温度控制器旋钮向强冷方向开到死点，开机 2～3h，无冰堵现象出现为合格。

4）温度控制性能测试。将温度控制器旋钮调到中间，电冰箱开启 1～2h 后可自动停机，停机一定时间后又能自动开启，视其为正常。

5）耐泄漏性能测试。对各焊点的牢固情况进行检测，要求不得有泄漏。

6）压缩机升温测试。使压缩机连续运转 4h，温升不应超过 120℃。

7）回气温度测试。在电冰箱工作稳定后以及开、停机时，压缩机吸气管都不应有结霜现象出现，保证无制冷剂湿蒸气进入压缩机。

8）振动与噪声测试。在距离电冰箱 1m 处产生的噪声不应大于 40dB，振动产生的振幅不应大于 0.05mm。

## 二、操作训练

1. 实训设备

1）电冰箱、各种常见故障的冰箱压缩机、性能良好的电冰箱压缩机、电弧焊设备、起动继电器、过载保护器、多用电源插座、电源插头、电源导线、冷冻机油、煤油、低碳钢焊条、肥皂水、干燥箱、胶木塞或软木塞。

万用表、绝缘电阻表、钳形电流表、小锤子、活扳手、旋具、割管器、钢丝钳、台虎钳、钢锯、磨光机、尖嘴钳、锉刀、盛油容器、量杯、盛水容器、氮气瓶、氮气减压器、耐压橡胶软管、真空泵。

2）直冷式电冰箱、间冷式电冰箱、重锤式起动继电器、PTC 起动继电器、过载保护器、电冰箱各种类型温度控制器、融霜电加热器、融霜定时器、风扇电动机。

万用表、钳形电流表、交流调压器、常用电工工具、灯泡（220V，100W）、控制开关、导线。

3）电冰箱、性能良好的电冰箱全封闭压缩机、有漏孔的蒸发器（包括铜管铜板式蒸发器、铝蒸发器）、性能良好的蒸发器、有漏孔的冷凝器、性能良好的冷凝器。

气焊设备、钎料、钎剂、氮气瓶（含氮气）、氮气减压器、耐压橡胶软管、压力真空表、复式修理阀、连接软管、割管器、倒角器、扩胀管器、封口钳、真空泵、定量充灌器或抽真空充灌器、制冷剂钢瓶（含制冷剂）、扳手、尖嘴钳、锋利的器具（如斧子）、锤子、划线规、电烙铁（150～200W）。

干燥过滤器、毛细管、多用电源插座、电源插头、电源导线、洗洁精或肥皂水、$\phi$6mm 铜管、$\phi$8mm 铜管、锡铝焊助焊粉、环氧树脂胶粘剂（如 JC—311 型通用双组分胶粘剂）、白纸。

4）电冰箱、门封条、旋具、电吹风、手电筒、纸片、大水盆、热水、洗洁精、毛巾、滑石粉等。

5）有故障的直冷式和间冷式电冰箱。电冰箱检修常用检测仪表、工具、设备与材料。

2. 实训任务

任务1　全封闭式压缩机的质量检验与检修操作

（1）实训目的 正确识别单相压缩机的接线端子，掌握电动机质量的鉴别方法，正确判别全封闭式压缩机的常见故障，能对压缩机的抱轴、卡缸故障进行非开壳维修。

（2）实训内容

1）压缩机接线端子的识别。用万用表测量压缩机的 3 个接线端子之间的电阻，确定电动机 C、S、M 端子的位置。

2）电动机质量的鉴别。用万用表测量压缩机电动机绕组是否断路或短路；用绝缘电阻表测量压缩机的 3 个接线端子对地（外壳）的绝缘电阻，判断压缩机是否发生绕组碰壳故障。

3）压缩机机械故障的判断。

① 对经检验确认为电动机性能良好的压缩机进行直给法起动，判别其是否发生机械故障。

② 对压缩机进行空转测试。先给冰箱压缩机接上起动和保护装置，然后接通电源，用钳形电流表测出空载起动电流和空载运行电流。当电流正常且运行声音平稳时，用手指按住排气口时应该堵不住；将手放在吸气口时应感觉有明显的吸力，此时说明压缩机的吸、排气性能良好。

4）压缩机的抱轴、卡缸的非开壳维修。对发生抱轴或卡缸的压缩机进行非开壳维修。

5）压缩机的开壳维修。练习压缩机的开壳操作，包括零部件的拆卸、清洗、烘干、检验、组装、机壳的封焊等操作。

（3）操作要求

1）检测电动机的直流电阻时，接线端子金属柱表面应清除氧化层，表笔与接线柱间应接触紧固，以减少测量时的接触电阻。

2）当发现压缩机绝缘不良时，绝对不可接通电源起动压缩机。

3）做直给法起动压缩机操作时，一定要在指导老师的现场指导下进行。

4）压缩机起动电路连接完毕，要详细检查、核对连接是否正确，要杜绝出现短路现象。

5）过载保护器应先检测正常后，才能使用，当压缩机不能起动或电流过大时，保护其应能够开电源。

6）在用手指风度法检测压缩机吸、排气状况时，应先检查压缩机是否存在漏电现象，并且不可以用手长时间堵住压缩机排气口。

7）开壳锯削时，锯口不宜过深，以免损伤机内部件及防止铁屑进入机内。

任务2　电冰箱电气元件检查与控制电路连接操作

（1）实训目的　观察电冰箱电气系统的基本组成及电器元件的连接位置，掌握电冰箱各电气元件的正确检测方法，正确连接控制电路。

（2）训练内容

1）直冷式电冰箱电气元件的检查。

① 重锤式起动继电器和 PTC 起动继电器的检查。

② 过载保护器的检查。

③ 普通型压力式温控器、半自动融霜型温控器、电子式温控器的检查。

2）直冷式电冰箱控制电路的连接。

① 识读直冷式电冰箱控制电路的连接图，按照控制电路原理图依次将电冰箱电气元件连接好。

② 检查电源。

③ 用简易速判法检查控制电路原理图。

④ 对照控制电路原理图复核接线情况，接线正确、无误后，进行开机调试。

3）间冷式电冰箱自动融霜电气元件的检查。

① 风道栅板与组件盒的拆卸与安装。

② 检查双金属融霜温控器和融霜电加热保护器。

③ 检查融霜定时器。

④ 检查风扇电动机。

4）间冷式电冰箱控制电路的连接。

① 识读间冷式电冰箱控制电路的连接图，按照控制电路原理图依次将电冰箱电气元件连接好。

② 检查电源。

③ 用简易速判法检查控制电路是否有故障。

④ 对照控制电路原理图复核接线情况，确认接线正确后，进行开机调试。

（3）操作要求

1）要严格按照操作步骤进行，正确使用测量仪表，避免出现不必要的误判。

2）检查过程中，从电冰箱上拆装电气元件时一定要切断电源。

3）测量电气元件的电阻或导通情况时，应排除相关的串联、并联元件的影响，应尽可能将电气元件脱离电路进行测量。

4）在拆装电气元件时要按顺序进行，拆装检查过程要谨慎小心，避免因误操作使电气元件产生损坏，对拆下的各部分元件要放置和保管好。

5）为防意外漏电，检查后的电气元件安装到电冰箱上以后，应进行电路对机壳的绝缘检查。

6）箱门与风机、灯的联动开关不能接反。

7）检查或修理完毕后试机时，应用钳形电流表测量起动电流和工作电流，数值应在正常值范围内。

任务3　电冰箱制冷系统主要零部件的维修与更换操作

（1）实训目的　掌握更换电冰箱压缩机的步骤与操作方法；掌握蒸发器泄漏故障的维

修与更换蒸发器的基本方法，掌握冷凝器的更换方法；掌握更换干燥过滤器及毛细管的步骤与操作方法。

（2）训练内容

1）电冰箱全封闭压缩机的更换。

2）蒸发器泄漏故障的维修与更换。

① 铜管铜板式蒸发器漏点的补焊。

② 铝蒸发器漏点的锡铝补焊法、粘接修补法、气焊补漏法。

③ 蒸发器的更换。

3）冷凝器的维修与更换。

① 冷凝器泄漏的维修。

② 冷凝器油垢的清除。

③ 冷凝器的更换。

4）干燥过滤器的更换。

5）毛细管的更换。

（3）操作要求

1）对新选用的压缩机，在安装之前，要先进行质量检验，合格后才能使用。

2）压缩机的防振垫圈老化后应予以更换，压缩机的安装螺母不得过松或过紧，否则，将会增大噪声和振动。

3）更换蒸发器后，要注意排除制冷系统产生的冰堵故障。

任务4　电冰箱门封条的更换操作

（1）实训目的　熟悉电冰箱密封性能的检测方法，掌握更换电冰箱门封条的基本步骤和操作方法。

（2）训练内容

1）电冰箱密封性能的检测。

① 电冰箱门封条外观的检查。

② 电冰箱门封条表面的清洗。

③ 门封条与箱体贴附情况的检查。

④ 电冰箱门封的加热整形。

2）电冰箱门封条的更换。

（3）操作要求

1）漏光检查时，禁止使用明火。

2）用电吹风机加热门封条时，表面温度不宜过高，且加热均匀。

3）更换门封条时，门封条的尺寸选择要合适。

任务5　电冰箱常见故障分析与排除

（1）实训目的　掌握电冰箱常见故障的分析与排除方法，掌握维修后电冰箱的性能测试操作。

（2）训练内容

1）电气控制系统常见故障分析与排除。

① 压缩机不起动的故障分析与排除。

② 压缩机刚起动，过载保护器即动作的故障分析与排除。

③ 冷藏室温度过低，但压缩机不停机的故障分析与排除。

④ 压缩机起停频繁的故障分析与排除。

⑤ 箱体漏电的故障分析与排除。

⑥ 融霜元件的故障分析与排除。

2）制冷系统常见故障分析与排除。

① 制冷效果差的故障分析与排除。

② 制冷系统堵塞的故障分析与排除。

3）直冷式电冰箱故障判断。

① 压缩机不运转故障判断。

② 压缩机频繁起动故障判断。

③ 电冰箱箱体漏电故障判断。

④ 电冰箱声音异常故障判断。

⑤ 压缩机运转一定时间后，蒸发器不结霜故障判断。

⑥ 压缩机运转一定时间后，蒸发器局部结霜故障判断。

⑦ 压缩机运转一定时间后，蒸发器结虚霜故障判断。

⑧ 压缩机正常运转，结霜交替出现故障判断。

⑨ 电冰箱内温度过低，压缩机运转不停机故障判断。

4）间冷式电冰箱故障判断。

① 压缩机不运转故障判断。

② 压缩机频繁起动故障判断。

③ 压缩机运转正常但不制冷故障判断。

④ 压缩机运转正常但制冷量低的故障判断。

⑤ 冷冻室温度正常但冷藏室不降温的故障判断。

5）修复后电冰箱的性能测试。

① 绝缘电阻的检测。

② 起动性能的检测。

③ 运转电流的检测。

④ 性能试验。

（3）操作要求

1）实训采用的电冰箱可以是故障电冰箱，也可以是特设的故障台。

2）故障分析过程中，应综合考虑产生故障的原因，根据故障现象进行逐一分析。然后用排除法来确定故障点，并采用各种不同的操作方法将故障排除。

3）当进行切开压缩机工艺管的操作时，应注意不要将制冷剂喷到手上，以免产生冻伤。

4）电冰箱修复后应做必要的性能检测，以便检查修理质量是否符合要求。

3. 实训注意事项

1）认真做好预习，在实训前应熟悉训练内容和操作方法。

2）实训中使用的相关工具、检测仪表、气焊设备等，应严格按照其安全操作规程进行使用操作。

3）实训过程中要严格按照操作步骤进行，注意用电安全，检测过程中一定要做好记录。

4）操作训练过程应符合各项任务的操作要求。

5）实训结束时，要对用过的工具、设备、材料进行整理归位，放置到指定位置。实训工具、设备不得私自带出实训室。

6）通电设备使用后切记关闭电源，置于安全档位。

# 项目三　空调器维修技能操作

## 任务一　空调器的安装

**能力训练目标**　能正确进行空调器的安装与移装。

### 一、知识与技能

#### （一）空调器的基本结构

1. 窗式空调器的基本结构

窗式空调器系统包括全封闭式压缩机、蒸发器、冷凝器、毛细管、干燥过滤器、轴流风扇、离心风扇、电控板、管路及制冷剂等，如图3-1所示。为了提高蒸发器和冷凝器的传热效果，减小其尺寸和质量，多采用翅片式换热器。

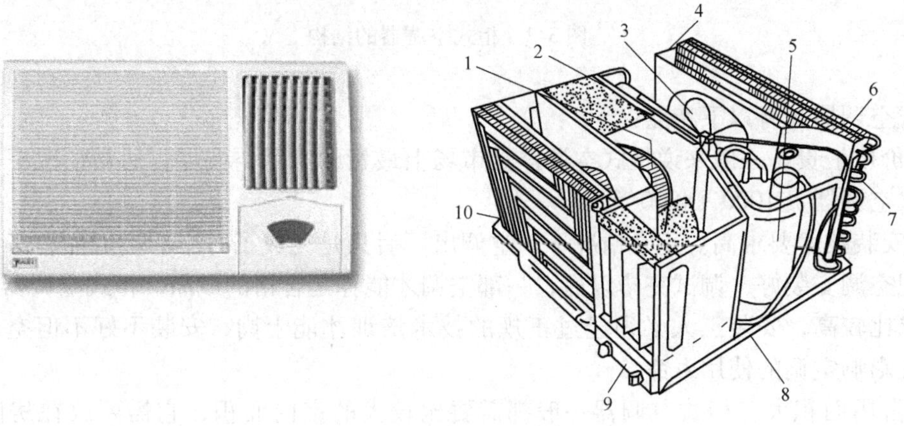


图3-1　窗式空调器结构图

1—离心叶轮　2—中隔板　3—轴流风扇　4—后隔板　5—压缩机　6—冷凝器　7—毛细管　8—底盘　9—电控板　10—蒸发器

窗式空调器制造用材少，成本低，使用价格比较低廉；同时，作为一体机，安装要求较低，技术要求不高。窗式空调器一般由制冷系统、空气循环系统、电气系统和制热系统四部分组成（其中冷风型空调器没有制热系统）。窗式空调器因为制冷剂密封在制冷系统内，出厂前更经过密封性检测，所以制冷剂泄漏机率小，维修量也小；而且窗式空调器比一般空调器省电，因为它冷量损耗相对比较小。窗式空调器具有结构紧凑、体积小、重量轻、安装方便等特点，适用于卧室、办公室、家庭小计算机房等场所。但窗式空调器也有自身的缺点：

1）影响室内的采光。由于目前一般居室在建筑设计上没有预留空调器的位置，因此，窗式空调器安装在窗户上会影响采光。特别是对于比较密集的高楼大厦来说，本来室内的采光就相对不是太好，如果装了窗式空调器，光线就更加不足了，而且还会有碍美观。因此，安装窗式空调器应尽可能另外在墙面上开洞，而不要直接安在窗框上。这样既不遮挡室内光线，也可避免安装在窗框上引起共振。

2）噪声较大。由于窗式空调器的压缩机和风扇与室内不是完全隔离的，因而在室内能明显感觉到噪声。

2. 柜式空调器的基本结构

柜式空调器功率大，风力强，适合大面积房间，但噪声较大，其外形与立柜相似，如图3-2所示。

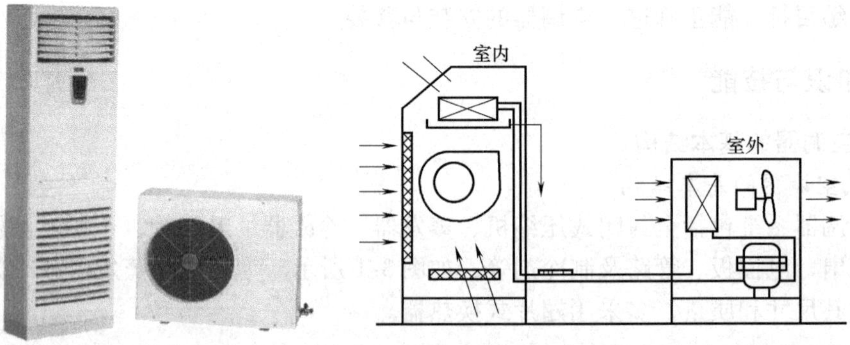


图3-2 柜式空调器的结构

柜式空调器具有以下特点：

1）价格最贵。一般来说柜式空调器是市场上最贵的家用空调器，通常情况下它的售价比分体式空调器贵1000~4000元。

2）安装技术要求高。正常情况下，空调出厂后只是完成了一半的半成品，必须在最终用户处把空调安装好，调试完毕以后，一部空调才能算是合格的成品。柜式空调器对安装技术的要求比较高，安装工人必须经过正规的技术培训才能上岗，安装不好不但空调的噪声大，而且影响空调的使用寿命。

3）占用面积大。柜式空调器一般都需要比较大的室内面积，它需要放在房间中占用一定的面积，同窗式和分体式空调器只安装在窗上和墙上相比，它不适宜在小房间中使用。

4）具有一定的装饰性。近两年，空调生产厂家正在逐步改变空调是白色家电的概念，一些厂家开始在柜式空调器的面板上安装灯箱和风景画，通电后空调变得五光十色，十分漂亮。

5）费电。柜式空调器的功率都比较大，一般在2匹（1HP=2499W）以上，工作起来对电路的要求比较高，截面小的电线和小电表是不能满足需要的，最好能使用铜芯电线和20A以上的电表，以避免可能存在的隐患。

3. 分体式空调器的基本结构

分体式空调器由室内机组和室外机组两部分组成。室内机组由蒸发器、风机（电动机和离心风机）、电气控制、电加热器、节流元件等部分组成；室外机组由制冷压缩机、冷凝器（电动机和轴流风机）、电气控制部分等组成，两者用管道连接起来，如图3-3所示。

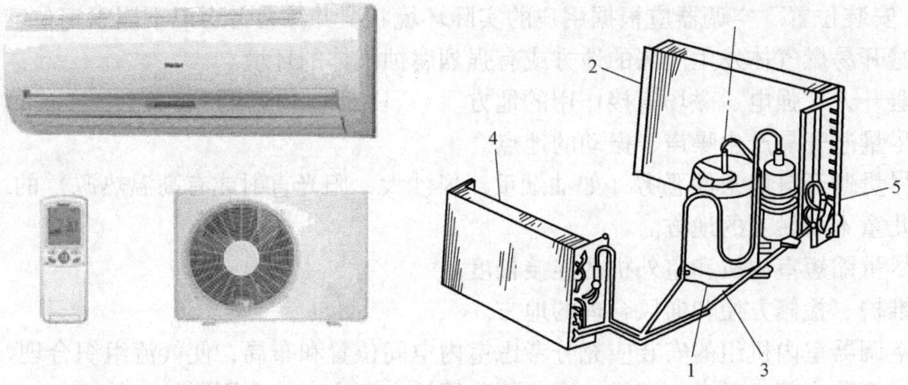


图3-3　分体挂壁式空调器
1—压缩机　2—冷凝器　3—毛细管　4—蒸发器　5—干燥过滤器

目前分体式空调器的室内机组有立柜式、挂壁式、吊顶式、嵌入式、台式等。分体式空调器具有以下特点：

1）安装麻烦。分体式空调器需要分别在室内、外安装，工作量大，操作也比较困难，技术性较强。

2）维修量大。由于分体式空调器室内机与室外机由两根管连接，有4个接口，因此，制冷剂泄漏的可能性大，往往使用2~3年后，就需要充灌制冷剂。

3）噪声低。由于分体式空调器将压缩机和冷凝器风扇一起安装于室外，墙壁隔离了这些噪声源，因此噪声较小，往往感觉不到。

4）存在安全隐患。室外机支架易锈蚀，存有隐患。

5）费电。因制冷机管路长，沿程阻力及冷量损耗较大。

6）美观。虽然美观，但要注意将室内机和室外机的连接管子妥善埋于墙内，以保持住宅的整体美观性。

### （二）空调器安装的相关技术要求

1. 一般原则

空调器的安装必须由受过专门培训的专业安装人员来完成，其安装附件的制作和空调器安装应符合GB 17790—2008《家用和类似用途空调器安装规范》的要求和安全技术规定的一般原则，并应符合国家和地方政府颁布的有关电气、建筑、环境保护等法律法规、标准以及产品安装说明书的要求。

2. 空调器安装要求

（1）使用空间　空调器的制冷（热）量应与房间的大小和使用环境相适宜。

（2）噪声和振动　空调器的噪声应符合GB/T 7725—2004《房间空气调节器》的要求。安装后的空调器不得因安装不良而产生异常噪声和振动。

（3）冷凝水排除　空调器冷凝水的排放不得妨碍他人的正常生活、工作。在道路和公共通道两侧建筑物安装的空调器，不宜将其冷凝水排放到建筑物墙面上和室外路面上。

（4）制冷剂　空调器所用的制冷剂应符合GB/T 7373—2006《工业用二氟-氯甲烷（HCFC-22）》的要求。安装时，对空调器加注制冷剂应按照产品说明书的要求进行，并选择适用方法进行制冷剂泄漏检验。

（5）安装位置　空调器应根据用户的实际环境状况并综合考虑以下因素定位安装：

1）避开易燃气体发生泄漏的地方或有强烈腐蚀气体的环境。

2）避开人工强电、磁场直接作用的地方。

3）尽量避开易产生噪声、振动的地点。

4）尽量避开自然条件恶劣（如油烟重、风沙大、阳光直射或有高温热源）的地方。

5）儿童不易触及的地方。

6）尽量缩短室内机和室外机的连接长度。

7）维护、检修方便和通风合理的地方。

8）空调器室内机组的安装应充分考虑室内空间位置和布局，使气流组织合理、通畅。

9）建筑物内部的过道、楼梯、出口等公用地方不应安装空调器的室外机。

（6）安装面　空调器的安装面应坚固结实，具有足够的承载能力。安装面为建筑物的墙壁或屋顶时，必须是实心砖、混凝土或与其强度等效的安装面，其结构、材质应符合建筑规范的有关要求。

建筑物预留有空调器安装面时，必须采用足够强度的钢筋混凝土结构件，其承重能力不应低于实际所承载的质量（至少200kg），并应充分考虑空调器安装后的通风、噪声及市容等要求。

安装面为木质、空心砖、金属、非金属等结构，或安装表面装饰层过厚其强度明显不足时，应采取相应的加固、支持和减振措施，以防影响空调器的正常运行或导致危险。

（7）电气安全

1）使用电源。空调器所用电源一般应为频率50Hz、电压在额定电压值的90%～110%范围以内的单相220V或（和）三相380V交流电源。用户应具备与待装空调器铭牌标示一致的合格电源，如电源容量足够、接地可靠和便于安装等。

2）电磁干扰。空调器的室外机安装位置应远离强烈电磁干扰源，室内机的安装应尽可能地避开电视机、音响等电器，以防电磁干扰。

3）电气线路。空调器的电气连接一般应用专用分支电路，其容量应大于空调器最大电流值的1.5倍，其进户电线的线径或横截面积应按用户使用电量的最大值选取。

电源线路应安装漏电保护器或断路器等保护装置，空调器与房间内电气布线应可靠地连接，不得随意更改电源线及其末端。

空调器的室内、室外电气连接线应不受拉伸和扭曲应力的影响，不应随意改变接线长度。如果必须加长或改变，应采用符合要求的导线。

4）空调器接地。黄绿双色线只能用于接地线，不可作他用。

接地端子或接地触点与可触及空调器金属外壳应是低电阻的（$<0.1\Omega$），接地装置的接地电阻一般应小于$4\Omega$。

（8）机械强度

1）承重。空调器安装架的承载能力应不低于空调器机组自重的4倍，室外机安装架承载能力至少不低于180kg。空调器室外机组不应在材质较松的安装面上（如旧式房屋砖墙、空心砖墙等）进行挂壁式安装。因安装条件所限必须采用挂壁安装时，应充分考虑安装面的材质强度和承载耐受力及同一安装面安装空调器的数量等因素，必要时采取加固或防护措施，以确保空调的安全运行和人身安全。

2）防松。安装空调器时，其安装面与安装架、安装架与机组之间的连接应牢固、稳定、可靠，确保安装后的空调器不倾斜、滑脱、翻倒或跌落。固定室外机支架的膨胀螺栓紧固后的外漏螺栓长度不应过长，固定在墙体内的膨胀螺栓不应向下倾斜。

3）防锈。钢制安装架和钢制紧固件应进行防锈处理，经过防锈处理后的安装件应符合GB/T 7725—2004 的要求。

（9）安装寿命　空调器的安装寿命应不低于产品的使用年限。空调器安装后一年内，不应由于安装不良影响空调器的正常运行及使用性能；安装后三年内，不应由于安装不良影响空调器的安全运行和发生重大安全事故。空调器安装使用后，用户应根据使用情况经常进行检查和进行必要的维护，并定期向有关部门报检，以确保空调器正常、安全、可靠地运行。

**（三）窗式空调器的安装**

安装窗式空调器时，先要进行安装位置的选择。其安装位置应避免阳光照射，所以对北半球来说，朝北是最好的方向，其次是朝东，以朝南、朝西为最差。窗式空调器可以安装在窗框（木窗或钢窗）上，也可穿墙安装。但一般来说，穿墙安装比安装在窗架上优越，既不影响采光，又可避免窗架振动而把噪声传入室内。

1. *窗式空调器的安装位置要求*

1）安装位置要通风良好，远离热源，且排水顺畅。

2）窗式空调器的安装高度距地面应大于75cm，距顶棚10cm以上，即安装高度以1.5m左右为宜，这样可使室内温度均匀，如图3-4所示。

3）若窗式空调器的后部有障碍物，两者之间的距离不得小于1m，如图3-5所示。

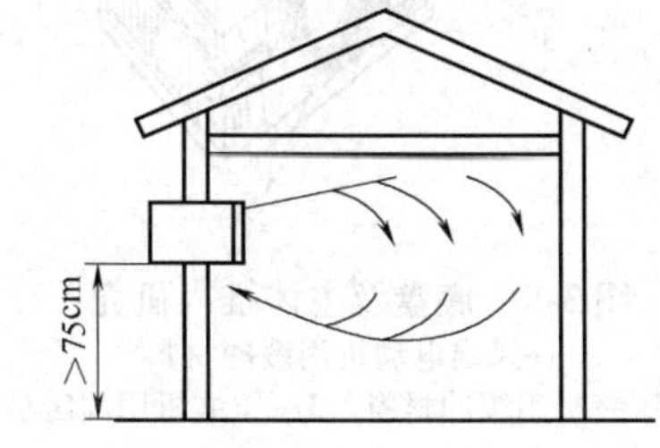


图3-4　空调器的安装高度

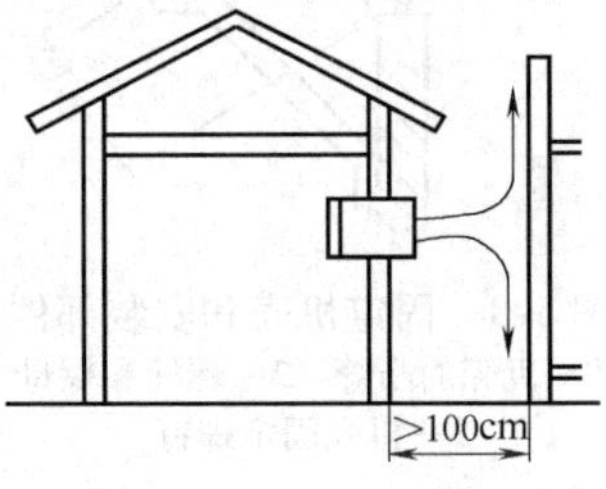


图3-5　空调器与障碍物的距离

4）窗式空调器左、右两侧的通风百叶不能受阻，侧面与障碍物的距离应大于20cm，两侧必须有相应的通风空间。

窗式空调器必须将室外侧装在室外，而不允许在内窗口安装，室外应尽可能不在楼道或走廊内。

2. *窗式空调器安装方法*

1）确定安装位置后，测量空调器的尺寸，并按要求开安装孔。如果在建筑房屋时已制成了空调器的预留孔和托架，应对预留孔进行检查，并加以修正。有些房屋的预留孔周围全部堵死，则应把两侧面打开以免吸风受阻。

2）固定安装支架。将安装支架牢牢固定在预定安装位置，用水平仪检测并校正至水平，安装支架的外侧应低于内侧6～10mm，如图3-6所示。

3）取下面板及空气过滤网。

4）取下底盘固定板，将底盘连同固定在底盘上的各部件从机壳内抽出来，如图 3-7 所示。然后把机壳放在安装支架上，用水平仪检测及校正至水平，并用螺栓将其固定，如图 3-8所示。再将底盘及整个主体部分水平推入机壳内，安装底盘固定板，如图 3-9 所示。注意此时空调器应向后下方倾斜 6～10mm，安装好出水管，以保证冷凝水能顺利排出。

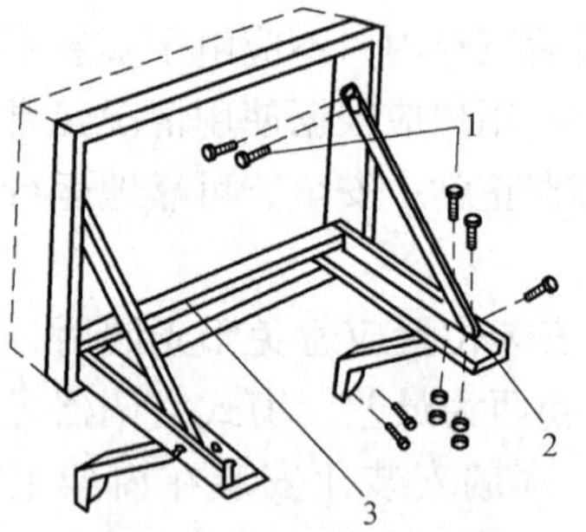


图 3-6　窗式空调器安装支架
1—螺钉　2—支架　3—密封条

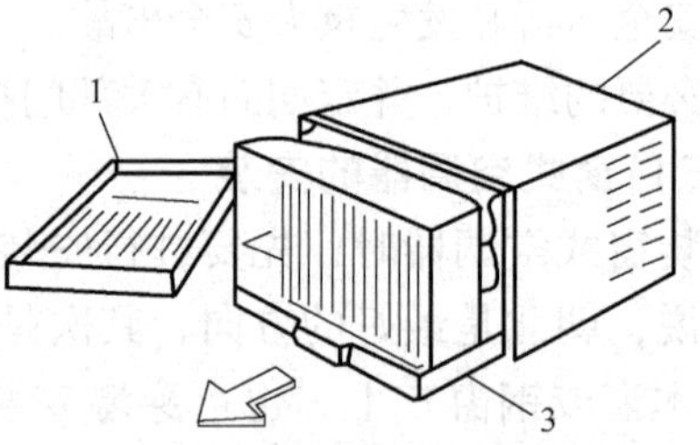


图 3-7　抽出主体
1—前盖　2—机壳　3—主体

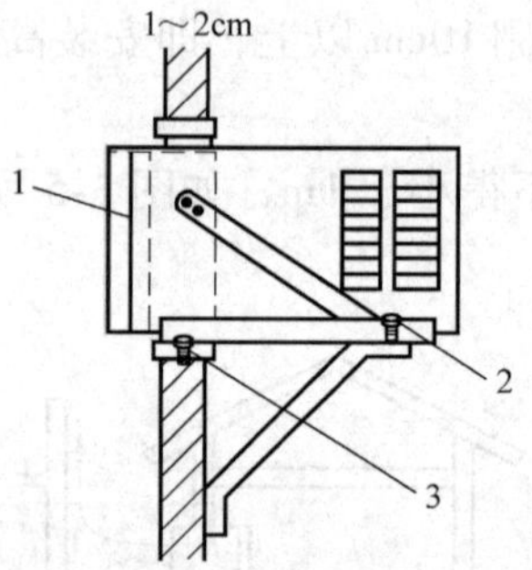


图 3-8　固定机壳和安装部件
1—机壳的凸缝　2—螺栓和螺母
3—机壳固定螺钉

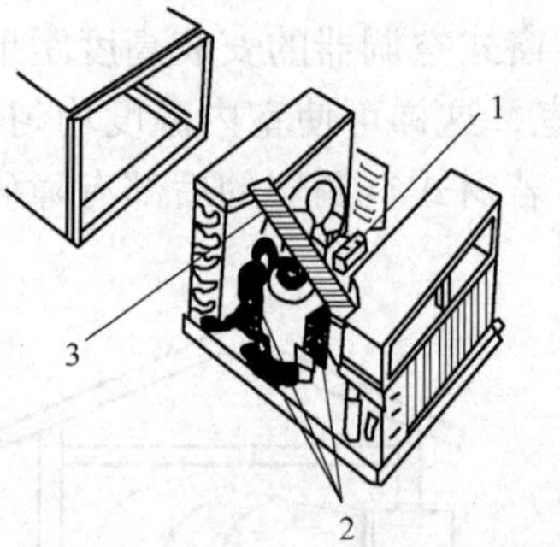


图 3-9　底盘及主体推入机壳
1—风扇电动机用缓冲材料
2—压缩机用缓冲材料　3—压缩机用固定板

5）用水平仪检查空调器是否水平，否则，空调器运转中会有异常噪声及振动，影响空调器零部件的相对位置偏移。

6）装上空气过滤网和面板并加以固定。

7）检查侧面进气口是否堵塞，并用海绵、毛毡或泡沫等填充材料将机壳四周缝隙填实，密封。

8）排水。一般空调器会有冷凝水从空调器后面排出。安装时应负责排水的走向，并听取用户意见将水排入适当的地方，以避免环境的破坏和邻居的纠纷，如图 3-10 所示。有些空调器在设计时采取了冷凝水喷洒在冷凝器上的设计，要注意对所产生的噪声进行处理。排水口一定要能将水排完，否则积聚在底盘里会造成腐蚀或供蚊子生长。

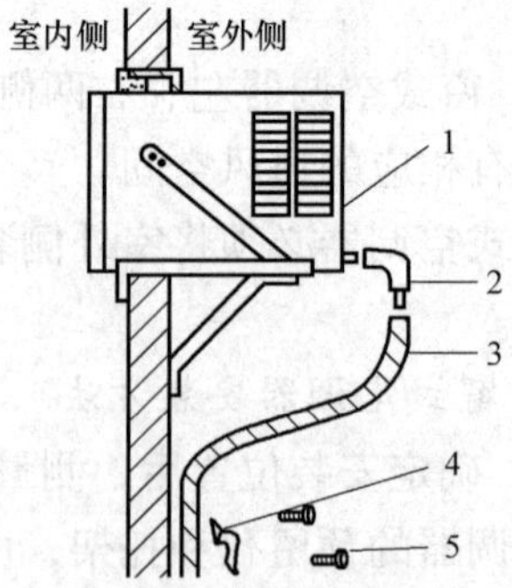


图 3-10　排水管连接
1—机壳　2—排水弯头
3—延长排水管
4—固定夹子　5—螺钉

9）接地。应以安全为重来进行考虑，安装人员应对用户提供的电源插座进行检查，主要检查其是否已做到有效接地。

3. 窗式空调器的试运转

窗式空调器安装完毕，一定要检查安装的安全可靠性，如果发现安装工作中的疏忽或差错，可以立即纠正，以保证试运转的顺利进行。

全部安装结束后可通电进行试运转。窗式空调器一般不需要进行系统的调试，安装人员仅需对声音、功能是否正常进行试验，进、出风温差一般大于8℃可视为正常。一般可以拉下面板和过滤网，根据蒸发器表面凝露情况来判断。如果是带遥控功能的窗式空调器，还应检查遥控器的功能是否正常。空调安装试机结束并经检验合格后，应向用户讲解空调器的使用、维护和保养知识，认真填写安装凭证单，经用户确认并由用户和安装人员签字备案。

**（四）分体式空调器的安装与移装**

1. 分体式空调器的安装位置要求

分体式空调器的室内、外机组连接管和控制连接导线一般随机配备（5m长范围内），超过标准长度的需自备管件和导线，并按规定补充制冷剂。因此，室内、外两机组的安装位置应尽可能近，这样可节省人力和材料。

1）室内机组的安装位置，要避免太阳光直接照射机体，放在平稳、坚固的墙壁面或地面上，考虑到产品造型，安装时要注意与室内陈设协调一致，以增加美感。

2）挂壁式室内机组左、右两侧距墙面的最小距离应在5cm以上，室内机组与屋顶应有10cm的间隙，这样有利于通风。室内机组应距地面至少1.5m，一般在1.8～2m为宜，如图3-11所示。

3）室外机组尽可能靠近室内机组，且高度差一般不超过5m，管路弯头尽量少（不超过8个），否则制冷剂阻力增大，制冷量受影响。实际安装时，室内、外机组间高差$H$和管长$L$（见图3-12）应符合各空调器厂家规定的高度和长度要求。

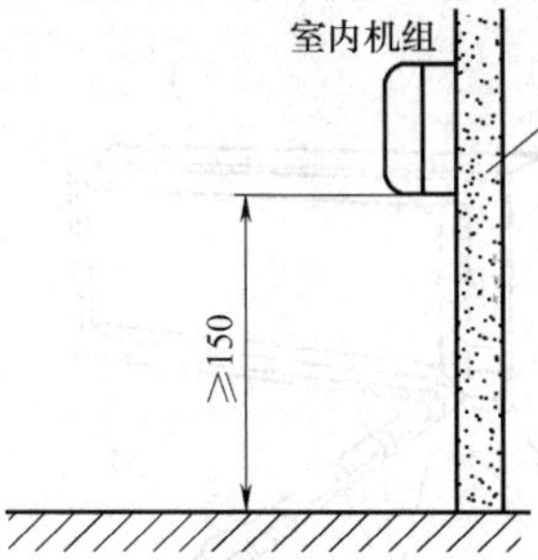


图3-11　挂壁式空调器室内机组安装尺寸要求

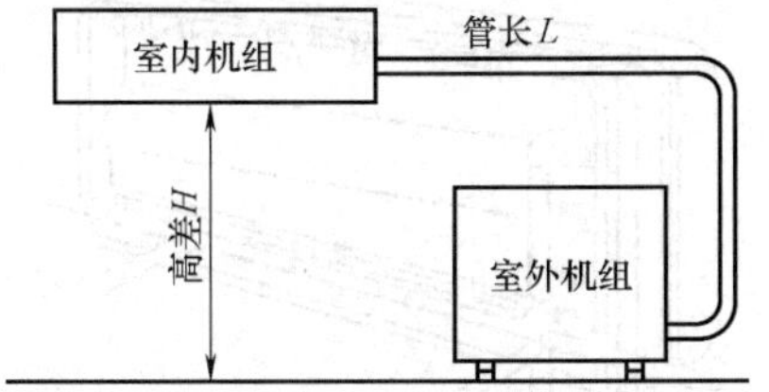


图3-12　分体式空调器室内、外机组高差和管长示意图

4）室外机组既可悬装在外墙上，也可直接固定在室外地面的底座上。室外机组安装部位要能承受机体的质量和振动力，机体要水平安装，以减少运转时的噪声。此外，安装要考虑操作、调整和维修的方便。

2. 分体式空调器的安装方法

（1）室内机组安装

1）安装挂壁板。摘下室内机组的底板，水平按在选定的墙面位置上。按照底板四周有箭头指示的孔洞位置，在墙上做好标记，然后在墙上用电钻钻出孔洞，塞上塑料胀锚螺栓，用木螺钉穿过带指示的底板孔洞，并拧入胀锚螺栓内固紧底板，如图 3-13 所示。

2）开墙孔洞。孔洞是给室内、外机组的连接管道和电线穿墙而过用的。墙上孔洞位置以室内机组底板上的圆缺口而定。开孔时，可用电钻先在圆缺口周围钻一圈小孔，然后用铁錾凿通成洞，这样既精确，又省时。开凿墙洞时，应使墙洞有一个由内向外 2 ~ 5mm 的倾斜坡度，以便冷凝水的顺利排出，如图 3-14 所示。

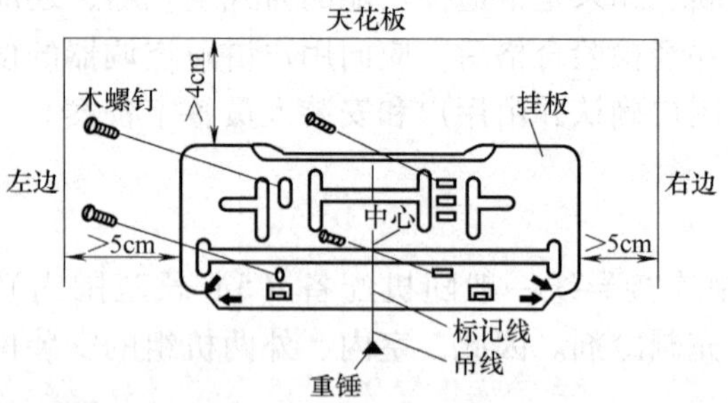


图 3-13　室内机组挂壁板的安装

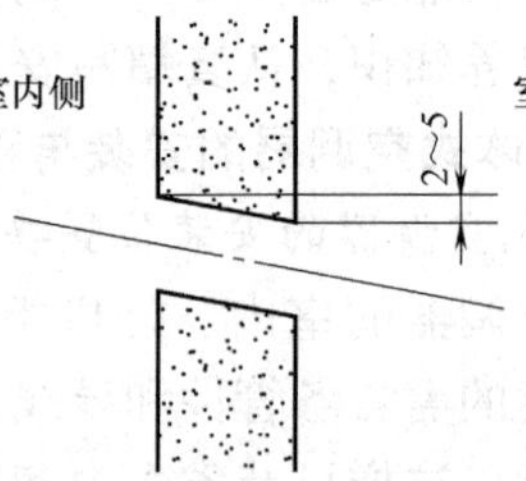


图 3-14　开墙孔洞示意图

3）引出连接管。室内机组连接管道的引出方式，因安装位置不同有从左后引出、右后引出、左引出、右引出和下引出几种方式，如图 3-15 所示。引出连接管道时，要注意一次弯曲成功，避免数次来回操作，以防损坏管子。

4）管道包扎。引出连接管后，将连接管套上保温套管，在机壳内 10mm 左右的位置上，开始进行管道的包扎（按电源线、信号线在上侧，连接管在中间，排水管在下侧的顺序进行包扎），一直包扎到制冷管的接头前为止，剩下的等接头接好时再包（以备检漏），如图 3-16所示。包扎带用原机配给的，也可用聚乙烯胶带或其他泡沫塑料胶带代替。

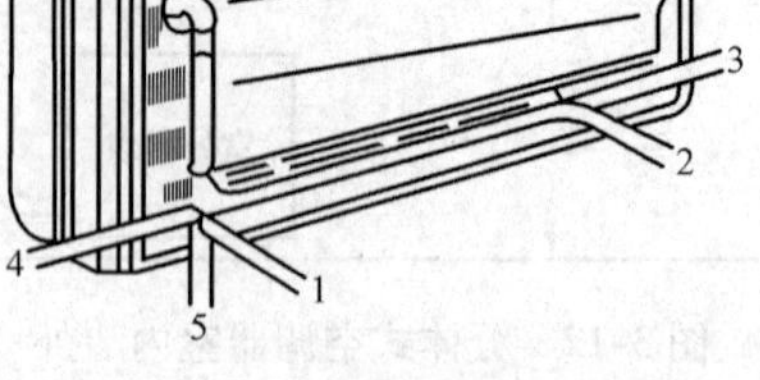


图 3-15　室内机组连接管引出示意图

1—后出管　2—左后出管

3—左出管　4—右出管　5—下出管

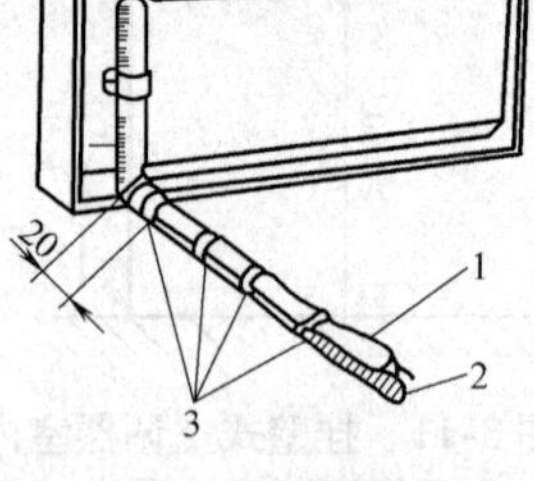


图 3-16　管道包扎示意图

1—管道　2—排水管

3—聚乙烯胶带　4—室内机组

5）悬挂室内机。将包扎好的管道及连接线穿过穿墙孔，并防止喇叭口损伤及泥沙进入连接管内，直到能挂好室内机，保证室内机卡扣入槽，用手晃动时，上、下、左、右不能晃动，再用水平仪测量室内机是否水平。

（2）室外机组安装

1）固定安装支架。如图3-17所示，安装支架用膨胀螺栓或长螺栓固定，墙壁较薄或强度不够时应用长螺栓固定，螺栓要加防松垫，否则可能引起松动或坠落。固定螺栓应用6个以上，直径不得小于10mm，固定后能承受人加机器质量的4倍，支架应保持水平。

2）将室外机用直径为10mm的螺栓固定在支架上，螺栓要由上向下穿，并加防松垫，检查室外机是否水平。

3）连电源线及信号线。拆去室外机的电气盒盖，根据室内机接线盒及室外机接线盒中配对的编号连接好电线。

（3）制冷剂管路连接　当室内、外机组分别安装完毕后，便可连接它们之间的制冷剂管和控制电线。

分体壁挂式空调器的制冷剂管共分两段，一段为室内机组后带（其长度不超过室内机组外壳宽度），另一段单独管子（共两支）一般有3m、4m、5m三个标准长度，其中以5m最多，而室外机组是不带管的，机组外壳上留有供连接制冷剂管的接头。

室内、外机组共有两支制冷剂管道需现场连接，粗管为低压管（气管），细管为高压管（液管），故共需接4对接头。接头方式既有用快速接头连接的，也有用扩口螺母接头连接的。

1）接头连接。

① 膜片式一次性快速接头。膜片式接头口内有金属膜片作封闭（一般用这种接头作制冷剂连接管的接头时，其管内都被生产厂家充入超过大气压压力的制冷剂），故在连接接头前不得将该膜片捅破，否则制冷剂会漏光，其结构如图3-18所示。

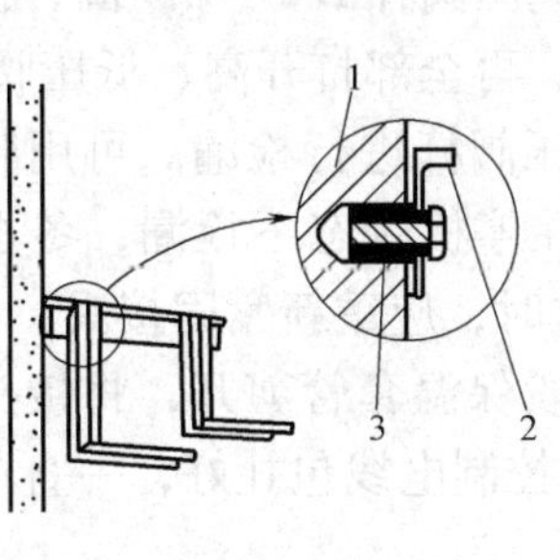


图3-17　室外机安装支架
1—墙壁　2—安装用零件　3—地脚螺栓

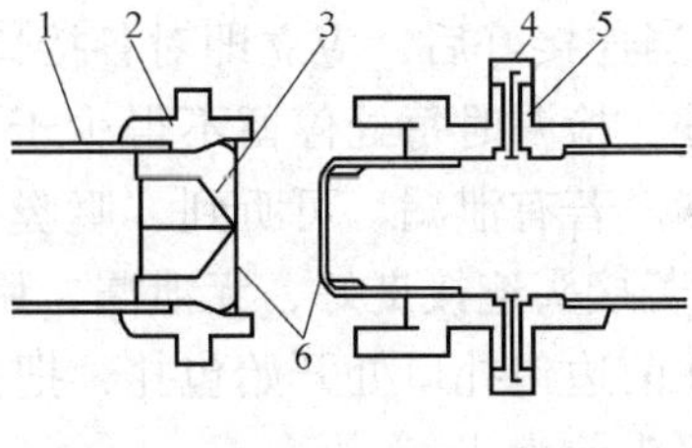


图3-18　膜片式一次性快速接头
1—接头接管　2—接头　3—刃具
4—阀盖　5—阀　6—金属膜片

此快速接头只能使用一次，当连接接头，旋紧接头螺母的同时，管接头一方的尖刀刃具也将金属膜片刺破，使管道接通。这种接头在现场安装固然方便，但再次拆卸时制冷剂泄漏，就不能使用了。

② 弹簧自封式快速接头。弹簧自封式快速接头克服了快速接头只能使用一次的缺点，它可以多次使用而不会破坏系统的密封性。在拆卸时，可以靠内部的弹簧力使阀门关闭来达到多次使用的目的，其结构如图3-19所示。

装拆接头的操作方法：接上时，用左手抓住被接的接头，右手握紧弹簧式接头尾部，将接头口对准被接头口并用力按紧，同时通过右手食指和拇指将接头滑套往后拉，这时应听到“咔咔”的扣紧声，松开食指和拇指，使滑套弹回原位置，连接操作完毕。拆除时，也照上面的办法，不过当滑套被往后拉时，不能松开食指和拇指，连同整个接头从被接头处快速拔下来。

③ 喇叭式扩口接头。这种接头需要现场加工，用割管器将铜管的端口割整齐，然后套上扩口螺母，用圆锥形扩口器将铜管端口扩成喇叭口。扩成的喇叭口表面光滑，边缘完整，正圆，不带毛刺。

检查喇叭口是否有脏物，将多余部分管道根据需要盘起，放在不影响外观的地方。连接时，去掉接头上的塑料盖（防尘盖），将两接头互相对准，连接方式如图3-20所示。用一只扳手将管接头卡紧不动，再用力矩扳手将另一只活动接头螺母卡上，不断地均匀用力转动力矩扳手，直到听到力矩扳手发出“咔咔”声，即表明已紧固完毕。若没有力矩扳手，也可用其他扳手代替，但紧固力不好掌握，用力的大小需既使接头连接严密不泄漏，又不会用力过度损坏管子和接头。

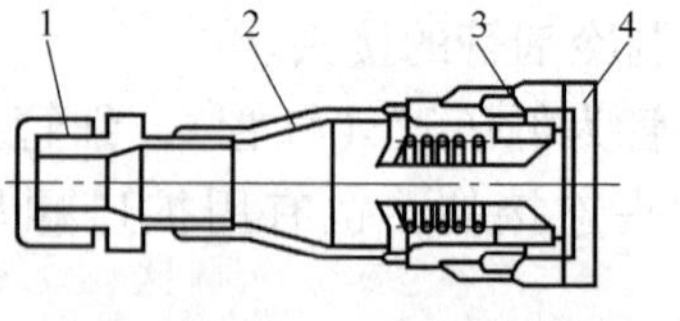


图3-19　弹簧自封式快速接头

1—端盖　2—主体　3—滑套　4—接口

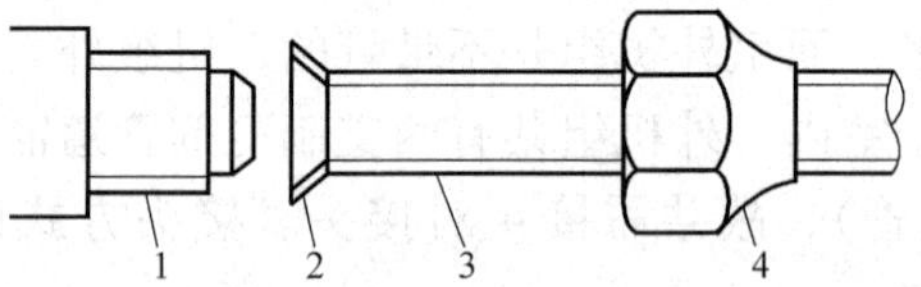


图3-20　喇叭式扩口接头

1—组装件　2—喇叭口　3—连接管　4—螺母

2）先从低压管（粗管）连接，后从高压管（细管）连接。

3）采用真空泵或自带的制冷剂钢瓶排空，也可打开调压阀杆1/2～1/4圈，顶起充氟口顶针排空10～15s，一般用手能感到排气发凉时停止排空，再全部打开高、低压阀杆。

4）当连接好后，应立即对各接口、充氟口及高、低压阀杆进行检漏。可用肥皂水涂抹在检测处，检漏时每处停留不得少于3min，并注意夏季在停机状态下检漏，冬季在制热状态下检漏。若有泄漏，可听到“咝咝”声和看到气泡。这时，应重新紧固接头。

5）若接头连接良好，无泄漏，用一块隔热垫或截一段保温套管剪开，将接头包上，用包扎带在前边包扎口处开始包扎，把接头和后段的管道与控制电线包扎好，一直包扎到室外机组的接头前为止。

（4）接线　首先要看懂机组上的电气原理图和接线图。连接室内、外机组的电线时，要确认接线端子的颜色是否相符，然后把颜色相同的导线连接起来。务必注意，控制线和电源线绝不可接错，否则，将使机组烧坏或使控制失灵。导线连接后要进行认真检查，必要时可用电表进行检查和校核。空调器室内、外机组接线如图3-21和图3-22所示。

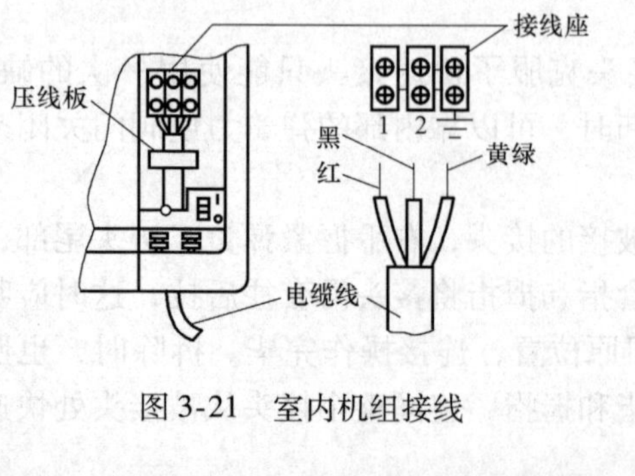


图3-21　室内机组接线

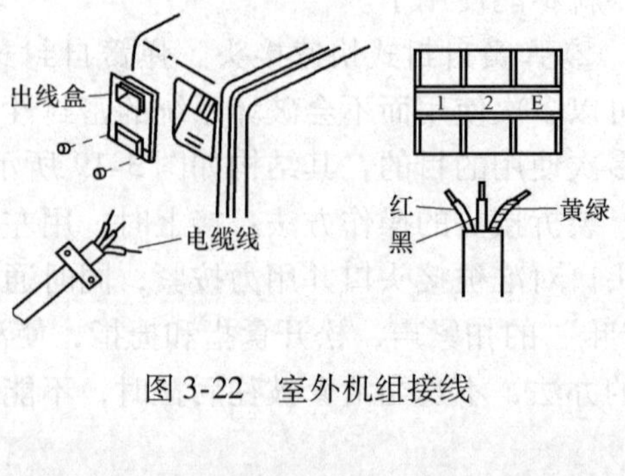


图3-22　室外机组接线

3. 分体式空调器的试运转

分体式空调器安装完毕后应进行试运转。

1）接通电源，打开电源开关，检查室内机组开关键是否正常。室内机组风机转速一般分三档，运行时高速、中速和低速要有明显的区别。

2）空调器运转时，一般在通风 10min 以后用手迎风可感到冷气或暖气吹出。在机组制冷过程中，要观察排水管排水是否通畅，检查室外机组的运行有无不正常声音和振动情况。

3）试运转完毕后，将墙上洞孔密封，可用油灰填充缝隙，并用夹具将管道固定。

4. 分体式空调器的移装

在移装分体式空调器时，可以遵照以下步骤进行：

（1）试机　测试空调器在移机前各项功能工作是否正常。

（2）回收制冷剂　空调器移机拆机前应起动空调器，可用遥控器设定制冷状态，待压缩机运转 5~10min，制冷状态正常后，用扳手拧下室外机的液体管与气体管接口上的螺母，关闭液体管（细管）的截止阀门，约 1min 后管外表面结露，立即关闭气体管（粗管）截止阀门，同时迅速关机，拔下电源插头，用扳手拧紧螺母，至此回收制冷剂工作完成。

如果是冬季，空调器移机可先用温热的毛巾盖住室内机的温度传感器探头，然后以制冷状态设定开机。也可采用室内机上的强制起动按钮开机，同时观察室内、外机是否还有其他故障，避免移机后带来麻烦。

（3）拆卸室内机　制冷剂回收后，可拆卸室内机。用扳手把室内机连接锁母拧开，用准备好的密封纳子旋好护住室内机连接接头的丝纹，防止在搬运中碰坏接头丝纹。再用十字螺钉旋具拆下控制线，同时做标记，避免再安装时接错。

拆卸室内机时应特别注意以下几点：

1）由于使用过的空调一般都附着有尘污，在拆卸连接管接口螺母时，要注意喇叭口及接头处的清洁，防止灰尘、脏物进入管路，防止移机后工作时引起管路堵塞。安装对接接口前，应再次检查喇叭口及内侧是否有脏物，清除后才可盖上螺母。如果刚好碰上下雨，应在拆开连接管时，用塑料袋包扎好管口，防止雨水进入引起冰堵。

2）由于室内机接水盘、排水管内残留着一些冷凝水，因而拆卸室内机及搬移时，不能使室内机装有线路板的那头朝下，甚至翻转过来，而应使装有线路板的这端稍高，让水从另一端流出来，这样可以避免冷凝水灌进线路板，防止开机时发生电气故障。

3）连接管子上的喇叭口由于长期被挤压，有些喇叭口根部有很深的一圈压痕，这些喇叭口极易折裂、拉断、开机时发生漏气现象。因而，拆下喇叭口后必须仔细检查，不合格的一定要割掉重扩，这样才能避免故障的发生。

（4）拆卸室外机　拧开室外机连接锁母后，应用准备好的密封纳子旋好护住外机连接接头的丝纹，再用扳手松开外机底脚的固定螺钉。拆卸放下室外机时，最好用绳索吊住，卸放的同时应注意平衡，避免振动、磕碰，并注意安全。

慢慢捋直空调器的连接管，用准备好的 4 个堵头封住连接管的 4 个端口，防止空气中灰尘和水分进入。用堵头封住后，再用塑料袋扎好，最后盘好，以便于搬运。

（5）重新安装　按照分体式空调器安装步骤重新安装空调器。在重新安装空调器时还要注意以下几个方面的内容：

1）检查接线端子或其他有接线的地方是否有松动的现象，防止出现打火或其他隐患的发生。检查电线是否有老化的现象，如有老化的一定要更换。

2）检查连接管接头处是否有漏氟的现象。用过一段时间的机器如有漏氟现象，在漏点一般会有油污出现。

3）测量空调器的绝缘电阻，防止空调器出现漏电的现象。

4）检查出水管排水是否合理。

5）清洗过滤网、换热器。

### （五）其他形式空调器的安装

1. 柜式空调器的安装

分体柜式空调器的制冷量一般都比壁挂式空调器大（在6000W以上），体积也相应要大得多，安装要求主要考虑安装位置的选择和安装牢固两方面。

（1）安装位置的选择

1）选择室内机组的位置时，应考虑机组的高度和进入房间通道的尺寸，避免无法安装。要有良好的送风状态和气流组织，使空调器在大面积房间内可将冷（暖）空气吹至室内的各个角落。

2）空调器应远离热源和有害气体的地方，且需避免日光直射。

3）机组安装位置应有足够的检修和保养空间。在室内机组以入墙式安装方法安装时，机组前面最少要留下1m、左右最少要留下0.5m、顶部最少要留下0.3m的空间，以供送风风扇送风和检修空气过滤器之用。

4）室内机组要尽量靠近电源，并选室内、外机组之间距离最近的地方安装，这样可以节省管道。

5）室外机组较重，应安装在建筑物结实的地方，如阳台、窗下特制钢架或混凝土台座上。露天放置时，应设置一个遮阳防雨罩，同时应避免强风直吹机组的排风口，影响机组向外散热，正确方法是把机组的排风口与风向呈90°放置，如图3-23所示。

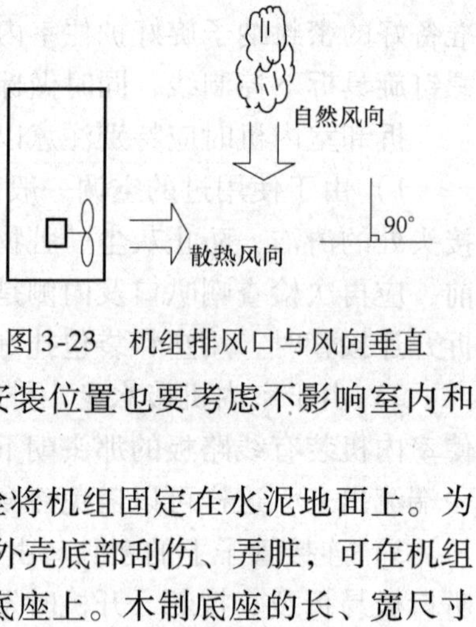


图3-23　机组排风口与风向垂直

6）由于柜式空调器功率大，工作时噪声也较大，所以安装位置也要考虑不影响室内和不致骚扰附近相邻房屋的因素。

（2）柜式空调器的安装方法　室内机组可以用地脚螺栓将机组固定在水泥地面上。为了在冲洗地面或在拖地板、扫地板时，不会将机组弄湿或将外壳底部刮伤、弄脏，可在机组下面做一个厚度为60～100mm的木制底座，将机组固定在底座上。木制底座的长、宽尺寸应等于或稍大于机组底部尺寸。安装时，先固定木制底座，再将室内机组固定在木制底座上。

由于室内机组是细长立柜形，安装不当极易向前倾倒，因此在安装时要采取防倾倒措施。机组防倾倒措施有两个：一是在机组顶部设有防前倾的直角形防倾倒隔板夹子，夹子的一边固定在机壳顶部平面上，另一边成直角折向墙壁固定；二是在机组下部安装防倾倒地板夹子。具体选用哪种方法，可视机组是否使用底座而定。一般机组选用底座安装时，可用第一个办法。机组防倾倒措施如图3-24所示。

柜式空调器室外机组质量比较大，所以其安装基础的承重能力要比壁挂式室外机组的高。

若室外机组要安放在泥地上，需预制混凝土基础、厚木板或工字钢做底座；若安放在楼板顶上或阳台地面时，可直接将机组底座固定在上面，如图3-25所示。

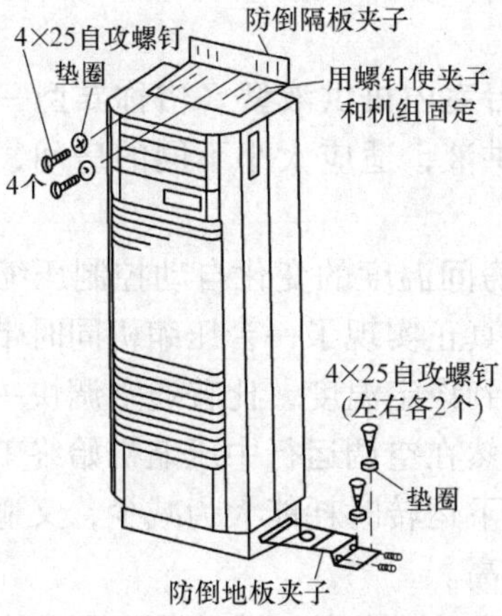


图3-24　机组防倾倒措施

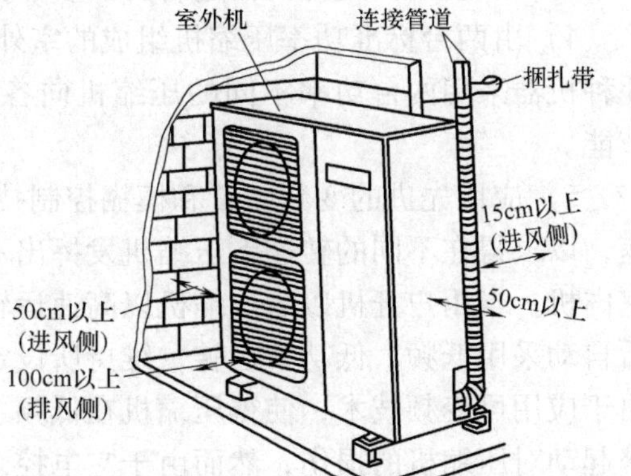


图3-25　柜式空调器室外机组的安装

(3) 管道连接　将室内、外机组都固定之后，即可接通制冷剂管道和排水管。柜式空调器在机组的底部后背或左、右两侧留有管道引出孔，可根据不同的需要选用。管道接头安装在机壳内，操作时不太方便，如图3-26所示。

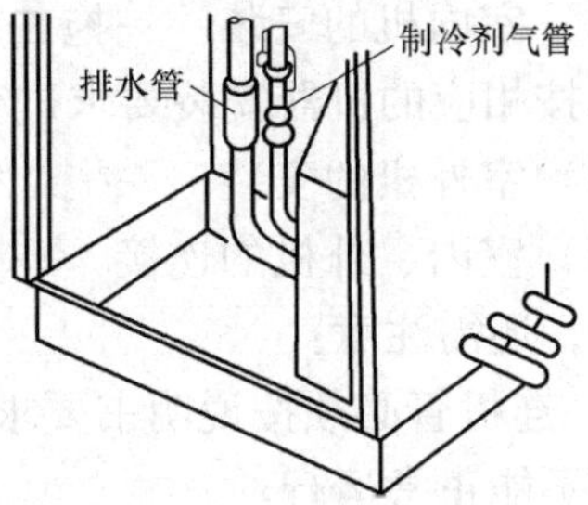


图3-26　柜式空调器室内机组机内接管

柜式空调器的制冷剂管道接头，既可用快速接头连接，也可用扩口螺母接头连接，操作方法可参照分体式空调器。

柜式空调器的排水管采用塑料软管，将其与机组的接水盘排水管口连接时，要将管口粘牢，并用包扎带缠绕好。凡是在室内暴露的排水管，应在排水管外表包上保温材料，防止外界空气进入而引起凝结露珠，产生滴水现象。

(4) 接线　柜式空调器的连接导线一般需自备，其连接方法随机种不同而异，故在进行具体接线操作时，要严格按照产品的安装说明书进行。导线由机组内引出时，要穿过带绝缘胶圈的专用接线孔，数根导线要用夹线器束紧，并用软带包好固定。

(5) 试运转　以上各项完成并经检验无误后，即可进行试机运转。

2. 一拖二空调器的安装方法

一拖二空调器是利用一个室外机来带动两个室内机运转的一种空调器机型。

目前，市场上常见的一拖二空调器有以下几种：

1) 由一台室外机、一个制冷系统分支到两个室内机组中去。两台室内机要开一起开，要关一起关。这种空调器价格便宜，比较实用。

2) 一台标准功率的压缩机向两台室内机中的一台供液（俗称假一拖二）。这种空调器的两台室内机不能同时工作，使用时人在哪个房间就开哪台室内机。其价格较低，在市场上占有一定的份额。人员走动不频繁的家庭可以选择此种机型。

3）由一个制冷系统带两个房间的室内机组。室内机可同时使用，也可单独使用。由于此种空调器常用功率较大的压缩机，因此在只开一台室内机时，制冷速度快，但“大马拉小车”不利于节能；同时开两台室内机时供液量可能出现不同，造成一个房间降温快，另一个房间降温慢。此种机器适合房间多、面积小的家庭。

4）由两台标准功率压缩机组成的室外机分别向两台室内机供液型（俗称异型一拖二）。此种机器采用两台功率不同的压缩机向各自的室内机供液，适应大小不同的房间，有利于节能。

5）应用先进的变频装置和模糊控制技术，能根据房间温度的变化自动控制压缩机的转速，以求得在不同的转速下压缩机发挥出不同的功率，真正实现了一台压缩机同时带动两台室内机。当用户开机以后压缩机以高速运转，能迅速达到设定温度，比普通空调快一倍，随后自动采用低频、低功率运转，维持所设定的温度。虽然在空调运行中压缩机始终工作，但由于应用可变频技术，使得压缩机在低频、低功率情况下运转时耗能大为减少，又避免了频繁起动对压缩机的损伤，然而由于它电控复杂，成本较高。

一拖二空调器的安装可以参照分体式空调器的安装方法，此外还应注意以下几点：

（1）安装位置的选择　一拖二空调器的安装位置，除需满足相关的室内机及室外机安装位置选择的要求外，还需注意使几个室内机所对应的连机管长度尽量接近。

（2）室内机的安装　一拖二空调器室内机的安装，需根据室内机的特点（壁挂机、柜机等）按相应的机器安装要求进行安装。

（3）室外机的安装　一拖二空调器室外机的安装，按空调室外机安装要求进行安装。

（4）室内、外机的连接　一拖二空调器室内、外机的连接，除需满足普通机器的连接要求外，还需注意：

1）连机管必须按说明书要求，使室内、室外一一对应，不得接错或交叉，否则，会导致机器不能正常运行。

2）电控部分接线也需按说明书要求一一对应，否则，会导致机器不能正常运行。

（5）排空　一拖二空调器排空时需根据管路系统的特点，将系统内的空气完全排出（有时需将系统内的各个阀强制打开进行排空），具体请参照产品说明书进行。

（6）试机　试机时，按说明书的要求对每一台室内机都要进行测试。

## 二、操作训练

1. 实训工具、材料及设备

（1）工具　角铁、木板、薄钢板、膨胀螺栓等。

（2）设备与材料　窗式空调器、分体壁挂式空调器、电动锤、电焊机、射钉枪、角尺、水平尺、铁锤、扳手、电钻、防水遮阳材料、密封填塞材料、肥皂水、检漏仪、加气管、R22 制冷剂钢瓶、电子温度计、钳形电流表、压力表等。

2. 实训任务

任务1　窗式空调器的安装

（1）实训目的　掌握窗式空调器的安装方法。

（2）实训内容

1）确定窗式空调器在窗口的合理安装位置。

2）在选定的部位画线开洞，洞孔尺寸应以方便塞进窗式空调器为宜。

3）用角铁焊接承托支架。

4）固定空调器的支架，把空调器放进洞口校正位置后，固定在支架上。

任务2　分体壁挂式空调器的安装

（1）实训目的　掌握分体壁挂式空调器的安装方法。

（2）实训内容

1）确定分体式空调器室内、外机组的合理安装位置。

2）在墙面上固定室内机的安装板，并用水平仪调整安装板的水平。

3）根据机器型号选择钻头，使用电锤或水钻打过墙孔。

4）根据位置调整好连接管的方向和位置，连接连接管。

5）正确包扎连接管、电源线、信号线和排水管。

6）悬挂室内机，用水平仪测量室内机是否水平。

7）在墙壁上固定室外机的安装支架，并将室外机固定在支架上，检查室外机是否水平。

8）正确连接电源线及信号线。

9）连接室外机和连接管，注意要进行排空操作。

10）用肥皂水或检漏仪对各接口、充氟口及高低压阀杆进行检漏。

11）将连接管进行整形（横平竖直），并按要求固定。

12）空调器通电试运转，在制冷过程中，观察排水管排水是否顺畅；倾听空调器有无异常噪声；用压力表测定高压压力和低压压力；测试进风口温度，出风口温度，温差，室内、外环境温度；用钳形电流表测定空调器的工作电流。

任务3　分体壁挂式空调器的移机

（1）实训日的　掌握分体壁挂式空调器的拆移步骤和方法。

（2）实训内容

1）开机检查空调器在移机前各项功能工作是否正常。

2）在制冷模式下正确回收制冷剂。

3）正确拆卸室内机。

4）正确拆卸室外机。

3. 实训注意事项

1）认真做好预习，在实训前应熟悉训练内容和操作方法。

2）对所用的工具和设备在使用前要认真地进行检查，发现问题应及时报告。使用中要严格遵守实训室安全操作规程。

3）实训过程中要严格按照检测仪表的使用和操作方法进行，以保证仪器设备及人身的安全。

4）角铁支架焊接和安装必须牢固。

5）按要求的顺序进行管道包扎，包扎时不要用力拉动蛇形管。

6）连接电线加长时，不应将原线剪断连接，应更换新的长度适合的连接线，新连接线应符合空调使用的标准。

7）电线不能触及连接管和压缩机、风扇等运行部件。

8）不能随意改动内部连线。

9）螺钉要拧紧，若松动，会导致过热或部件失灵，有起火危险。

10）接线时依照电路图或电气控制原理，按颜色、标识符号对应进行连接。

11）用线夹和固定螺钉固定电源连线及信号控制线。

12）多余的连线应包扎在连接管组合内，禁止把多余的线缠绕塞压，以免造成涡流发热，发生意外。

13）将连接管整理成横平竖直时，弯角半径尽量大于10cm，弯管时不得将连接管弯折压扁。

14）空调器移机时，对室外机进行搬运、安装时不能翻转，倾斜角也不能太大，切忌用手抓截止阀搬运机器。

15）未经教师允许，不得擅自使用设备和仪器，以防发生安全事故。

16）实训结束时，要对用过的仪器、设备、材料进行整理归位，放置到指定位置。实训工具、设备不得私自带出实训室。

17）切记关闭电源，置于安全档位。

# 任务二　空调器维修基本技能操作

**能力训练目标**　能正确进行空调器维修基本技能操作。

## 一、知识与技能

### （一）空调器制冷系统检漏、抽真空与充灌制冷剂

维修空调器的制冷系统时，打压、检漏、抽真空、充灌制冷剂是必须进行的4个程序。对于一般分体式空调器而言，因其室外机组上设置有两个截止阀，在低压或高压截止阀上有一个专门用于压力检漏、抽真空、测量压力和充灌制冷剂的维修口，可直接与修理阀相连进行压力检漏、抽真空、充灌制冷剂等操作。截止阀的启闭因各个牌号机型不同，操作方法也各不相同。20世纪90年代初期，多采用在端盖密封处设阀杆，用扳手开启、关闭阀门，顺时针把阀杆旋到底为关闭，逆时针旋到顶为开启；到了20世纪90年代后期有所改进，开始在后端盖设内六角阀芯，用内六角扳手开启、关闭阀门，顺时针旋到底为关闭，逆时针旋到顶为开启。春兰壁挂式空调器只要拔出截止阀上的转动芯片，顺时针旋转90°为关闭，逆时针旋转90°为开启。另外，三通截止阀的维修口有带气门销和不带气门销两种类型，操作起来也有所区别。带气门销的三通截止阀只有开和关两种状态，不带气门销的三通截止阀有开、中位和关三种状态。

1. 打压、检漏

空调器的打压方法主要有三种：氮气打压、干燥高压空气打压、制冷剂打压。

采用氮气或干燥高压空气打压时，充入压力一般为1.0～1.2MPa；使用浓肥皂水涂在易泄漏部位检漏。

采用制冷剂打压时，充入压力一般为0.2～0.4MPa；一般使用卤素灯或电子卤素检漏仪检漏。

空调器打压、检漏的具体操作方法可参照电冰箱的打压、检漏方法。

2. 抽真空

制冷循环中若残留含有水分的空气，将导致冷凝压力升高，运转电流增大，制冷效率下降或发生堵塞（冰堵）与腐蚀，引起压缩机气缸拉毛、镀铜等故障，所以必须排除管内空气。空调器抽真空可采用真空泵抽真空和系统自身排空。

（1）真空泵抽真空　空调器采用真空泵排空时，随着高、低压截止阀配对使用情况的不同，操作方法也有所不同。一般可采用低压侧单侧抽真空的方法，抽真空时间不少于2h。如果高压侧有工艺管接口的，则最好采用双侧抽真空。要使系统高压侧抽干净，也可采用二次抽空法，即先抽真空达到一定真空度后，充入制冷剂蒸气，使表压力达到0.1MPa，放出制冷剂并继续抽真空接近至－0.1MPa（表压力）。这样既可使系统的真空度达到规定要求，也可大大缩短抽真空时间。

1）低压单侧全系统抽真空。制冷量小于7100W的空调器一般只在低压侧（气体侧）使用三通截止阀，只能单侧抽真空。抽真空的管路连接方法如图3-27所示，操作步骤如下：

① 关闭双表修理阀的高压阀口，将双表修理阀的低压接口用软管与真空泵相连，中间接口用软管与三通截止阀的维修口相连。

② 打开双表修理阀的低压阀口。

③ 根据三通截止阀的结构特点决定阀芯的打开位置，使室内、外机完全相通。若维修口带有气门销，则抽真空时要将三通阀的阀芯逆时针旋到顶；若维修口不带气门销，则抽真空时需将阀芯调至中位（在阀芯关闭点和打开点的中间位置）。

④ 起动真空泵，确认修理阀上的压力真空表指针移向－0.1MPa，如果负压值能达到－0.095MPa以上稳定，则说明抽真空合格。

⑤ 关闭双表修理阀的低压阀口，关闭真空泵。

2）高、低压双侧全系统抽真空。对于制冷量大于7100W的空调器，室外机低压和高压侧一般均使用三通截止阀，此时可高、低压双侧同时抽真空。抽真空的管路连接方法如图3-28所示，操作步骤如下：

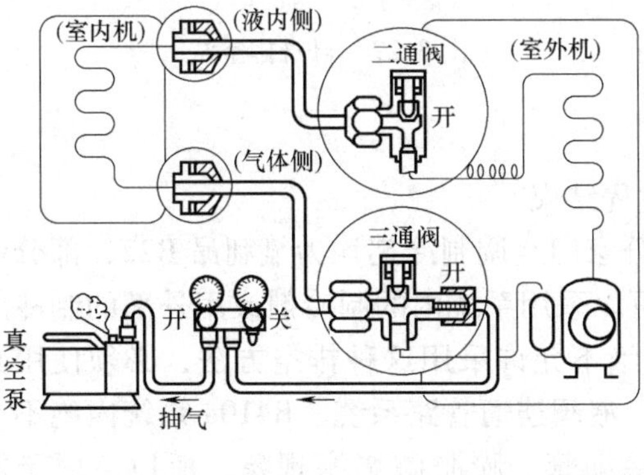


图3-27　低压单侧全系统抽真空

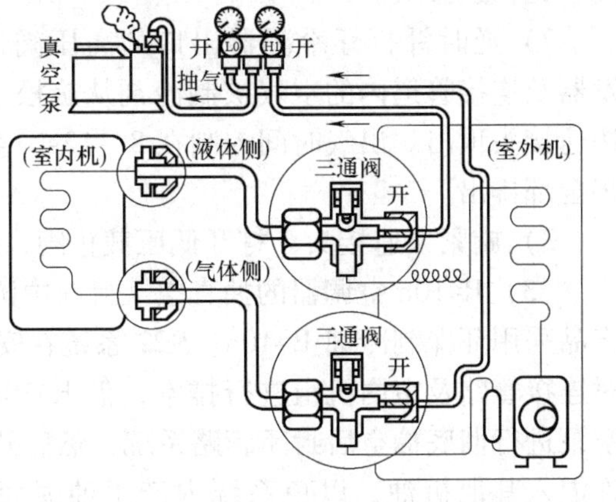


图3-28　高、低压双侧全系统抽真空

① 将双表修理阀的高压接口用软管与高压三通截止阀（液管截止阀）维修口相连，双表修理阀的低压接口用软管与低压三通截止阀（气管截止阀）维修口相连，中间接口用软

管与真空泵相连。

② 打开双表修理阀的高压阀口和低压阀口。

③ 根据二、三通截止阀的结构特点，决定阀芯的打开位置，逆时针旋到顶或将阀芯调至中位，使室内、外机完全相通。

④ 起动真空泵，确认修理阀上的压力真空表指针移向 -0.1MPa，如果负压值能达到 -0.095MPa以上稳定，则说明抽真空合格。

⑤ 关闭双表修理阀的高压阀口和低压阀口，关闭真空泵。

3）低压单侧室外机抽真空。室外机使用二、三通截止阀，其操作步骤如下：

① 关闭双表修理阀的高压阀口，将双表修理阀的低压接口用软管与真空泵相连，中间接口用软管与三通截止阀的维修口相连。

② 关闭二通截止阀，并用堵头将三通截止阀与室内机的连接口堵住。

③ 打开双表修理阀的低压阀口。

④ 根据三通截止阀的结构特点，决定阀芯的打开位置，逆时针旋到顶或将阀芯调至中位，使维修口和室外机完全相通。

⑤ 开启真空泵，确认修理阀上的压力真空表指针移向 -0.1MPa，如果负压值能达到 -0.095MPa以上稳定，则说明抽真空合格。

⑥ 关闭双表修理阀的低压阀口，关闭真空泵。

（2）系统自身排空　系统自身排空法主要应用于带有高、低压截止阀及快速接头的分体式空调器。在制冷剂已贮存在冷凝器内的情况下，安装调整或维修分体式空调器时，一般可用此方法对蒸发器及连接管进行排空。其操作方法如图3-29所示，操作步骤如下：

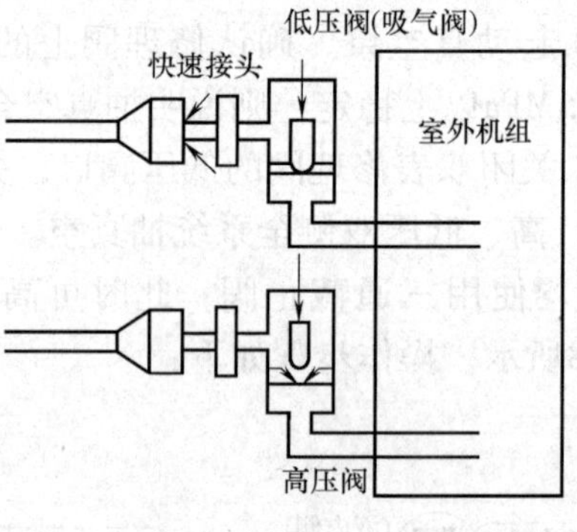


图3-29　自身排空法

1）顺时针关闭压缩机的低压阀，旋松连接管的快速接头。

2）逆时针打开冷凝器出口的高压阀，蒸发器及连接管道内的空气被制冷剂从旋松了的快速接头顶出。出气时间控制在8～12s，空气将全部排出。

3）旋紧快速接头，打开低压截止阀，排空过程结束。

（3）R410a空调器的抽真空　目前中国大部分家用空调制冷剂均为氟利昂R22，部分新产品采用环保制冷剂R410a。R22系统在安装时可以采用系统内的制冷剂或用外部的制冷剂对连接管路及室内机组进行排空，但R410a系统绝不允许采用这种排空方法，必须使用真空泵进行彻底抽空后封闭管路系统，然后开通气、液阀连通管路系统。R410a系统内绝不允许混入其他机油，以免系统内产生油泥而造成毛细管、膨胀阀堵塞现象。所以，用于对R410a系统进行抽空的真空泵必须设有防止机油倒流的装置（电子止回阀），以避免关闭真空泵后真空泵中的机油倒流进系统中，导致制冷系统的损坏。

安装新空调时，只需要在室内、室外机组通过连接管连接好后对连接管、室内机组进行抽真空，此时应让室外机组气、液阀均保持完全关闭状态，打开修理表阀，同时开启真空泵和止回阀，进行抽真空。如果整个系统需重新充灌制冷剂，则应对全系统管路进行抽真空，此时应将室外机组的两个阀都打开，然后开启修理表阀、真空泵和止回阀进行抽真空。抽真空时间大约到30s～1min时，稍松动一下连接管接口部位的纳子，确认喇叭口处能有空气吸入，重新紧固好纳子，继续进行抽真空。时间要在10min以上，并且确认压力表指示值达到-0.1MPa，按顺序关闭修理表阀、真空泵和止回阀。保持系统真空状态1～2min，观察压力表指示值，确认指针未有变化，即可进入下一步操作。

3. 充灌制冷剂

空调器抽真空后就可进行充灌制冷剂。

（1）R22的充灌　充灌方法与家用电冰箱相同，但充灌的制冷剂种类不同，充灌控制的压力要求也不同。充灌R22的空调器运行时，吸气压力一般控制在0.3～0.4MPa。当吸气压力正常，达到标准充灌量时，停止充灌。运行一段时间后，观察制冷效果，用手摸吸气管发凉为正常。

（2）R410a的充灌　R410a是一种双组分的非共沸混合制冷剂，由R32/R125（50%/50%）混合而成。系统泄漏造成制冷剂不足时，由于制冷剂是在气态下泄漏的，系统内R32和R125两种成分的组成比例已经发生了变化，因此原则上是不允许补充制冷剂的。但R410a制冷剂价格较贵，完全放掉系统内的制冷剂太可惜，所以在制冷剂泄漏量较小时，允许通过补充制冷剂液体来保证系统的正常制冷性能。补充制冷剂的操作在一个系统中最多不能超过3次。

当R410a制冷剂以液态进行充灌时，其组分始终保持不变，而当以气态充灌时，其组分就会产生变化，这是因为组成R410a的是两种沸点不同的制冷剂，以各为50%的比例混合而成。容器中的液体部分的混合比例不容易变化，但由于在相同温度条件下两种成分的汽化量不同，所以容器中气体部分两种成分的组成比例就会出现变化。开始加注时，注入的气体中R32的比例增大，而R125的比例减小，加注量达到80%多以后，R125的比例逐渐增大，最终超过正常比例，R32的比例同时减少至低于正常比例。因此，在加注R410a制冷剂时，为了保持其组分的正常比例，以保证R410a系统的热力性能，必须以液态的方式进行加注，此时，定量加液筒不可使用，必须改用电子加液器。R410a的正常工作压力为R22的1.5～1.6倍。

**（二）空调器制冷剂的回收**

在分体式空调器的移装中已经讲述过如何把制冷剂回收到室外机组内。用遥控器开机，设定制冷状态。待压缩机运转5～10min，制冷运行正常后，用扳手拧下室外机上液体管、气体管接口上的螺母。用内六角扳手先关闭液体管（细管）的截止阀，1min左右在液体管外表看到结露，再关闭气体管（粗管）的截止阀，同时用遥控器关机。拔下电源插头，回收制冷剂工作结束。

回收制冷剂应注意的是：要根据制冷管路的长短准确控制时间。时间太短，制冷剂不能完全收回。时间太长，由于低压液体截止阀已关闭，压缩机排气阻力增大，工作电流增大，发热严重。同时，由于制冷剂不再循环流动，冷凝器散热下降，压缩机也无低温制冷剂冷却，所以容易损坏或减少使用寿命。

控制制冷剂回收时间可采用以下两种方法：

（1）表压法　在低压气体旁通阀处连接一个单表，当表压为0MPa时，表明制冷剂已基本回收干净，此方法适合初学者使用。

（2）经验法 一般5m的制冷管路回收50s即可收净。回收制冷剂时间过长，压缩机负荷增大，压缩机声音变得沉闷，空气容易从低压气体截止阀连接处进入。

有些空调器截止阀质量较差，只有当阀门完全打开或完全关闭才不漏气。回收制冷剂时，关闭气体截止阀动作要迅速，阀门不可停留在半开半闭状态，否则，会有空气进入制冷系统。

回收制冷剂时，若用遥控器不能开机，可采用室内机强启按钮开机，并同时观察室内、外机是否有其他故障，如有故障，应事先和用户说明。

### （三）空调器制冷系统的吹污与清洗

1. 空调器制冷系统的吹污

（1）连接管的吹污 当怀疑室内、外机配管加工后的连接管或拆卸室内、外机待安装的连接管进入或存有污物（铜屑、灰尘、氧化皮等）需要进行吹污时，将连接管头一端装一个管接头与充制冷剂软管连接，另一端与氮气瓶减压阀连接，控制减压阀压力在0.8~1.0 MPa，向连接管内充入氮气，连接管出口端用手掌压紧。当连接管内压力逐渐增加到按压不住时，再将手掌突然离开，使管内氮气爆发性喷出，一般通过两次或三次即可将连接管内污物冲出。

（2）制冷系统的吹污 空调器经全面检修后，制冷系统内部不可避免地会有焊渣、铁锈及氧化皮、水分等。这些杂质污物残留在系统内，与运转部件相接触会产生磨损，例如使气缸或活塞表面划伤、拉毛等，杂质污物与一些部件接触会压出凹坑（如会使压缩机的阀片不平，截止阀阀芯受损等）。有时，污物还会使制冷系统堵塞，在节流元件和干燥过滤器等处发生堵塞（脏堵）。污物和水分与制冷剂、冷冻机油发生化学反应还会导致腐蚀。此时，可采用高压氮气吹污的办法，对被污染的制冷系统进行处理。

吹污时，最好采用分段的方法进行，其排污口应选择在各段的最低点。先开启氮气瓶阀（预先调节减压器），将氮气充入被污染的管路和部件（如冷凝器或蒸发器）内，将污染物排出。吹冲高压部件或管路，其充灌压力应为1.5 MPa以上；吹冲低压部件或管路，充灌压力应为1.0 MPa左右。为增加将内部污物排出的效果，可断续用手按压排污口，使气体爆发性喷出。也可将排污口事先用木塞堵住，当充灌氮气压力达到规定值时，停止充压，然后将木塞迅速拔出，利用高速气流将系统中的污物排出。此操作应反复多次吹扫，并在排污口处放干净的白布或白纸检查，直至无污物排出为止。

2. 空调器制冷系统的清洗

在空调压缩机的电动机绝缘击穿、匝间短路或绕组烧毁以后，电动机烧毁后产生大量酸性氧化物会使制冷系统受到污染。因此，除了要更换压缩机、毛细管与干燥过滤器之外，还要对整个制冷系统进行彻底的清洗。

制冷系统的污染程度可分为轻度和重度。

轻度污染时，制冷系统内冷冻油没有完全污染，从压缩机的工艺管放出制冷剂和冷冻油时，油的颜色是透明的。若用石蕊试纸试验，油呈淡黄色（正常为白色）。

重度污染时，打开压缩机的工艺管，立即可闻到焦油味；从工艺管倒出冷冻油，颜色发黑；用石蕊试纸浸入油中，5min后，纸的颜色变为红色。

清洗空调器制冷系统用的清洗剂目前使用较多的是CF—20。CF—20可清洗使用酯类油、烷基苯油、矿物油的各类空调和制冷系统；其阶段性蒸发原理可以液化积炭、粘状物、油、脂类，然后把它们从系统中彻底清除而无任何残留或湿气，且可以重复使用；同时，CF—20 可清除系统中产生的酸。CF—20 还具有可直接排放到大气中、无氯、可生物自然降解、不可燃、不污染油等特点，所以替代了以前使用的 R113 清洗剂。

使用 CF—20 清洗剂的步骤如下：

1）为了减少对环境的污染，节能减排，清洗前先放出制冷系统管路内的制冷剂，如图 3-30 所示。拆卸压缩机，从工艺管中放出少量冷冻油检查其色、味，并看其有无杂质异物，以明确制冷系统污染的程度。

2）若系统进水严重，宜先用氮气冲净，以减少 CF—20 的清洗时间。

3）用软管把自吸循环泵和 CF—20 液体以及整个制冷系统连接起来，并且让 CF—20 在系统内循环 30min，如图 3-31 所示。

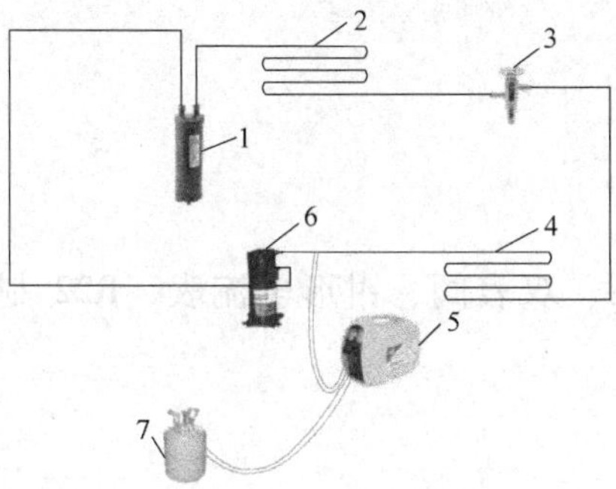

图 3-30 制冷剂回收系统

1—气液分离器 2—蒸发器 3—节流装置

4—冷凝器 5—氟回收机

6—压缩机 7—制冷剂钢瓶

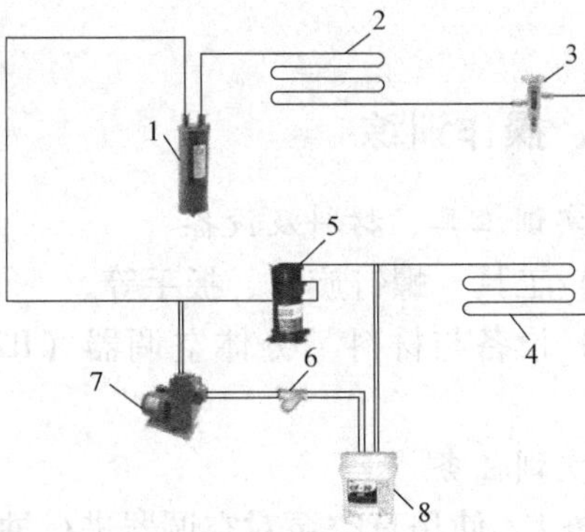

图 3-31 清洗系统连接图

1—气液分离器 2—蒸发器 3—节流装置

4—冷凝器 5—压缩机 6—Y 型过滤器

7—循环水泵 8—CF—20

在确认系统被清洗干净后，取下循环泵，接上氮气瓶，用氮气冲出系统中残留的 CF—20。用酸性包对系统进行测试，若还未达到要求，可再次循环，且循环时间适当延长。

4）回收被清洗后的 CF—20。若被清洗后 CF—20 带出来的污染物少于 20%，CF—20 可以再次使用。

5）用压力小于 0.7MPa 的氮气冲刷系统。

6）如果制冷系统污染严重，可以断开压缩机、干燥过滤器、膨胀阀（毛细管）、气液分离器等部件，如图 3-32 所示。把干燥过滤器、膨胀阀（毛细管）、油分离器、气液分离器等分开清洗（用手刷或超声波，不宜用浸泡，浸泡效果不明显），因为若在系统中直接清洗，一是不利于 CF—20 的循环，二是残留在系统中的 CF—20 不能有效地排出。若压缩机烧坏，一般也要更换干燥过滤器和毛细管，对于需要替换的部件进行替换，把新压缩机和部件与整个系统连接，并抽真空，充灌冷媒和润滑油，并作适当的调整。

使用软管连接被断开处，让系统成为一个闭合的循环系统，如图 3-33 所示。

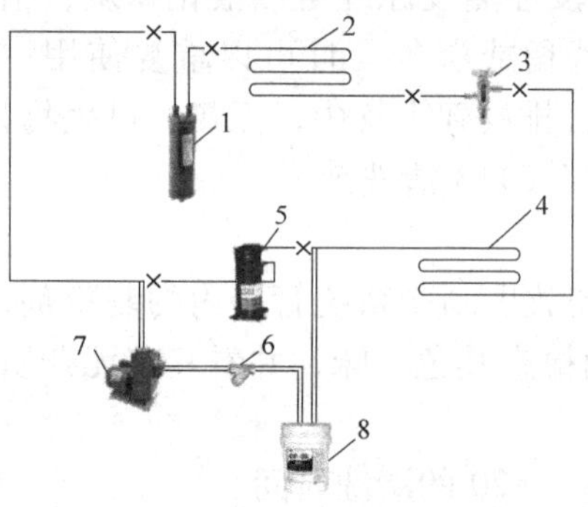


图 3-32 断开制冷系统示意图
1—气液分离器 2—蒸发器 3—节流装置
4—冷凝器 5—压缩机 6—Y 型过滤器
7—循环水泵 8—CF—20

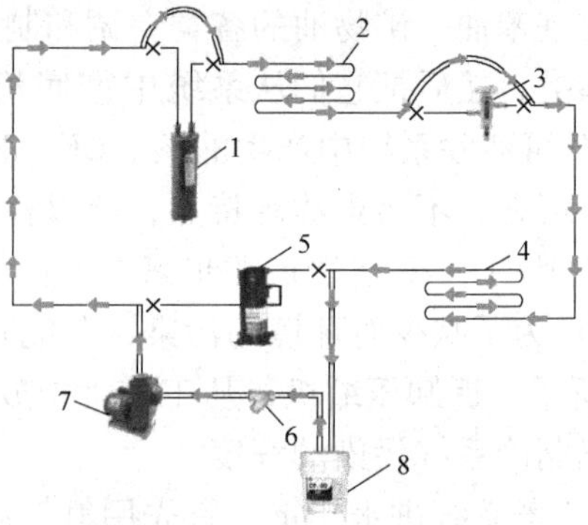


图 3-33 软管连接系统图
1—气液分离器 2—蒸发器 3—节流装置
4—冷凝器 5—压缩机 6—Y 型过滤器
7—循环水泵 8—CF—20

## 二、操作训练

1. 实训工具、材料及设备

（1）工具 螺钉旋具、扳手等。

（2）设备与材料 分体空调器（R22）、真空泵、双表阀、钳形电流表、R22 制冷剂钢瓶。

2. 实训任务

任务 1 使用真空泵对空调器进行抽真空操作

（1）实训目的 掌握真空泵抽真空的方法。

（2）实训内容

1）在低压侧单侧抽真空。

2）在高、低压侧双侧抽真空。

任务 2 对蒸发器和连接管进行排空

（1）实训目的 掌握系统自身排空的方法。

（2）实训内容

1）关闭压缩机的低压阀，旋松连接管的快速接头。

2）打开冷凝器出口的高压阀，让制冷剂顶出蒸发器及连接管道内的空气。之后，旋紧快速接头，打开低压截止阀。

任务 3 充灌 R22 制冷剂

（1）实训目的 掌握低压侧充灌制冷剂的方法技巧。

（2）实训内容

1）低压侧充灌制冷剂蒸气。

2）观察和测试吸气压力，吸、排气温度，运行电流，结霜或结露情况。

任务 4 回收空调器系统的制冷剂至室外机组内

（1）实训目的 掌握空调拆机或移装时回收制冷剂的方法。

（2）实训内容

1）遥控器开机或强制开机5min后，查看系统制冷运行是否正常。

2）用扳手拧下室外机上液体管、气体管接口上的螺母。用内六角扳手先关闭液体管的截止阀，看到液体管外表面结露时，再关闭气体管截止阀，同时用遥控器关机。

3. 实训注意事项

1）认真做好预习，在实训前应熟悉训练内容和操作方法。

2）对所用的工具和设备在使用前要认真地进行检查，发现问题应及时报告。使用中要严格遵守实训室安全操作规程。

3）实训过程中，要严格按照检测仪表的使用和操作方法进行，以保证仪器设备及人身的安全。

4）制冷剂顶出蒸发器及连接管道内的空气后，要迅速地旋紧快速接头。

5）回收制冷剂时要掌握好时间，回收要彻底。

6）未经教师允许，不得擅自使用设备和仪器，以防发生安全事故。

7）实训结束时，要对用过的仪器、设备、材料进行整理归位，放置到指定位置。实训工具、设备不得私自带出实训室。

8）切记关闭电源，置于安全档位。

# 任务三　空调器常见故障检修

**能力训练目标**　能对空调器常见故障进行分析与排除。

## 一、知识与技能

### （一）空调器常见故障分析原则与判别方法

1. 空调器常见故障分析原则

实践证明，先简单，后复杂；先外部，后内部；先电气线路，后制冷系统的维修原则是比较科学的。空调器维修故障的过程大致可分为4个阶段，即确定故障部位、分析故障原因、处理排除故障和检查调试，其中分析故障原因和处理排除故障是空调器维修的关键。

2. 空调器常见故障的一般判别方法

对家用空调器常见故障的基本判断方法是：问、看、听、摸、测、析。

（1）问　通过询问用户，了解空调器的使用过程及故障现象，由此来判断是操作使用的问题，还是空调器本身的问题。

（2）看　仔细观察空调器各部件的工作情况，重点观察制冷系统、电气系统、通风系统三部分，判断它们工作是否正常。

1）制冷系统。观察制冷系统各管路有无裂纹、破损、结霜与结露等情况；制冷管路之间、管路与壳体等有无相碰摩擦，特别是制冷剂管路焊接处、接头连接处有无泄漏。凡是泄漏处就会有油污（制冷系统中有一定量的冷冻机油），也可用干净的软布、软纸擦拭管路焊接处与接头连接处，观察有无油污，以判断是否出现泄漏。

2）电气系统。观察电气系统熔丝是否熔断，电气导线的绝缘是否完好无损，电路板有无断裂，连接处有无松脱等，特别是电气连接是否接触良好。接线螺钉、插接件极易松脱造成接触不良。

3）通风系统。观察空气过滤网、换热器盘管和翅片是否积尘过多；进风口、出风口是否畅通；风机与扇叶运转是否正常；风力大小是否正常等。

（3）听　通电开机，仔细听空调器压缩机运转的声音是否正常，有无异常声音，风扇运转有无杂声，噪声是否过大等。空调器在运行中，正常情况下振动轻微，噪声较小，一般在 50dB 以下。如果振动和噪声过大，可能原因有：

1）安装不当，如支架尺寸与机组不符、固定不紧或未加减振橡胶、泡沫塑料垫等，均可使空调器在运转时振动加剧，噪声变大。尤其在刚起动和停机时表现得最为显著。

2）压缩机不正常振动。其原因可能有底座安装不良，支脚不水平，防震橡胶或防震弹簧安装不良或防震效果不佳等。如果压缩机内部发生故障，如阀片破碎、液击等也会发出异常声音。

3）风扇碰击。风扇叶片安装不良或变形会引起碰撞声；风扇可能与壁壳、底盘相碰，风扇的轴心窜动，叶片失去平衡会发出撞击声；如果风扇内有异物，叶片与之相碰也会发出撞击声。

（4）摸　用手摸空调器有关部位，感受其冷热、震颤等情况，有助于判断故障性质与部位。正常情况下，冷凝器的温度自上而下逐渐下降，下部的温度稍高于环境温度。若整个冷凝器不热或上部稍有温热，或虽较热但上、下相邻两根管道温度有明显差异，均属不正常。在正常情况下，将蘸有水的手指放在蒸发器表面，会有冰冷粘住的感觉。干燥过滤器出口处毛细管在正常情况下应有温热感（比环境温度稍高，与冷凝器末段管道温度基本相同），如果感到比环境温度低或表面有露珠凝结，及毛细管各段有温差等，均属不正常。距压缩机 200mm 处的吸气管，在正常情况下，其温度应与环境温度差不多。

（5）测　为了准确判断故障的性质与部位，常常要用仪器、仪表检查测量空调器的性能参数和状态。例如用检漏仪检查有无制冷剂泄漏；用万用表测量电源电压、各接线端对地电流及运转电流是否符合要求，由微机控制的空调器，还应测量各控制点的电位是否正常；检测制冷系统的高压侧和低压侧的压力（空调器的状态和压力、电流变化的关系见表 3-1）；测量空调器室内机送、回风温度及温差，冷凝器排风温度等。

**表 3-1　空调器的状态和压力、电流变化的关系**

| 空调器状态 | 制冷方式 | | | 制热方式 | | |
|---|---|---|---|---|---|---|
| | 低压压力 | 高压压力 | 运转电流 | 低压压力 | 高压压力 | 运转电流 |
| 制冷剂不足（泄漏） | ↘ | ↘ | ↘ | ↘ | ↘ | ↘ |
| 毛细管堵塞 | ↘ | ↘ | ↘ | ↘ | ↘ | ↘ |
| 室内机组气路短路 | ↘ | ↘ | ↘ | ↗ | ↗ | ↗ |
| 室外机组热交换不良 | ↗ | ↗ | ↗ | ↘ | ↘ | ↘ |
| 压缩机不良 | ↗ | ↘ | ↘ | ↗ | ↘ | ↘ |

（6）析　经过上述几种检查手段所获得的结果，大多只能反映某种局部状态。空调器各部分之间是彼此联系、互相影响的，一种故障现象可能有多种原因，而一种原因也可能产生多种故障。因此，对局部因素要进行综合比较分析，从而全面准确地判定故障的性质与部位。

## （二）非空调器本身故障原因分析与排除

非空调器本身故障的原因主要是电源方面和用户安装、使用不当方面。

1. 电源问题

1）电源电压不能太低。一般当电压比正常电压220V低15%时，空调器的压缩机就难以起动。空调运转时，电压一般需保证在198V以上。部分地区网路电压偏低，特别是使用空调器的单位附近使用大功率电动机等电器设备时，往往会造成电压波动范围过大。

2）空调器专用电路中的熔丝因容量小而烧断，或容量过大又起不到保护作用。电源插座接触不良，熔丝容量过小等都是不允许的。

3）电源线截面面积不能过小。

4）空调器房间家用电器过多，而电源线的容量不足也是不允许的。

2. 安装、环境及使用问题

1）空调器前后有障碍物，影响空气流动，降低了热交换效率，从而使空调器的制冷量下降。

2）房间内温度过高或过低，超过空调器允许的使用温度范围。

3）空调器房间密闭不严，门窗未关闭，室内人员进出频繁。

4）室内使用发热器具，阳光直接照射空调器，环境温度高于43℃。

5）冷凝器进风口与出风口的散热效率急剧下降，甚至超过压缩机的实际负荷。由于节流状态改变，而蒸发面积是一定的，吸气温度提高，在这种恶性循环状况下，会出现压缩机断续启停或抖动停止现象。

6）空调器房间的面积太大或室内高度过高，而空调器的规格制冷量太小。

7）空调器房间内空气污浊、灰尘大，致使空气过滤网布满灰尘、污物，室内空气循环受阻，影响热交换。

8）如果窗式空调器安装位置过低、过高，都不符合安装要求。

## （三）空调器制冷系统故障分析与排除

分体式空调器的主要故障分为电气控制故障和制冷系统故障两类，不同系统出现故障时会有不同的表现。因而，根据现象可以判断出故障部位。

1. 制冷系统检修要点

1）观察内、外机的工作情况，如指示灯板的显示情况，内机是否工作，风速输出是否正常，外机风扇、压缩机是否运行，从而判断是电器问题还是系统问题导致的不制冷。

2）检测空调器各项数据。

① 空调流水情况。一般内机滴水连续，则空调正常，但受环境湿度、温度影响只能作为参考值。

② 进、出风口温差。正常的进、出风口温差应为12～14℃，但也会受环境温度、风速的影响。

③ 测量系统管路压力值。一般制冷时低压压力为0.45～0.50MPa，制热时高压压力为1.8～2.2MPa，但压力要受环境温度影响。空调进风温度越高，排气压力越高，冷凝温度越高，反之则小；空调负荷越大，吸气压力越高，蒸发温度升高（蒸发器正常蒸发温度为5～7℃）。

2. 制冷系统常见故障类型

（1）制冷系统堵塞　制冷系统的堵塞常常发生在毛细管及干燥过滤器处，因为这两个地方是系统中最狭窄的地方。常见的堵塞原因有三种：脏堵、冰堵及焊堵。

1）脏堵一般发生在毛细管的进口处，是因系统内的污物（如焊渣、锈屑、氧化皮等）堵塞了管路。检查时，轻轻敲击毛细管处可能会暂时恢复正常。从管路和元件表面凝露、结霜以及停机时压力恢复速度、时间等都可以对堵塞的位置及性质作出判断。

2）冰堵一般发生在毛细管的出口处，是因系统含有水分，在毛细管出口处突然汽化降温而凝结成小冰粒堵塞在毛细管的出口处。判断时，可在毛细管出口处用焊炬加热，如果恢复正常或好转，说明是冰堵；或是在空调关机后再开机，机器又能制冷一段时间，说明是冰堵。冰堵一般发生在新装机或刚维修过的空调上。

3）焊堵一般发生在毛细管的焊接处，现象与脏堵、冰堵差不多，多发生在新装机上。

制冷系统堵塞故障排除方法如下：

1）制冷系统出现堵塞后，应顺次仔细检查易堵的部件和部位，确定部件后，拆卸被堵塞的部件进行清洗，如果清洗不能使之通畅，则应更换被堵塞部件。

2）发现坡口堵塞时，要更换连接件或管道，重新焊接。

3）对制冷系统进行吹污和清洗，长时间地抽真空。尤其是检修后的空调器，在充灌制冷剂之前，一定要保证制冷系统内干燥清洁。

4）焊接操作的时间尽量短，避免管道内产生过多的氧化层。要严格按照焊接结构去连接管道和部件，不要将接口焊堵。弯曲铜管时应以较大半径弯曲，不得出现硬弯和死弯。

（2）制冷系统制冷剂泄漏　空调制冷制热的载体是制冷剂，如果系统出现漏点，制冷剂泄漏，则空调制冷差或完全不制冷。空调器出现泄漏的地方主要集中在蒸发器和冷凝器的各焊接头、毛细管焊接处、压缩机吸排气管、喇叭口、铜纳子裂、连接管等处，要检查时可先进行目测，重点检查连接管各接头处，泄漏处一般都有油迹。

制冷系统制冷剂泄漏的排除方法如下：

1）出现制冷剂泄漏的地方一般都有油污，在检漏中应擦去油污，并做上记号，重点检查。如果确有泄漏，则应补漏。如果是坡口焊接质量造成的泄漏，可在原坡口处继续用气焊补漏；如果是因管材缺陷而造成的泄漏，要根据具体位置和泄漏情况决定是补漏封焊，还是更换一段管路或更换整个部件。

2）经常注意观察冷凝器的污染情况，定期清除冷凝器表面的污垢，安装室外机时远离尘土油污较多的地方，尽量避免阳光直射，必要时应安装遮阳罩。冷凝器倒伏的翅片要用翅片梳（也可用钢刷或薄钢片）将其拨正，以防通风受阻，造成换热不良。

3）安装、搬运空调器的过程中，要避免外力冲击和磕碰，要旋紧各螺纹联接口，并重点在联接口处检漏。如果发现泄漏，则需用力矩扳手继续旋紧，直到无泄漏时为止。检修过程中移动、搬运空调器时，勿以制冷管路为支点或把手，不要用力压、扶冷凝器和蒸发器的翅片。

4）查出泄漏原因和补漏之后，要对整个制冷系统进行试压检漏。确定无泄漏后再进行抽真空、充灌制冷剂的操作。

（3）压缩机故障　压缩机是空调器制冷系统最重要的部件，在系统工作中要高速运转，又是机电一体化的高精度装置，所以在实际使用中经常会发生故障。

1）绕组短路、断路和绕组碰机壳接地。这类故障都是由压缩机的电动机部分引起的，其故障现象为断路时为电源正常，压缩机不工作；短路和碰机壳时通电后保护器动作，或烧熔丝。要注意的是如果绕组匝间轻微短路时，压缩机还是能够工作的，但工作电流很大，压缩机的温度很高，过不了多久，热保护器就会动作。绕组短路和绕组碰机壳接地一般用万用表即可检查。绕组短路，特别是轻微短路，由于绕组的电阻本身就很小，所以不容易判定，应根据测量电流来判定。

2）压缩机抱轴、卡缸。压缩机如果失油或有杂质进入往往会引起抱轴或卡缸，其故障现象为通电后压缩机不运转，保护器动作。

3）压缩机吸、排气阀关闭不严。如果压缩机的吸、排气阀损坏，即使制冷剂充足，系统也不能建立高低压或难以建立合格的高低压，系统不制冷或制冷效果很差。

4）压缩机的振动和噪声。这类问题在维修工作中经常发生，一般对制冷性能并没有多大影响，但会使用户感觉不正常，其原因往往是管道和机壳相碰、压缩机的固定螺栓松动和减振块脱落等。

5）热保护器损坏。热保护器是压缩机的附件，故障一般为断路或动作温度点变小。断路会引起压缩机不工作；动作温度点变小会引起压缩机工作一段时间后就停机并反复如此，该问题往往容易和绕组匝间轻微短路相混淆，两者的区别是热保护器损坏时工作电流是正常的，绕组短路时电流偏大。

压缩机故障排除方法：压缩机电动机部分出现问题，压缩机吸、排气阀关闭不严和热保护器故障应采取更换的办法；压缩机抱轴、卡缸故障前面已作阐述，这里不再重复。

（4）换热器故障　蒸发器和冷凝器中的翅片紧紧地套在铜管外壁上，并且排列得很整齐，且翅片间距均匀。在生产、搬运、安装过程中可能会将翅片碰倒变形，碰倒面积的不同，对空调器影响的程度也不同。局部碰倒变形将会影响进、出风量，降低换热器的换热效率，使空调器制冷量下降或热泵制热量下降；而大面积倒片时，将会使空调器压缩机不能正常工作。出现这类故障时，应用翅片梳（也可用钢刷或薄钢片）将倒片变形部分均匀扶起，尽量恢复原状，从而排除故障。

空调器工作在灰尘很多或离厨房较近的环境下，而又不常清洗时，会使换热器翅片积灰堵塞。这时如果蒸发器外侧的过滤网堵塞或过滤网内侧的翅片堵塞，不仅室内出风量不足而影响制冷效果，而且还会导致其他故障。如果冷凝器翅片堵塞，不仅进、出气流流阻增大，风量减少，冷凝压力升高，而且在夏季环境温度较高时还会导致压缩机因开停频繁制冷量下降，甚至烧毁压缩机电动机。因此，对翅片及过滤网必须定期进行清洗。

一般使用2~3周后，应对空气过滤网清洗一次。清洗时，拉住过滤网的拉手，将其从面板后取下，用吸尘器吸出过滤网眼中的灰尘，再用低于40℃的清水刷净。若有油烟类物质，可放在肥皂水或中性洗涤溶液中清洗，然后再用清水洗，并使其完全干燥后，再重新装回空调器上。

对换热器翅片的清洗有两种有效方法，一种是用吸尘器吸灰，另一种是在停机时用高压气体吹脏。高压气体可以用压缩空气或氮气，若用氮气时，就降压到0.5MPa吹冲。对窗式空调器进行清洗时，可将内芯拉出机壳，用塑料薄膜保护好电气部件，将软管接入高压气体吹或水洗均有良好的实际效果，但不能损坏翅片，造成整片倒伏现象发生。

当换热器盘管或弯管焊接头泄漏时，一般都会出现泄漏的油迹。此时，应对空调器换热器检漏，找出泄漏部位后，用砂纸将漏点边缘清洗干净，进行气焊操作，冷却后对其检漏。

（5）毛细管故障　毛细管的故障主要是脏堵和冰堵，另外，外伤（如裂纹、折断、死弯）也是故障的主要表现。

1）毛细管发生脏堵故障的排除方法。毛细管发生脏堵以后，最好更换同内径、同长度的毛细管。

2）毛细管发生冰堵故障的排除方法。放掉制冷系统中的制冷剂，更换干燥过滤器，然后对制冷系统进行长时间的抽真空，以彻底清除系统内残存的水分。充灌制冷剂时，一定要按规范要求进行。

在进行空调器制冷系统与毛细管相关的故障维修时，若空调器是使用两根以上的毛细管，要十分注意每根毛细管的管径、长度和位置均不能弄错，因为在设计时是按不同的蒸发面积和分流需要确定毛细管的内径与长度的，弄错后会影响空调器的性能与功能。

（6）电子膨胀阀故障　使用电子膨胀阀的空调器中，电子膨胀阀的常见故障是密封系统泄漏，传动系统阻卡、堵塞。若电子膨胀阀插电后有“咯嗒”的响声，则表明其正常；没有响声，或制冷时电子膨胀阀在压缩机工作后便开始结霜，则应检测电子膨胀阀线圈及供电是否正常。如果线圈出现故障，则将线圈从电子膨胀阀上取下，进行检测修理或更换。当修复或安装更换的线圈时，先将线圈上部的凸部与电子膨胀阀上的凹部准确对位，再将挡块装入线圈。

（7）电磁四通换向阀故障　电磁四通换向阀故障通常发生在制热时，电磁四通换向阀吸合不好、串气或卡死，引起制热性能差。判断电磁四通换向阀有无故障，可采用以下方法检测：

1）根据电磁四通换向阀的结构原理，配合手感阀体及连接管温度差进行分析判断。高压输入和输出管温度较高，用手触摸应有热感；低压输入和输出管温度较低，用手触摸应有凉感。反之则说明不正常，应视其故障部位予以排除。

电磁四通换向阀通电时，触摸电磁线圈外壳应有温感，并有振动，反之为不正常；不通电时，触摸电磁线圈外壳应无温感，也无振动，反之为不正常。

2）用万用表检测电磁四通换向阀电磁线圈的电阻值。电磁四通换向阀电磁线圈的直流电阻值随型号不同而不同，一般阻值为 700～1400Ω。若测得电阻值为 0，表明线圈内部短路；若测得电阻值为∞，则说明线圈断路。线圈短路通电时，阀壳烫手且无振动；线圈断路通电时，阀壳为常温无反应。

3）将电磁四通换向阀电磁线圈与一个单联开关串联后接入电源。当单联开关接通或断开时，都应听到阀体内阀芯移动吸合或松开的声音。

4）用 0.2MPa 氮气对准电磁四通换向阀高压进气口（连接压缩机排气口端）吹气，当电磁线圈通、断时，出气口应随之改变。

（8）单向阀故障　单向阀在制冷时直接导通，但在制热时制冷剂要通过辅助毛细管。当单向阀密封不严或是辅助毛细管堵塞时，制热受影响，因此如果空调制冷正常但制热差时，在排除四通阀问题后要重点检查单向阀。一旦原单向阀损坏无法修复需要更换新阀时，应参考原阀或同类构造的单向阀进行选配。

单向阀故障一般多由阀芯逆向关闭不严引起，这将会造成制热循环时制冷剂旁路，导致供热效果变差，全部开路时不仅会丧失供热能力，而且还会导致压缩机故障。阀芯逆向关闭不严一般是阀内有污垢或杂质引起的。若手感觉阀体或旁通毛细管温差异常时，可强制对电磁四通换向阀间断通电，顺、逆循环冲击。如果不能排除故障，应将单向阀或旁通毛细管拆下，用高压氮气吹冲或清洗。

3. 空调器制冷系统故障实例分析

案例1　外机毛细管冰堵

（1）故障现象　不制冷。

（2）原因分析　上门检查空调器，在刚开机时制冷正常，约25min后空调压力、电流降低，用户反映此空调曾换过压缩机，因此排除压缩机本身故障。由于开机25min内制冷基本正常，因此初步分析可能为系统脏堵或冰堵。打开室外机顶板，发现毛细管出口处结霜，用打火机烤结霜处，压力电流恢复正常，判断为系统冰堵，后来了解到，更换压缩机时正好下雨，则应是有水分进入系统。

（3）解决措施　将制冷剂回收到室外机，在室外机低压管处加装干燥过滤器，重新排空后开机运行，直至冰堵完全消除，拆掉干燥过滤器，开机制冷效果正常。

（4）经验总结　维修人员在对系统进行维修时要避免系统进水，否则容易形成冰堵。在判断是冰堵还是脏堵时，可以观察外机毛细管处，若结霜的位置是从毛细管进口处开始，则为脏堵；若是从毛细管出口处开始，则为冰堵。

案例2　蒸发器连接管泄漏

（1）故障现象　不制冷。

（2）原因分析　用户反映不制冷，经检查室内、外机都运转，排除有接触不良现象。在检测运行压力时，发现室外机运行压力为负压，检测内、外机管子接头处无漏氟现象，内机蒸发器及外机都未发现漏点。当拆下内机检查时，发现蒸发器连接管保护弹簧处有一裂缝。

（3）解决措施　补焊后再次打压无漏点，抽真空定量加氟后工作正常。

（4）经验总结　对于一些漏点，若内、外机都很难找到时，要特别注意蒸发器连接管处，此处十分隐蔽，往往很难发现。

案例3　电磁四通换向阀损坏

（1）故障现象　一开机空调就制热。

（2）原因分析　上门检查，发现开机就吹热风，因是新装机，首先检查线路，没有接错，怀疑四通阀有问题；检测四通阀线圈电阻正常，且通电正常，分析肯定是四通阀卡，新装机四通阀坏的可能性小，多是由于轻微卡死；用木棒反复敲打试机故障依旧，由此确定四通阀坏。

（3）解决措施　更换四通阀。

（4）经验总结　在维修四通阀时，一定注意不要轻易更换，轻微卡死的现象可用简单的物理方法修复。

案例4　单向阀损坏

（1）故障现象　单向阀密封不良。

（2）原因分析　用户反映夏天制冷很好，但制热时效果差。开机检查测气管压力偏低，为14kg。根据故障现象判断可能系统缺氟，但测量系统平衡压力为10kg，结合用户反映夏天制冷很好的情况，确定系统不存在泄漏现象，初步分析可能为四通阀串气或单向阀密封不良。给四通阀通断电，阀块吸合正常，换气声明显。放掉冷媒，重新抽真空，定量注氟，开机故障依旧。故断定故障为单向阀密封不严，冷媒未通过辅助毛细管，即制热毛细管未起作用，使气管压力偏低，制热效果差。

（3）解决措施　更换单向阀，重新抽真空注氟，机器工作正常。

（4）经验总结　单向阀关闭不严时，在高压压力下，由尼龙阀块与阀座间隙泄放高压压力，回流制冷剂未全部进入毛细管，相当于缩短了毛细管的长度，导致制热高压压力下降，制热效果变差。制冷时单向阀完全畅通，不影响制冷效果。

**（四）空调器电气控制系统故障分析与排除**

目前绝大多数空调器的电气控制系统是由微机控制板控制工作的，若微机控制板或电气系统的电气元件发生故障，就会引起空调器电气系统故障。因此，必须判别是微机控制板故障还是电气元件本身的故障：测量微机控制板各控制输出端是否有控制电压输出，正常情况下应该有压缩机电压、室外风机电压、室内风机电压、制热时的电磁四通换向阀电压等；如果各控制输出端都有电压输出，则故障出在电气元件本身，这时就应检查相应的电气元件及其附属电路。如果微机控制板某个控制电压没有输出，则表明微机控制板有故障。

1. 分体式空调器电气控制系统常见故障

（1）开机后空调器无动作　当按强制运行键时，空调器不动作，也没有声音，这种情况是电源没有导通，要逐个检查与电源有关的电气元件。可以按下列顺序进行检查：

1）电源线中有无电。要检查控制电源线的电气元件，如刀开关或断路器是否切断电源。

2）电源电压是否过低。电压过低时，空调器不能起动，这时应加装稳压电源。

3）电源是否缺相。供电电源为三相的空调器，三相电网中有一相或二相断电的可能，也要查电源线供电是否有缺相。

4）室内机控制板熔断器是否熔断或压敏电阻是否损坏。为预防过高电压或过大电流进入控制电路而损坏电路板，一般都装有保护器，在高电压或大电流进入控制电路前就切断电源，保护电路板。

5）开关板与室内机控制板连线的接插件是否接触不良。分体式的电气控制系统由三部分组成，即开关板、室内机控制板和室外机控制板。开关板与室外机控制板的连接线接头是接插件，虽然它插接后能自锁，但也会松脱或接触不良，要加以检查。

6）按键开关是否损坏。检查运行键触点是否接触不良或按键零件是否损坏。

7）室内控制板是否损坏。控制板上的电路或电子元件损坏会使控制板失灵，要对控制板的有关电路进行测量。

（2）室内风机运转但压缩机不运转，且故障灯闪烁　故障灯闪烁，说明空调器有故障，有电气控制上的故障，也有制冷系统上的故障。可以按照以下步骤检查：

1）检查电源是否缺相或电压过低，要检查电源线及测量其电压值是否过低。

2）检查压缩机电流是否过载，应检查压缩机壳体上的过载保护器是否起跳。通常当压缩机超载后电流过大，过载保护器要起跳，三相电动机的保护器埋在壳体内的电动机绕组中。无论单相或三相电源的电动机，都可在其压缩机壳体的接线盒处用万用表电阻档测量绕组是否导通，若不通，则说明其保护器已起跳切断了电源，等5min左右，一般会复原。

3）检查风机是否过热或室外机组风机过载保护器是否损坏。风机超负荷运行时，其绕组温升过高，过载保护器会起跳而切断电源，可检查风机的进线接头是否通。若不通，说明过载保护器起跳，等冷却后会复原。若不复原，则是过载保护器损坏，应更换过载保护器。

4）检查接线头是否接触不良。风机电动机的接线一般用接插件接插，也可能产生接触不良情况，要加以检查。另外，要检查压缩机壳体接线盒内的接线是否有松弛而接触不良。

5）检查交流接触器线圈是否断路。线圈断路时，触点不能闭合，电动机无电源进入。

6）检查微机控制板是否有问题，应检查温度控制电路和压缩机继电器控制电路。

7）检查高压压力控制器是否有故障。高压压力控制器失灵，触点不闭合，可用万用表测量触点接头是否导通。

8）检查低压压力控制器是否起跳。在制冷系统正常情况下，低压压力控制器触点为常闭状态。当制冷系统内发生故障或制冷剂泄漏时，会使系统内压力下降到低压压力控制器设定值以下，低压压力控制器便起跳而切断电源电路。

9）检查压缩机电容器是否损坏。

10）检查压缩机本身是否有质量问题。

（3）开机后电源指示灯亮，室内风机运转，但压缩机不起动　此故障现象说明制冷系统与通风系统无故障，而是操作有误或恒温开关有故障，所以故障指示灯不闪烁。

1）选择开关按错。有时未看清楚而按在送风模式，只要改正到制冷模式即可。

2）温度未到设定值。当恒温开关的温度设定值高于房间温度时，温控器的触点始终是打开的，压缩机就不会起动，应重新设定温度值。

3）电子温控器的传感器——热敏电阻损坏，它使温控器控温失常。

（4）空调器室外机组工作，但室内风机不工作

1）微机控制板有问题，这时应检查室内风机控制电路。

2）室内风机起动电容器损坏，应更换电容器。

3）室内风机电动机绕组断路或短路，应更换室内风机。

（5）空调器压缩机工作，室外风机不运转

1）微机控制板有问题，这时应检查室外风机继电器控制电路。

2）室外风机电容器损坏，应更换电容器。

3）室外风机电动机绕组断路或短路，应更换室外风机。

4）室外风机叶片被卡住，应重新调整风机叶片。

（6）空调器开停频繁

1）用电设备过多，造成电源超负荷工作，电源、电压时高时低，引起机组开停频繁，这时应加装电源稳压器。

2）微机控制板温度控制电路有故障，应检查修理温度控制电路。

（7）空调器起动不久就停机，不能继续运行

1）使用不当，将温度设置太高，应重新合理设定温度。

2）微机控制板温度控制电路有故障，应检查修理温度控制电路。

3）排气压力过高或吸气压力过低引起高低压压力控制器起跳。

4）风机电动机绕组烧毁。

5）过载保护器起跳。

（8）空调器起动时发出“嗡嗡”声，且起动不了

1）电源电压偏低。

2）压缩机起动电容器被击穿。

3）压缩机电动机绕组短路。

4）压缩机内部缺油或轴承破损卡住。

（9）热泵空调器制冷正常但不制热

1）微机控制板换向阀输出控制电路有故障，应检查修理换向阀输出控制电路。

2）换向阀线圈开路或阀芯卡住，造成换向阀不能换向制热，应修理、更换换向阀。

2. 空调器电气控制系统故障实例分析

案例1　压缩机电容、风机电容损坏

（1）故障现象　制冷时，压缩机一起动，断路器跳闸。

（2）原因分析　该空调开机制冷运行，压缩机一起动即跳闸，单独测试室内机运行正常，因此判断故障在室外机。打开外机机壳，检查电源线L、N线两端电阻为∞，确定两线无短路或对地短路现象，然后逐一检查室外机器件，当检查到压缩机电容时，发现该电容被击穿而发生短路。

（3）解决措施　更换压缩机电容，试机正常。

（4）经验总结　空调压缩机起动即跳闸的情况，首先应检查电源L和N线是否短路，再确认是室内机的问题还是室外机的问题，继续检查内、外机元器件是否存在短路现象。

案例2　外机风扇电容损坏

（1）故障现象　停机频繁，效果差

（2）原因分析　该空调安装一年多，使用地为餐馆，电源电压为220V，用户反映空调工作一段时间后，一会儿制冷一会不制冷，不能正常工作。上门检查，压力为5kg/cm$^2$，电流为12.5A，怀疑冷凝器太脏，清洗冷凝器后故障未排除。观察室外机，发现空调工作时外风扇电动机转速慢，工作30min后风机停止运转，压缩机电流上升停机，此时风扇电动机绕组开路，电动机外壳很烫，待电动机冷却后测量绕组阻值正常，判断风机电容已损坏。

（3）解决措施　更换风机的电容，试机工作正常。

（4）经验总结　根据检测可以断定：由于风扇电容失效造成风机保护，风机停转后系统散热不良，致使压缩机停机，3min后压缩机再起动，如此反复，造成频繁开停。由此故障可以看出，有些故障产生的原因是多方面的，是电控系统与制冷系统相互影响产生的，因此，在维修时要认真细致地检测观察，避免走弯路。

案例3　电源相序保护

（1）故障现象　开机时“定时”灯和“运行”灯同时闪，系统停机。

（2）原因分析　根据故障码判定为室外机保护，强制运转压缩机，能正常工作，检查压力开关等都正常，电源也正常，初步断定为相序检测保护。换相序后开机，压缩机突然反转，判定属于相序检测板故障。

（3）解决措施　更换室外机检测板后空调运行正常。

（4）经验总结　根据故障码，逐个排除，检测故障时应遵循由简到繁的原则，避免走弯路。根据以上所述，调整相序后，开机压缩机反转，此时只需调整压缩机接线，使压缩机正转，问题即可解决。

案例4　室内风机关机后不停、未开机风机就运行

（1）故障现象　关机后，室内风机不停、未开机风机就运行。

（2）原因分析　根据用户反映故障现象，通电即发现室内风机运行，用遥控器开机后关机，室内风机仍在运行，初步判断为室内电动机供电故障。检查室内风机供电电压，通电

状态或关机状态下电动机上有158V电压输出，因此通电后室内电动机就运行，由此判定为风机控制晶闸管损坏。

（3）解决措施　更换同型号控制器后试机正常。

（4）经验总结　分体挂机室内机风机转速是由晶闸管来控制的，当电源电压较低或波动较大时，会造成晶闸管单相击穿，停机或关机时室内风机仍有电压，室内风机不能关闭。

**（五）空调器故障分析速查表**

空调器常见故障现象、原因分析及排除方法见表3-2和表3-3。

**表3-2　窗式空调器故障分析速查表**

| 故障现象 | 原因分析 | 判断方法 | 排除方法 |
|---|---|---|---|
| 不制冷 | 制冷剂全部泄漏 | 压缩机排气管不热，打开修理阀无制冷剂排出 | 加压检漏，修复后抽真空充制冷剂 |
| | 制冷系统堵塞 | 压缩机排气管不热，在堵塞部位局部发凉或结霜 | 找出堵塞部位，修理或更换堵塞部件 |
| | 压缩机阀片击穿或机壳内高压管断裂 | 冷凝器不热，压缩机壳过热，机壳内有气体流动声 | 修理或更换压缩机阀片；重新焊接高压引出管；更换压缩机 |
| | 室内出风口无风吹出 | 空气过滤网堵塞或叶片固定键松脱 | 清洗过滤网；重新固定叶片 |
| 制冷量不足 | 电源电压不足 | 欠电压保护器起保护运行 | 加稳压器使电压正常 |
| | 制冷剂部分泄漏 | 冷凝器热量不足 | 加压检漏，修复后抽真空、充灌制冷剂 |
| | 制冷系统部分堵塞 | 冷凝器热量不足，且堵塞部位有明显冷热分界线 | 对堵塞部位加压吹出 |
| | 冷凝效果差或室内出风量小 | 冷凝器过脏，室内空气过滤网过脏 | 清洗冷凝器及空气过滤网 |
| | 制冷剂充灌过量 | 冷凝器温度过高 | 放出多余的制冷剂 |
| 压缩机、风扇都不工作 | 电源电压不正常 | 电压过低或无电压 | 查明原因并修复 |
| | 压缩机和风扇同时损坏 | 压缩机电动机及风扇电动机烧坏或运转部件被卡住 | 修理或更换压缩机及风扇 |
| | 控制开关或其他控制部件损坏 | 选择开关、温度控制器、起动电容器、起动保护继电器断开或线路引线脱落 | 修理或更换损坏的元件 |
| 压缩机工作，风扇不工作 | 风扇本身故障 | 风扇电动机线圈烧坏；机械部分卡阻；风扇叶片卡住 | 查找故障部位，修理或更换风扇电动机 |
| | 风扇起动电路故障 | 起动运行电容损坏，或连接导线断路 | 更换电容器；重新连接导线 |
| 开、停机频繁 | 电源电压不正常 | 电压过高或过低使运行电流过大或起动不起来，过载保护器动作 | 增加稳压保护器 |
| | 压缩机损坏 | 压缩机电动机线圈烧坏或运转阻力大，使起动运行电流增大，过载保护器动作 | 修理或更换压缩机 |
| | 起动保护继电器失灵 | 运行电流正常，过载保护器动作 | 调整或更换过载保护继电器 |

（续）

| 故障现象 | 原因分析 | 判断方法 | 排除方法 |
|---|---|---|---|
| 运转噪声过大 | 压缩机运转噪声大 | 地脚螺钉松动<br>压缩机减振弹簧松脱 | 紧固地脚螺钉<br>更换减振弹簧 |
| | 风扇运转噪声大 | 扇叶松动<br>扇叶变形 | 重新固定<br>调整叶片 |
| 机组外壳漏电 | 压缩机电动机烧坏 | 压缩机电动机线圈的对地绝缘破损 | 重绕压缩机电动机线圈或更换压缩机 |
| | 风扇电动机烧坏 | 风扇电动机线圈的对地绝缘破损 | 重绕风扇电动机线圈或更换风扇电动机 |
| | 电路连接引线损坏 | 引线接头脱落或绝缘皮破损碰触外壳 | 重新连接或更换破损的引线 |
| 电热型空调器旋钮置于热位而空调不制热 | 选择开关损坏或电路引线断路 | 电路不连通，加热器不制热 | 检修或更换选择开关；重新连接电路引线 |
| | 电热丝烧断 | 电热丝有断点 | 更换电热丝 |
| | 制热温度控制器损坏 | 触点烧坏或机械部分卡阻，加热丝不能通电 | 修理或更换温度控制器 |
| 热泵型空调器旋钮置于热位而空调不制热 | 选择开关损坏或电路引线断路 | 制热控制电路不通电 | 检修或更换选择开关；重新连接电路引线 |
| | 电磁四通换向阀损坏 | 电磁线圈损坏，机械部分卡阻，使其不能转向制热位 | 修理或更换电磁四通换向阀 |
| | 温度控制器损坏 | 触点烧坏或机械部分卡阻，制热电路不能通电 | 修理或更换温度控制器 |
| 热泵型空调器制热时，室外机不融霜或融霜不停 | 融霜控制器损坏 | 机械部分损坏或调整不当 | 检修、调整或更换 |
| | 融霜定时器损坏 | 机械部分磨损过度 | 更换 |
| | 融霜继电器损坏 | 触点烧坏或线圈烧坏 | 修理或更换 |

**表 3-3　分体式空调器故障分析速查表**

| 故障现象 | 原因分析 | 判断方法 | 排除方法 |
|---|---|---|---|
| 空调器运转正常，不制冷或制冷量不足 | 制冷剂泄漏 | 机组工作，用手摸压缩机，排气管不热或热量不足，打开修理阀，系统无制冷剂排出 | 加压检漏，修复后抽真空、充注制冷剂 |
| | 制冷系统堵塞 | 机组工作，用手摸压缩机，排气管不热或热量不足，在系统堵塞部位局部结霜或发凉 | 找出堵塞部位，加压排除 |
| | 压缩机排气量小 | 机组工作，用手摸压缩机，排气管热量不足，压缩机壳过热 | 修理或更换压缩机 |
| | 冷凝效果差 | 机组工作，用手摸冷凝器，温度过高 | 改变工作环境温度或清洗冷凝器 |
| | 制冷剂充灌过量 | 冷凝器温度过高 | 放出多余的制冷剂 |
| | 室内出风量小 | 空气过滤网过脏；蒸发器过脏；风扇叶片损坏或松脱 | 清洗过滤网或蒸发器；重新调整或固定风扇叶片 |

（续）

| 故障现象 | 原因分析 | 判断方法 | 排除方法 |
| --- | --- | --- | --- |
| 通电后，空调器不工作 | 电源电压不正常 | 电压过低或电源无电压 | 检查电源不正常原因，修复 |
| | 选择开关故障 | 选择开关接触不良或损坏 | 检修或更换 |
| | 熔丝熔断 | 在分体式空调器中装有整机熔丝、室内机熔丝及室外机熔丝，当整机熔丝熔断或室内外机熔丝均熔断，会造成机组不工作 | 查找熔丝熔断原因，更换熔丝 |
| | 电路连接线松脱 | 连接引线松脱 | 重新连接松脱引线 |
| 室外机工作，室内机不工作 | 选择开关故障 | 选择开关损坏 | 检修或更换 |
| | 温度控制器故障 | 温控器触点烧坏；机械部分卡阻；感温剂泄漏 | 修理或更换 |
| | 过载保护继电器故障 | 过载保护继电器起保护后未复位，或保护器触点烧坏 | 查找保护器动作原因，修复或更换 |
| | 压缩机、风扇及起动电路同时故障 | 压缩机线圈烧坏；压缩机电容器和风机电容器损坏 | 修理或更换元件 |
| | 室外机熔丝熔断 | 室外机工作电流过大，或控制电路中出现短路 | 查找故障原因，修复后更换熔丝 |
| | 室外机继电器故障 | 继电器线圈烧坏，或触点损坏 | 修理或更换继电器 |
| 室外机组工作，室内机组不工作 | 室内机熔丝熔断 | 风扇电动机烧坏；机械部分卡阻；线路有短路现象 | 查找故障原因，修复后更换熔丝 |
| | 室内机风机故障 | 风扇电动机烧坏，或机械部分卡阻 | 修理或更换风扇电动机 |
| | 室内风机起动电路故障 | 风机电容器损坏，或连接引线松脱 | 更换电容器；重新连接松脱引线 |
| 室内、外风机工作，压缩机不工作 | 压缩机故障 | 压缩机电动机线圈烧坏，或机械部分卡阻 | 修理或更换压缩机 |
| | 压缩机起动电路故障 | 压缩机起动继电器损坏；电容器损坏；连接引线松脱 | 更换起动继电器或电容器；重新连接松脱引线 |
| 空调器开、停频繁，噪声过大，外壳漏电 | 温度控制故障 | 温控器失灵造成开、停频繁 | 更换温度控制器 |
| | 电源电压不稳定 | 电源电压时高时低，造成开、停频繁 | 增加电源稳压器 |
| | 风扇叶片松脱或变形 | 风扇叶片松脱或变形 | 调整风扇叶片，紧固扇叶 |
| | 压缩机故障 | 地脚螺钉松动或压缩机减振弹簧松脱，造成压缩机运转噪声过大；压缩机对地绝缘损坏造成机组外壳漏电 | 修理或更换压缩机 |
| | 电路引线故障 | 控制电路中引线脱落碰触外壳造成外壳漏电 | 重新连接脱落引线 |

## 二、操作训练

1. 实训工具、材料及设备

（1）工具　万用表、绝缘电阻表、常用电工工具、电子检漏仪、洗洁精或肥皂水等。

（2）设备与材料　窗式空调器、分体壁挂式空调器、空调器微机控制板、空调器电气控制元件。

2. 实训任务

任务1　空调器电气控制系统的检查

（1）实训目的　熟悉空调器电气控制系统的基本组成，掌握电气控制元件的检测方法。

（2）实训内容

1）电气系统中绝缘电阻的检查。

2）主控选择开关和其他功能开关的检测。

3）电容器的检测。

4）温度控制器的检测。

5）起动继电器的检测。

6）电加热器的检修。

任务2　制冷系统的故障分析与排除

（1）实训目的　熟悉制冷系统故障分析的方法，能根据故障现象分析故障原因并排除简单制冷系统故障。

（2）实训内容

1）制冷剂泄漏故障分析与排除。

2）制冷系统循环通路堵塞故障分析与排除。

3）制冷效果差故障分析与排除。

任务3　通风系统的故障分析与排除

（1）实训目的　熟悉空调器通风系统故障分析的方法，能根据故障现象分析故障原因并排除通风系统故障。

（2）实训内容

1）风量下降故障分析与排除。

2）电动机转不动故障分析与排除，

3）运转时噪声大故障分析与排除。

3. 实训注意事项

1）检测元件和分析控制关系之前，应切断电源，切不可带电检测和拨动端子。

2）用万用表测量通断时，应将转换开关拨至欧姆档后断电测量；用万用表测量电压时，表笔切勿碰到别的电器，以免短路。

3）检测电容器时注意充放电。

4）要反复确认接线无误，并且各元件为正常状态时，才可接通电源进行试运转。

5）牢记安全用电规程，不可麻痹大意。

6）空调器修复后应做必要的检查，以便检测维修质量是否符合要求。

7）未经教师允许，不得擅自使用设备和仪器，以防发生安全事故。

8）实训结束时，要对用过的仪器、设备、材料进行整理归位，放置到指定位置。实训工具、设备不得私自带出实训室。

9）切记关闭电源，置于安全档位。

# 项目四　冷藏柜维修技能操作

## 任务一　冷藏柜基本结构的认识

**能力训练目标**　能够正确识别冷藏柜的结构。

### 一、知识与技能

冷藏柜又称冷藏箱，它冷藏物品体积大，总量多，冷藏温度区间大，是商店、食堂、宾馆及其他饮食服务行业应用较广泛的一种商用制冷装置。一般冷藏柜的分类有下述几种类型：

1）按用途不同分类有冷藏用、冷藏陈列用、冷藏售货用。

2）按形式不同分类有立式、卧式和拼装式冷藏柜。

3）按容积不同分类有 $0.25m^3$、$0.5m^3$、$1m^3$、$1.5m^3$、$2m^3$、$3m^3$ 等多种。

4）按门的设置数量和形式不同分类有三门、四门、五门、六门以及立式双开门和玻璃拉门等。

5）按开门方式不同分类有固定式和可移动式。

6）按冷却能力不同分类有冷藏柜、冷藏冷冻柜、冷冻柜等。

7）按制冷机组安装位置不同分类有顶装式、下装式。

8）按冷却方式不同分类有强制对流式和自然对流式。

随着人们生活水平的不断提高，对食品品质的要求也日益提高，因此对冷藏柜的要求也有了新的变化，从而出现了冷藏酒柜、冷藏食品出售柜等。常用冷藏柜形式如图 4-1 所示。

#### （一）冷藏柜的基本结构

冷藏柜的总体结构依据冷藏柜的种类、形式和功能的不同而不同。立式冷藏柜具有挂架或吊钩等设施，卧式冷藏柜随储存食品的不同在结构上有较大差别。低温冷藏柜通常还具有融霜及排水等功能。冷藏柜内、外结构如图 4-2 所示。

冷藏柜的柜体通常采用角钢焊接成框架，柜体外壳采用 A3 钢板冲压、点焊而成，柜体的内壁可以使用不锈钢板、铝合金板和喷塑钢制板等，组成风道的内壁板还可采用高强度纤维板。小型立式冷藏柜的内壁也可如冰箱一样采用 ABS 塑料板。由于采用硬质聚氨酯泡沫塑料作隔热材料，具有强度高、质量小、热导率小等特点，使得冷藏柜柜体厚度减小。

冷藏柜柜体中间隔热保温材料一般采用两种形式：一种采用软木、玻璃纤维、聚氨酯泡沫塑料填充，另一种采用预制聚氨酯泡沫塑料板拼装。前者常用于小型卧式冷藏柜，而后者预制板拼装柜体大多数用于较大型立式冷藏柜。

a)

b)

c)

d)

图 4-1 常用冷藏柜形式

a）立式四开门冷藏冷冻柜 b）立式双开门冷饮冷藏柜

c）卧式顶开门冷冻柜 d）卧式冷藏展示柜

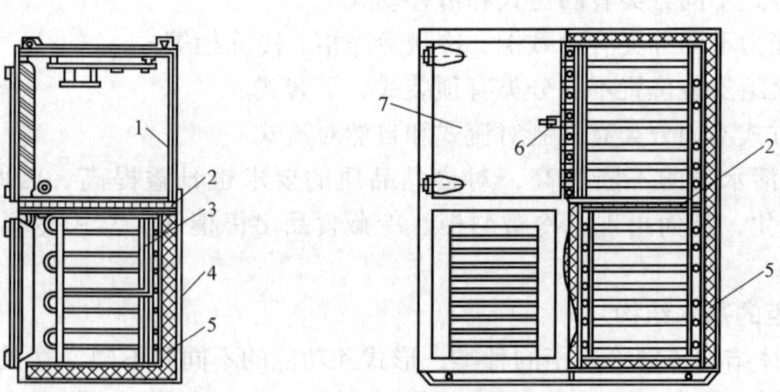


图 4-2 冷藏柜内、外结构

1—内壁板 2—框架 3—传热管 4—外壁板 5—保温层 6—锁扣 7—箱门

冷藏柜的门几乎都是使用隔热材料的隔热门。立式冷藏柜的门几乎占据橱柜的整个前面。由于门的开启对柜内温度影响较大，通常根据冷藏柜的用途来决定门的数目和大小。门封可使用磁性胶条，也可以采用普通胶条并使用定位装置。卧式冷藏柜的门设置在柜体上方，通常采用三种形式：移动盖板式、转动开启式和滑动开启式。

**（二）冷藏柜的制冷系统**

冷藏柜制冷系统与家用电冰箱制冷系统基本相同，但由于冷藏柜的制冷量比家用电冰箱大得多，因此在制冷系统结构上会比冰箱制冷系统多出贮液器、电磁阀等部件，而节流装置也由冰箱的毛细管变成冷藏柜的热力膨胀阀。冷藏柜制冷系统压缩机多采用开启式、半封闭式及全封闭式；冷凝器多采用风冷式冷凝器，也可采用水冷式冷凝器；蒸发器采用盘管或冷风机。

图4-3所示为风冷式冷藏柜制冷系统。该系统压缩机采用开启式或半封闭式，冷凝器采用风冷式。

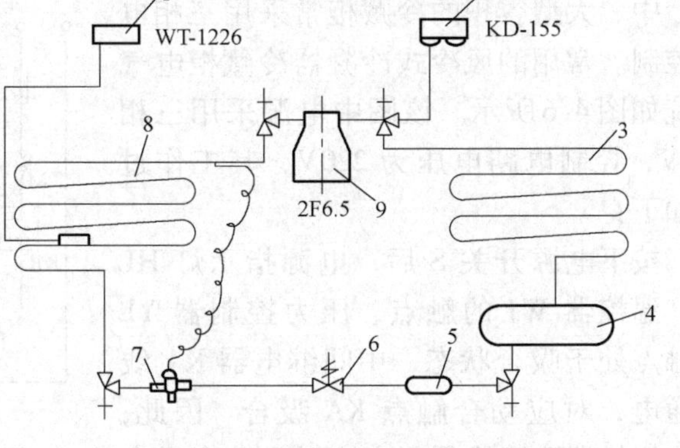


图4-3 风冷式冷藏柜制冷系统

1—温度控制器 2—压差控制器 3—风冷凝器 4—贮液器 5—过滤器 6—电磁阀 7—热力膨胀阀 8—蒸发器 9—压缩机

机组工作时，压缩机电动机得电起动，蒸发器中的制冷剂气体被压缩机吸入，经过压缩机压缩后变成高温、高压气体，并排往冷凝器。采用强制对流的风冷式冷凝器将制冷剂热量散发到周围环境中，制冷剂被冷却成高压液体进入到贮液器储存。从贮液器出来后，经过干燥过滤器吸收水分、过滤杂质，经过电磁阀进入热力膨胀阀节流、降压，使制冷剂高压液态变为低压液态。然后低压液态制冷剂进入蒸发器，在蒸发器盘管与冷藏柜内空气换热。一方面制冷剂吸热汽化，另一方面冷藏柜内温度下降，达到制冷的目的。汽化后的制冷剂气体再次被压缩机抽走，形成制冷循环。

随着全封闭式压缩机性能和制造技术的日益优越，很多大容积的冷藏柜也开始采用全封闭式压缩机。如图4-4所示，这种系统结构简单，效率高，密封性能好，制冷系统的组成、工作过程与前述基本相同，在此不再赘述。

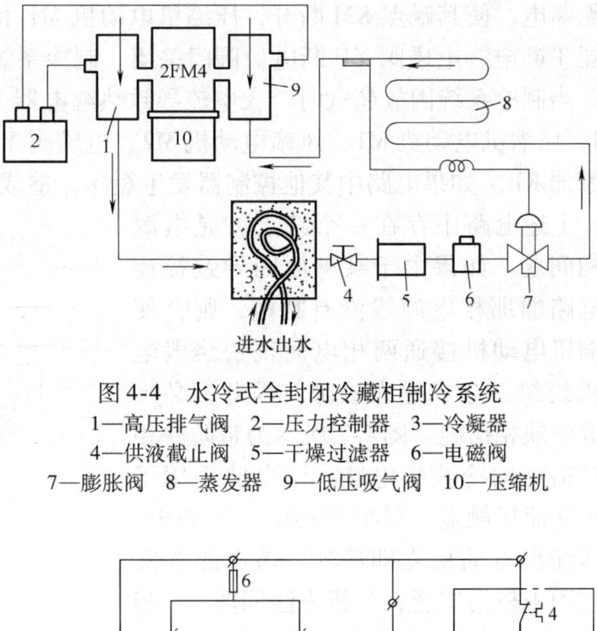


图4-4 水冷式全封闭冷藏柜制冷系统

1—高压排气阀 2—压力控制器 3—冷凝器 4—供液截止阀 5—干燥过滤器 6—电磁阀 7—膨胀阀 8—蒸发器 9—低压吸气阀 10—压缩机

## （三）冷藏柜的电气系统

### 1. 单相电源冷藏柜电气系统

小型冷藏柜常采用单相电源控制。图4-5所示为采用小型全封闭式压缩机的风冷式冷凝器的单相电源冷藏柜电路图。该系统中全封闭式压缩机采用运转式（CSR）起动，由电压式起动继电器构成。风扇电动机接有运转电容，红色和绿色指示灯分别为电源、压缩机故障指示灯。该类电路相对较简单，与家用电冰箱的电路基本相同，可参照电冰箱电

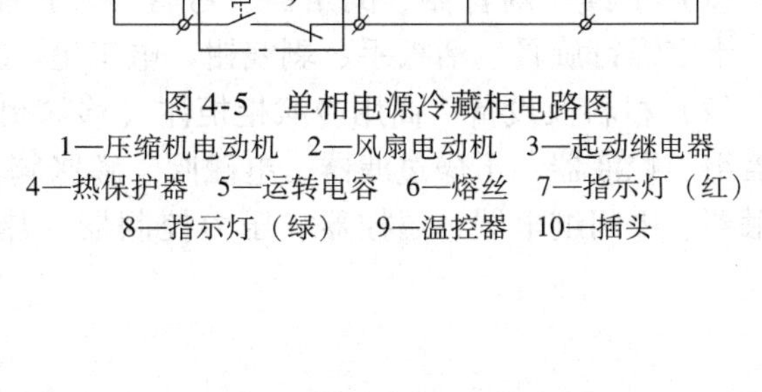


图4-5 单相电源冷藏柜电路图

1—压缩机电动机 2—风扇电动机 3—起动继电器 4—热保护器 5—运转电容 6—熔丝 7—指示灯（红） 8—指示灯（绿） 9—温控器 10—插头

路加以分析，因此不多阐述。

2. 三相电源冷藏柜电气系统

中、大型容积的冷藏柜常采用三相电源控制。常用的风冷式冷凝器冷藏柜电气系统如图4-6所示。该图中电源采用三相380V，控制电路电压为220V，其工作过程如下：

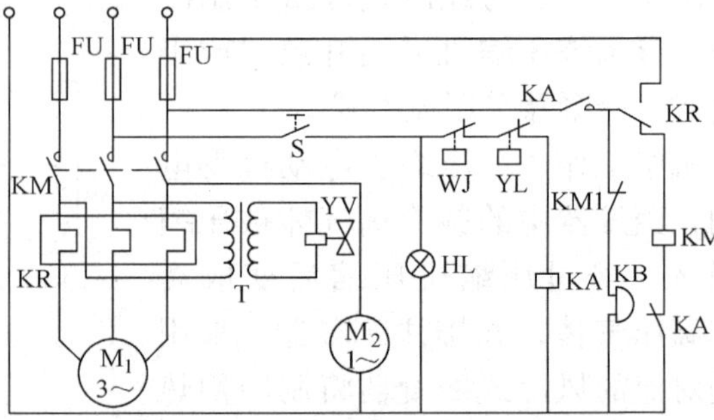

图4-6　风冷式冷凝器冷藏柜电气系统

按下电源开关S后，电源指示灯HL亮，温控器WJ的触点、压力控制器YL的触点处于吸合状态，中间继电器KA线圈通电，对应动合触点KA吸合。因此，交流接触器KM线圈得电，对应动合触点KM吸合，压缩机电动机M1和风扇电动机M2起动运转。同时，电磁阀YV线圈也得电，阀门开启，制冷系统进入循环运行状态。当冷藏柜柜内温度降到温度控制器的设定温度时，温控器WJ动作，触点断开，中间继电器KA线圈失电，触点KA断开，导致交流接触器KM线圈断电，使其触点KM断开，压缩机电动机M1和风扇电动机M2断电，停转。相应的变压器T断电，电磁阀YV断电，阀门关闭，制冷系统停止循环。

当制冷系统因故超载时，大电流导致热继电器KR的动断触点跳开，从而使交流接触器KM、压缩机电动机M1、风扇电动机M2、电磁阀YV电路断开，同时KM1触点吸合，接通报警器KB。如果电路中其他控制器发生短路，造成熔丝熔断时，报警器也能及时报警。

上述电路中存在一个缺点就是电源缺相问题。如果由于某种原因导致接控制电路的那相电源线没有断电，则会使压缩机电动机接通两相电而很快烧毁电动机绕组，造成重大故障。因此，必须采取防缺相措施。图4-7所示为带防缺相保护措施的冷藏柜电路。该电路采用了两个交流接触器，只要三相电之一失电，则压缩机电动机立即停转。该电路在实际应用中较为广泛，分析方法同图4-6相似，可自行分析。

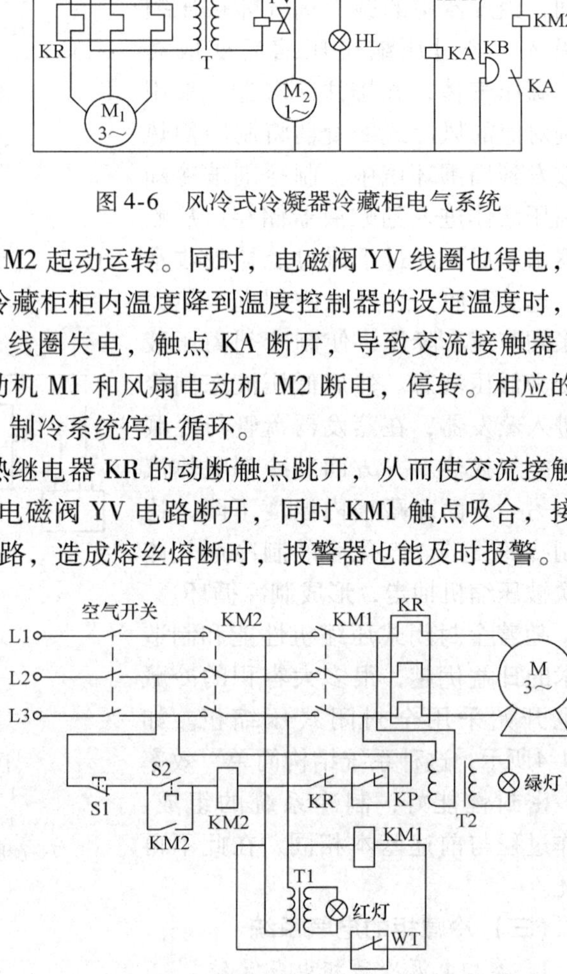

图4-7　带防缺相保护措施的冷藏柜电路

## 二、操作训练

1. 实训工具、材料及设备

（1）工具　割管器、倒角器、弯管器、扩胀口器、氧-乙炔气焊设备、台虎钳、冲击钻、十字螺钉旋具、活扳手、剥线钳、电工笔、其他辅助工具。

（2）材料及设备　商用冷藏柜柜体（移除制冷系统后的部分）、全封闭压缩机、风冷冷凝器组、贮液器、干燥过滤器、电磁阀、膨胀阀、蒸发器盘管（$\phi$12mm纯铜管预制）、交流接触器、中间继电器、温控器、压力控制器、热继电器、按钮开关、指示灯、导线、钎焊条、绝缘胶布等。

2. 实训任务

任务1 冷藏柜制冷系统的组装

（1）实训目的 通过对冷藏柜内部蒸发器盘管的布置，加强结构认识；通过冷藏柜制冷系统主要部件的组装连接，认识冷藏柜制冷系统主要部件，掌握制冷系统的工作原理与循环流程。

（2）实训内容

1）观察冷藏箱内部结构及测量内部尺寸，用 $\phi$12mm 纯铜管预制蒸发器盘管。

2）将预制好的蒸发器盘管安装固定到冷藏柜内。

3）按制冷循环流程连接制冷系统部件并进行气密性试验。

任务2 冷藏柜电气系统的连接

（1）实训目的 认识冷藏柜电气控制系统主要控制部件的结构与控制原理，掌握冷藏柜基本控制电路的连接与控制过程。

（2）实训内容

1）根据风冷式冷藏柜电气系统图进行电源电路、控制电路的连接。

2）调节温度控制器、压力控制器，验证控制过程是否正确。

3. 实训注意事项

1）认真做好实训前预习，熟悉训练内容和操作方法。

2）实训所用的工具和设备在使用前要认真地进行检查，发现问题应及时报告。

3）实训中，焊接作业需严格按照《实训室气焊安全作业规范》进行，严禁违规作业。

4）预制蒸发器盘管时，要注意管口处理，去掉毛刺与杂质；弯管操作时，要注意盘管曲率半径、长度尺寸保持一致，确保制作出的盘管规格统一、外形美观。

5）制冷系统连接时，喇叭口与部件的可拆连接要注意喇叭口大小合适，防止密封不严或螺母不易旋进；杯形口与部件焊接的不可拆连接，在焊接时，焊接速度要快，防止时间过长，生成氧化物过多，影响系统正常运行。

6）电气系统接线时，要看清楚电路图，保证接线正确，接线完毕后应复查确保无误。

7）导线与各电气元件接线柱应连接牢固，防止出现接线不牢、虚接现象，导致系统无法正常起动运行。

8）电气系统线路连接完毕后，应检查是否有合理的接地措施，在指导老师监督下才可通电试机。验证控制过程操作应在指导老师监督下进行，防止操作失误造成安全事故与设备故障。

9）实训操作应在正确指导下进行，并有专人负责安全防护，避免发生事故。

10）实训结束时，要对用过的工具、设备、材料进行整理归位，放置到指定位置。实训工具、设备不得私自带出实训室。

11）使用通电设备后切记关闭电源，置于安全档位。

## 任务二 冷藏柜维修基本技能操作

**能力训练目标** 能正确进行冷藏柜维修基本技能的操作。

## 一、知识与技能

冷藏柜维修的基本技能操作主要包括冷藏柜制冷系统的吹污、压力检测、抽真空和充灌制冷剂、回收制冷剂、充注冷冻油、排除空气等。

采用全封闭式压缩机的冷藏柜制冷系统，其制冷系统的吹污、压力检测、抽真空和充灌制冷剂、回收制冷剂、充注冷冻油、排除空气等方法与家用电冰箱的操作方法基本相同，可参考项目二任务一家用电冰箱维修基本技能操作的内容，此处不再赘述。

采用开启式压缩机冷藏柜制冷机组的压缩机设有检修阀，可以利用本身的检修阀或利用三通截止阀来进行系统的吹污、压力检测、抽真空和充灌制冷剂、回收制冷剂、充注冷冻油等操作。

下面着重介绍采用开启式压缩机冷藏柜的维修基本技能操作。

### （一）商用冷藏柜制冷系统的吹污

制冷系统必须是一个洁净、干燥而又严密的封闭式循环系统。制冷设备在安装或大修后，系统内会不可避免地残留一些焊渣、铁锈、氧化物、水分等杂质，如果不加以清理，在制冷系统运行时会发生堵塞、冷冻油变质腐蚀等问题。因此，制冷系统在完成维修后应进行吹扫排污操作。

吹污前，应将系统内的仪表、安全阀等加以保护，并将电磁阀、单向阀的阀芯以及过滤器的滤网拆除，待抽真空试验合格后才可重新安装复位。

冷藏柜系统吹污时，要将所有与大气相通的阀门关紧，其余阀门应全部开启。排污工作应按设备和管道分段或分系统进行，先排高压系统，后排低压系统，排污口应分别选择在各段的最低点。吹污操作时绝对不能使用氧气等可燃性气体，排污口不能面对操作人员，以确保安全。具体吹污操作如下：

（1）高压侧吹污　如图4-8所示，将压缩机高压截止阀备用检修口与氮气瓶之间用耐压管道连好，关闭低压吸气截止阀，把干燥过滤器从系统上拆下，关闭贮液器截止阀。打开氮气瓶用0.6MPa（表压）的氮气吹系统的高压段，待充压至0.6MPa（表压）以后，停止充气。然后，迅速打开贮液器截止阀，利用高速气流将系统中的污物排出，并将一张白纸放在贮液器截止阀出口处检测有无污物。视其清洁程度而定，若白纸上污物较多，可反复吹扫几次；若白纸上较清洁，表明随气体冲出的污物已无，可停止吹扫。

（2）低压侧吹污　如图4-9所示，吹污时将压缩机低压吸气截止阀备用检修口与氮气瓶之间用耐压管道连好，关闭高压排气截止阀，把干燥过滤器从系统上拆下，短接电磁阀电源，使其处于开启状态。打开氮气瓶用0.6MPa（表压）的氮气吹系统的高压段，检验吹污效果，方法如高压侧吹污操作一样。

### （二）商用冷藏柜制冷系统的压力检测

当制冷系统吹污操作合格后，要对系统进行压力检测，其目的是检查系统装配质量，检验系统在压力状态下的密封性能是否良好，防止系统中具有强烈渗透性的制冷剂泄漏损失。对于氟利昂系统，必须细致、认真地对制冷系统进行压力检测。

（1）检测压力　制冷系统的检测压力应按照设备技术文件的规定进行，无规定时可参照表4-1。

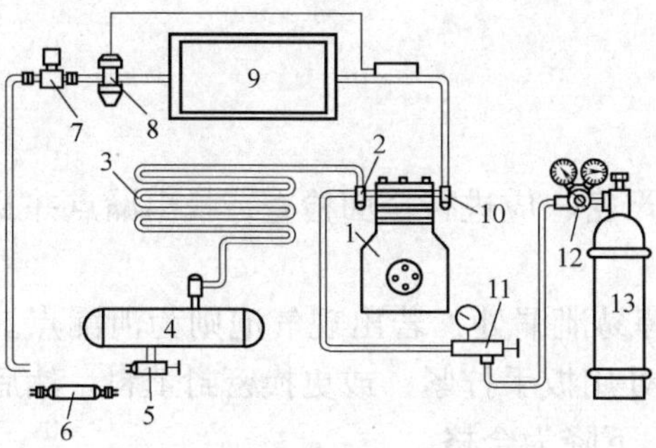


图 4-8　制冷系统高压侧吹污
1—开启式压缩机　2—排气截止阀　3—冷凝器
4—贮液器　5—贮液器截止阀　6—干燥过滤器
7—电磁阀　8—热力膨胀阀　9—蒸发器
10—吸气截止阀　11—修理阀
12—氮气减压器　13—氮气瓶

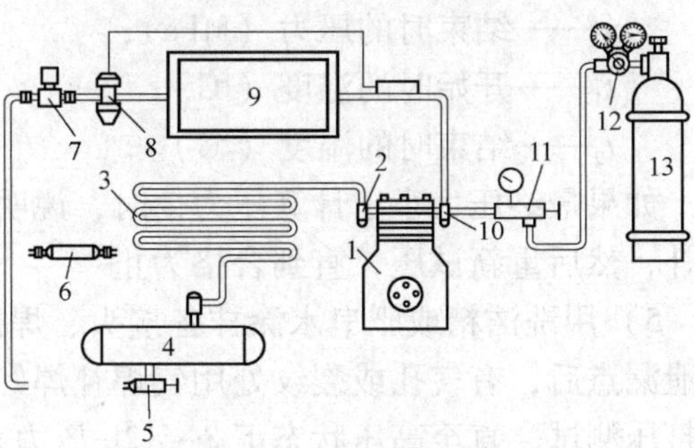


图 4-9　制冷系统低压侧吹污
1—开启式压缩机　2—排气截止阀　3—冷凝器
4—贮液器　5—贮液器截止阀　6—干燥过滤器
7—电磁阀　8—热力膨胀阀　9—蒸发器
10—吸气截止阀　11—修理阀
12—氮气减压器　13—氮气瓶

**表 4-1　检测压力参照表**

| 制冷剂种类 | 检测压力/MPa | |
|---|---|---|
| | 高压侧 | 中、低压侧 |
| R717 | 2.0 | 1.6 |
| R22 | | |
| R502 | | |

（2）检测介质　在氟利昂系统中，因对残留水量有严格要求，故多采用工业氮气来进行检测。因为氮气不燃烧、不爆炸、无毒、无腐蚀性，价格也较便宜，干燥的氮气具有很好的稀释空气中水分的能力，因此利用氮气作为压力检测介质是最好的选择。若无氮气，也可采用干燥空气进行检测，但严禁使用氧气等可燃性和助燃性气体进行压力检测。

（3）操作方法

1）将制冷系统中的所有阀门都打开。若系统中有电磁阀，可将电磁阀从原电路中拆下单独供电，使电磁阀开启。

2）用耐压胶管将高压氮气瓶与压缩机排气截止阀的旁通孔连接，并使排气截止阀处于三通状态。

3）开启氮气瓶打开减压阀，先向制冷系统注入 0.3 ~0.5MPa 的氮气，如果没有大的泄漏继续升压。待系统压力达到低压侧的检测压力时，如果没有泄漏关闭电磁阀，再继续加压到高压侧检测压力值，关闭氮气瓶阀门。

4）充氮气后，如果没有泄漏，保压 24h。按照规定，前 6h 由于系统内气体的冷却效应，允许压力下降 0.25MPa 左右，但不得超过 2%；其余 18h 内，当室温稳定时，压力应保持稳定，否则为不合格。如果室内温度有变化，检测结束时系统内压力应符合下式所计算的压力值，即

$$p_2 = p_1\left(\frac{273.15 + t_2}{273.15 + t_1}\right)$$

式中　$p_1$——开始时的压力（MPa）；

$p_2$——结束时的压力（MPa）；

$t_1$——开始时的温度（℃）；

$t_2$——结束时的温度（℃）。

如果最终压力小于计算压力值时，说明系统不严密，应进行全面检查，找出漏点并及时修补，然后重新试压，直到合格为止。

5）用洗洁精或肥皂水涂抹各接头、焊接接口等易泄漏处，若出现气泡则为泄漏点。查出泄漏点后，有气孔或裂纹处用气焊补焊好，接口处用扳手拧紧，或更换密封填料。然后重新打压测试，直至高压状态下 8～12h 压力表压力不下降为合格。

对于电磁阀接在冷却水循环管路上的水冷式机组，则可直接从压缩机高压排气截止阀旁通孔充入高压氮气进行检漏；对于用高压氮气辅以洗洁精或肥皂水不易检漏的部件，可将其拆下并先充入 0.8～1.5MPa 的高压氮气后浸入水箱内进行检测。

**（三）商用冷藏柜制冷系统充灌制冷剂**

当制冷系统被抽成真空后，就应充灌制冷剂。制冷系统充灌制冷剂的方法有两种：一种是低压侧气态充灌制冷剂，另一种是高压侧液态充灌制冷剂。采用开启式机组的商用冷藏柜制冷系统多从低压侧气态充灌制冷剂，而从高压侧液态充灌制冷剂，其充灌速度快，可节省时间。

1. 低压侧气态充灌法

低压侧充灌制冷剂管路连接如图 4-10 所示，具体操作步骤如下：

1）将吸气截止阀逆时针拧至全开状态，关闭旁通孔通道，取下吸气截止阀旁通孔通道螺塞，拧上多用接头，用专用充制冷剂软管接上一个带有压力表的修理阀，但连接多用接头端的软管先不要拧紧。将修理阀通过软管接制冷剂钢瓶。

2）打开修理阀，稍微开启制冷剂钢瓶阀，放出少量制冷剂，排除软管内的空气后将多用接头端的软管拧紧。

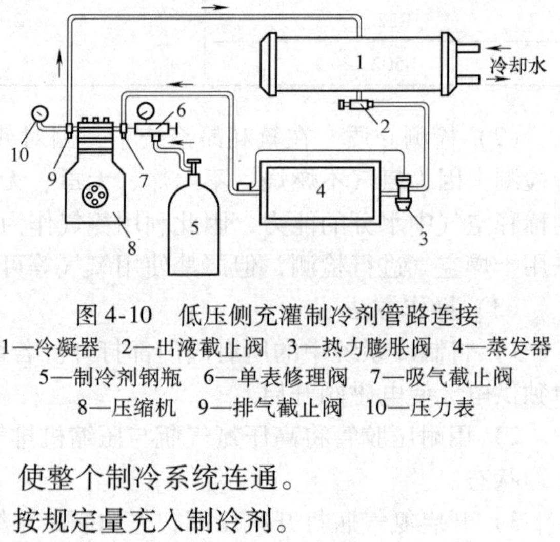


图 4-10　低压侧充灌制冷剂管路连接

1—冷凝器　2—出液截止阀　3—热力膨胀阀　4—蒸发器　5—制冷剂钢瓶　6—单表修理阀　7—吸气截止阀　8—压缩机　9—排气截止阀　10—压力表

3）将吸、排气截止阀调至“三通”位置，使整个制冷系统连通。

4）完全打开制冷剂钢瓶阀，起动压缩机，按规定量充入制冷剂。

5）关闭制冷剂钢瓶阀，将吸气截止阀逆时针拧至全开状态，关闭旁通孔通道。

6）关停压缩机。

7）拆除连接软管、修理阀和多用接头，装上旁通孔通道螺塞。充灌制冷剂结束。

以上是基于制冷系统本身没有低压压力表时所采用的方法，如果系统本身有低压压力表，则无需接压力表或修理阀，可直接利用本身的压力表进行抽真空及充灌制冷剂。

2. 高压侧液态充灌法

高压侧液态充灌制冷剂的管路连接如图 4-11 所示，具体操作步骤如下：

1）将排气截止阀逆时针拧至全开状态，关闭旁通孔通道，按图 4-11 所示接好制冷剂钢瓶，不起动压缩机（为保证液态制冷剂进入制冷系统，钢瓶应倒置吊高，靠制冷剂钢瓶与系统内的压力差和液位差使液态制冷剂进入制冷系统）。

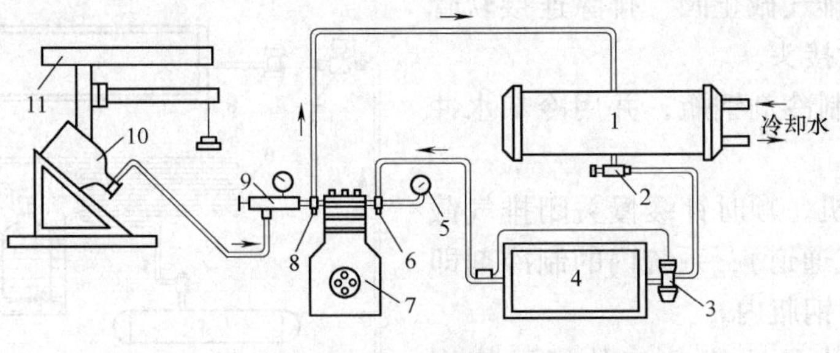


图 4-11 高压侧液态充灌制冷剂的管路连接

1—冷凝器 2—出液截止阀 3—热力膨胀阀 4—蒸发器 5—低压压力表
6—吸气截止阀 7—压缩机 8—排气截止阀 9—单表修理阀 10—制冷剂钢瓶 11—磅秤

2）排除充制冷剂软管内的空气，拧紧软管接头口。

3）顺时针旋排气截止阀 2 ~ 3 圈，使排气截止阀处于“三通”位置。

4）当按规定量充入适量制冷剂后，关闭制冷剂钢瓶阀。

5）将排气截止阀逆时针拧至全开状态，关闭其旁通孔通道。

6）拆下软管，装上螺塞。

**（四）商用冷藏柜制冷剂回收**

在冷藏柜维修过程中，制冷系统、干燥过滤器、热力膨胀阀出现故障或低压区有泄漏时需要打开制冷系统。由于开启式制冷系统的制冷剂量较多，将它们直接排放到大气中会造成不必要的浪费，因此应进行制冷剂的回收工作。制冷剂的回收方法有两种，即将制冷剂回收到贮液器和回收到制冷剂钢瓶。

1. 将制冷剂回收到贮液器

将制冷剂回收到贮液器的具体操作步骤如下：

1）打开制冷系统所有阀门。

2）将吸气截止阀逆时针拧至全开状态，用多用接头将修理阀与吸气截止阀相连，关闭修理阀，将吸气截止阀调至“三通”位置。

3）顺时针旋转关闭贮液器出口截止阀。

4）起动压缩机，蒸发器内的制冷剂即被吸入冷凝器和贮液器内。

5）当吸气端压力表指示压力为 0.01MPa 时，关停压缩机。观察压力表读数是否回升，如果压力回升，表明未抽干净，应继续再抽；如果无回升，则表明回收完毕，可关闭排气截止阀。

对安装有高、低压压力控制器的制冷设备，操作前应使压力控制器触点保持常闭状态，或使线路短接，以免回收制冷剂时因压力原因而停机。

2. 将制冷剂回收到制冷剂钢瓶

将制冷剂回收到制冷剂钢瓶的连接如图 4-12 所示，具体操作步骤如下：

1）在吸气截止阀的旁通孔通道接入带有压力真空表的修理阀，将吸气截止阀调至“三通”位置。

2）将排气截止阀逆时针拧至全开状态，旋下排气截止阀旁通孔螺塞，装上多用接头，用软管将真空的制冷剂钢瓶连接在排气截止阀多用接头上，但连接制冷剂钢瓶一端的接头先不拧紧。

3）稍微打开排气截止阀，排除连接软管内的空气后，拧紧接头。

4）完全打开制冷剂钢瓶，并用冷却水冲淋制冷剂钢瓶。

5）起动压缩机，顺时针缓慢关闭排气截止阀（即关闭排气通道），系统内的制冷剂即被逐渐压至制冷剂钢瓶内。

6）当修理阀上压力真空表的指示值为0.01MPa时，关停压缩机，若压力无回升，则表明回收制冷剂完毕。

7）关闭制冷剂钢瓶，关闭冷却水阀门。

8）拆除制冷剂钢瓶、连接管和多用接头，用螺塞塞住排气截止阀旁通孔通道。

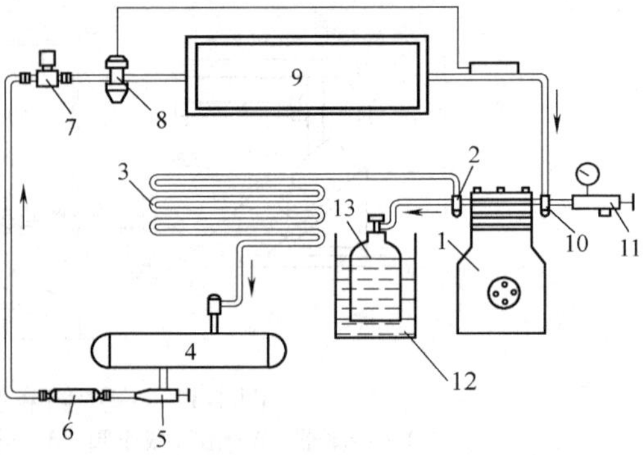


图4-12 制冷剂回收到制冷剂钢瓶的连接

1—压缩机 2—排气截止阀 3—冷凝器 4—贮液器 5—供液截止阀 6—干燥过滤器 7—电磁阀 8—热力膨胀阀 9—蒸发器 10—吸气截止阀 11—单表修理阀 12—冷却水 13—制冷剂钢瓶

将制冷剂回收到制冷剂钢瓶时应注意：

1）空制冷剂钢瓶在使用前要抽尽瓶内的空气。

2）如果无法用冷水冲淋，可将制冷剂钢瓶整个浸入冷水中。

3）回收过程中，关闭排气截止阀的动作要慢，以使制冷剂得到充分冷却。同时，应注意观察压力表的读数，如果关闭速度太快，连接管管内制冷剂因温度太高、压力太大而易发生管道爆裂。

### （五）商用冷藏柜充注冷冻机油

冷冻机油是制冷系统运行中不可或缺的重要介质，它对制冷系统的运行有着以下重要作用：

1）润滑压缩机的各运动部件，改善运动部件的工作条件。

2）带走摩擦热、冷却摩擦件和压缩气体。

3）起密封作用，阻止制冷剂的泄漏。

4）防锈和冲洗，带走摩擦表面上的磨屑。

5）利用油压作为控制机组加卸载机构的动力。

6）对机器起到减振、消声作用。

制冷系统在运行较长周期后，冷冻机油会过脏或因泄漏导致冷冻机油不足，应添加或更换冷冻机油。商用冷藏柜充注冷冻机油的方法主要有两种：一种是从吸气截止阀吸入；另一种是从加油孔中加注冷冻机油。加注冷冻机油前，必须检查待加冷冻机油的牌号是否与原机组所用的冷冻机油一致。

#### 1. 从吸气截止阀吸入

从压缩机吸气截止阀旁通孔通道吸入是加注冷冻机油的常用方法，如图4-13所示。从吸气截止阀加注冷冻机油的操作步骤如下：

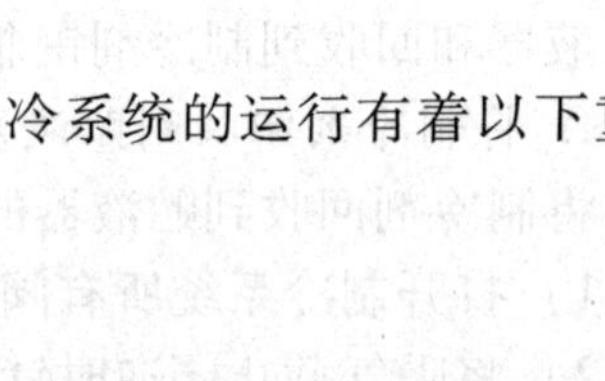

图4-13 从吸气截止阀加注冷冻机油

1）将吸气截止阀逆时针拧至全开状态，关闭旁通孔通道，取下吸气截止阀旁通孔通道螺塞，连上加油管。

2）稍关吸气截止阀（即打开旁通孔），放出一些制冷剂气体，把油管中的空气排掉，然后关闭吸气截止阀，并用手指堵住加油管，如图4-13所示。

3）起动压缩机，将曲轴箱抽空。当曲轴箱呈真空状态而且堵住管头的手指感到有一股较强吸力时，停机并立即关闭排气截止阀。

4）将用手指堵住的管头浸入油中后放手，借曲轴箱内的真空将油吸入曲轴箱。

5）观察曲轴箱油面是否达到要求。若油面没有达到要求，而加油管口已无吸油能力（即曲轴箱真空度不够）时，用手指堵住管口，起动压缩机对曲轴箱再抽真空，继续加油，直到达到要求的油面高度为止。拆下加油管，拧紧吸气截止阀旁通螺塞，拆下排气截止阀上的旁通螺塞，起动压缩机，将曲轴箱内的空气排出。无气体排出时，将排气截止阀旁通螺塞迅速拧紧，同时停机。加油完毕。

6）手指堵住加油管一端时，若能保证空气不会进入，可关闭吸气截止阀，起动压缩机，利用真空一直加油，直到符合要求。然后开足吸气截止阀（即关闭旁通孔），拆下加油管，拧紧旁通螺塞，使压缩机恢复运行。

2. 从加油孔中加注冷冻机油

若曲轴箱上部有加油孔，也可从曲轴箱上部的加油孔加注冷冻机油。先关闭压缩机的吸气截止阀，起动压缩机将曲轴箱抽真空，当曲轴箱压力低于大气压力时停机，并关闭排气截止阀。拧下加油孔的螺塞，将漏斗或加油管插入加油孔内向曲轴箱加油。加油后拧紧螺塞。注意曲轴箱的空气排除后才可开启吸、排气截止阀而投入运行。

**（六）商用冷藏柜热力膨胀阀流量调节**

热力膨胀阀是组成制冷装置的重要部件，是制冷系统中四个基本设备之一。它通过感受蒸发器出口气态制冷剂的过热度来控制进入蒸发器的制冷剂流量。制冷设备刚投入运行时热力膨胀阀不用调整，但是在设备连续使用几年后，由于阀针的磨损、系统有杂质、阀孔部分有堵塞及弹簧弹力减弱等原因，影响了热力膨胀阀的开启度，使得热力膨胀阀偏离了它的工作点，表现为热力膨胀阀开启度偏小或过大。

热力膨胀阀开启度若太小，就会造成供液不足，使得没有足够的制冷剂在蒸发器内蒸发，制冷剂在蒸发器管内流动的途中就已经蒸发完了，在这以后的一段蒸发器管中没有液体制冷剂可供蒸发，只有蒸气被过热。因此，相当一部分的蒸发器未能充分发挥其效能，造成制冷量不足，降低了设备的制冷效果。

热力膨胀阀开启过大，即热力膨胀阀向蒸发器的供液量大于蒸发器负荷，会造成部分制冷剂来不及在蒸发器内蒸发，同气态制冷剂一起进入压缩机，引起湿冲程，甚至冲缸事故，损坏压缩机。同时，热力膨胀阀开启过大，使蒸发温度升高，制冷量下降，压缩机功耗增加，增加了耗电量。因此，有必要定期检查调整热力膨胀阀，尽量让热力膨胀阀工作在最佳匹配点。

在调整商用冷藏柜热力膨胀阀之前，必须确认设备制冷异常是由于热力膨胀阀偏离最佳工作点引起的，而不是因为制冷剂少、干燥过滤器堵塞、滤网堵塞、风机等其他原因所引起的。

1. 热力膨胀阀流量过大的调整

1）起动压缩机，运行一段时间后，观察压力表数值和蒸发器结霜情况。如果低压压力偏高，且蒸发器的前半部分不结霜或结霜不实，而后半部分结霜至压缩机的吸气端，甚至结到压缩机的气缸盖上，表明制冷剂的流量过大。如果发现热力膨胀阀出口接头处结霜，表明热力膨胀阀开启度过大。

2）拧开阀帽，将热力膨胀阀的调节阀杆顺时针旋 1/4 圈，然后继续观察低压表压力值及蒸发器、热力膨胀阀的结霜情况。

3）若流量仍然过大，则继续顺时针旋阀杆 1/4 圈，再观察低压压力、热力膨胀阀和蒸发器的结霜情况。

4）当压力正常，热力膨胀阀和蒸发器结霜符合标准后，调整结束，拧上阀帽。

2. 热力膨胀阀流量过小的调整

1）起动压缩机，如果蒸发器前半部分结霜，后半部分不结霜或结霜不实，表明系统中流量过小。此时，热力膨胀阀阀体大半部分结霜，表明热力膨胀阀开启度过小。

2）按逆时针方向旋阀杆 1/4 圈，观察低压压力表及蒸发器的结霜情况。如果仍未达到要求，应继续调整阀杆，直到正常为止。调整结束后拧上阀帽。

**（七）商用冷藏柜制冷系统排除空气**

制冷系统进入空气的危害很大，因空气中水蒸气的存在可以导致冰堵，水分还可与制冷剂发生化学变化产生种种恶劣的影响，严重时可烧毁压缩机。制冷系统中混入空气还会影响冷凝器散热，使冷凝压力升高，导致机组不能正常运转。因此，无论是哪一种制冷系统排除系统中的空气都是必要的。制冷系统混入空气的不良影响如图 4-14 所示。商用冷藏柜制冷系统排除空气的方法根据制冷系统采用压缩机形式的不同而不同。

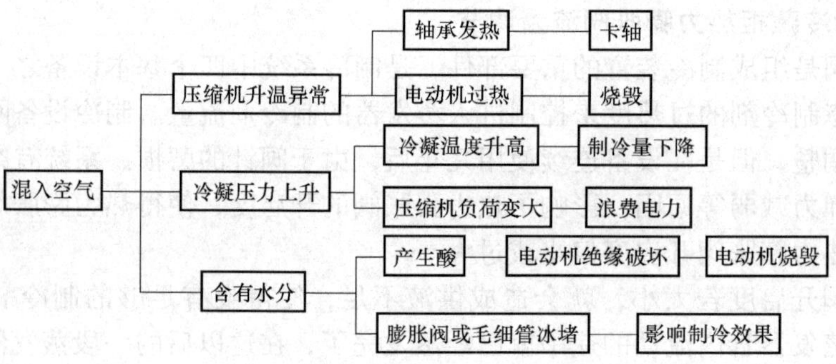


图 4-14　制冷系统混入空气的不良影响

1. 全封闭式压缩机制冷系统排空气操作

在充灌制冷剂以后，使压缩机起动运转一段时间后停机，开启高压排气截止阀，拧下排气截止阀旁通孔通道螺塞，将排气截止阀旋至“三通”状态，空气即可从中排出。初始会有少量的制冷剂液体喷出，然后是空气。用手试一下，觉得有凉气喷出，此时即可关闭排气截止阀。然后使压缩机继续运转，同时适量补足制冷剂。也可将系统中所有的制冷剂全部放掉，重新抽真空，这样较彻底。

2. 开启式压缩机制冷系统排空气操作

1）关闭贮液器出液阀或冷凝器出液阀。

2）起动压缩机，将低压段内的制冷剂排至冷凝器或贮液器中。

3）当低压段达到稳定真空后关停压缩机。

4）将排气截止阀逆时针拧至全开状态，拧下排气截止阀旁通孔通道螺塞，将排气截止阀旋至“三通”状态。

5）高压气体从旁通孔通道中喷出，当手感觉有凉意或有油滴时，立即关闭排气截止阀旁通孔通道，拧上旁通孔通道螺塞，排除空气结束。

6）将排气截止阀旋至“三通”状态。

## 二、操作训练

1. 实训工具、材料及设备

（1）工具　氮气瓶（含氮气）、氮气减压阀、耐压软管、多用接头、压力真空表、复式修理阀、连接软管、真空泵、水箱、制冷剂钢瓶（含制冷剂）、空制冷剂钢瓶、磅秤、钳形电流表、活扳手、套筒扳手。

（2）材料及设备　开启式冷藏柜机组、全封闭式冷藏柜机组、冷冻机油、洗洁精或肥皂水、油杯、$\phi$6mm 铜管、白纸。

2. 实训任务

任务 1　冷藏柜制冷系统的吹污

（1）实训目的　通过对冷藏柜制冷系统高、低压侧高压氮气吹污操作，掌握高压氮气吹污操作技能。

（2）实训内容

1）冷藏柜制冷系统高压侧吹污操作。

2）冷藏柜制冷系统低压侧吹污操作。

任务 2　冷藏柜制冷系统的压力检验

（1）实训目的　了解冷藏柜制冷系统压力检测介质、介质压力范围，掌握压力检测方法与操作步骤。

（2）实训内容

1）全封闭式压缩机冷藏柜制冷系统压力检测。

2）开启式压缩机冷藏柜制冷系统压力检测。

任务 3　冷藏柜制冷系统充灌制冷剂

（1）实训目的　掌握冷藏柜制冷系统高压侧充灌制冷剂和低压侧充灌制冷剂的方法与操作步骤。

（2）实训内容

1）冷藏柜制冷系统高压侧充注制冷剂操作。

2）冷藏柜制冷系统低压侧充注制冷剂操作。

任务 4　冷藏柜制冷剂回收

（1）实训目的　了解制冷剂回收的目的，掌握制冷剂回收到贮液器和制冷剂回收到制冷剂钢瓶的方法与操作步骤。

（2）实训内容

1）冷藏柜制冷系统制冷剂回收至贮液器的操作。

2）冷藏柜制冷系统制冷剂回收至制冷剂钢瓶的操作。

任务5　冷藏柜制冷系统加注冷冻机油

（1）实训目的　了解冷冻机油在制冷循环工作中的作用，掌握从吸气截止阀吸入、从加油孔中加注冷冻机油的方法与操作步骤。

（2）实训内容

1）冷藏柜制冷系统从吸气截止阀吸入冷冻机油的操作。

2）冷藏柜制冷系统从加油孔加注冷冻机油的操作。

任务6　冷藏柜热力膨胀阀流量调节

（1）实训目的　了解热力膨胀阀开启度过大和开启度过小对制冷系统的影响，掌握热力膨胀阀开启度过大和开启度过小的调整方法与步骤。

（2）实训内容

1）冷藏柜制冷系统热力膨胀阀开启度过大的调整方法与步骤。

2）冷藏柜制冷系统热力膨胀阀开启度过小的调整方法与步骤。

任务7　冷藏柜制冷系统排空气

（1）实训目的　了解制冷系统混入空气对制冷系统的不良影响，掌握全封闭式制冷压缩机制冷系统与开启式制冷压缩机制冷系统排除空气的方法与操作步骤。

（2）实训内容

1）全封闭式压缩机冷藏柜制冷系统排空气操作。

2）开启式压缩机冷藏柜制冷系统排空气操作。

3. 实训注意事项

1）认真做好实训前预习，熟悉训练内容和操作方法。

2）实训所用的工具和设备在使用前要认真地进行检查，发现问题应及时报告。

3）制冷系统压力检漏时，严禁用氧气代替氮气，以免发生爆炸事故。另外，系统中充入氮气或空气时，决不允许强行起动压缩机，否则会引起爆炸事故。

4）抽真空时，修理阀应一直处于关闭状态，与大气隔绝，防止空气进入系统。但真空压力表始终与系统相通，可随时观察系统内部压力。

5）充灌制冷剂时，应结合经验法（观察蒸发器结霜情况、低压压力值大小、电流值大小和热力膨胀阀结霜情况等）判断制冷剂量是否合适。

6）充灌完制冷剂后，应先关制冷剂钢瓶再停机，目的是不浪费管内残存的制冷剂。

7）热力膨胀阀的调整必须在冷藏柜机组正常运转的情况下进行。由于实际工作中的热力膨胀阀感温系统存在着一定的热惰性，会形成信号传递滞后，运行基本稳定后才可进行下一次调整。因此整个调整过程必须耐心细致，调节转动的圈数一次不宜过多过快。

8）实训结束时，要对用过的工具、设备、材料进行整理归位，放置到指定位置。实训工具、设备不得私自带出实训室。

9）通电设备使用后切记关闭电源，置于安全档位。

## 任务三　冷藏柜常见故障检修

**能力训练目标**　能对冷藏柜常见故障进行分析与排除。

## 一、知识与技能

冷藏柜的主要故障有制冷系统故障和电气控制系统故障。常见的制冷系统故障是冰堵、脏堵和制冷剂泄漏，常见的电气控制系统故障多发生在电动机和温度控制器中。当冷藏柜发生故障时，应针对其故障现象进行检查，检查方法和电冰箱相似，常用的方法有看、听、摸、闻、测。

（1）看　即观察冷藏柜的使用环境和使用状况，看高、低压压力表的指示值是否正常；压力表指针有无剧烈摆动，如果摆动表明制冷系统内混有空气；看压缩机轴封及各连接部位是否有油迹，如果有油迹，则此处很可能是泄漏点；看压缩机曲轴箱内的油位是否正常；看冷凝器是否落满灰尘，如果灰尘过多应及时清洗；看蒸发器的结霜情况，如果结霜不满，结浮霜，表面交替结霜或压缩机吸气端、壳体和气缸盖结霜，都属不正常现象；看电磁阀、热力膨胀阀及干燥过滤器的进口端是否有结霜或结露现象，如果有，则说明此处可能堵塞；看带轮的运转情况等。

（2）听　起动压缩机，可以听压缩机运转时的声音，听制冷剂流动的声音，听膨胀阀内制冷剂流动的声音等来初步判断故障原因。

1）听压缩机运转时的声音。压缩机正常运转时，一般都会发出轻微但又均匀的“嚓嚓”的摩擦声，以及阀片轻微的“嘀嘀”的敲击声。压缩机曲轴箱内的“咣当”声是由曲轴与连杆的间隙过大引起的；压缩机运转时气缸内有“通、通”的敲击声，说明有液击、油击现象，或吸气阀组件已落入气缸内；压缩机内发出“吱、吱”的沉重摩擦声，一般是由于冷冻机油不足产生干摩擦造成的；压缩机内部发出“嗒、嗒”的金属撞击声，说明内部运动部件有松动；传动带发出“叭、叭”的拍击声，说明传动带打滑或损坏。

2）听蒸发器内制冷剂流动声。通电后，听蒸发器内是否有气体流动声，若听不到因制冷剂汽化而发出的“嗞、嗞”并有流水似的声音，则说明制冷系统堵塞或制冷剂全部泄漏。

3）听膨胀阀内制冷剂流动声。热力膨胀阀内发出断续的“嗞、嗞”流动声，说明制冷剂量少或有冰堵现象。

（3）摸　机组停止运行时，用手转动压缩机带轮，应能灵活转动。机组运行 1h 后，用手摸压缩机吸气管，应感到发凉，摸排气管，应感觉烫手；用手指蘸水摸蒸发器和吸气管，应有粘手的感觉；摸冷凝器的表面，应感觉其上部温度较高，下部温度较低（或右边温度高，左边温度低，视冷凝器盘管形式而异），若冷凝器不热，则说明制冷剂泄漏，若冷凝器时冷时热，则说明干燥过滤器或毛细管堵塞；摸压缩机气缸盖，高压侧热，低压侧凉，如果无温差，表明压缩机气缸盖石棉橡胶垫冲破，高、低压腔串气；摸压缩机前、后轴承盖的温度一般不超过 70℃，若非常烫手或只是微热都表明系统不正常。

（4）闻　当冷藏柜发出异常的刺激性气味或烧焦的胶木气味时，可能交流接触器的线圈或电动机绕组已烧损。

（5）测　当冷藏柜出现故障时，可用万用表测量电源电压是否正常。控制电路中的熔断器、交流接触器的线圈和触点、热继电器、温度控制器、压力控制器和电磁阀的线圈、电动机的绕组等都可以用万用表进行检测。

通过采用上述方法的检查，再结合使用者表述的故障现象，进行综合分析，从而提出排除故障的方法或维修方案。

采用单相电源全封闭式制冷压缩机制冷的冷藏柜的故障分析和排除方法与家用电冰箱的故障分析和排除方法大体相同。这里主要分析采用开启式制冷压缩机冷藏柜常见故障的分析与排除。

## （一）冷藏柜制冷系统常见故障检修

### 1. 制冷设备常见故障检修

制冷系统中除压缩机外，还有其他制冷设备，这些设备起着热交换、储存、分离、控制和减压的作用，由于这些设备在运行中长期承受着不同的压力和温度，加之制冷剂、水和空气的影响，其结构和材料都会发生不同程度的变形，厚度变薄或腐蚀、管道结垢堵塞等，如果忽视对这些设备的定期检查和计划维修，轻者影响制冷系统的正常运行，严重的会造成事故。因此，必须重视设备的检修工作。

（1）冷凝器的检修　冷藏柜制冷系统冷凝器常采用风冷翅片盘管式冷凝器，对于风冷翅片盘管式冷凝器的检修主要是除尘、检漏和修复。

1）风冷冷凝器的除尘。

① 刷洗法。刷洗法主要用于冷凝器表面油污较严重的场合。准备70℃左右的温水，加入清洁剂（也可加入专用清洗剂），用毛刷刷洗。刷洗完毕后，再用水冲淋。目前有一种喷雾型的换热器清洗剂，将清洗剂喷在散热片上，片刻后用水冲洗即可。

② 吹除法 。吹除法是利用压缩空气、氮气或高压清水，将冷凝器外表附着物吹除；也可用毛刷边刷边吹除。在清洗冷凝器时，应注意保护翅片、换热管等，不要用硬物刮洗或敲击。

2）冷凝器检漏。风冷式冷凝器经过长时期的使用，直管和180°弯管焊接接头处与环境空气长时间接触，有可能发生锈蚀及针状小孔泄漏。其检漏方法是气压试验检漏，即将冷凝器内打入高压氮气，用浓密肥皂水涂抹在焊接接口处，如果有气泡说明该处有漏点。另外，还可以将打压后的冷凝器浸入水池，查看哪一根管子有气泡，即说明哪根管子泄漏。

3）冷凝器修复。对于盘管式冷凝器，若属螺纹联接接头松动，可拧紧螺母或重新更换接头螺母；若焊缝不牢，应重新补焊；若发现管路有裂纹或针状小孔，可用补焊的方法修复或更换管道。冷凝器修复后，应将冷凝器进行密封性试验，如R22制冷系统应用氮气进行密封性试验。

（2）蒸发器的检修

1）蒸发器检漏。蒸发器泄漏时，因为制冷剂是无味的气体，因此，只能用眼看、卤素灯和电子检漏仪等方法检查。制冷剂与油能互相混溶，因此，哪里有油迹，哪里就有泄漏。用卤素灯检漏时，若某处有制冷剂泄漏，卤素灯燃烧的火焰会变成微绿、淡绿、紫绿或蓝色等颜色。若火焰呈蓝色时，火焰中的光气有毒，不能长时间用此方法检查。这种情况下，可用眼看或者用洗洁精（或肥皂水）检查即可发现泄漏点。另外，还可用电子检漏仪进行检漏，这种仪器因灵敏度高，严重泄漏时，不易找泄漏点。

2）蒸发器修理。

① 蒸发器内积油。制冷剂能与润滑油互相溶解，因此，制冷剂在系统中循环就免不了会有润滑油附在管子表面，尤其是在设计和安装不符合要求时，蒸发排管内存在有较多的润滑油。若因蒸发器内有油影响传热，使室温达不到要求，则应把蒸发器内的制冷剂抽净，将供液和回气管路的接头处拆开，接上空气压缩机的管子，用压缩空气吹除油污和其他杂质，

最好用氮气进行吹除。若吹除的油过多，说明蒸发器回油不顺畅，其原因在每组蒸发排管的末端没做回油弯、回气管直径过粗、流速不够或者回气主管水平管段没有向机器方向倾斜等，视具体情况进行修理。

② 蒸发系统阻塞。蒸发器内有机械杂质，甚至有木塞、棉纱等阻塞，像这类问题应进行截管处理。但是为了减少截管的根数，应找到管内的堵塞处。一般在管内有节流现象，堵塞处前、后结霜不一样；也可听管子内的液体流动声，一般应用节流声找到阻塞处，截去管子，将阻塞物取出，再把管子焊好，经试压查漏合格后才能恢复蒸发器的使用。

③ 蒸发系统泄漏。系统连接管或蒸发排管的活接头处泄漏时，可用扳手拧紧。如果无松动，应拆下螺母，检查喇叭口是否偏斜或损坏，螺钉的螺纹是否损伤。若喇叭口损坏，应将此喇叭口用割管器割掉，重新胀制。应注意胀管器要放正，否则，所胀的喇叭口偏斜，装上后还会泄漏。

（3）干燥过滤器的检修　系统杂质较多时，干燥过滤器经使用一段时间后，滤网会被堵塞，使系统不能正常工作。检查时，可用手触摸干燥过滤器两端，若两端温度基本相同，说明干燥过滤器正常；若两端有明显温差，说明干燥过滤器内堵塞；若干燥过滤器上结有霜层，说明严重堵塞。当出现上述现象时，就要将干燥过滤器拆下清洗或更换干燥剂。

拆下干燥过滤器按以下步骤操作：首先将系统中的制冷剂全部收集到贮液器或冷凝器中，然后拧松干燥过滤器两端的螺母，拆下干燥过滤器，拧松法兰上的螺栓，将法兰拆开，取出过滤网，倒出干燥剂，并用汽油或四氯化碳将过滤网和干燥过滤器内部清洗干净。当汽油晾干后，装好干燥过滤器出口处的滤网，装入与原干燥剂等量的新干燥剂（也可继续使用原来的干燥剂，但须将干燥剂烘干，使干燥剂再生），装好进口滤网，装上弹簧和密封胶垫，然后用固定螺栓将法兰安装好，经1.6MPa氮气压力试漏5min，如果无渗漏，才可装入系统管路。

（4）热力膨胀阀的检修　制冷系统正常运行时，热力膨胀阀孔和阀的出口端呈现一斜线状霜层（即45°结霜），并在阀的进口端即过滤网处不结霜。但在生产实践中，由于操作不慎和其他原因造成失去控制作用或向外部泄漏制冷剂，这就需要及时予以处理，以保证制冷系统的正常运行。热力膨胀阀常见故障有堵塞、感温剂泄漏和热力膨胀阀关闭不严等。

1）热力膨胀阀脏堵、冰堵、油堵故障的排除。一般采用酒精灯加热阀体（严禁用气焊）或轻轻敲打。视吸气压力回升情况进行判断，当加热后吸气压力回升，说明是冰堵，可更换干燥过滤器中的干燥剂，以排除水分。

当轻打膨胀阀时，吸气压力回升，说明是脏堵。发生脏堵故障时，拆下热力膨胀阀进口端铜管，取出过滤网，用汽油清洗干净，同时用氮气将阀体吹干净后，再将过滤网装好，接入系统即可。

如果是油堵，应先更换冷冻机油，然后再用氮气吹，将管道和阀中残留的污油全部吹出并更换干燥过滤器。

2）感温包内感温剂泄漏。确定是感温剂泄漏时，可关闭膨胀阀两侧截止阀，拆下膨胀阀，用嘴对着膨胀阀出口接头吹或吸气，若不通，说明感温剂泄漏；用手指按膜片，若动，说明感温剂泄漏。找出泄漏点修复后重新充注感温剂，或者直接更换热力膨胀阀。

3）阀体部分的传动杆磨损。传动杆弯曲变短，可用手轻轻敲打校直，校直后再用锤子作延伸敲打。敲打时不得用力过猛，并沿一个方向敲打。敲打完后用游标卡尺进行测量。测量时必须把手动调节杆处于中间受力状态。传动杆较长可用整形锉进行锉短，端面必须保持平整，两个端面应保持平行。如果延伸量不够或太短无法应用时，可选用直径相同、长度相等的铜焊条代替。

（5）截止阀的检修

1）截止阀关闭不严。当截止阀关闭不严时，容易出现泄漏，这时可以对阀口进行研磨或采取平整手法，但不能对阀芯进行处理，因为制冷剂系统用阀门大多数阀芯材料为钢，而且阀体材料为铜，因此，磨损部位在阀体上，可以对阀体进行处理或更换。

2）密封填料的磨损。阀杆经常转动，使其与阀体之间的密封填料磨损较快。密封填料磨损后应更换。

2. 制冷系统常见故障检修

（1）冷藏柜制冷效果差　制冷效果差是指冷藏柜能正常运转制冷，但在规定的工作条件下，其箱内温度降不到原设定温度。

1）制冷剂渗漏。

① 故障分析：系统中制冷剂渗漏后，制冷量就不足，现象是吸、排气压力低而排气温度高。膨胀阀处能听到比平时大得多的断续的“吱吱”气流声。蒸发器不挂霜或挂较少量的浮霜，若调大膨胀阀孔，吸气压力仍无大变化。停机后，系统内平衡压力一般低于相同环境温度所对应的饱和压力。

② 排除方法：制冷剂泄漏后，不能急于向系统内充灌制冷剂，应立即查找泄漏点并修复。泄漏现象修复后，要按正常的检修方法检漏、抽真空、充灌制冷剂，然后试运转。

使用开启式压缩机组的冷藏柜接头多，密封接触面多，潜在的渗漏点相应就多，检修时要充分使用多种检测方法，根据经验来查找主要易渗漏部位是否有渗油、管路断裂、接头松弛等现象。易渗漏的主要部位有：压缩机轴封和连接管处、阀门的阀杆填料处、电磁阀芯的套管与阀体焊接处、系统中的接头和法兰连接处，以及蒸发器与冷凝器等连接点处等。对于这些部位，要分别进行检查，磨损严重的零件要更换，松动或坡口处有泄漏要加以紧固焊接等。

2）制冷剂充灌过多。

① 故障分析：制冷剂充灌过多时，会引起吸、排气压力的偏高，冷凝器上下全热，蒸发器盘管上只结一层“雪花”样虚霜，手指一触即化，或蒸发器盘管凉而不结霜。

② 排除方法：按操作程序，需停机几分钟后在压缩机排气截止阀处放出多余制冷剂，使吸气压力达到规定要求，同时也能将系统中的残余空气一并放出。

3）制冷系统内有空气。

① 故障分析：在冷凝器中有空气时，空气会占用传热面积，使冷凝压力升高，而且高压压力表指针摆动剧烈，制冷量下降。

② 排除方法：可以在停机几分钟后，连续几次从高压截止阀放出空气，放空之后，可根据实际情况适当充灌一些制冷剂。

4）压缩机效率低。

① 故障分析：制冷压缩机效率低是指在工况不变的情况下，其实际排气量下降，这必然使压缩机制冷量相应地减少。这种现象多发生在经过较长时间使用的压缩机上，压缩机运动件已有相当大程度的磨损，各部件配合间隙增大，气阀密封性能下降，进而引起实际排气

量的下降。

判断方法如图4-15所示。关闭吸气截止阀，让压缩机运转几分钟，将曲轴箱内制冷剂排入冷凝器中，停机并立即关闭排气截止阀，在吸、排气截止阀的旁通孔各装上高、低压压力表再开机，旋松吸气截止阀旁通孔接管的接扣（见图4-15中的A处），让空气缓缓吸入压缩机，使压缩机的排气腔内压力慢慢上升。升至一定压力（一般为980kPa）时，旋紧接扣停止吸入空气，并让压缩机继续运转几分钟停机。停机10min后，看低压真空度回升情况，若10min内高、低压压力平衡了，说明阀板有严重渗漏，须予拆修。然后，作980kPa压力的充气工作，并继续运转，根据吸气压力下降值（一般降为66.66kPa的真空度）来判断压缩机的效率。若吸气压力达不到要求数值，说明这台压缩机效率很低，需拆检修理。若吸、排气压力能达到数值要求，压缩机还可使用。

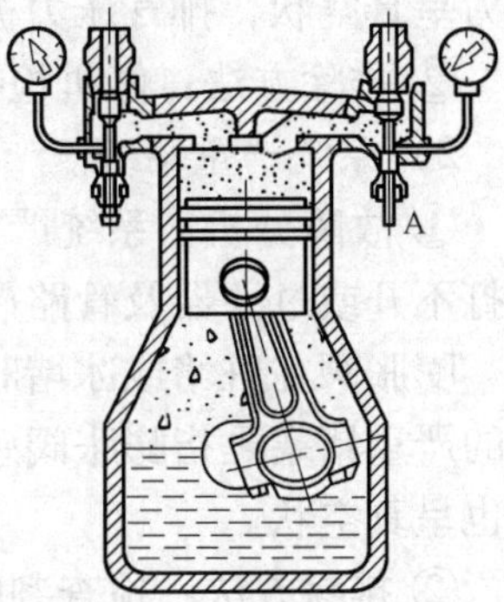

图4-15　压缩机效率试验

② 排除方法：拆检并修理压缩机。

5）蒸发器霜层过厚。

① 故障分析：霜层太厚会使蒸发器的传热性能大大降低，造成制冷量下降，制冷效果差。

② 排除方法：停机除霜，打开箱门让空气流通，减少融霜时间。严禁用木棒或铁器敲击霜层，以防损坏蒸发器管路。

6）蒸发器内过脏或积油过多。

① 故障分析：脏物和冷冻机油的热导率较小，将影响蒸发器的传热效果，使蒸发器表面结浮霜或局部结霜。

② 排除方法：首先应找出冷冻机油进入蒸发器的原因，并加以排除。在故障排除后，彻底清洗蒸发器，然后重新抽真空，充灌制冷剂。

7）冷凝器散热效果差。

① 故障分析：冷凝器过脏、积尘过厚，或环境温度过高，或水冷式冷凝器水流量过小都会引起冷凝器散热效果差。

② 排除方法：若冷凝器过脏、积尘过厚，应清洗；若环境温度过高，应改善通风冷凝条件；若水冷式冷凝器水流量过小，应加大水流量。

8）制冷系统堵塞。

① 故障分析：制冷系统中的干燥过滤器、热力膨胀阀和贮液器的供液阀等都可能被脏物部分堵塞，从而导致制冷效果差。系统中微堵的反常现象是排气压力偏低，排气温度下降，被堵塞的部位比正常时温度低，堵塞严重时会出现凝露和结霜现象。

② 排除方法：先将制冷系统中的制冷剂回收至贮液器中，再将堵塞部件拆下清洗、干燥后再装上，对干燥过滤器还需更换干燥剂。

（2）压缩机运转但不制冷　压缩机能起动并正常运转，但经过较长时间后蒸发器仍不结霜（或有少许霜），冷藏、冷冻柜内温度降不下来，这种现象称为不制冷。不制冷的原因很多，也较复杂，检修时要特别注意造成这种现象的直接原因。

1）无制冷剂。

① 故障分析：系统中无制冷剂主要是由于系统有严重泄漏点，出现这种情况时，吸气压力呈真空状，排气压力极低，排气管很凉，蒸发器里听不到液体的喷流声。

② 排除方法：停机检查泄漏点，排除泄漏点后，抽真空，充灌制冷剂。

2）系统严重堵塞。

① 故障分析：系统严重堵塞后，制冷剂不能正常循环，引起不制冷。一般是由于膨胀阀打不开或过滤器及管路严重堵塞造成的。

膨胀阀在脏堵或冰堵时，一般总有一定的过液量，根据阀前后的结霜情况可判断出，此处的严重堵塞是指膨胀阀感温包内感温剂泄漏而使膨胀阀打不开，引起堵塞。此时，吸气压力也呈真空状。

② 排除方法：检查判断堵塞部位，如果由于膨胀阀感温剂泄漏，应更换膨胀阀。其他部位堵塞时，清洗或疏通堵塞部位。

3）压缩机无吸、排气。

① 故障分析：压缩机无吸、排气主要是由于吸、排气阀片击碎或气缸垫片中筋被击穿造成的。气缸垫片中筋被击穿如图 4-16 所示。当出现上述现象时，压缩机吸、排气压力均没有，在吸、排气压力表上可看到，吸、排气压力几乎相等。

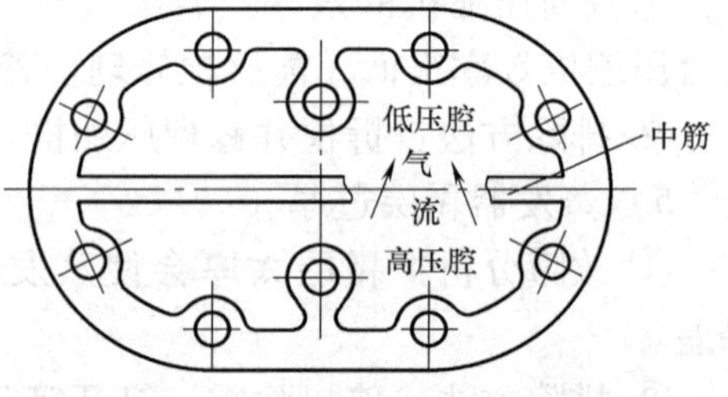

图 4-16 气缸垫片中筋被击穿

② 排除方法：关闭压缩机吸、排气截止阀，打开缸盖，取下阀板，检查吸、排气阀及垫片，修理或更换。

（3）压缩机不停机

1）压缩机故障。

① 故障分析：压缩机的吸、排气阀片破损，关闭不严，使吸、排气能力下降，也会造成压缩机的制冷性能下降，长时间运行而不停机。

② 排除方法：压缩机吸、排气能力下降的故障原因判断比较困难，一般可接上低压表和高压表通过压力指示值来断定；另外，也可卸掉压缩机的高、低压截止阀与排气管和吸气管的连接锁母，起动压缩机，用手感来检查吸、排气口的气体流动状态。如果检查出确有故障，应按开启式压缩机的拆卸方法，打开压缩机，修复或更换吸、排气阀片。

2）制冷系统蒸发温度过高，制冷量降低。

① 故障分析：在制冷系统中，制冷剂渗漏和系统堵塞等会直接影响制冷量。制冷量减小，箱内温度达不到额定值，温控器不动作，压缩机连续运转。

② 排除方法：若发现制冷剂不足，可充灌制冷剂；若系统堵塞，可拆除堵塞部分，进行清洗；若蒸发温度过高，可适当调整制冷剂的量来解决。

3）箱体保温层损坏和门封密封不严。

① 故障分析：当箱体保温层绝热保温效果降低或门封密封不严时，会使箱内冷量损失严重而温度降不下来，压缩机长时间运转不停机。

② 排除方法：门封和保温层损坏，不仅会造成压缩机不停机，还会使蒸发器盘管表面冻结有很厚的霜层，影响制冷剂的传热性能。因此，仔细检查保温层的受损部位，改善绝热保温条件，严重的要重新制作保温层。箱门变形、门封不严的，要更换门封或修理箱门。

（4）压缩机在运转中突然停机　压缩机在运转中突然停机（正常停机及电源电路断电不属于该范围），主要是吸、排气压力超过规定的范围导致压力控制器切断电源引起的停机。

1）排气压力过高，引起高压保护停机。

① 冷凝器散热效果差。

a. 故障分析：采用风冷式冷凝器的系统中，风机故障、周围环境温度太高（达40℃）或冷凝器散热片被油污灰尘堵死空气不流通等，造成冷凝器散热效率降低，冷凝温度和压力显著上升，从而引起压力控制器动作而停机。

b. 排除方法：检查风机叶轮是否反转，可用手对着冷凝器，如果感觉不到有风吹出（也有的风扇往回吸气，可把手放在风机后部），说明叶轮反转了，应将三相电源中的任意两相对换。

检查风冷式冷凝器积灰和排除的方法是：目测或用手电筒查看散热片的透光情况，若绝大部分的翅片间空隙已不能透光，说明冷风量不足，此时可用细钢丝刷将冷凝器前、后的外表面灰尘和油污刷净，里面的灰尘可用压缩空气吹干净。

② 系统中充灌制冷剂过多。

a. 故障分析：制冷系统中制冷剂充灌过多，制冷效果不好，而且使排气压力显著升高，当超过设定压力值后，压力控制器动作，致使压缩机停机。

b. 排除方法：按操作程序，需停机几分钟后在压缩机排气截止阀处放出多余制冷剂。

③ 系统内有残余空气。

a. 故障分析：系统内有空气循环，主要表现是排气压力高，排气温度高，排气管路烫手，制冷效果差。压缩机运转不久，排气压力将超过正常值，迫使压力控制器动作而停机。

b. 排除方法：排除制冷系统中的空气。

2）吸气压力过低，引起低压保护停机。

① 故障分析：当系统中吸气压力低于低压压力控制器的设定值时，其触点就动作而切断电源。如果发现压缩机确因低压停机，可进一步分析原因和检查。

将低压压力控制器的触点暂时闭合成短接。在吸、排气截止阀处安装压力表，然后起动压缩机，观察吸、排气压力表的变化，如果是低于压力控制器的设定值，就应查找原因。一般吸气压力过低的原因主要有以下两个方面：一是制冷剂渗漏；二是制冷系统中过滤器、膨胀阀、输液管路、吸气管路堵塞。

② 排除方法：查出故障后，根据实际情况进行维修。

3）操作不当引起的停机。

① 故障分析：在使用和维修过程中，往往需要开关排气、吸气、贮液器等截止阀，有时因疏忽未将截止阀打开，就使排气压力骤升，有时压缩机会发出异常响声。

② 排除方法：此时应立即停机，以防发生危险。检查后按正常步骤开机。

### （二）冷藏柜电气系统常见故障检修

1. 主要控制元件检修

（1）热继电器的检修　热继电器常见故障有触点不通，引起电动机不能起动、电动机过载时触点不动作、电动机负载正常时触点误动作等。

1）触点不通引起电动机不能起动。故障原因一般为触点烧坏、双金属片变形和动作机构被卡住等。继电器触点烧坏时，可用细砂纸将触点磨光；双金属片变形时，应更换双金属片；动作机构被卡时，应清洗调整其动作机构；若故障严重，采用上述方法无法修复时，应更换热继电器。

2）电动机过载时触点不动作。故障一般是由于设定值太大等引起的，应调小设定电流，清理干净触点表面污垢。

3）电动机负载正常时触点误动作。故障原因有设定值太小，未过载就动作；电动机起动时间太长造成继电器在起动时脱扣或起动过于频繁，电热丝多次受到大冲击电流的作用。应调大设定电流值，或更换合适的热继电器。

（2）交流接触器的检修

1）通电后接触器不吸合。检查电磁线圈，用万用表测量线圈两端，如果电阻为零，则为短路，如果电阻无穷大，则为断路，均需更换。如果触点动作失灵或被其他部件卡住，则应仔细调整，消除障碍物。如果衔铁被卡住不能起落，也应及时拆下修理。

2）断电后接触器不断开。①接触器触点粘连，应仔细检查，排除粘连故障，修理或更换触点；②接触器铁心表面有油或尘埃，应清理铁心表面，使其平整，但不要过于光滑，防止造成延时释放；③接触器机械部分被卡住，应排除卡住现象；④复位弹簧的反作用力过小，应调整或更换弹簧。

3）运行中发生振动或噪声过大。产生的原因有许多，其中动、静铁心端面接触不良时，要设法整修；若触点氧化、不平、毛刺，要用细砂纸和锉刀进行整修；若触点烧损，可更换新的触点，并要检查造成烧损的原因；若弹簧反作用力过大造成振动和噪声，应更换合适的弹簧。

4）接触器动作迟缓。当线圈电压不足时，应调整线圈电压；当复位弹簧的反作用力过大时，应更换合适的弹簧；当动、静铁心的间隙过大时，可将间隙调小。

5）触点工作时打火。当铁心吸合出现振动时，可调整线圈电压使其正常工作；当短路磁环损坏时，应更换新的；由于操作次数频繁，触点变形造成接触不良或接触力不足时，应将烧坏的触点用细砂纸磨平，调整或更换弹簧并重新调整触点间隙。

6）触点严重发热。当负载电流过大时，要找出过载原因并采取措施。当触点有氧化物或严重烧损，造成接触面缩小，接触不良时，用锉刀或砂纸整修。

（3）电磁阀的检修　冷藏柜制冷系统通常采用直接式电磁阀，经常出现以下故障：

1）线圈烧坏。表现为通电时阀芯不动作，电磁线圈外壳无热感，用万用表检测为断路。可将烧断处焊接好，如果烧损严重，应更换同类型线圈。

2）阀芯卡死。这时电磁阀无开启和闭合动作，若卡在关闭位置时，低压为负值，无制冷循环；若卡在开启位置，停机后高、低压很快平衡，开机时易造成液击。可进行清洗，将卡物清除干净。

3）关闭不严。压缩机停机后，用手摸电磁阀，若阀体发凉并能听到阀内的气流声时，表明电磁阀关闭不严，制冷剂仍在流动。可能原因有阀内存在脏物、阀座或阀针受损拉毛、弹簧力过小等，相应操作为清除阀内脏物、研磨阀座和阀针、调整或更换弹簧。

4）油堵、脏堵。冷藏柜在运行过程中，电磁阀外表面有冷感或结霜，表明电磁阀堵塞。可拆开阀体，将其中的脏物或油污清除干净。

5）通电时出现“嗒嗒”跳动声。电磁阀通电时，出现“嗒嗒”跳动声的原因有：电源电压过低，应调整电源电压使其恢复正常；电磁阀进、出口压力差过高而使衔铁吸不上，应检查冷凝器散热是否良好，系统中是否有空气存在，若有空气应加以排除；电磁阀安装方向与制冷剂流动方向相反，应重新安装；衔铁被卡或损坏，可打开阀体清洗或更换阀芯；短路磁环断裂开路，应更换短路磁环组件。

（4）温度控制器的检修

1）感温剂泄漏。温控器感温管内的感温剂泄漏时，其动断触点处于常开状态。当箱内温度发生变化时，波纹管仍不会膨胀，触点仍断开，此时冷藏箱压缩机无法工作。修复时可通过加压查出漏点，补漏后重新充注感温剂。但由于操作复杂，感温剂的量不易控制，因此在维修工作中一般采用更换新温控器的方法。

2）机械动作失灵。温控器在使用过程中会发生失灵，设定的开、停温度与实际开、停的温度有误差，使得压缩机工作不正常，误差很大时甚至出现不开机或不停机现象。处理时，可更换同规格的温控器。

3）触点烧坏或触点粘连。发生粘连主要是由于触点闭合和断开时产生拉弧造成的。处理时，可用小刀撬开触点，再用细砂纸将触点表面打磨光亮。当触点烧损严重时，应更换触点。

（5）压力控制器的检修　压力控制器是将压缩机的吸、排气压力控制在某一范围之内，以达到安全保护的目的，可防止压力过高或过低时对机组的损坏及发生不安全事故。但也常会出现以下故障：

1）高、低压力正常，控制器不通。常见原因有：高、低压控制端动作后，没有按手动复位开关，当压力恢复正常时，触点不能自动复位，可按动复位开关，使触点复位；控制器触点严重烧坏，可用细砂纸打磨触点，若触点损坏严重，无法修复时，应更换新触点，高、低压传动杆被卡，应查出被卡原因，并加以排除；低压气腔漏气，此时气腔内的压力减小，传动杆下移，触点跳开，同时制冷系统将出现制冷剂泄漏现象，应找出漏点加以补焊，或更换新的压力控制器；弹簧压力调整不当，应重新调整弹簧的压力；高、低压开关引出线脱焊，可拆开控制器，找出断线部位，并重新接好。

2）高、低压超出正常范围，控制器不动作。常见原因有：高、低压控制触点粘连、弹簧压力调整不当及传动杆被卡。处理时，可参照上述方法修复。还可能是由于高压端气腔漏气，此时气腔内的压力减小，不能推动传动杆上移顶开触点，同时系统中制冷剂将泄漏，应找出漏点加以补焊或更换。

3）压力正常，控制器动作。故障原因是弹簧调整不当或气腔出现漏气。处理方法与上述相同。

2. 电气系统常见故障检修

（1）压缩机不起动　压缩机不起动多是电动机和电气控制方面出现故障，检修时既要检查各类电气控制元件，又要检查电源及连接线路。

1）电源线路故障。

① 故障分析：压缩机不起动，一般先从电源线路上查找，如果电源熔断器熔断或接线松脱、断线造成缺相，或电源电压过低等。

② 排除方法：电源缺相时电动机发出“嗡嗡”交流声而不起动，时间稍长，热继电器动作，触点跳开。可用万用表交流电压档检查熔断器是否熔断或测量电源电压大小，若熔断

器熔断，则更换适当容量的熔断器。

2）电动机烧毁或匝间短路。

① 故障分析：当电动机绕组烧毁或匝间短路时，往往会出现熔断器反复熔断的现象，特别是一推上刀开关时就熔断。对于开启式压缩机，此时可闻到电动机里传出的漆包线烧焦的臭味。

② 排除方法：用万用表检查电动机接线柱与外壳是否短路，并测量各相电阻值，如果是短路或某相电阻小，说明绕组匝间短路，绝缘被烧毁。检查时也可用绝缘电阻表测其绝缘电阻，若其电阻接近于零，则说明绝缘层已被击穿。如果电动机烧毁，可拆换电动机。

3）温度控制器故障。

① 故障分析：温控器感温包内的制冷剂泄漏或温控器失灵，引起触点常开。

② 排除方法：转动温控器旋钮，看其在最低温度档（数字最大，或强冷连续运转档次）是否能使压缩机起动。若不能起动，应进一步观察感温包内制冷剂是否有泄漏、触点动作是否失灵等，轻微的可以修复，严重的应更换新的同一型号、规格的温控器。

4）压力控制器故障。

① 故障分析：压力控制器压力值调节不当或压力控制器内的弹簧及其他部件出现故障时，会造成在正常压力范围内，压力控制器动作，动断触点断开，压缩机无法起动。

② 排除方法：可拆开盒盖看其触点是否能吸合，也可用万用表测试是否导通。人工复位后压缩机仍不能起动时，应进一步检查系统的压力是否过高或过低，若压力正常而压力控制器又跳开，应重新调整压力控制器的高、低压力控制范围或更换压力控制器。

5）交流接触器或中间继电器故障。

① 故障分析：一般易出现触点过热、烧毁、磨损等现象，使触点接触不良。

② 排除方法：拆下修理或更换。

6）热继电器故障。

① 故障分析：热继电器触点跳开，或发热电阻丝烧断。

② 排除方法：热继电器触点跳开时，首先应检查其整定电流是否合适，并按下人工复位按钮。若起动压缩机后不跳开，则应查出引起过电流的原因，修复后才可重新按下复位按钮。发热电阻丝烧断时，应更换热继电器。

（2）压缩机运转中突然停车　压缩机在运转中突然停车，主要是吸气、排气压力超过规定压力范围导致压力继电器切断电源引起的停机，可参照制冷系统常见故障——压缩机在运转中突然停机故障之“排气压力过高、吸气压力过低引起的压力继电器保护停机”。此处主要讨论因电气控制系统中出现故障引起的停车。

1）温度控制器失控。

① 故障分析：温度控制器调节失灵或感温包安装不当，会导致频繁停、开机现象。

② 排除方法：调整感温包位置，如果能正常开、停，属于正常；如果仍然停车频繁，很可能机械部分或触点出了故障，可拆下温控器检修或调整。

2）电机超负荷。

① 故障分析：用户在使用冷藏柜时放入了过多的物品，热负荷超过制冷机组的产冷量；或者是电源电压下降，使电动机电流急剧上升，热继电器动作，熔丝熔断，电动机停转；没有过载保护设备的，电动机在长时间运转后电动机绕组烧毁。

② 排除方法：减少热负荷，注意电压变化。

3）热继电器误动作。

① 故障分析：热继电器设定值太小，电动机工作未过载就动作；电动机起动时间太长造成继电器在起动时脱扣或起动过于频繁。

② 排除方法：应调大设定电流值，或更换合适的热继电器。

（3）冷藏箱内温度正常但压缩机不停机　冷藏柜内温度正常，已达到温控器设定温度，但压缩机不停机，此类故障通常是由温度控制故障引起的。

1）温控器感温管松脱或温控器失灵。

① 故障分析：温控器感温管脱离蒸发器，无法及时感知蒸发器温度变化，造成感温信号无法及时传送至温控器，而使温控器不动作；温控器在使用过程中会发生失灵，设定的开、停温度与实际开、停的温度有误差，使得压缩机工作不正常，误差很大时出现不停机现象。

② 排除方法：固定好温控器感温管；更换相同规格的新温控器。

2）温控器触点粘连。

① 故障分析：温控器动作，触点开、闭合时产生拉弧现象，使触点粘连，无法在温度达到设定值时及时跳开。

② 排除方法：用小刀或平口螺钉旋具撬开触点，再用细砂纸将触点表面打磨光亮。若触点烧损严重，应更换触点。

## 二、操作训练

1. 实训工具、材料及设备

（1）工具　氮气瓶（含氮气）、氮气减压阀、耐压软管、多用接头、压力真空表、复式修理阀、连接软管、真空泵、水箱、制冷剂钢瓶（含制冷剂）、空制冷剂钢瓶、磅秤、钳形电流表、万用表、绝缘电阻表、活扳手、套筒扳手、平口螺钉旋具、整形锉。

（2）材料及设备　开启式冷藏柜机组、全封闭式冷藏柜机组、制冷剂回收机、电磁阀、热继电器、交流接触器、温度控制器、压力继电器、冷冻机油、洗洁精或肥皂水、油杯、$\phi$6mm 铜管、白纸。

2. 实训任务

任务 1　冷藏柜制冷效果差故障排除

（1）实训目的　通过冷藏柜制冷效果差故障现象进行分析判定故障原因，并排除故障，掌握冷藏柜制冷效果差故障的分析与排除操作技能。

（2）实训内容

1）采用完好的全封闭式压缩机冷藏柜系统和开启式压缩机冷藏柜系统作为故障演示基础模型。

2）模拟系统因制冷剂泄漏、制冷剂过多、系统内有空气等原因而产生的制冷效果差故障现象。

3）整合制冷系统制冷效果差故障现象，逐一分析并确定故障原因进行排除。

任务 2　冷藏柜不制冷故障排除

（1）实训目的　通过冷藏柜不制冷故障现象进行分析判定故障原因，并排除故障，掌握冷藏柜不制冷故障的分析与排除操作技能。

（2）实训内容

1）采用完好的全封闭式压缩机冷藏柜系统和开启式压缩机冷藏柜系统作为故障演示基础模型。

2）模拟系统因制冷剂全部泄漏、膨胀阀堵塞、干燥过滤器堵塞等原因而产生的不制冷故障现象。

3）整合制冷系统制冷效果差故障现象，逐一分析并确定故障原因进行排除。

任务3　冷藏柜运行中突然停车故障排除

（1）实训目的　通过冷藏柜运行中突然停车故障现象进行分析判定故障原因，并排除故障，掌握冷藏柜运行中突然停车故障的分析与排除操作技能。

（2）实训内容

1）采用完好的全封闭式压缩机冷藏柜系统和开启式压缩机冷藏柜系统作为故障演示基础模型。

2）模拟系统因制冷剂充灌过多、系统内有残余空气而引起的高压保护停机；模拟系统因制冷剂泄漏、温控器失灵等故障引起的低压保护停机。

3）整合制冷系统高、低压保护停机故障现象，逐一分析并确定故障原因进行排除。

任务4　冷藏柜压缩机不起动故障排除

（1）实训目的　通过冷藏柜压缩机不起动故障现象进行故障原因分析判定，并排除故障，掌握其故障分析与排除的操作技能。

（2）实训内容

1）采用完好的全封闭式压缩机冷藏柜系统和开启式压缩机冷藏柜系统作为故障演示基础模型。

2）模拟系统因电源电路断开、压力继电器触点跳开、压缩机故障、温控器触点接触不良等引起压缩机不起动的故障。

3）整合压缩机不起动故障原因，逐一分析并确定故障原因进行排除操作。

任务5　冷藏柜压缩机不停机故障排除

（1）实训目的　通过冷藏柜压缩机不停机故障现象进行故障原因分析判定，并排除故障，掌握其故障分析与排除的操作技能。

（2）实训内容

1）采用完好的全封闭式压缩机冷藏柜系统和开启式压缩机冷藏柜系统作为故障演示基础模型。

2）模拟系统因温控器感温管松脱或失灵、温控器触点粘连等引起的压缩机不停机故障。

3）整合压缩机不停机故障原因，逐一分析并确定故障原因进行排除操作。

3. 实训注意事项

1）认真做好预习，在实训前应熟悉训练内容和操作方法。

2）对所用的工具和设备在使用前要认真地进行检查，发现问题应及时报告。使用中要严格遵守实训室安全操作规程。

3）实训过程中，要严格按照相关工具、检测仪表的使用和操作方法进行操作，遵守安全操作规程，以保证仪器设备及人身的安全。

4）此实训是一项综合性很强的训练，在实训过程中，应始终综合考虑产生故障的原因，根据故障现象逐一分析，用排除法确定故障点并用所学的各种操作技能将故障排除。

5）实训采用的商业冷藏柜可以是故障冷藏柜，也可以是特设故障台。

6）商用冷藏柜在检修后，要通过调试合格后才可正常运行，以便检查修理质量是否符合要求。

7）实训结束时，要对用过的工具、设备、材料进行整理归位，放置到指定位置。实训工具、设备不得私自带出实训室。

8）通电设备使用后切记关闭电源，置于安全档位。

# 项目五　制冷系统冷却水设备的安装与调试

## 任务一　水泵的安装与调试

**能力训练目标**　能正确进行水泵的安装与调试操作。

### 一、知识与技能

水泵是冷水机组制冷系统中冷却水系统与冷冻水系统循环的主要动力设备之一，它主要向换热器、空气处理设备以及空调末端装置输送冷、热水。因此，水泵的安装与调试是制冷与空调行业工程技术人员必须掌握的一项重要技能。

#### （一）水泵的基本类型

冷水机组制冷系统中，冷却水系统与冷冻水系统常用的水泵有单级单吸清水离心泵和管道离心泵两种。当水系统循环流量较大时，常采用单级双吸离心泵。

1. 水泵的结构及型号标志

（1）IS 型单级单吸清水离心水泵　IS 型单级单吸清水离心水泵是根据国际标准 ISO2858 所规定的性能和尺寸设计的，由泵体、泵盖、叶轮、轴、轴套、密封环、悬架体及滚动轴承等组成。其外形结构如图 5-1 所示。

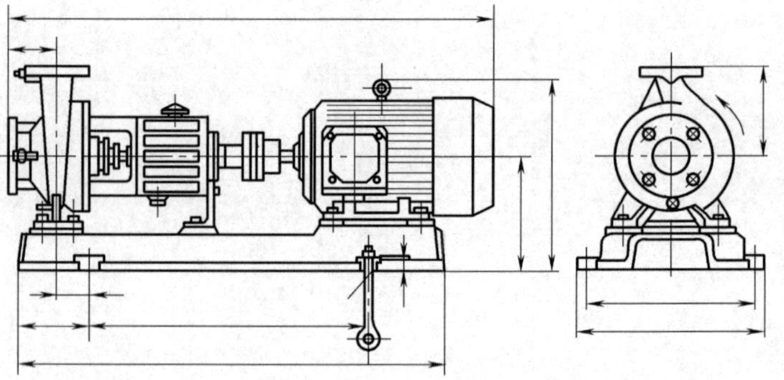

图 5-1　IS 型单级单吸清水离心水泵的结构

IS 型单级单吸清水离心水泵共有 34 个系列，适用于输送 0 ~ 80℃的清水或物理、化学性质类似于清水的其他液体，流量范围为 3.1 ~ 460$m^3$/h，扬程为 3.2 ~ 135m。

IS 型单级单吸清水离心水泵标志举例如下：

IS125—80—160Z、A、B、C、J，其含义是

IS——国际标准单级单吸离心水泵；

125——吸入口直径（mm）；

80——排出口直径（mm）；

160——叶轮名义直径（mm）；

Z——增大直径的叶轮；

A、B、C——减小直径的叶轮；

J——降速至1450r/min 运行。

（2）JYDG 型单级单吸管道离心水泵　JYDG 型单级单吸管道离心水泵是根据国际标准 ISO2858 所规定的性能和尺寸设计的，属于单级单吸离心泵的一种，属立式结构，因其进、出口在同一直线上，且进、出口口径相同，仿似一段管道，可安装在管道的任何位置，故取名为管道泵（又称为增压泵）。管道离心泵由电动机、叶轮、泵体、泵轴、机械密封组成。其结构如图 5-2 所示。

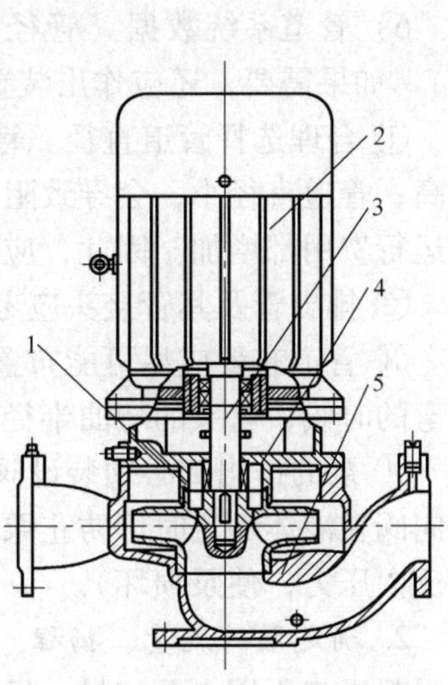


图 5-2　JYDG 型单级单吸管道离心水泵的结构

1—叶轮　2—电动机　3—泵轴　4—机械密封　5—泵体

该泵适用于输送 0 ~ 80℃ 含固体杂质的体积比不超过 0.1%、粒度不大于 0.2mm 的清水及物理性质类似清水的其他液体，流量范围为 3.9 ~ 1400$m^3$/h，扬程不大于 125m。

JYDG 型单级单吸管道离心水泵标志举例如下：

JYDG 350/460—110/6，其含义是

JYDG——立式单级管道泵；

350——进、出口直径（mm）；

460——叶轮名义直径（mm）；

110——电动机功率（W）；

6——电动机极数。

2. 水泵的工作原理

离心水泵的工作原理如下：离心泵把水送出去是靠离心力的作用。水泵在工作前，泵体和进水管必须注满水形成真空状态。当叶轮快速转动时，叶片促使水很快旋转，旋转着的水在离心力的作用下从叶轮中飞出，泵内的水被抛出后，叶轮的中心部分形成真空区域。水源的水在大气压力（或水压）的作用下通过管网压到了进水管内。这样不断循环，就可以实现连续抽水。离心水泵起动前一定要向泵壳内充满水才可起动，否则将造成泵体发热，振动，出水量减少，对水泵造成损坏（简称“气蚀”），造成设备事故。

**（二）水泵的正确选用**

水泵的选用主要根据工作介质、工作介质特性、扬程、流量、环境温度等数据确定，合适的水泵不但工作平稳，使用寿命长，且能为用户最大限度地节省成本。水泵选用可按照以下步骤进行。

1. 列出选泵基本数据

1）介质的特性，如介质名称、比重、粘度、腐蚀性、毒性等。

2）介质中所含固体的颗粒直径、含量多少。

3）介质温度。

4）所需要的流量。一般工业用泵在工艺流程中可以忽略管道系统中的泄漏量，但必须考虑工艺变化对流量的影响。

5）压力，包括吸水池压力，排水池压力，管道系统中的压力降（扬程损失）。

6）管道系统数据（管径，长度，管道附件种类及数目，吸水池至压水池的几何标高等）。如果需要，还应作出装置特性曲线。在设计布置管道时，应注意以下事项：

① 合理选择管道直径。管道直径大，在相同流量下，液流速度小，阻力损失小，但价格高；管道直径小，会导致阻力损失急剧增大，使所选泵的扬程增加，配带功率增加，成本和运行费用都增加。因此，应从技术和经济的角度综合考虑。

② 排出管及其管接头应考虑所能承受的最大压力。

③ 管道布置应尽可能布置成直管，尽量减小管道中的附件和尽量缩小管道长度，必须转弯的时候，弯头的弯曲半径应该是管道直径的3~5倍，角度尽可能大于90℃。

④ 泵的排出侧必须装设阀门（球阀或截止阀等）和单向阀。阀门用来调节泵的工况点，单向阀在液体倒流时可防止泵反转，并使泵避免水锤的打击（当液体倒流时，会产生巨大的反向压力，使泵损坏）。

2. 确定泵的流量、扬程

暖通工程用水泵流量、扬程选择可采用估算法。通常选用比转数 $n_s = 130 \sim 150$，水泵的流量应为冷水机组额定流量的1.1~1.2倍（单台取1.1，两台并联取1.2）。按估算可大致取每100m管长的扬程损失为5mH$_2$O，水泵扬程（mH$_2$O）的估算公式为

$$H_{\max} = \frac{\Delta p_1 + \Delta p_2}{\rho g} + 0.05L\ (1 + K)$$

式中 $\Delta p_1$——冷水机组蒸发器的水压降；

$\Delta p_2$——该环中并联的各占空调末端装置的水压损失最大的一台的水压降；

$L$——该最不利环路的管长；

$K$——最不利环路中局部阻力当量长度总和与直管总长的比值。当最不利环路较长时，$K$ 值取0.2~03；最不利环路较短时，$K$ 值取0.4~0.6。

在估算时，要注意以下几点：

1）如果水系统工艺中已给出最小、正常、最大流量，应按最大流量考虑。

2）如果水系统工艺中只给出正常流量，应考虑留有一定的余量。对于 $n_s > 100$ 的大流量、低扬程泵，流量余量取5%；对 $n_s < 50$ 的小流量、高扬程泵，流量余量取10%；$50 \leqslant n_s \leqslant 100$ 的泵，流量余量也取5%；对质量低劣和运行条件恶劣的泵，流量余量应取10%。

3）如果基本数据只给质量流量，应换算成体积流量。

**（三）水泵的安装**

水泵大多数都安装在混凝土基础上，小型管道泵直接安装在管道上，不做基础，其安装的方法和安装法兰阀门一样，只要将水泵的两个法兰与管道上的法兰相连即可。

1. 水泵机组安装前的检查

1）设备开箱应按下列项目检查，并作出记录：①箱号和箱数，以及包装情况；②设备名称、型号和规格；③设备有无缺件、损坏和锈蚀等情况，进、出管口保护物和封盖应完好。

2）水泵就位前应作下列复查：①基础尺寸、平面位置和标高应符合设计要求和相应的质量要求；②设备不应有缺件、损坏和锈蚀等情况，水泵进、出管口保护物和封盖如果失去保护作用，水泵应解体检查；③盘车应灵活，无阻滞、卡住现象，无异常声音。

2. 安装

中央空调工程中冷却水及冷（热）水循环系统采用的水泵大多是整体出厂，即由生产厂在出厂前先将水泵与电动机组合安装在同一个铸铁底座上，并经过调试、检验，然后整体包装运送到安装现场。安装单位不需要对泵体的各个组成部分再进行组合，经过外观检查未发现异常时，一般不进行解体检查。若发现有明显的与订货合同不符处，需要进行解体检查时，也应通知供货单位，由生产厂方来完成。

（1）水泵的吊装与找正　水泵安装的实际操作是从将放于基础脚下的水泵吊放到基础上开始的。整体水泵的安装必须在水泵基础已达到强度的情况下进行。在水泵基础面和水泵底座面上划出水泵中心线，然后进行水泵整体起吊。吊装工具可用三角架和倒链滑车。起吊时，绳索应系在泵体和电动机吊环上，不允许系在轴承座或轴上，以免损伤轴承座和使轴弯曲。在基础上放好垫板，将整体的水泵吊装在垫板上，套上地脚螺栓和螺母，调整底座位置，使底座上的中心线和基础上的中心线一致。泵体的纵向中心线是指泵轴中心线，横向线一般都符合图样要求，偏差在图样尺寸的 ±5mm 范围之内，实现与其他设备的良好连接。

（2）水泵的找平与就位　泵体的中心线位置找好后，便开始调整泵体的水平。把精度为0.05mm/m 的框式水平仪放置在水泵轴上测量轴向水平，调整水平时，可在底座与基础之间加薄铁板，使水平仪上气泡居中；或将框式水平仪一直边紧贴在进口法兰面上，调整底座下面的垫板厚度，使水平仪水泡居中，保证进口法兰面处于铅直方向，从而实现泵轴水平。泵体的水平允许偏差一般为0.3～0.5mm/m，再用金属直尺检查水泵轴中心线的标高，以保证水泵能在允许的吸水高度内工作。当水泵找正、找平后，才可向地脚螺栓孔和基础与水泵底座之间的空隙内灌注混凝土。待凝固后再拧紧地脚螺栓，并对水泵的位置和水平进行复查，以防在二次灌浆或拧紧地脚螺栓过程中使水泵发生移动。

（3）水泵的隔振　在中央空调工作过程中，水泵是产生噪声的主要来源，而水泵工作时产生的噪声主要来源于振动。根据《水泵隔振技术规程》CES59:94 的规定，在工业建筑内，在邻近居住建筑和公共建筑的独立水泵内，有人操作管理的工业企业集中泵房内的水泵宜采取隔振措施。

水泵的振动是通过固体传振和气体传振两条途径向外传送的。固体传振防治重点在于隔振，空气传振防治重点在于吸声。水泵的防振一般采取隔振为主，吸声为辅。固体传振是通过泵基础、泵进出管道和管支架发出的。水泵的隔振措施有：

1）水泵机组应设隔振元件，即在水泵基座下安装橡胶隔振垫、橡胶隔振器、橡胶减振器等。

2）在水泵进、出水管上宜安装可曲挠橡胶接头。

3）管道支架宜采用弹性吊架、弹性托架。

4）在管道穿墙或楼板处，应有防振措施，其孔口外径与管道间宜填以玻璃纤维。

水泵机组采用的隔振元件一般选用橡胶隔振垫、橡胶隔振器或阻尼弹簧隔振器。卧式水泵宜采用橡胶隔振垫。图5-3 所示为常用的 SD 型橡胶隔振垫外形，可参照全国通用建筑标准图集《水泵隔振及其安装》选用。

水泵隔振垫安装时应注意：

1）用于水泵机组的隔振元件在安装施工时，应按水泵机组的中轴线作对称布置。橡胶隔振垫的平面布置如图 5-4 所示。

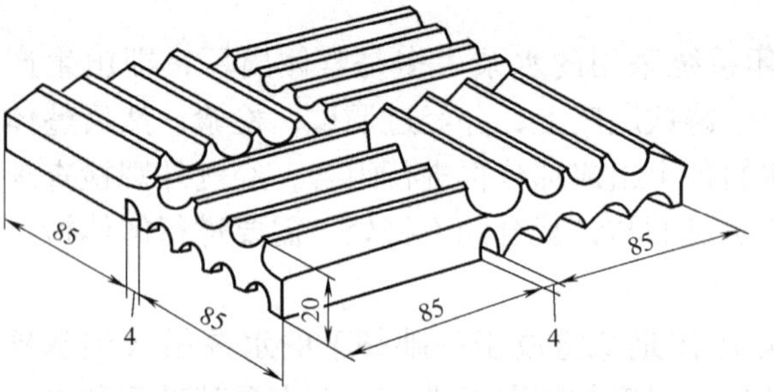


图 5-3 常用的 SD 型橡胶隔振垫外形

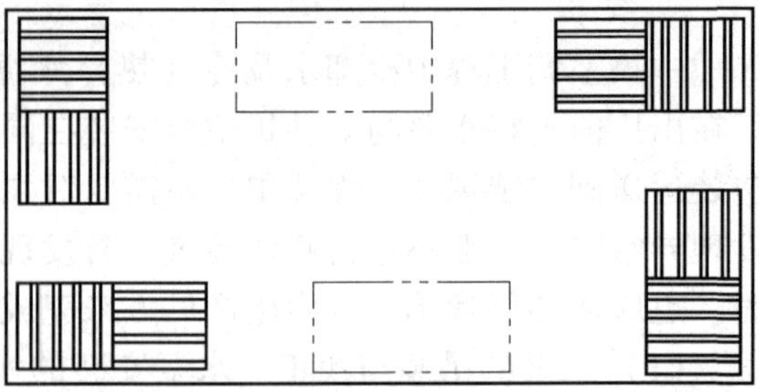

图 5-4 橡胶隔振垫的平面布置

2）当机组隔振元件采用6个支承点时，其中4个布置在混凝土惰性块或型钢机座四角，另两个应设置在长边线上，并调整其位置，使隔振元件的压缩变形量尽可能保持一致。

3）卧式水泵机组隔振。安装橡胶隔振垫或阻尼弹簧隔振器时，一般橡胶隔振垫和阻尼弹簧隔振器与地面，以及与混凝土惰性块或型钢机座之间均不粘接或固定。

4）立式水泵机组隔振。安装使用橡胶隔振器时，在水泵机组底座下宜设置型钢机座并采用锚固式安装；型钢机座与橡胶隔振器之间应用螺栓固定（加设弹簧垫圈）。在地面或楼面中设置地脚螺栓，橡胶隔振器通过地脚螺栓后固定在地面上或楼面上。

5）橡胶隔振垫的边线不得超过惰性块的边线；型钢机座的支承面积应不小于隔振元件顶部的支承面积。

6）橡胶隔振垫单层布置，频率比不能满足要求时，可采用多层串联布置，但隔振垫层数不宜多于5层。串联设置的各层橡胶隔振垫的型号、块数、面积及橡胶硬度均应完全一致。

7）橡胶隔振垫多层串联设置时，每层隔振垫之间用厚度不小于4mm的镀锌钢板隔开，钢板应平整。隔振垫与钢板应用氯丁-酚醛型或丁腈型胶粘剂粘接，粘接后加压固化24h。镀锌钢板的平面尺寸应比橡胶隔振垫每个端部大10mm。镀锌钢板上、下层粘接的橡胶隔振垫应交错设置。

8）同一台水泵机组的各个支承点的隔振元件的型号、规格和性能应一致。支承点应为偶数，且不少于4个。

9）施工安装前，应及时检查。安装时，应使隔振元件的静态压缩变形量不超过最大允许值。

10）水泵机组隔振元件应避免与酸、碱和有机溶剂等物质相接触。

采用橡胶隔振垫的卧式水泵隔振基座安装图如图5-5所示。

### （四）水泵的起动与停运

#### 1. 起动前的准备

1）检查泵的各联接螺栓与地脚螺栓有无松动现象。

2）检查配管的连接是否合适，泵和驱动机中心是否对中，采用挠性接头，防止配管膨胀、收缩而引起的轴心失常、咬合现象。

3）清洗配管。运行前必须清洗配管，将配管中的异物、焊渣等除去，切勿将异物、焊渣等掉入泵体内部。在吸入管的滤网前、后装上压力表，以便监视运行中滤网的堵塞情况。

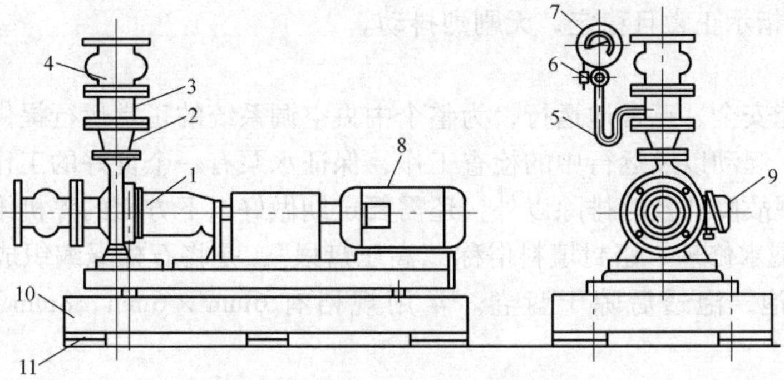


图 5-5　卧式水泵隔振基座安装

1—水泵　2—出口锥管　3—短管　4—可曲挠接头　5—表弯管　6—表旋塞　7—压力表　8—电动机　9—接线盒　10—钢筋混凝土基座　11—减振垫

4）盘车。起动前，用手转动转子是否有异常现象，并使电动机点动试车，检查其旋转方向是否与泵一致。用手旋转联轴器，检查泵内叶轮与外壳之间是否有异物，盘车应轻重均匀，泵内无杂音。

5）起动油泵，检查轴承润滑是否良好。

2. 起动

1）灌泵。起动前，先使泵腔内灌满液体，将空气从吸入管和泵体内排出。当从手动放气阀放出的水没有气时即可认定。如果能将出水管也充满水，则更有利于一次开机成功。

2）打开轴承冷却水给水阀门。填料函若带有水夹套，则打开填料函冷却水给水阀门。

3）为了避免起动电流过大，起动前应关闭出口阀门。如装有电磁阀，则手动阀应是开启的，电磁阀为关闭的，同时要检查电磁阀开关的动作是否正确可靠。

4）检查各部位是否正常，起动前应用手盘动泵几圈，以使润滑液进入机械密封端面，以免突然起动，造成机封损坏。

5）起动电动机，逐渐打开排液阀。

6）检查水泵是否真正“转”起来了。例如，泵轴（叶轮）的旋转方向就要通过点动电动机来看是否正确，转动是否灵活。

3. 运行检查

有些问题或故障在水泵停机状态或短时间运行时是不会出现或产生的，必须运行较长时间才能出现或产生。因此，运行检查工作是不可缺少的一个重要环节。同时，这种检查的内容也是水泵日常运行时的常规检查项目，应给予充分重视。

1）电动机不能有过高的温升，应无异味产生。

2）轴承温度不得超过周围环境温度 35～40℃，轴承的极限最高温度不得高于 70℃。

3）轴封处（除规定要滴水的形式外）、管接头应均无漏水现象。

4）无异常噪声和振动。

5）地脚螺栓和其他各联接螺栓的螺母无松动。

6）基础台下的减振装置应受力均匀，进、出水管处的软接头应无明显变形，都起到了减振和隔振作用。

7）电流应在正常范围内。

8）压力表应指示正常且稳定，无剧烈抖动。

4. 停机维护

为了使水泵能安全、正常地运行，为整个中央空调系统的正常运行提供基本保证，除了要做好其起动前、起动以及运行中的检查工作，保证水泵有一个良好的工作状态，发现问题能及时解决，出现故障能及时排除以外，还需要定期做好以下方面的停机维护保养工作。

（1）填料函漏水修理　密封填料俗称“高压盘根”，是将石棉绳编织成方形带子，放在铅粉与机油中浸泡，泡透后晾干盘卷。常用规格有 6mm × 6mm、8mm × 8mm、10mm × 10mm 等。

维修时，先拧掉固定螺栓上的螺母，用螺钉旋具将压盖撬开，用带钩的钢丝或螺钉旋具等工具将填料函内已经损坏的填料取出，清洗干净内部。将同等规格的填料沿泵轴顺时针缠绕，其厚度应比取出的填料厚一些，具体厚度应通过调整决定，然后用压盖顶住填料套进螺栓内，靠旋紧螺母将压盖及填料压入填料函。旋紧螺母时应均匀对称地施力，边旋紧边转动泵轴，以压盖压入位置合适、泵轴又能灵活转动为好。然后开泵进行试验，若漏水还超过标准，可适当再旋紧压盖螺母，经过几次调整，即可达到要求。

装入填料的另一种方法是将填料在泵轴上缠绕一圈切下，做成内径与泵轴外径一样大小的开口圆环（类似活塞环的样子），一个一个地套在泵轴上，缝隙互相错开，然后用压盖压入填料函，不允许用螺钉旋具等工具将填料顶入。水封环的位置应装得离水封管差一点距离，当压紧压盖时，填料被压缩，水封环就向前移动与水封管正好对准。

（2）泵轴磨损修复　泵轴与填料摩擦处最容易磨损，运行时间长久以后，摩擦部位会出现很深的沟槽，造成密封函漏水严重。为防止泵轴被填料磨损，在泵轴与填料摩擦处镶有轴套，磨损后可以进行拆换。注意：轴套磨损不应超过 2mm 以上。对磨损的泵轴可采用金属（铬）喷镀或堆焊的办法进行修复。修理步骤为：先将泵轴磨损部位在车床上车削掉 1 ~ 2mm，然后进行喷镀或堆焊，其厚度即喷镀或堆焊后的直径，应超过原轴尺寸，再把泵轴夹在车床上车削到原尺寸即可。当泵轴出现裂纹或弯曲时，一般应更换新轴。

（3）叶轮与密封环的检修　叶轮与密封环之间的配合间隙，对吸水管径为 100mm 以下的水泵为 1. 5mm，而管径为 200mm 以下的水泵为 2mm。若超过规定，说明磨损严重，已经影响泵的性能，降低泵的工作效率，应更换密封环。

（4）轴承检修　磨损严重或卡死的轴承应进行更换。检修时，有的轴承可用手晃动轴承外圈，再与新轴承进行比较，晃动量偏大时，说明轴承的内、外圈之间的间隙偏大，已磨损严重。更换新轴承时，应用纯铜棒敲打轴承内圈，不得敲击外圈或直接用榔头敲打，以防把轴承打坏，更不能用加热的办法装配轴承。

**（五）水泵的故障检修**

经过一定时期的运转，离心泵的零件总是会产生磨损，原有的间隙可能会增大，紧固件可能会松动，密封件可能被介质腐蚀而泄漏，旋转件可能会出现偏摩擦而破坏了原有的平衡，以及一些不可预见的人为因素均会直接影响离心泵的正常运转。对于离心泵在转动中出现的故障，应立即查找原因。必要时应立刻停车，采取措施予以消除。离心泵在运转中的常见故障以及产生原因、排除方法见表 5-1。

遇有下列情况之一者，应紧急停车处理：

1）泵内发出异常的声响。

表 5-1　离心泵在运转中的常见故障以及产生原因、排除方法

| 故障类型 | 产生原因 | 排除方法 |
|---|---|---|
| 无液体排出 | ① 叶轮或进口阀被异物堵塞<br>② 吸液高度过大<br>③ 吸入管路漏入空气<br>④ 泵没有灌满液体<br>⑤ 被输送液体温度过高<br>⑥ 出口阀或进口阀因损坏而打不开 | ① 清除异物<br>② 降低吸液高度<br>③ 拧紧松动的螺栓或更换密封垫<br>④ 停泵灌液<br>⑤ 降低液体温度或降低安装高度<br>⑥ 更换或修理阀 |
| 流量不足 | ① 叶轮反转<br>② 叶轮或进口阀被堵塞<br>③ 叶轮腐蚀，磨损严重<br>④ 入口密封环磨损过大<br>⑤ 储液槽液位下降过大，造成吸液高度过大<br>⑥ 泵体或吸入管路漏入空气 | ① 改变转向<br>② 清除堵塞物<br>③ 更换或修理叶轮<br>④ 更换入口密封环<br>⑤ 提高储液槽液位<br>⑥ 紧固，改善密封 |
| 运转声音异常 | ① 异物进入泵体<br>② 叶轮背帽脱落<br>③ 叶轮与泵体摩擦<br>④ 滚动轴承损坏<br>⑤ 填料压盖与泵轴或轴套摩擦 | ① 清除异物<br>② 重新拧紧或更换叶轮背帽<br>③ 调整泵盖密封垫厚度或调整轴承压盖垫片厚度<br>④ 更换滚动轴承<br>⑤ 对称均匀地拧紧填料压盖 |
| 泵体振动 | ① 联轴器找正不良<br>② 吸液部分有空气漏入<br>③ 轴承间隙过大<br>④ 泵轴弯曲<br>⑤ 叶轮腐蚀、磨损后转子不平衡<br>⑥ 液体温度过高<br>⑦ 叶轮歪斜<br>⑧ 地脚螺栓松动<br>⑨ 电动机的振动传递到泵体上 | ① 找正联轴器<br>② 紧固螺栓或更换密封垫<br>③ 更换或调整轴承<br>④ 校直泵轴<br>⑤ 更换叶轮<br>⑥ 降低液体温度<br>⑦ 重新安装、调整<br>⑧ 紧固螺栓<br>⑨ 消除电动机的振动 |
| 轴承过热 | ① 中心线偏移<br>② 缺油或油中杂质过多<br>③ 轴承损坏<br>④ 泵体轴承孔磨损，轴承外环产生转动，有摩擦热产生<br>⑤ 轴承压盖压得过紧，轴承内没有间隙 | ① 校正中心线<br>② 清洗轴承，加油或换油<br>③ 更换轴承<br>④ 更换泵体或修复轴承孔<br>⑤ 增加压盖垫片厚度 |
| 泵体过热 | ① 出口阀未打开<br>② 泵设计流量大，实用量太小<br>③ 叶轮被异物堵塞 | ① 打开出口阀<br>② 更换流量小的泵或增大用量<br>③ 清除堵塞物 |
| 密封填料泄漏过大 | ① 填料没有装够应有的圈数<br>② 填料的装填方法不正确<br>③ 使用填料的品种或规格不当<br>④ 填料压盖没有压紧<br>⑤ 泵体内孔与泵轴的径向间隙过大，形成“吃填料”的现象 | ① 加装填料<br>② 重新装填料<br>③ 更换填料，重新安装<br>④ 适当拧紧压盖螺母<br>⑤ 减小径向间隙 |
| 机械密封泄漏量过大 | ① 冷却水不足或堵塞<br>② 弹簧压力不足<br>③ 密封面被划伤<br>④ 密封元件材质选用不当 | ① 清洗冷却水管，加大冷却水量<br>② 调整或更换<br>③ 研磨密封面<br>④ 更换耐腐蚀性能较好的材质 |

（续）

| 故障类型 | 产生原因 | 排除方法 |
|---|---|---|
| 密封垫泄漏 | ① 紧固螺栓没有拧紧<br>② 密封垫断裂<br>③ 密封面有径向划痕 | ① 适当拧紧紧固螺栓<br>② 更换密封垫<br>③ 修复密封面或予以更换 |
| 消耗功率过大 | ① 填料压盖太紧，填料函发热<br>② 泵轴串动量过大，叶轮与入口密封环发生摩擦<br>③ 中心线偏移<br>④ 零件卡住 | ① 调节填料压盖的松紧度<br>② 调整轴向串动<br>③ 找正中心线<br>④ 检查、处理 |

2）泵突然发生剧烈振动。

3）电流超过额定值只升不降。

4）泵突然不排液。

## 二、操作训练

1. 实训工具、材料及设备

（1）工具　呆扳手、顶拔器、三角架、倒链、台虎钳、十字螺钉旋具、活扳手、外圆千分尺、水平工作台、V形块、水平仪、铜棒、锤子、内六角扳手。

（2）材料及设备　单级单吸清水离心水泵、单级单吸管道离心水泵、泵用机械密封、备用泵轴、备用叶轮、备用泵壳、备用轴承、备用填料函、备用联轴器、细粒度砂纸、清洗零件用柴油、干燥氮气、润滑脂、棉纱布、密封垫、备用隔振垫、备用螺栓、铜垫片。

2. 实训任务

任务1　单级单吸离心泵的拆卸与装配实训

（1）实训目的　了解单级单吸离心水泵的结构，掌握单级单吸离心水泵的拆卸方法与拆卸顺序，掌握单级单吸离心水泵的装配顺序与装配检测方法。

（2）实训内容

1）按照离心泵检修规程进行离心泵的拆卸，对拆卸下的零件进行排序编号。

2）用干燥氮气吹扫泵腔，用柴油清洗拆卸下的配合零件，清洗完后用干燥氮气吹干零件。

3）装配泵体，检测各装配间隙。更换各损坏的密封垫。

4）用千分尺对联轴器进行找正。

5）调试水泵，检验装配质量。

任务2　单级单吸离心水泵的安装实训

（1）实训目的　了解单级单吸离心水泵的安装步骤，掌握单级单吸离心水泵安装时的找正与找平。

（2）实训内容

1）将原泵从基础上拆下，重新吊装，找出水泵安装中心线，找正水泵与基础中心。

2）用水平仪对水泵进行水平校正。如果不平，加铜垫片调整水平。

3）根据 CECS 59:94《水泵隔振技术规程》的规定，进行水泵隔振安装。

任务3　单级单吸离心水泵常见故障分析与排除实训

（1）实训目的　了解单级单吸离心水泵常见故障现象，掌握常见故障的分析与排除方法与操作技能。

（2）实训内容

1）采用完好的单级单吸离心水泵作为故障模拟对象，通过更换损坏部件模拟流量不足、运转声音异常、泵体振动、轴承过热、密封填料泄漏过大、机械密封泄漏量过大等故障。

2）分析故障现象，确定故障原因并进行排除。

3）每个故障排除完毕后，对水泵进行调试。

3. 实训注意事项

1）拆卸水泵前应放尽泵内介质，切断电源，断开进水管与出水管端与阀门连接法兰，保证泵的安全与检修条件。

2）水泵装配时，要用必要检测仪表对轴承、机械密封、填料密封的配合间隙，以及转子的圆跳动进行测量（应满足 SHS 01013—2004《离心泵维护检修规程》的相关要求）。

3）水泵安装找平时，横向、纵向的不水平度不应超过 0.1/1000。

4）电动机与泵轴找正、连接后，应盘车检查是否灵活。

5）泵与管路连接后，应复校找正情况，由于与管路连接而不正常时，应调整管路。

6）泵维修过程中更换的部件（如轴承、机械密封、填料密封等）应满足 SHS 01013—2004《离心泵维护检修规程》的相关配合间隙要求。

7）泵维修后的调试，应相应地做好调试前的准备和调试。

8）实训结束时，要对用过的工具、设备、材料进行整理归位，放置到指定位置。实训工具、设备不得私自带出实训室。

9）通电设备使用后切记关闭电源，置于安全档位。

## 任务二　冷却塔的安装与调试

**能力训练目标**　能正确进行冷却塔的安装与调试。

### 一、知识与技能

冷却塔是水冷机组空调系统的一个重要的设备，它通过冷却水与空气的直接接触将冷却水中的热量带走。通常水被冷却塔的喷头雾化喷出，通过风机使空气在冷却塔中流动，带走水珠的热量，从而使冷却水被冷却，达到换热冷却的目的。

#### （一）冷却塔的基本结构

中央空调工程中沿用的冷却塔形式有自然通风喷水冷却塔和机械通风冷却塔两大类别。由于自然通风式冷却塔主要受自然通风状态的影响，因而冷却效率和降温效果差，且体积和占地面积大，因此，目前应用较多的是机械通风式冷却塔。

机械通风式冷却塔均采用通风机或鼓风机为动力，它又分为湿式机械通风式冷却塔、干式机械通风式冷却塔及干-湿式机械通风式冷却塔三种类型。干式机械通风式冷却塔中循环水走管程，表冷器在通风机送风作用下，使管束内循环水冷却，热量排向大气。干式机械通风式冷却塔的最大优点是节约水资源，但空冷器体积大，通风设备能耗高，投资高。相比较而言，各种不同形式的湿式机械通风式冷却塔在城市建筑物的中央空调工程开式冷却水循环系统中使用较为普遍，其中尤以引风式的玻璃钢冷却塔为甚，此处将重点介绍。

按水和空气的流动方向的不同，玻璃钢冷却塔分为逆流引风式、逆流鼓风式及横流式三种，如图 5-6 所示。

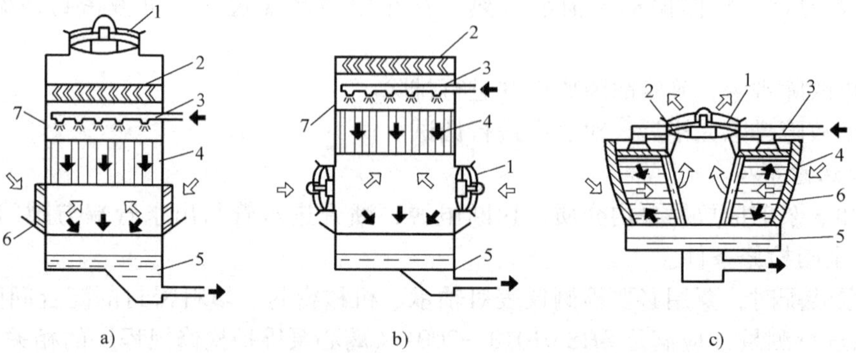


图 5-6　玻璃钢冷却塔的不同结构形式

a）逆流引风式　b）逆流鼓风式　c）横流式

1—风机　2—挡水板　3—洒水装置　4—充填层　5—下部水槽　6—百叶格　7—塔体

1. 逆流引风式玻璃钢冷却塔

逆流引风式玻璃钢冷却塔主要由塔体、风机、淋水填料层、配水器、进出水管、支架及立柱等部件组成。其结构如图 5-7 所示。

塔体（上、下壳体）由玻璃钢制成，重量轻，耐腐蚀；淋水填料层用 0.3～0.5mm 厚的硬质聚氯乙烯塑料片压制成双面凸凹的波纹形；配水系统是一种旋转式配水器，其各支管的侧面上有许多小孔，水从小孔喷出；轴流式通风机设置在塔顶，要求其风量大，风压小，减少水吹散损耗；下塔体可用来储水，可带溢水管及排污管。

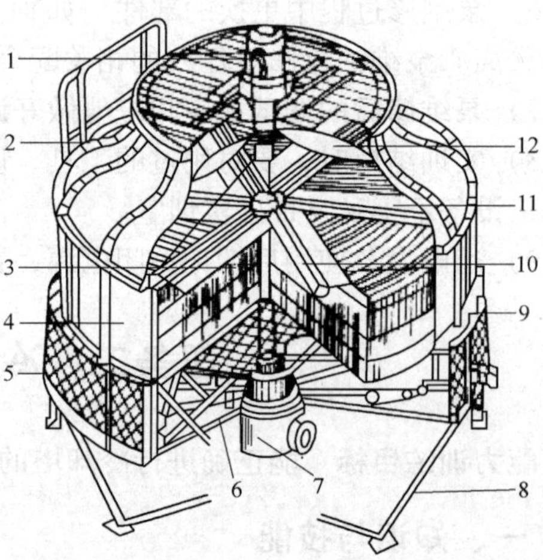


图 5-7　标准型逆流式冷却塔的结构

1—电动机　2—梯子　3—进水立管　4—外壳　5—进风网　6—集水盘　7—进水管接头　8—支架　9—填料　10—旋转配水器　11—挡水板　12—风机叶片

2. 横流式玻璃钢冷却塔

普通横流式玻璃钢冷却塔的引风机位于塔顶。冷却水由塔上端进入，自上而下流动。空气自进风百叶窗横向进入，同水的流向呈夹角交叉，其冷却效果比逆流式冷却塔差，回气量也较大。但其配水系统简单，易于维护，且动力消耗低。它主要由塔体、风机、配水及淋水部分组成。其结构如图 5-8 所示。

横流式玻璃钢冷却塔有以下结构特点：

1）采用高效热交换充填材料（硬质聚乙烯树脂），设置面积下降，体积减小，运转质量下降。

2）采用特制的 FRP 低噪声高效率轴流风机，有效地降低了运转噪声，节省了电力。

3）采用耐腐蚀的合成树脂制作塔体和水槽，骨架等钢材部分进行热浸镀锌处理，冷却塔整体防锈能力强。

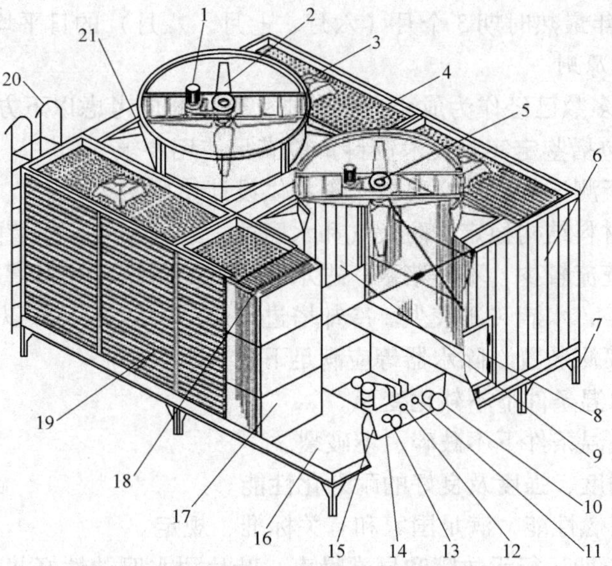


图 5-8　普通方形横流式玻璃钢冷却塔的结构

1—电动机　2—风机　3—循环水输入口　4—布水槽　5—减速机　6—面板　7—塔体钢架
8—检修门　9—隔风板　10—循环水输出口　11—手动补水管　12—自动补水管　13—溢流管
14—排污管　15—水箱　16—集水盘　17—淋水填料　18—散水片　19—百叶窗　20—钢梯　21—导风筒

## （二）冷却塔的正确选用

1. 冷却塔选用时的几个技术参数

（1）冷却水量 $G$

$$G=\frac{kQ}{c(t_{\omega1}-t_{\omega2})}$$

式中　$k$——压缩式制冷取 1.3，吸收式制冷取 2.5；

$c$——水的比热容 [kJ/(kg·℃)]，常温时 $c=4.1868$kJ/(kg·℃)；

$t_{\omega1}-t_{\omega2}$——冷却塔进、出水温差（℃）；

$G$——冷却塔循环水量（L/s）；

$Q$——制冷剂制冷量（kW）。

对于压缩式制冷机，$t_{\omega1}-t_{\omega2}$取 4 ~5℃；对于吸收式制冷机，$t_{\omega1}-t_{\omega2}$取6 ~9℃。

冷却塔的补水量包括风吹飘逸损失、蒸发损失、排污损失和泄漏损失。一般取冷却水量的1% ~2%作为补水量。不设集水箱的系统，应在冷水塔底盘处补水；设置集水箱的系统，应在集水箱处补水。

（2）进塔水温 $t_{\omega1}$　进塔水温是冷却塔选型的重要参数。民用冷却塔标准塔型设计工况为进水温度 37℃，出水 32℃，进、出塔水温差为 5℃；工业用冷却塔设计工况一般分 65 ~45℃，43 ~33℃，40 ~32℃等几档，进、出塔温差达 8 ~20℃。

（3）出塔温度 $t_{\omega2}$　冷却塔进水与出水温度之差一般称作冷却范围，它主要取决于周围空气的湿球温度。冷却塔的冷却功效用出水温度与湿球温度之差（或称作湿度接近值）来衡量。因此，当地湿球温度的变化直接影响冷却塔的冷却作用。

出塔水温应不超过生产工艺允许的最高水温。计算最高冷却水温的气象条件应采用近期连续不少于5年、每年最热时期3个月（六月、七月、八月）的日平均值。

2. 冷却塔的选型原则

中小型冷却塔大多数已经作为成套产品供应，选用时应考虑以下方面：

1）热力性能（包括鉴定实测技术资料）应满足使用要求。

2）厂方提供运行测试数据和必要技术资料供设计使用。

3）塔体结构、材料结构稳定，防大气和水腐蚀，经久耐用，组装配合精确。

4）配水均匀，壁流较少，不易堵塞。进水水质不应对填料和喷嘴等造成堵塞。

5）除水效能正常，水滴飞溅较少。冷却塔进水水温一般在46℃以下。

6）淋水填料、喷溅装置、除水器等应满足下列要求：

① 在设计最高水温条件下不软化变形。

② 在设计最低气温条件下不破碎、不破裂。

③ 具有足够的刚度、强度及良好的耐老化性能。

④ 具有良好的阻燃性能，满足国家和有关标准、规定。

7）风机匹配，长期运行无故障和异常噪声。叶片耐水腐蚀性好并有足够强度。

8）运行噪声较低，符合环保要求。

9）电耗较低。

10）造价低，重量轻，维护较方便。

3. 冷却塔选型注意事项

1）淋水填料的形式符合水质、水温要求。

2）风机叶片安装角度可调，但要保证角度一致，且电动机的电流不超过电动机的额定电流。

3）冷却塔应尽量避免布置在热源、废气和烟气发生点，化学品堆放处和煤堆附近。

4）冷却塔之间或塔与其他建筑物之间的距离，除了考虑塔的通风要求，塔与建筑物相互影响外，还应考虑建筑物防火、防爆的安全距离及冷却塔的施工及检修要求。

5）冷却塔的进水管方向可按90°、180°、270°旋转。

6）冷却塔的材料可耐-50℃低温，但对于最冷月平均气温低于-10℃的地区，订货时应说明，以便采取防结冰措施。

7）循环水的浊度不大于50mg/L，短期不大于100mg/L，不宜含有油污和机械性杂质，必要时需采取灭藻及水质稳定措施。

8）选用水泵应与冷却塔配套，保证流量、扬程等工艺要求。

9）当选择多台冷却塔的时候，尽可能选用同一型号。

## （三）冷却塔的安装

冷却塔有高位安装和低位安装两种形式。安装的具体位置应根据冷却塔的形式及建筑物的布置而定。

冷却塔的高位安装是将其安装在冷冻站建筑物的屋顶上。冷库或高层民用建筑的空调制冷系统普遍采用冷却塔高位安装，这可减少占地面积。冷却塔高位安装将需要处理的冷水从蓄水池（或冷凝器）经水泵送至冷却塔，冷却降温后从塔底集水盘向下自流，再压入冷凝器中，以此不断地循环。补水过程一般由蓄水池或冷却塔集水盘中的浮球阀自动控制。

冷却塔的低位安装是将其安装在冷冻站附近的地面上。其缺点是占地面积较大，一般常用于混凝土或混合结构的大型工业冷却塔。

1. 冷却塔的整体安装

玻璃钢中小型冷却塔一般进行整体安装，在安装过程中应注意下列事项：

1）冷却塔的基础按设备技术文件的要求，做好预留、预埋工作，基础表面要求水平，水平度不应超过5/1000。

2）设备吊装时，钢丝绳不应使玻璃钢外壳受力，钢丝绳与设备接触点应垫上木板。

3）设备上位后，应找平找正，稳定牢固，冷却塔的出水管等部件方位应正确。

4）布水器的孔眼不能堵塞和变形，旋转部件必须灵活，喷水出口应为水平方向，不能垂直向下。

5）在安装冷却塔的底盘时，安装人员应踩在底盘加强筋上，以免损坏底盘。

6）在安装冷却塔的外壳、底盘时，应先穿上螺栓，然后依次对应地拧紧螺母，防止外壳和底盘变形。在确认无变形后，将其缝隙用环氧树脂密封，防止使用时漏水。

7）冷却塔内的填料多采用塑料制品，在施工中要做好防火工作。

安装前，冷却塔的地脚必须按基础施工图样的要求先预埋。安装基面应水平，与塔体中心线垂直，具体安装程序如图5-9所示。

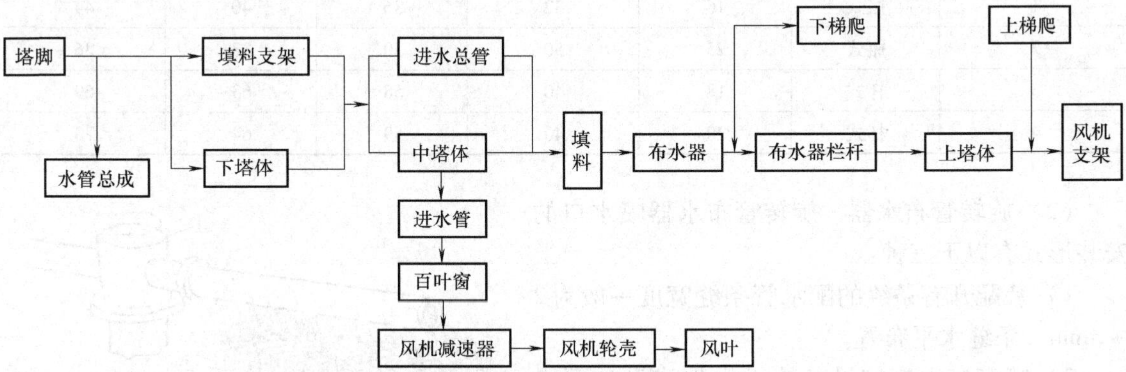


图5-9　冷却塔安装程序

2. 淋水器的安装

常用淋水器有点滴式淋水装置和薄膜式淋水装置两种。

（1）点滴式淋水装置　点滴式淋水装置如果采用开放点滴式时，层数一般选10～23层；采用机械通风塔时，层数一般选13～33层。

木制板条表面可不必刨光，粗糙的表面更有利于形成水膜，但木板条应做防腐处理，铁钉应进行镀锌。如果水质含有较高的酸碱度，木板条的连接应少用铁钉，板条之间应采用楔口结合。

（2）薄膜式淋水装置　薄膜式淋水装置有膜板式、纸蜂窝式、点波式和斜波式等不同形式，其安装可按下列方法进行：

1）膜板式淋水装置。它一般用木材、石棉水泥板或塑料板等材料制成。石棉水泥板以波纹板为好，安装在支架上每4片连成一组，板间用塑料管或橡胶垫圈隔成一定的间距，中间用镀锌螺栓固定。

2）纸蜂窝式淋水装置。它可直接架在角钢或扁钢支架上，或直接架于混凝土支架上。

3）点波式淋水装置。它的安装方法有框架穿针法和粘接法两种。框架穿针法是用铜丝或镀锌铁丝正、反穿连点波片，组成一个整体，再装入角钢制成的框架内，并以框架为一安装单元。粘接法是用过氯乙烯清漆涂于点波片的点上，再点对点粘好，每粘接 40 ~ 50 片用重物压 1 ~ 1.5h 后粘牢。组成的框架单元可直接架在支撑梁、架上。

4）斜波式淋水装置。它的安装方法与点波式淋水装置相同。其单元高度为 300 ~ 400mm，安装总高度为 800 ~ 1200mm。

3. 布水装置的安装

布水装置有固定管布水器和旋转管布水器两种。

（1）固定管布水器　固定管布水器的喷嘴按梅花形或方格形向下布置。具体的布置形式应符合设计技术文件或设计要求。一般喷嘴间的距离按喷水角度和安装的高度来确定，要使每个喷嘴的水滴相互交叉，做到向淋水装置均匀布水。常用的喷嘴在不同压力下的喷水角度见表 5-2。

表 5-2　布水器喷头的喷水角度

| 序号 | 喷嘴 | | 接管直径/mm | 不同压力下的喷水角度/（°） | | |
|---|---|---|---|---|---|---|
| | 形式 | 出口直径/mm | | 0.03MPa | 0.05MPa | 0.07MPa |
| 1 | 瓶式 | 16 | 32 | 36 | 40 | 44 |
| 2 | 瓶式 | 25 | 50 | 30 | 33 | 36 |
| 3 | 杯式 | 18 | 40 | 58 | 63 | 69 |
| 4 | 杯式 | 20 | 40 | 59 | 64 | 70 |

（2）旋转管布水器　旋转管布水器喷水口的安装形式有以下三种：

1）装配开有条缝的配水管条缝宽度一般为 2 ~ 3mm，条缝水平布置。

2）喷嘴布水应按设备技术文件或设计要求安装。

3）装配开有圆孔的配水管，其孔径为 3 ~ 6mm，孔距为 8 ~ 16mm。单排安装时，孔与水平方向的夹角为 60°；双排安装时，上排孔与水平方向的夹角为 60°，下排孔与水平方向的夹角为 45°。开孔面积为配水管总截面积的 50% ~ 60%。旋转管布水系统如图 5-10 所示。

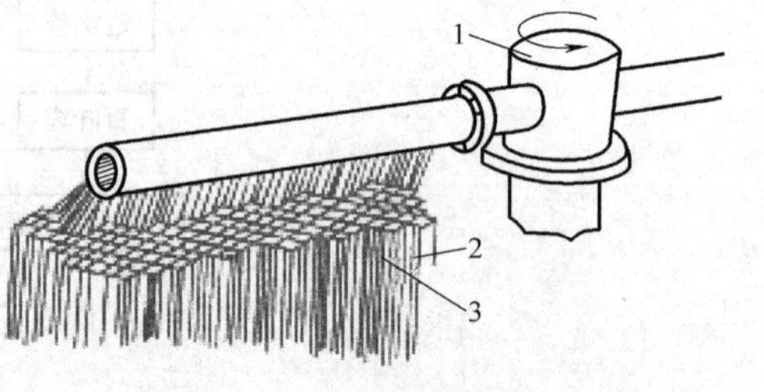


图 5-10　旋转管布水系统
1—旋转头　2—填料　3—斜形长条喷水口

4. 配水装置的安装

配水装置有槽式和池式两种：

（1）槽式配水装置　槽式配水装置的结构如图 5-11 所示，它的水槽高度一般为 350 ~ 450mm，宽度为 100 ~ 120mm。槽内正常水位保持在 120 ~ 150mm。配水槽中的管嘴直径不小于 15mm，管嘴布置成梅花形或方格形，管嘴水平间距：大型冷却塔为 800 ~ 1000mm；中小型

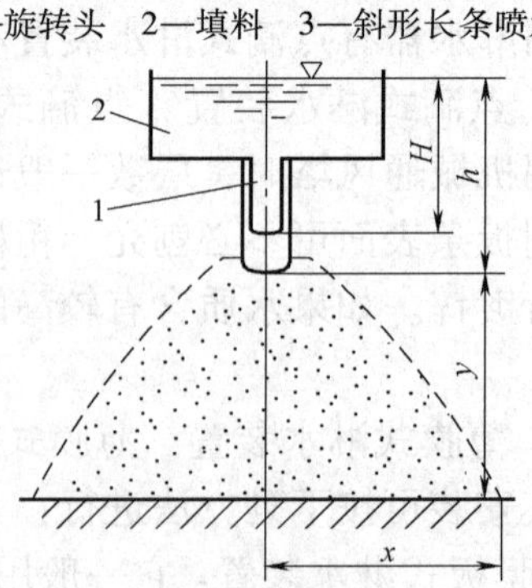


图 5-11　槽式配水装置的结构
1—喷嘴　2—配水槽

冷却塔为 500 ~ 700mm；管嘴与塔壁间距大于 500mm。槽形配水装置的管嘴在安装时应与下方的溅水碟对准。

（2）池式配水装置　池式配水装置的结构如图 5-12 所示，它只用于横流式冷却塔。管嘴在配水池上作梅花形或方格形布置，在管嘴顶部以上的最小水深为 80 ~ 100mm。配水池的高度应大于计算最大负荷时的水深，并留出保护高度 100 ~ 150mm。

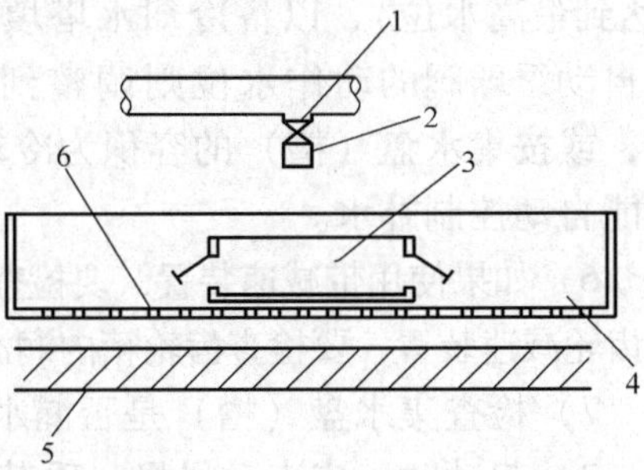

图 5-12　池式配水装置的结构
1—流量控制阀　2—进水管　3—消能管
4—配水池　5—淋水填料　6—配水孔

5. 收水器的安装

收水器是用来将空气和水分离，减少由冷却塔排出的湿空气带出的水滴，降低冷却水的损耗量的装置。它是由塑料板、玻璃钢等材料制成两折或三折的挡水板。冷却塔内的收水器可使冷却水的损耗量降低至 0.1% ~ 0.4%。

收水器在冷却塔中的安装位置是按冷却塔的不同构造形式而确定的。对机械通风逆流式冷却塔，如果采用管式配水装置，收水器安装在配水管上；如果采用槽式配水装置，收水器安装在配水槽中间或槽的上部，以阻留排出塔外空气中的水滴，起到水滴与空气分离的作用。对于机械通风横流式冷却塔，收水器可倾斜安装在淋水装置与轴流风机之间。在抽风式冷却塔中，收水器与风机应保持一定的距离，以防止产生涡流而增大阻力，降低冷却效果。

6. 通风设备的安装

通风设备有抽风式和鼓风式两种。

（1）抽风式冷却塔　电动机盖及转子应有良好的防水措施，常采用封闭式笼型电动机，应注意接线端了的密封。

（2）鼓风式冷却塔　要防止风机溅上水滴，风机与冷却塔体距离一般不小于 2m。

**（四）冷却塔的运行检查**

冷却塔长期在室外条件下运行，工作环境差，加强其运行管理不仅可以提高冷却塔的热湿交换效果，而且对冷却塔节电、节水的经济运行和延长其使用寿命有重要意义。

1. 使用前的检查工作

当冷却塔较长时间停用，准备重新使用前（如在冬、春季不用，夏季又开始使用），或是在全面检修、清洗后重新投入使用起动前，应进行必要的检查与准备工作。准备开机前应检查以下内容：

1）冷却塔整台安装是否牢固，检查所有联接螺栓的螺母是否有松动，特别是风机系统部分。

2）冷却水塔均放置在室外暴露场所，而且出风口和进风口都很大，难免会有杂物在停机时从进、出风口进入冷却塔内，因此要予以清除。开启水泵排污阀门，扫清下塔体集水盘内的泥尘、污物等杂物，冲洗进水管道及塔体各部件，以免杂物堵塞水孔。

3）检查布水器转动是否灵活，布水管锁紧螺母是否拧紧。

4）拨动风机叶片，检查其旋转是否灵活，是否与其他物件相碰，叶片与塔体内壁的间隙是否均匀一致，各联接螺钉有无松动。调整风机，使风机叶片角度一致，与塔体外壳间隙均匀。风叶转动时，检查电动机转动是否灵活，电动机接线是否防水密封，检查电源是否正常，防止使用时超过电动机的额定工作电流。

5）开启手动补水管的阀门，与自动补水管一起将冷却塔集水盘（槽）中的水尽量注满（达到最高水位），以备冷却水塔填料由于干燥状态到正常润湿工作状态要多耗水量之用。而自动浮球阀的动作水位则调整到低于集水盘（槽）上沿边25mm（或溢流管口20mm）处，或按集水盘（槽）的容积为冷却水总流量的1%～1.5%确定最低补水水位，在此水位时能自动控制补水。

6）如果使用带减速装置，要检查带的松紧是否合适，几根带的松紧程度是否相同；如果使用齿轮减速装置，要检查齿轮箱内润滑油是否充满到规定的油位；如果油不够，要补加到位。

7）检查集水盘（槽）是否漏水，各手动水阀是否开关灵活并设置在要求的位置上。

8）起动时，应点动风机，看其叶片是否俯视时是顺时针转动，而风是由下向上吹，如果方向不对，应调整。然后短时间起动水泵，看圆形塔的布水装置（又叫配水、洒水装置）是否俯视时是顺时针转动，转速是否在冷却水量所对应的范围之内，因为转速过快会降低转头的使用寿命，而转速过慢又会导致洒水不均匀，影响散热效果，如果不在相应的范围就要进行调整。布水管上出水孔与垂直面的角度是影响布水装置转速的主要原因之一，通常该角度为5°～10°，通过调整该角度即可改变转速。此外，出水孔的水量（速度）大小也会影响转速。根据作用与反作用原理，出水量（速度）大，则反作用力就大，因而转速就高，反之，转速就低。

9）短时间起动水泵时，还要注意检查集水盘（槽）内的水是否会出现抽干现象。因为冷却水塔在间断了一段时间再使用时，洒水装置流出的水首先要使填料润湿，使水层达到一定厚度后才能汇流到塔底部的集水盘（槽）。在下面水陆续被抽走、上面水还未落下来的时间内，集水盘（槽）中的水不能干，以保证水泵不发生空吸现象。

2. 运行检查

冷却塔应固定专人根据操作和维护要求进行操作。

1）检查水泵阀门能否正常开启，风机旋转是否灵活，电源接线是否良好。

2）间歇开动水泵，使循环水管内的空气完全排出，然后起动风机。

3）操作时，应先起动风机，再开水泵；停机时，必须先停水泵，再停风机。

4）风机正常转动后，检查电动机电流是否在正常范围内；使用时，操作人员应注意风机异常声音及振动现象，如果发现异常情况，应停机检查。风机运行1h后，应检查油温及电动机温升，若发现异常，应及时检查排除。

5）起动水泵前应关闭排水阀门，使电动机低负荷运行。水泵通过调整阀门使之达到额定要求，并检查布水管转速是否在正常范围内。经常注意冷却水进出的温度。

6）调校水流量至水塔运行正常的水量。

7）检查电动机每相运行电压及电流，不可超过电动机铭牌所示。

8）必须经常检查布水器工作情况，如果发现堵塞，应及时清洗。

## （五）冷却塔的维护保养

冷却塔的保养检修内容包括检查并清洁喷淋头，清洗风扇电动机的叶轮、叶片，整理填料等。

1. 冷却塔喷淋头（喷嘴）的检修保养

冷却塔喷淋头的检修清洗方法有两种：

第一种为手工清洗，其方法是将喷嘴拆开，把卡在喷嘴芯里的杂物取出来，用清水洗刷后再组装成套。在操作中要小心，不要损伤螺扣。

第二种方法是化学清洗，其方法是将喷嘴浸入浓度为20%～30%（体积分数）的硫酸水溶液中，浸泡60min，喷嘴中的水垢和污垢可全部清除；然后用清水对喷嘴清洗两次，直到清水的pH值为7时为止，以防冷却水将喷嘴中的酸性物质带入系统而造成管道的腐蚀加剧。

化学清洗后的废酸液不可直接排入地沟，应向废溶液中加入碳酸钠进行中和，使其pH值接近6.5～7.5时再进行排放。在清洗、检修喷嘴的同时，也应进行喷淋管的清洁和防腐处理。其方法是每年停机后应立即对其进行除锈刷漆，尤其对装配喷嘴的丝头，可采用防锈漆涂刷，不能用油脂，以防油脂污染冷却水。在每年的维修保养工作中，切不可忽视对喷嘴丝头的防腐处理，否则，一两年以后，在运行期间会发生喷嘴脱落，使喷淋水呈柱状倾泻而下，会把填料砸成碎片，落入冷却水中，严重时会堵塞冷却水管道。

2. 冷却塔风机叶轮、叶片的检修保养

由于冷却塔风机叶轮、叶片长期工作在高湿环境中，因此，其金属叶片腐蚀严重。为了减缓腐蚀，每年停机后应立即将叶轮拆下，彻底清除腐蚀物，并做静平衡校验后，均匀涂刷防锈漆和酚醛漆各一次。检修后，应将叶轮装回原位，以防变形。

在机组停机期间，冷却风机的大直径玻璃钢叶片很容易变形，尤其是在冬季，大量积雪会使叶片变形严重。解决这个问题的方法是停机后将叶片旋转90°，使叶片垂直于地面。若将叶片拆下分解保存，应分成单片平放，切不可堆置。

在冬季冷却塔停止使用期间，有可能发生冰冻现象时，要将冷却塔集水盘（槽）和室外部分的冷却水系统中的水全部放光，以免冻坏设备和管道。

### （六）冷却塔的故障检修

冷却塔的故障检修应遵照SHS 10005—2004《空气冷却塔维护检修规程》的有关规定进行。冷却塔的常见故障、故障原因及排除方法见表5-3。

**表5-3　冷却塔的常见故障、故障原因及排除方法**

| 常见故障 | 故障原因 | 排除方法 |
| --- | --- | --- |
| 冷却塔不运转 | ① 停电<br>② 忘记插电源<br>③ 电源电压低<br>④ 配电错误，断线，接线端子松动<br>⑤ 接线端子不良<br>⑥ 热继电器动作<br>⑦ 连接装置松动<br>⑧ 端子松动，缺相运转<br>⑨ 送风机电动机故障<br>⑩ 传动带断开 | ① 查明原因，等待来电<br>② 插上电源插头<br>③ 查明原因<br>④ 检查和修复电路<br>⑤ 紧固接线端子<br>⑥ 将复位按钮按下<br>⑦ 检查、修理<br>⑧ 将端子紧固<br>⑨ 修复和更换电动机<br>⑩ 更换传动带 |
| 运转中带出的水过多 | ① 循环水量太多<br>② 循环水偏流<br>③ 风量过大 | ① 调节循环水阀门，减小流量<br>② 清洁散水槽，调整进水阀的开度<br>③ 检查风机叶轮 |
| 冷却能力不强 | ① 选型不匹配，容量太小<br>② 风机不转，无风<br>③ 风机轴承磨损<br>④ 风机轴折损 | ① 重新设计选型<br>② 检查电源线路<br>③ 更换轴承<br>④ 更换风机轴 |

（续）

| 常见故障 | 故 障 原 因 | 排 除 方 法 |
|---|---|---|
| 冷却能力不强 | ⑤ 送风机叶片角度不对，电动机负荷过大<br>⑥ 风扇叶片破损<br>⑦ 传动带松弛<br>⑧ 循环水量过多<br>⑨ 空气短路<br>⑩ 吸入空气不足 | ⑤ 调整叶片角度<br>⑥ 更换风扇叶片<br>⑦ 更换传动带<br>⑧ 调整阀门开度，减小水循环量<br>⑨ 去除障碍物<br>⑩ 检查空气进入口 |
| 运转中循环水减少 | ① 散水槽的散水管堵塞<br>② 补水管堵塞<br>③ 补水阀门开启度不足<br>④ 补水供水压力不足<br>⑤ 水泵不匹配<br>⑥ 管路设计不合理 | ① 清扫排除堵塞物<br>② 清除堵塞物<br>③ 开大补水阀门<br>④ 查明原因调整压力<br>⑤ 更换水泵<br>⑥ 重新配管 |
| 运转中有振动和杂声 | ① 送风机轴弯曲<br>② 送风机轴损伤<br>③ 风机轴承损伤<br>④ 风机轴承部有异物<br>⑤ 风机轴承缺油<br>⑥ 风机叶片螺钉松动<br>⑦ 风机叶片与其他部件相碰<br>⑧ 冷却塔外壳连接部松动 | ① 更换风机轴<br>② 更换风机轴<br>③ 更换风机轴承<br>④ 拆卸风机轴承，排除异物<br>⑤ 加油<br>⑥ 紧固联接螺钉<br>⑦ 检查并调整风机<br>⑧ 检查松动处并紧固 |
| 运转中风机电动机过热 | ① 风机叶片角度不对，负荷变大<br>② 轴承损坏或轴弯曲<br>③ 轴承内有异物<br>④ 轴承缺油<br>⑤ 电动机故障，绝缘不良<br>⑥ 电动机短路<br>⑦ 缺相运转 | ① 按正确角度安装叶片<br>② 更换轴承或轴<br>③ 拆卸、清洗<br>④ 加油<br>⑤ 检查后更换电动机<br>⑥ 更换电动机<br>⑦ 紧固接线端子 |
| 充填物污染，循环水污染 | ① 水槽水位低<br>② 过滤网堵塞<br>③ 水处理装置不良 | ① 查明原因，补水<br>② 清洗过滤网或更换<br>③ 修理水处理设备 |

## 二、操作训练

1. 实训工具、材料及设备

（1）工具　呆扳手、顶拔器、三角架、倒链、十字螺钉旋具、活扳手、铜棒、锤子、内六角扳手、冲击钻、水平仪。

（2）材料及设备　小型户式中央空调系统、小型标准逆流式冷却塔、高压清洗机、备用冷却塔填料、备用叶轮、备用轴承、润滑脂、法兰、柔性接头、密封胶、20% ~30%（体积分数）的硫酸水溶液。

2. 实训任务

任务1　小型标准逆流式冷却塔的安装

（1）实训目的　了解小型标准逆流式冷却塔的结构，掌握小型标准逆流式冷却塔的整体安装方法与步骤。

（2）实训内容

1）按照冷却塔支座尺寸浇灌混凝土基础，并预埋好联接螺栓，检查水平度，水平度不应超过 5/1000。

2）用三角架、倒链、钢丝绳进行冷却塔整体吊装上位，上位后找平找正。

3）连接冷却塔出水管与水系统管路。

4）检查旋转部件（必须灵活），喷水出口是否为水平方向，布水器孔眼是否堵塞。

5）进行冷却塔风机电气线路连接。

6）对冷却水系统注水，进行冷却塔的运行调试。

任务2　冷却塔喷嘴的清洗与检修

（1）实训目的　了解冷却塔喷嘴清洗的方法与保养。

（2）实训内容

1）手工清洗法。拆卸喷嘴，用细钢丝取出喷嘴内的杂物，用清水洗刷后再组装成套。

2）化学清洗法。将拆下的喷嘴浸入硫酸水溶液中，浸泡 60min，喷嘴中的水垢和污垢可全部清除，然后用清水清洗喷嘴两次，直到清水的 pH 值为 7 时为止，以防冷却水将喷嘴中的酸性物质带入系统而造成管道的腐蚀加剧。

3）对清洗完毕的喷头采用防锈漆涂刷进行防腐处理。

任务3　冷却塔风机检修

（1）实训目的　了解冷却塔风机常见故障类型与判断方法，掌握冷却塔风机常见故障的检修操作。

（2）实训内容

1）采用完好的冷却塔风机作为故障模拟对象，通过更换损坏部件或适当调整模拟风机轴承损坏、风机叶片破损、风机叶片角度不对、轴承过热等故障。

2）分析故障现象，确定故障原因并进行排除。

3）每个故障排除完毕后，对冷却塔风机轴进行静平衡调整并进行调试。

3. 实训注意事项

1）冷却塔吊装时，钢丝绳不应使玻璃钢外壳受力，钢丝绳与设备接触点应垫上木板。

2）在安装冷却塔的底盘时，安装人员应踩在底盘加强筋上，以免损坏底盘。

3）在安装冷却塔的外壳、底盘时，应先穿上螺栓，然后依次对应地拧紧螺母，防止外壳和底盘变形。在确认无变形后，将其缝隙用环氧树脂密封，防止使用时漏水。

4）冷却塔内的填料多采用塑料制品，在施工中要做好防火工作。

5）化学清洗喷嘴后的废酸液不可直接排入地沟，应向废溶液中加入碳酸钠进行中和，使其 pH 值接近 6.5 ~7.5 后再进行排放。

6）检修冷却塔中的设备时，必须在设备停机状态下进行，电源控制箱位置应设有明显的警示标志，以免在检修过程中出现人身意外伤害事故。

## 任务三　膨胀水箱的选用与检修

**能力训练目标**　能对膨胀水箱进行正确的选用与检修。

### 一、知识与技能

空调系统采用闭式环路循环时，为防止系统中的存水因温度变化而引起体积膨胀，并有利于系统内空气的排除，可在管路上连接膨胀水箱。膨胀水箱具有定压和补水的作用。在空调水系统中的膨胀水箱一般都采用开启式膨胀水箱。膨胀水箱已成为中央空调系统水系统中主要部件之一。膨胀水箱是一个用钢板焊制的容器，如图5-13所示，有各种不同的规格。膨胀水箱的接管有以下几种：

（1）膨胀管　因温度升高而引起的体积增加将系统中的水转入膨胀水箱。

（2）溢流管　溢流管用于排出水箱内超过规定水位的多余的水。

（3）信号箱　信号箱用于监督水箱内的水位。

（4）补给水管　补给水管用于补充系统水量，有手动和自控两种方式。

（5）循环管　在水箱和膨胀管可能发生冻结时，循环管用来使水正常循环。

（6）排污管　排污管用于排污。

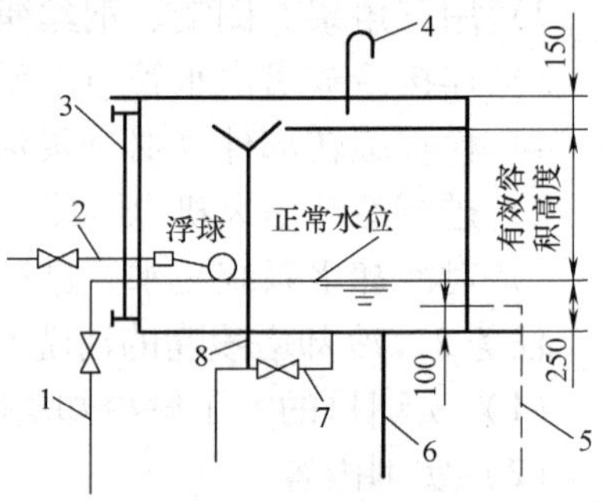


图5-13　膨胀水箱
1—信号管　2—自动补水管　3—水位计　4—通气管　5—循环管　6—膨胀管　7—排污管　8—溢流管

**（一）膨胀水箱的布置**

膨胀水箱一般设置在系统的最高点处，通常接在循环水泵的吸水口附近的回水干管上。为了实现定压功能，使系统静止和运行时不会发生倒空、汽化和超压等现象，以及保证排气装置正常工作，对水箱安装高度应有一定的要求。显然在实现定压的前提下降低水箱的安装标高是合理和经济的。在系统实际安装过程中，对水箱的安装位置和高度要求如下：

1）膨胀水箱支座高度应大于300mm。

2）膨胀水箱最低水位应高于热水系统最高点1~2m以上。

3）一般将膨胀水箱接到回水干管上，保证系统不汽化。

膨胀水箱的安装高度除与连接点有关之外，还与系统形式有关。根据不同的系统形式，膨胀水箱的连接位置及安装高度可以分为以下四种情况。

1. 垂直上供下回式系统中膨胀水箱的连接位置及安装高度

垂直上供下回式系统中膨胀水箱的连接位置及安装高度如图5-14所示。一般情况下，将膨胀水箱置于水平干管始端比放在干管末端接管方便，节省管材。垂直上供下回式系统如果存在多个大支路，当主立管到最远供水立管的水平供水管长度不大，该管路损失阻力较小时，可采用图5-14a所示的安装方式。如果经过验算不能满足要求的高度，则应将水箱连接到循环水泵的吸入口。机械循环热水采暖系统一般都将水箱连接在循环水泵入口。

2. 垂直下供上回式系统（倒流式）中膨胀水箱的连接位置及安装高度

图5-15所示的垂直下供上回式系统的特点是只有一根回水总立管，采用穿流式水箱，穿流式水箱指全部回水通过膨胀水箱并流回热源的水箱安装形式。图5-15a中将膨胀水箱连接到回水总立管上部，只需满足水箱最低水位高出上部水平回水干管$O$点即可，而且在这种方式中水箱还能排气。安装时应保证$O$点为上部回水水平干管的最高点。图5-15a中的水箱比图5-14a中的水箱高度还要低，水箱甚至可以置于楼梯间。

3. 垂直下供下回式系统中膨胀水箱的连接位置及安装高度

垂直下供下回式系统将膨胀水箱接到回水总干管循环水泵入口。如果整个系统都在散热

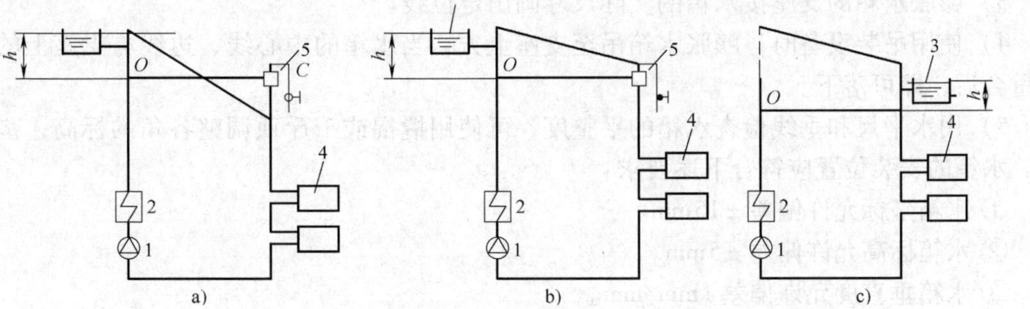


图 5-14　垂直上供下回式系统中膨胀水箱的连接位置及安装高度

1—换热器　2—循环水泵　3—膨胀水箱　4—风机盘管　5—集气罐

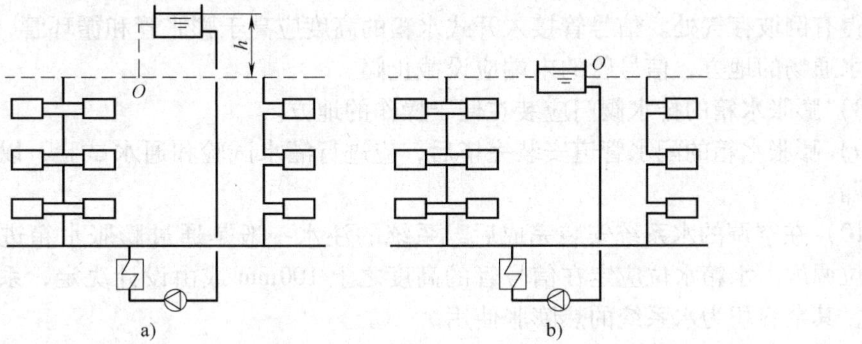


图 5-15　垂直下供上回式系统中膨胀水箱的安装高度

器上安装排气阀排气（见图 5-16 左侧立管），则水箱最低水位只需高出顶层散热器，这是所有方案中水箱安装高度最低的情况，此时水箱可放在顶层散热器所在楼层或楼梯间。如果整个系统都采用空气管排气（见图 5-16 右侧两个立管），则水箱最低水位需高出空气管高点，图中的 $h$ 为两者的高度差。图 5-16 中的系统综合了上述两种情况，应按安装空气管的条件来确定水箱安装高度。

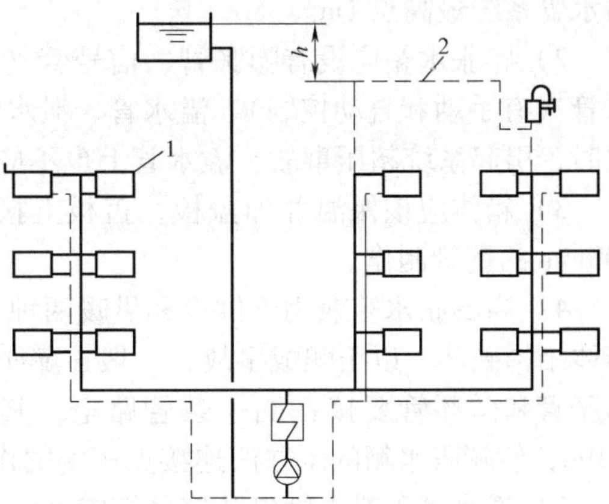


图 5-16　垂直下供下回式系统中膨胀水箱的安装高度

1—放气阀　2—空气管

4. 水平式系统中膨胀水箱的连接位置及安装高度

水平式系统也有上供式、下供式等形式。水平式系统中水箱的安装高度根据供回水干管的位置是上供式、下供式等来确定。

5. 膨胀水箱的安装

1）膨胀水箱的支座应按设计要求制作，如采用方木垫时，方木应做防腐处理。检查膨胀水箱支座的位置、标高是否符合设计要求。

2）膨胀水箱在按照设计制作完成后，其内、外应做防腐处理，同时还应进行充水试漏检查。

3）膨胀水箱的支座按水箱的实际尺寸画出定位线。

4）使用吊装设备时，膨胀水箱吊至支座上方，当水箱的中心线、边线与支座上的定位线重合后，即可落下。

5）用水平尺和垂线检查水箱的平整度，可使用撬棍或千斤顶调整各角的标高，垫实垫铁。水箱的安装位置应符合下述要求：

① 水箱坐标允许偏差 ±15mm。

② 水箱标高允许偏差 ±5mm。

③ 水箱垂直度允许偏差 1mm/mm。

6）膨胀水箱在安装就位并检查合格后即可进行配管连接。水箱与配管连接时，应有可拆卸件、活接或法兰。

7）除了膨胀管和循环管上不得装设阀门外，同时应尽量减少膨胀管和循环管的弯道，更不得有倒坡存气处。信号管接入开式水箱的高度应高于膨胀管和循环管，并接至便于观察和排水通畅的地方，信号管的末端应设截止阀。

8）膨胀水箱的排水阀门应装在便于操作的地方。

9）膨胀水箱的配水管道安装完毕后，应进行灌水试验和通水试验，以免投入运转时管道泄漏。

10）在空调的水系统安装完成后，系统的注水一般是通过膨胀水箱进行的，此时应进行水位调试。水箱水位应定在信号管的高度之上 100mm 或由设计决定，系统补水应补到此高度，其余容积为水系统的热膨胀使用。

6. 膨胀水箱的安装要点

1）在机械循环系统中，膨胀水箱应该安装在水泵的吸入侧，而且装置的标高至少要高出水管系统最高点 1m。

2）膨胀水箱应设有膨胀管、信号管（又称为检查管，可检查水箱中是否断水）、补给水管（有手动和自动控制）、溢水管、泄水管等，膨胀管上不允许设任何阀门，以免阀门误关时，引起系统超压事故。溢水管上也不应设置阀门，其管径应比膨胀管大。

3）箱体应该保温并加盖板，盖板上接一根透气管，透气管一般可以选用公称直径为 100mm 的钢管制作。

4）当膨胀水箱兼用于供冷和供暖两种工况时，为防冬季供暖时因水箱内的水结冰造成箱体结构破坏，以至酿成事故，一般在膨胀水箱上要接出一根循环管，循环管上不设阀门。膨胀管和循环管要接在同一条管路上，其连接点之间应保持一定距离，一般可取 1.5～3.0m，使膨胀水箱的水在两连接点压差的作用下处于缓慢流动状态。

5）溢水管和泄水管以及信号管应接到明沟里或下水道的地方，以便于把水排走。

### （二）膨胀水箱的正确选用

膨胀水箱作为建筑工程采暖、空调循环水系统的定压和补水设备，在中小型采暖和空调系统中应用比较普遍，且控制简单，系统水力稳定性好。在选用时应首先考虑其有效容积。

1. 开式膨胀水箱的有效容积的计算

开式膨胀水箱的有效容积的计算可按照以下公式进行，即

$$V_x = V_t + V_p$$

式中　$V_x$——开式膨胀水箱的有效容积（$m^3$）；

$V_t$——开式膨胀水箱的调节容积（$m^3$），调节容积 $V_t$ 应不小于于 3min 平均运行时的补水泵流量，且保持水箱调节水位高度差不小于 200mm；

$V_p$——系统最大膨胀水量（$m^3$）。

循环水系统的最大膨胀水量按下式计算，即

供热时
$$V_p=\left(\frac{\rho_0}{\bar{\rho}}-1\right)V_c$$

供冷时：
$$V_p=\left(1-\frac{\rho_0}{\bar{\rho}}\right)V_c$$

式中　$\rho_0$——水密度，采暖或空调（冬季运行）系统注水温度 $t_0$ 时的水密度，空调冷水系统取夏季系统停运时环境温度 $t_0$ 对应的水密度（kg/ $m^3$）；

$\bar{\rho}$——系统运行时水的平均密度（kg/ $m^3$），取供/回水温度时的密度平均值，$\bar{\rho}=(\rho_g+\rho_h)/2$；

$V_c$——系统水容量（$m^3$）。

常用采暖、空调水系统的 $V_p/V_c$ 取值可参照表 5-4。

**表 5-4　常用采暖、空调水系统的 $V_p/V_c$ 取值**

| 系统类型 | 空调冷水 | 空调热水 | 采暖水 | |
|---|---|---|---|---|
| 供/回水温度/℃ | 7/12 | 60/50 | 85/60 | 95/70 |
| $t_0$/℃ | 35 | 5 | 5 | 5 |
| 膨胀量 $V_p/V_c$ | 0.0053 | 0.01451 | 0.02422 | 0.03066 |

2. 开式膨胀水箱选用的注意要点

1）空调水系统采用冷水、热水共用的双管系统时，膨胀水箱有效容积的大小应按冬季工况确定。

2）膨胀水箱最低水位应高于采暖/空调水系统最高点 1.0m 以上。

3）水箱高度大于或等于 1500mm 时，应设内、外人梯；水箱高度大于或等于 1800mm 时，应设两组玻璃管液位计，液位计可用法兰连接或螺纹联接，其搭设长度为 70 ~ 200mm。

4）膨胀管在重力循环系统中应安装在供水总立管的顶端；在机械循环系统中应接至系统定压点上，一般接至水泵吸入口前。

5）循环管接至系统回水干管上，该点与定压点之间应保持不小于 1.5 ~ 3m 的水平距离。

6）膨胀管和循环管应尽量减少弯管，并应避免存气。

7）信号管应接至易于观察管理的位置。当设有液位控制器时，可不设信号管。

8）水箱的排水管阀门应设在便于操作的位置，水箱排水管不可与建筑生活污水管直接相连。

9）膨胀管、溢水管和循环管上严禁安装阀门。

10）系统补水可采用补水泵补水或浮球阀补水方式，如图 5-17 所示。在水质较硬地区或有软化要求的系统应采用补水泵加软化水设备补水（采暖系统应用较多）；当给水水质满足运行要求且补水管压力高于补水点压力时，可采用浮球阀自动补水方式（中央空调系统应用较多）。系统的小时泄漏量可取系统水容量的 1%，系统补水量可取系统水容量的 2%。

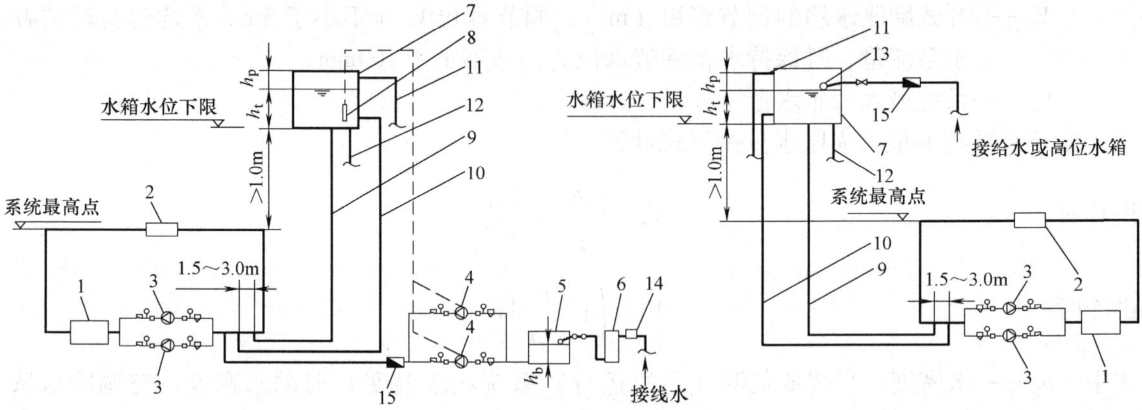


图 5-17　膨胀水箱的补水方式

a）补水泵补水　b）浮球阀补水

1—冷热源装置　2—末端用户　3—循环泵　4—补水泵　5—补水箱　6—软水设备　7—膨胀水箱　8—液位计　9—膨胀管　10—循环管　11—溢水管　12—排水管　13—浮球阀　14—倒流防止器　15—水表

### 3. 膨胀水箱的型号规格

采暖与空调水系统常用的膨胀水箱有方形和圆形两种。用户在选用时可根据其外形尺寸、有效容积、接管规格等参照表 5-5 ~ 表 5-7 进行选取。

表 5-5　方形膨胀水箱型号规格选用表

| 型号 | 公称容积 /$m^3$ | 有效容积 /$m^3$ | 箱体尺寸 长 $L$ /mm | 箱体尺寸 宽 $B$ /mm | 箱体尺寸 高 $H$ /mm | 钢板厚度 箱顶 $S_2$ /mm | 钢板厚度 箱底 $S$ /mm | 钢板厚度 箱壁 $S_1$ /mm | 底部支座 边距 $C$ /mm | 底部支座 间距 $C_1$ /mm | 底部支座 数量 N | 膨胀水箱 自重 /kg | 膨胀水箱 满水质量 /kg | 图示 |
|---|---|---|---|---|---|---|---|---|---|---|---|---|---|---|
| 1 | 0.5 | 0.6 | 900 | 900 | 900 | 4 | 4 | 4 | 200 | 500 | 2 | 200 | 800 | 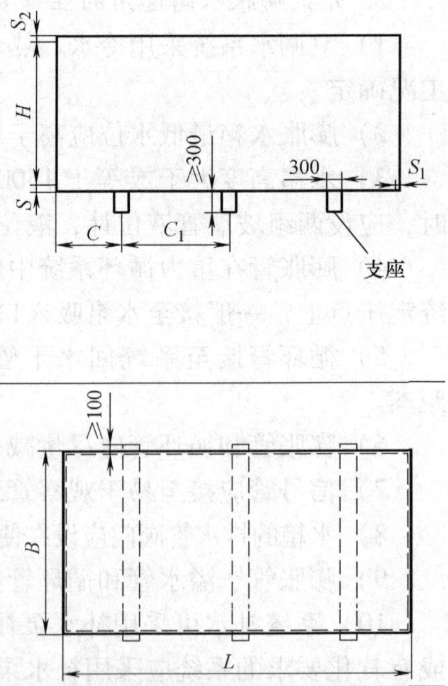 |
| 2 | 0.5 | 0.6 | 1200 | 700 | 900 | 4 | 4 | 4 | 250 | 700 | 2 | 209 | 809 | |
| 3 | 1.0 | 1.0 | 1100 | 1100 | 1100 | 4 | 5 | 4 | 250 | 600 | 2 | 288 | 1288 | |
| 4 | 1.0 | 1.1 | 1400 | 900 | 1100 | 4 | 5 | 4 | 250 | 900 | 2 | 302 | 1402 | |
| 5 | 2.0 | 2.0 | 1400 | 1400 | 1200 | 4 | 5 | 5 | 300 | 800 | 2 | 531 | 2531 | |
| 6 | 2.0 | 2.2 | 1800 | 1200 | 1200 | 4 | 5 | 5 | 400 | 1000 | 2 | 580 | 2780 | |
| 7 | 3.0 | 3.1 | 1600 | 1600 | 1400 | 4 | 5 | 5 | 200 | 600 | 3 | 701 | 3801 | |
| 8 | 3.0 | 3.4 | 2000 | 1400 | 1400 | 4 | 5 | 5 | 300 | 700 | 3 | 743 | 4143 | |
| 9 | 4.0 | 4.2 | 2000 | 1600 | 1500 | 4 | 5 | 5 | 300 | 700 | 3 | 926 | 5126 | |
| 10 | 4.0 | 4.2 | 1800 | 1800 | 1500 | 4 | 5 | 5 | 300 | 600 | 3 | 916 | 5116 | |
| 11 | 5.0 | 5.0 | 2400 | 1600 | 1500 | 4 | 5 | 5 | 300 | 900 | 3 | 1037 | 6037 | |
| 12 | 5.0 | 5.1 | 2200 | 1800 | 1500 | 4 | 5 | 5 | 300 | 800 | 3 | 1047 | 6147 | |



注：1. 表中公称容积为按水箱箱体尺寸计算后再经圆整的容积；有效容积为水箱的计算容积减去水箱排水管以下和溢水管以上部分的容积。

2. 表中自重指水箱箱体及其接管（含法兰）的质量。

**表 5-6　圆形膨胀水箱型号规格选用表**

| 序号 | 公称容积/$m^3$ | 有效容积/$m^3$ | 筒体 | | 顶底板直径 $D_1$ | 水箱总高度 $H_1$ | 钢板厚度 | | | 加强筋尺寸 | | 底部支座 | | | 膨胀水箱 | |
|---|---|---|---|---|---|---|---|---|---|---|---|---|---|---|---|---|
| | | | 内径 $D$ | 高度 $H$ | | | 箱顶 $S_2$ | 箱底 $S$ | 箱壁 $S_1$ | 角钢规格 | 间距 $A$ | 边距 $C$ | 间距 $C_1$ | 数量 $N$ | 自重/kg | 满水总重/kg |
| | | | /mm | | | | | | | | /mm | | | | | |
| 1 | 0.5 | 0.5 | 900 | 1000 | 930 | 1171 | 4 | 4 | 4 | — | — | 215 | 500 | 2 | 169 | 669 |
| 2 | 0.5 | 0.6 | 1000 | 900 | 1030 | 1071 | 4 | 4 | 4 | — | — | 215 | 600 | 2 | 179 | 779 |
| 3 | 1.0 | 1.0 | 1100 | 1300 | 1130 | 1471 | 4 | 5 | 4 | L40×4 | 600 | 265 | 600 | 2 | 255 | 1255 |
| 4 | 1.0 | 1.1 | 1200 | 1200 | 1230 | 1371 | 4 | 5 | 4 | L40×4 | 600 | 315 | 600 | 2 | 269 | 1369 |
| 5 | 2.0 | 1.9 | 1500 | 1300 | 1530 | 1471 | 4 | 5 | 4 | L40×4 | 600 | 415 | 700 | 2 | 367 | 2367 |
| 6 | 2.0 | 2.0 | 1400 | 1500 | 1430 | 1671 | 4 | 5 | 4 | L40×4 | 600 | 415 | 600 | 2 | 422 | 2422 |
| 7 | 3.0 | 3.2 | 1600 | 1800 | 1630 | 1971 | 4 | 5 | 4 | L50×5 | 700 | 465 | 700 | 2 | 574 | 3774 |
| 8 | 3.0 | 3.3 | 1800 | 1500 | 1830 | 1671 | 4 | 5 | 4 | L50×5 | 700 | 565 | 700 | 2 | 559 | 3859 |
| 9 | 4.0 | 4.1 | 1800 | 1800 | 1830 | 1971 | 4 | 5 | 4 | L63×6 | 700 | 565 | 700 | 2 | 641 | 4741 |
| 10 | 4.0 | 4.4 | 2000 | 1600 | 2030 | 1771 | 4 | 5 | 4 | L63×6 | 700 | 415 | 600 | 3 | 667 | 5067 |
| 11 | 5.0 | 5.1 | 1800 | 2200 | 1830 | 2371 | 4 | 5 | 4 | L63×6 | 700 | 315 | 600 | 3 | 724 | 5824 |
| 12 | 5.0 | 5.0 | 2000 | 1800 | 2030 | 1971 | 4 | 5 | 4 | L63×6 | 700 | 365 | 650 | 3 | 723 | 5723 |

注：1. 表中公称容积为按水箱箱体尺寸计算后再经圆整的容积；有效容积为水箱的计算容积减去水箱排水管以下和溢水管以上部分的容积。

2. 表中自重指水箱箱体及其接管（含法兰）的质量。

3. 对应图示如图 5-18 所示。

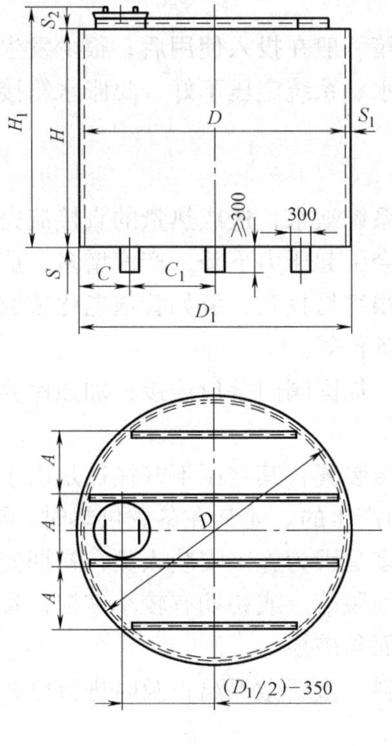


图 5-18　圆形膨胀水箱外形规格

表 5-7 膨胀水箱接管规格表

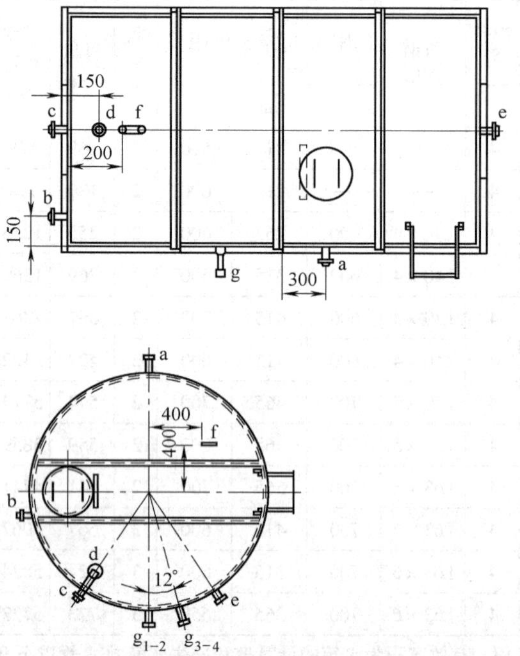


| 符号 | 名称 | 接管规格 | |
|---|---|---|---|
| | | 1～8号开式膨胀水箱 | 9～12号开式膨胀水箱 |
| a | 膨胀管 | DN40 PN1.0MPa | DN50 PN1.0MPa |
| b | 循环管 | DN25 PN1.0MPa | DN25 PN1.0MPa |
| c | 溢水管 | DN50 PN1.0MPa | DN70 PN1.0MPa |
| d | 排水管 | DN32 PN1.0MPa | DN32 PN1.0MPa |
| e | 信号管 | DN20 PN1.0MPa | DN20 PN1.0MPa |
| f | 通气管 | DN32 | DN32 |
| g | 液面计口 | DN20 PN1.6MPa | DN20 PN1.6MPa |

### （三）膨胀水箱的检修

采暖与空调系统用膨胀水箱一般在投入使用后，很少发生影响系统运行的较大故障。较常见的故障有膨胀水箱接管漏水、系统定压不好、膨胀水箱接管堵塞、补水浮球阀失灵无法补水等。

1. 膨胀水箱接管漏水

膨胀水箱接管漏水会导致系统缺水，造成热量的直接流失，导致补水量增大，系统整体温度降低。同时，系统缺水也会引起压力下降，产汽增多，造成汽塞，循环不畅。

膨胀水箱接管漏水的原因很容易找到，例如管道老化破裂、接管阀门接口处不紧密或阀门接口年久失修、保养措施不到位等。

排除方法：更换破损管道，加固阀门接口连接，加强保养措施或缩短保养周期。

2. 系统定压不好

膨胀水箱作为空调系统定压装置，其定压不好往往是由于膨胀水箱的保温层破损，导致冷/热源与环境热交换量过大而产生的。尤其在冬季供热时，影响较为明显。

膨胀水箱的保温层破损大多是因为施工安装人员在初期安装时，保温措施做得不到位或保温材料选取不当，年久失修而脱落。或初期有较小破损，管理人员未进行修补，长时间后由于环境原因而导致保温层大面积破损。

排除方法：更换保温层材料，重新做保温；及时进行修补并加强日常监管。

3. 膨胀水箱接管堵塞

膨胀水箱接管堵塞大多是由于在施工中有异物进入管道，且完工后未冲洗干净，或者焊接时坡口不光滑，挂了水中杂质，就可能在某个时间某个部位造成管道堵塞。还有一种情况是用户单位缺乏水系统的水质监管，系统内菌藻繁殖产生沉淀，日积月累便阻塞了管道，阻碍了水的循环。这些情况容易发生在小管径的部位。

排除方法：拆除、清通或者更换管道。水系统管道加设除污器和水处理装置，使系统内总是充满干净的软化水，保证水流通畅。

4. 补水浮球阀失灵

中央空调系统用膨胀水箱大多采用浮球阀补水。浮球阀由曲臂和浮球制动控制水塔或水池的液面，保养简单，灵活耐用，液位控制准确度高，水位不受水压干扰且开、闭紧密不漏水。常用机械式浮球阀的结构如图5-19所示。浮球阀失灵主要原因是：由于容器内的液面经常波动，引起浮球阀启/闭频繁，阀芯与阀座很容易磨损而引起失灵。浮球阀失灵的原因和维修办法见表5-8。

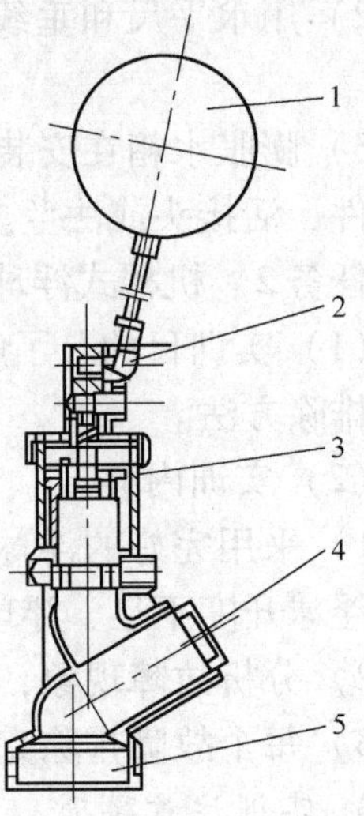


图5-19　机械式浮球阀的结构
1—浮球　2—曲臂　3—阀芯弹簧
4—进水过滤器　5—进水口

**表5-8　浮球阀失灵的原因和维修办法**

| 故障现象 | 故障原因 | 维修办法 |
|---|---|---|
| 浮球阀不能开或者关 | 1. 系统被焊渣、铁屑、锈、泥等垃圾卡住<br>2. 浮球本身有小孔，或焊锡被腐蚀，造成浮球漏，不会关<br>3. 浮球使用较久，柱形阀体磨损严重，不起关闭作用 | 1. 装置过滤器并定期进行检查清洗<br>2. 焊好砂孔，焊锡结构改为电焊结构<br>3. 更换柱形阀 |
| 浮球开度不足 | 柱形阀孔表面粗糙度不够，或阀呈椭圆或圆锥形 | 用铰刀铰孔，使表面粗糙度、几何形状准确 |
| 浮球连杆与柱形阀脱离关系，造成浮球直通 | 调整螺钉处的开口销，在工作时销子脱落 | 拆开检查后重新装置开口销 |

## 二、操作训练

1. 实训工具、材料及设备

（1）工具　呆扳手、三角架、倒链、钢丝绳、活扳手、水平仪。

（2）材料及设备　小型户式中央空调系统、小型方形膨胀水箱、法兰、柔性接头、密封胶、保温材料、密封垫、备用螺栓组、备用浮球阀、接管、液位计。

2. 实训任务

任务1　小型方形膨胀水箱的安装

（1）实训目的　了解小型方形膨胀水箱的结构和接管的位置，掌握小型方形膨胀水箱的安装方法。

（2）实训内容

1）按水箱的实际尺寸画出定位线，使用三角架和倒链吊装膨胀水箱至支座上方，当水箱的中心线、边线与支座上的定位线重合后，放下水箱。

2）用水平尺和垂线检查水箱的平整度，可使用撬棍或千斤顶调整各角的标高，垫实垫铁。

3）膨胀水箱在安装就位并检查合格后即可进行配管连接。水箱与配管连接时，应有可拆卸件、活接头或法兰。

任务 2　机械式浮球阀检修

（1）实训目的　了解机械式浮球阀的结构和工作原理，掌握机械式浮球阀常见故障现象和排除方法。

（2）实训内容

1）采用完好的浮球阀作为故障模拟对象，通过更换损坏部件模拟浮球阀不能开或者关、浮球开度不足、浮球连杆与柱形阀脱离关系，造成浮球直通等故障。

2）分析故障现象，确定故障原因进行排除。

3）每个故障排除完毕后，对冷却塔进行调试。

3. 实训注意事项

1）膨胀水箱应该安装在水泵的吸入侧，而且装置的标高至少要高出水管系统最高点 1m。

2）膨胀水箱各水箱接管不得设有阀门。

3）箱体应该保温并加盖板，盖板上接一根透气管，透气管一般可以选用公称直径为 100mm 的钢管制作。

4）溢水管和泄水管以及信号管应接到明沟里或下水道的地方，以便于把水排走。

# 项目六　中央空调系统的安装与维护

## 任务一　集中式空调系统中央空调器的安装与维护

**能力训练目标**　能对集中式空调系统中央空调器进行正确的安装与维护。

### 一、知识与技能

组合式空调机是一种由多种功能段组合而成的空调机组，根据冷（热）源的不同，可将组合式空调机分为冷冻水式和直接蒸发式两种类型。

采用冷冻水（或热水等）作为冷（热）源的组合式空调机，一般称为组合式空气处理机组。组合式空气处理机组是中央空调系统最主要的末端设备，它与冷水机组（如模块机、螺杆机、离心机等）组成大型中央空调系统。

采用直接蒸发（即压缩机直接制冷）的组合式空调机，一般设计制造成屋顶机形式，即组合式屋顶空调机。组合式屋顶空调机通过外接风管，将处理后的空气送到需要空调的空间。

组合式空调机一般都由三个以上的功能段所组成。如初效新回风段、表冷挡水段、加热段、加湿段、二次回风段、风机段、消声段、中效过滤段、杀菌段以及热回收段等，可通过不同功能段的组合实现不同的空气处理要求。组合式空调机对机组的漏风率、冷桥因子、箱体机械强度等都有较高要求。组合式空调机组（二次回风式）的结构如图6-1所示。

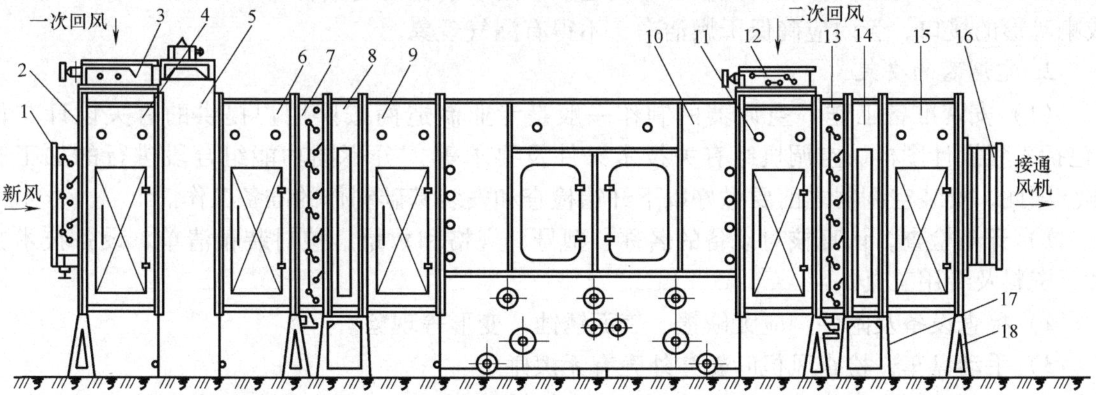


图6-1　组合式空调机组（二次回风式）的结构

1—新风阀　2—混合室法兰盖　3、12—回风阀　4、11—混合室　5—过滤器　6、9、15—中间室　7、13—混合阀　8—一次加热器　10—喷水室　14—二次加热室　16—风机接管　17—加热器支架　18—三角支架

#### （一）组合式中央空调器的安装

组合式空调机组是由制冷压缩冷凝机组和空调器两部分组成的。组合式空调机组与整体

空调机组基本相同，其区别是将制冷压缩冷凝机组由箱体内移出，安装在空调器附近。电加热器安装在送风管道内，一般分为三组或四组进行手动或自动调节。电气装置和自动调节元件安装在单独的控制箱内。组合式空调机组的安装内容有：压缩冷凝机组、空调机组、风管的电热器、配电箱及控制仪表的安装。各功能段的组装应符合设计规定的顺序要求。组合式空调机组的安装要求如下：

1）组合式空调机组各功能段的组装，应符合设计规定的顺序和要求。

2）机组应清理干净，箱体内应无杂物。

3）箱体应放置在平整的基础上，基础应高于机房地平面。

4）机组下部的冷凝水排放管应有水封，与外管路连接应正确。

5）组合式空调机组各功能段之间的连接应严密，整体应平直，检查门开启应灵活，水路应畅通。

1. 压缩冷凝机组的安装

1）压缩冷凝机组应安装在混凝土达到养护强度、表面平整，位置、尺寸、标高、预孔洞及预埋件等应符合设计要求的基础上。

2）设备吊装时，应注意用衬垫将设备垫妥，以防止设备变形；在捆扎过程中，主要承力点应高于设备重心，防止在起吊时倾斜；还应防止机组底座产生扭曲和变形。吊索的转折处与设备接触部位，应使用软质材料衬垫，避免设备、管路、仪表、附件等受损和擦伤油漆。

3）设备上位后，应进行找平找正。机身纵横向水平度不应大于0.2/1000，测量部位应在立轴外露部分或其他基准面上；对于公共底座的压缩冷凝机组，可在主机结构选择适当位置作基准面。

4）压缩冷凝机组与空气调节器管路的连接，压缩机吸入管可用纯铜管或无缝钢管与空调器引出端的法兰联接，如果采用焊接，不得有裂纹、砂眼等渗漏现象。压缩冷凝机组的出液管可用纯铜管与空调器上的蒸发膨胀阀连接。连接前应将纯铜管套上螺母后，用扩管器制成喇叭形的接口，管内应确保干燥洁净，不得有漏气现象。

2. 空调器的安装

（1）安装准备工作　空调器的制作一般是专业制造商按照用户提供的有关设计文件（包括工程设计图样、空调机组有关技术条件及要求等）分不同功能组合段进行的加工制作。因此，安装空调器之前要做好以下开箱检查和安装基础制作的准备工作。

1）开箱检查，认真核对设备的名称、型号、规格和数量；核对装箱清单、设备技术文件、资料及专用工具。

2）检查设备及附件，应无缺损、表面锈蚀、变形等现象。

3）手动盘车，检查风机叶轮与外壳有无擦碰。

4）按设计要求制作混凝土基础，并考虑凝结水水封的高度及管道安装坡度。

5）基础混凝土强度应符合设计规定，并应有验收记录。设备基础表面应进行清理，放置垫铁部位的表面应錾平。

6）按施工图和建筑物的轴线或边缘线及标高线，画出安装的基准线。

7）互相有连接、衔接或排列关系的设备，应划定共同的安装基准线。

（2）空调机组的安装

1）安装原则。根据空调系统规模的大小、额定风量的不同，空调器的安装可以分为框架式整体安装和拼装式散装。空调器在安装时应注意以下几点原则：

① 分段组装的空调机组安装时，因各段连接部位螺栓孔大小、位置均相同，故需注意各段的排列顺序必须与图样相符，安装前对各功能段进行编号，不得将各段位置排错。空调机组分左式和右式，判断方法为顺气流方向观察或按厂商说明书确定。

② 空调机组组装时应从设备一端开始，逐一将各段抬上基座，校正位置后加衬垫，将相邻的两段用螺栓严密牢固地联接起来，每联接一段需将其内部清理干净后才可继续安装。

③ 对于有喷淋段的空调机组组装时，首先安装喷淋段，再组装两侧的其他功能段。

④ 空调机组与供、回水管的连接应正确，且应符合产品技术说明的要求。无说明时，应保证空气与水流的逆流换热，冷、热水一般均采用下进上出方式。

⑤ 密闭检查，门及门框应平整、牢固，无滴漏，开关灵活；凝结水的引流管（槽）畅通，冷凝水排放管应有水封，与外管路连接应正确。

⑥ 空调机组各功能段之间的连接应严密，连接完毕后无漏风、渗水、凝结水排放不畅或外溢等现象。

⑦ 安装完毕后，应将机组清理干净，机组内部应无杂物。

2）框架式整体安装。额定风量为 10000～40000$m^3$/h 的空调机组的构件为框架式整体安装。

① 按设计布置图对到货的过滤器、淋水室和表冷器等构件进行清点分类。

② 设有淋水室或淋水表冷器室的设备应首先就位安装，并以此为安装中心，分别向左、右侧排列构件组装。

③ 空调构件内法兰间用螺栓联接并拧紧，中间垫 4～5mm 的泡沫橡胶密封条。加热器两端连接时，垫 5mm 厚的耐热橡胶板。

④ 在中间室、混合室的底部，以及表冷器滴水盘和蒸汽加湿器室的底部都有排水孔，接排管时应设置 80～100mm 高的水封。

3）拼装式散装。额定风量大于 60000$m^3$/h 的空调机组，为方便运输，一律以散件包装出厂，在现场将散件组装成构件，即组装成淋水室、混合室、空气过滤器、加热器等，再将各构件连接总装成空调机组。

① 淋水室组段的安装。

a. 将水槽按设计图标定的位置放在平整的基础上，将分开的分风板及挡水板组合成整体，然后按气流流向分别将分风板及挡水板放置在进风口和出风口的水槽上，用螺栓固定拧紧。

b. 安装前、后壁板与顶板。前、后壁板与顶板、水槽相连的内法兰间垫 4mm 厚橡胶板，核对风面对角线尺寸（对角线尺寸要相等）后用螺栓固定拧紧。将角形挡风板分别与前、后壁板、顶板、分风板、挡水板连接固定，在连接处垫 4～6mm 厚的橡胶板。

c. 安装淋水干管。淋水干管与板壁上的淋水进水管相连，连接处垫 3mm 厚橡胶板。额定量 60000$m^3$/h 以下的空调机，其淋水室为一侧进水，所以淋水干管的另一端用卡箍固定在后板的托架板上。将淋水竖管与淋水干管相连，连接处缠绕塑料密封胶带，调整各排竖管的间距，并保证竖管上连接喷嘴的短管在一个垂直面上，再将淋水竖管的上部固定在滑轨角钢上。将喷嘴拧在短管上，连接处缠绕塑料密封胶带。对于二排喷嘴，第一排喷嘴孔顺气流安装，第二排喷嘴孔逆气流安装（通常称为“一顺一逆”）。对于三排喷嘴，喷嘴孔朝向为“一顺二逆”。

② 混合室、中间室组段的安装。混合室和中间室均由底板、前壁板、后壁板、顶板组成。前壁板上设有密闭检查门，低压防水照明灯及测试孔旋塞，底板中部一般设置排水孔，并配有旋塞。如果混合室和中间室置于淋水室之后，并有积水的可能性时，底板的排水孔接管要设置 80 ~ 100mm 高的水封。

将底板校平后，分别装前、后壁板及顶板，在法兰连接处垫 4 ~ 6mm 厚的橡胶板，校正迎风面及出风面的对角线尺寸，并使其相等，最后用螺栓拧紧。

③ 加热器组段的安装。

a. 将 2 个或 4 个单件加热器进行组合连接，连接的法兰间垫 4mm 厚橡胶板。

b. 在保证对角线尺寸相等后，将螺栓拧紧。在连接 4 个以上的加热器时，应在中间的连接处安装竖向密封板。

c. 构件组装好后进行安装，将加热器支架按设计图放置，把加热器两侧的盖板卸下，拿出保温材料。

d. 将加热器与左右相邻的空调构件连接牢固，连接处垫 4 ~ 6mm 厚的泡沫橡胶密封条。最后，填上加热器两侧的保温材料，将盖板盖上。

④ 过滤器组段安装。过滤器组段由底板、前壁板、后壁板、顶板、中间型钢主骨架、滤袋支撑、次骨架和过滤袋组成。

a. 先将分开的过滤器框架进行组合连接，连接处垫 4mm 厚橡胶板。

b. 再从型钢主骨架上取下滤袋支撑次骨架，将滤袋分片装入支撑次骨架中，使每个滤袋口约有 10mm 的翻边与角铁边框相贴，然后盖上压紧框并固定。

c. 最后，将装好滤袋的次骨架逐个装在型钢主骨架上。

⑤ 混合阀组段安装。混合阀分上、下两组阀片，调节时对开式移动，执行机构分手动和电动两种。

将分开的单件混合阀组合连接，连接处垫 4mm 厚橡胶板，在保证对角线尺寸相等后固定拧紧。

用手动或电动方式检查执行机构及阀片动作的准确性和灵活性。

⑥ 风机接管组段安装。风机接管在壁板上的入口处，为防止人或杂物被吸入，装有铅丝安全网。将分开的接管壁板组合连接，连接处垫 4mm 厚的橡胶板，在保证对角线尺寸相等后固定拧紧。

⑦ 淋水表冷器组段安装。将水槽按照设计图标定的位置放置在平整的基础上。将表冷器放在水槽的支架上，用螺栓固定连接，连接处垫 4mm 厚橡胶板。将挡水板固定在出风口的水槽上。将前、后壁板与顶板、水槽相连，连接处垫 4mm 厚橡胶板。在保证对角线尺寸相等后进行固定拧紧。表冷器、挡水板侧应安装挡风板。淋水干管、淋水竖管及喷嘴的安装与①中相同，只是喷嘴应朝顺气流方向安装。

值得注意的是，无论是框架式整体安装还是拼板式散装，都是按照处理空气不同功能的段体将壁板与壁板之间用螺钉进行连接的，其中间垫以密封材料。其结构如图 6-2 所示。

而后将所有空气处理的功能段体相连接，连接方法同前。同时，在机组的适当位置预留机组内部部件，设备进入口，在其内部部件全部进入后才可封闭。

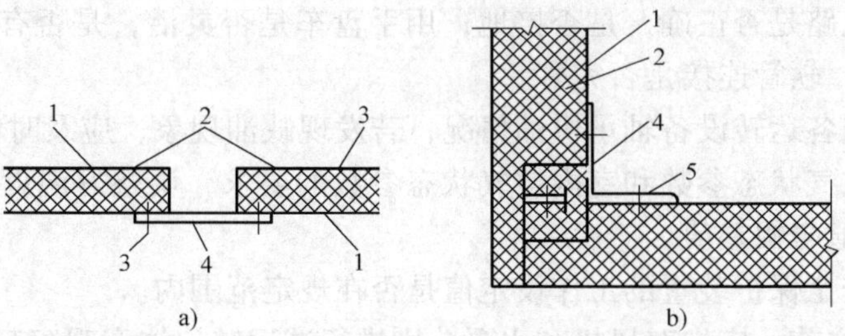


图 6-2　组合式空调机组壁板与壁板之间的连接
1—钢板　2—保温层　3—联接螺栓　4—密封板　5—铆钉

（3）风管的电热器安装　采用一台空调器控制两个恒温房间，一般除主风管安装电加热器外，还得在控制恒温房间的支管上安装电加热器，此加热器称为微调加热器。它是由恒温房间的干球温度来控制的。

电加热器安装后，在其电加热器前、后 800mm 范围内的风管隔热层应采用石棉板、岩棉等不燃材料，防止由于系统在运转出现不正常情况下致使过热而引起燃烧事故。

**（二）组合式中央空调器的运行**

组合式中央空调系统运行操作的主要内容如下：

1）组合式中央空调系统在正常情况下（包括起动准备在内）的起动程序，运行中的巡检内容，运行中各有关参数的记录，停机程序以及运行调节方式的选择，运行设备的切换、起动、运行、停机中应注意的事项等。

2）组合式中央空调系统在起动、运行、停车中的安全保障措施。

3）组合式中央空调系统在运行中紧急情况的处理。例如，运行中突然停电、停水（包括冷冻水和加热用水）、停气（包括加热和加湿供气）的紧急处理；设备突发故障（包括系统中蒸气加热器或管路漏气、表面冷却器的漏水、风机电动机的突然停车、调节机构的失灵等）的处理方法。

4）意外事故的处理。例如，由于蒸气加湿系统中调节执行机构故障或管路破裂、穿孔等而造成空调房间内过湿的处理，蒸气减压系统的故障等处理方法。

5）遇到火灾事故的特殊处理。

（1）组合式中央空调系统起动前的准备工作　在组合式中央空调系统起动前，工作人员应仔细阅读各设备的使用说明书，了解各设备的功能和构造，并按照国家标准《通风与空调工程施工与验收规范》对整个空调系统进行检查。其检查内容如下：

1）检查电源、控制电源、控制柜、电气线路及控制电路，保证设备供电正常，并能正常投入运行。

2）检查过滤器是否有破损，机壳是否干净，表冷器翅片是否完好，对碰歪的翅片进行梳理平整。

3）清理风道内的杂物，检查各管路系统连接处的紧固、严密程度，不允许有松动、泄漏现象，管路支架应稳固可靠；检查各阀门调节装置的灵活性，检查控制设备、控制装置的紧固程度。

4）喷水室内的喷嘴、溢流管、排水管、水过滤网等不得堵塞，挡水板、分水板不得松动，保持水槽有一定水位。

5）检查风机电路是否正确，是否接地，用手盘车是否灵活，是否有碰、刮的噪声，减振器螺栓是否松动，软管连接是否完好。

6）检查系统中各运转设备轴承供油情况，若发现缺油现象，应及时供油。

7）检查室外空气状态参数和室内空气状态参数的要求，调整好温度、湿度等自动控制与调节装置的设定值与幅差值。

8）检查各种安全保护装置的工作设定值是否在规定范围内。

机组正式运行之前，应先对风机和水泵分别进行试运转。注意观察起动电流的值，起动电流不能太大，风机和水泵运转时不能有异常的声音和强烈的振动；轴承最高温度不能超过75℃，电动机温度不能超过60℃，风机水泵的旋转方向应与机壳上所示方向一致，转速是否达到设计要求。对水泵还应观察压力表的指示值是否正常。试运转时间为2h。

（2）组合式中央空调系统的起动　组合式中央空调系统的起动包括风系统，冷、热源系统和自动控制与调节系统等。首先要保证供、配电网运行良好，然后按规定的程序起动各子系统设备。为防止风机起动时其电动机超负荷，在起动风机前，最好先关闭风道总阀，待风机运行起来后再逐步开启到原位置。风机起动的顺序是先开送风机，后开回风机，以防空调房间内出现负压。

组合式中央空调系统在起动时应采用就地、空负荷顺序起动方式，尽量避免遥控起动和带负荷起动及多台同时起动方式，防止由于起动瞬间起动电流过大，使电网电压降过大以及使控制回路或主回路中熔断器烧断。对于采用遥控和就地起动两种调节方式的系统，强调就地起动主要是为了防止在起动过程中可能造成设备事故（如传动带的脱落或断开，风机振动过大，制冷机组的排气压力过高或吸气压力过低或过高，油压过低所造成的其他问题）而不能被及时发现。

起动步骤如下：

1）打开各调节风阀，水路控制阀门。

2）起动风机，直到转速达到额定转速。

3）起动水泵及喷水系统的其他设备。

4）电加热器通电。

5）表冷器内通冷冻水，加热器内通热源。

空调系统在完成起动后即投入运行。一般在具有自动调节的空调系统运行调节中，首先应采用手动调节方式，待运行参数接近要求值时，再转为自动调节方式。

（3）组合式中央空调系统的运行管理　组合式中央空调系统在完成起动后即投入运行。运行中的首要问题是对运行参数的调节。一般在具有自动调节的空调系统运行调节中，应采用手动调节方式，待运行参数接近要求值时才可转为自动调节方式。

在系统正常运行过程中，应注意及时进行巡视检查。巡视检查的内容有以下几项：

1）动力设备的运行情况，包括风机、水泵、电动机的振动、润滑、传动、负荷电流、转速、声音等。

2）喷水室、加热器、表面冷却器、蒸气加湿器等的运行情况。

3）空气过滤装置（初、中、高级过滤器）的使用情况。

4）空调系统冷、热源的供应情况。

5）制冷系统的运行情况，包括制冷机、冷水泵、循环冷却泵、冷却塔、油泵等的运行情况；制冷系统中各部分压力（压缩式制冷中的蒸发压力、冷凝压力、油泵压力、冷却水压力、冷水输送泵压力）、冷却水温度、冷水温度等。

6）空调运行中采用的运行调节方案是否合理，系统中各调节执行机构是否正常。

7）控制系统中各有关调节器、执行调节机构是否有异常现象。

8）使用电加热器的组合式空调系统，应注意电气保护装置是否安全可靠，动作是否灵活。

9）空调器及全部风路系统是否有泄漏现象，对于单风机吸入空调系统，尤其应注意处于负压区空气处理部分的漏风现象。

10）空调器内部积水（凝结水）、排水情况，喷水室系统中水系统是否有泄漏、不畅等现象。如果发现异常，应及时采取必要的措施进行处理，以保证系统正常工作。

（4）组合式中央空调系统运行中的调节　组合式中央空调系统运行中调节的主要内容包括以下几项：

1）采用手动控制的加热器，应根据被加热后空气的温度与要求的偏差进行调节，以保证达到要求值。

2）在冬夏季运行方式变换时，应及时对末端装置和控制系统中的夏/冬季转换开关进行运行方式转换。采用露点控制的系统应根据室内外空气条件，对所供水温、水压、水量、喷淋排数等进行调节。

3）根据运行工况，结合空调房间室内、外空气参数情况适当地进行工况的转换，同时决定运行中供热、供冷的时间。

4）对采用电加热器的系统，应尽量减少电加热器的使用时间和多使用汽、水加热器进行调节，做到既降低运行成本，又减少由于电加热器运行所引发事故的可能性。

5）根据空调房间内的工作情况，在允许情况下，应尽量减少排风量，以减少能量的消耗。在满足空调房间内工艺条件的前提下，应尽量降低室内的正静压位，以减少能量的损失。

6）空调系统在运行中，应尽可能地利用天然冷源，降低运行成本。冬夏季可采用最小新风运行方式，过渡季在室外新风状态接近送风状态点时，在许多条件下应尽量使用最大新风或全新风运行方式，以节约能源，减少运行费用。

（5）组合式中央空调系统的停机与注意事项

1）正常停机。系统在运行中，接到停机指令或定时停机时均按正常停机处理。

正常停机时，应首先停止制冷系统的运行或切断冷、热源的供应，然后再停止系统中的送、回、排风机。如果空调房间内有正静压要求时，风机停机顺序为：排风机—回风机—送风机；如果空调房间有负静压要求时，风机停机顺序为：送风机—回风机—排风机。之后关闭手动或自动系统中有关阀门（如风机负荷阀，新风阀，回风阀，一、二次回风阀，排风阀，加热、加湿调节阀和冷水阀等），最后关系统电源。

2）事故停机。事故停机包括由于供电系统发生故障和设备、控制系统的故障停机。由于这些情况往往是突然发生的，因而不能按正常停机程序处理，必须按紧急停机处理。

① 由于供电系统故障停机。系统在运行中，如果突然发生停电，必须迅速切断冷、热源的供应（尤其对于采用蒸气加热器和喷蒸气加湿的系统，更应如此，以防止由于风机停运，加湿调节阀处于开启状态，喷蒸气加湿系统仍在工作而造成房间过湿），之后则应断开

电源开关。待恢复供电后再按正常停机顺序处理，并检查系统中有关设备及控制系统，确定无异常后才可起动运行。

② 由于设备故障停机。空调系统在运行中，如果由于风机、风机所配电动机发生故障；或由于气、水、空气加热器，表面式冷却器以及冷、热输送管道突然发生破裂而产生大量气、水外漏；或由于控制系统中调节器、调节执行机构（如喷蒸气加湿调节阀、加热调节阀，表面冷却器的水量调节阀）突然发生故障，不能关闭或关闭不严或无法打开，使系统无法正常工作或危及运行及空调房间安全时，则必须立即停机进行处理。停机时必须首先切断冷、热源的供应，之后按正常停机程序进行。

若在系统运行过程中，报警装置发出火灾警告信号，值班人员应迅速判断出发生火灾的部位，立即停止有关风机的运行，并向有关单位报警。为防止意外，在灭火过程中按正常停机操作方法使空调系统停止工作。

### （三）组合式中央空调器的维护管理

组合式中央空调器维护的主要工作是对空调机组的空气过滤器、表面换热器、喷水室、蒸气加湿器等主要设备的检修和清扫，值得注意的是以上部件的检修与清扫必须要在机组停机时进行。

#### 1. 空气过滤器的维护保养

在组合式空调系统中，机组内一般设有空气过滤器，过滤器的维护和保养直接关系到系统性能是否满足要求。因为随着空调机组运行时间的增加，过滤器的积尘量逐渐增多，机组的阻力损失也逐渐增加，导致系统送风量减少，室内空调参数偏离设计值，同时由于过滤器积满了灰尘，容易滋生各种病毒和细菌，大大降低了室内空气的质量。

通过对多个用户的调查表明，对舒适性空调系统往往忽视过滤器的维护和保养。只有极少数的用户进行定期清洗或更换，多数用户多年都没有清洗或更换过，以至于过滤器的表面脏污不堪，系统送风量大大降低。

对净化空调系统，应定期检测过滤器前、后的压力和室内空气的含尘浓度。当过滤器前、后的压力差大于过滤器初阻力的2倍时，则应对过滤器进行清洗或更换。对一般的舒适性空调，在停机期间，关闭有关阀门，进入机组内拆卸过滤器。将过滤器在机组外清洗干净，晾干后再稳固安装上去，如果发现有损坏，应及时修复或更换。最好每半年将过滤器清洗一次。

#### 2. 表面换热器的维护保养

组合式空调系统的换热器与风机盘管换热器相同，多数为冷热两用。为减少换热器结垢，热水进水温度一般不超过65℃。在夏季时，换热器为湿工况运行，产生的凝结水落入滴水盘内，通过凝结水管排入下水道中。当凝结水管被落入的灰尘堵塞时，凝结水很难排出去，导致滴水盘存水，容易滋生各种细菌和微生物，从而污染空气。因此在机组停机期间，应对滴水盘和凝结水排出管进行彻底清洗。换热器肋片表面的脏污应每年清洗一次，清洗方法以喷射清洗为主，配合刷洗。

#### 3. 喷水室的清洗

喷水室在组合式中央空调系统中用于对湿度的调节。由于在喷淋的过程中，空气中的灰尘与水滴结合落入喷水池中，使水池中的杂物越来越多，因此应定期对水池中的杂物进行打捞清除。在机组停机期间，应将喷水池的水放掉，对水池进行彻底清洗，清除水池底部的沉积物。同时将喷嘴拆下，采用手工清洗的方法去除喷嘴中的杂物和水垢。水池中的过滤器也应进行清洗。

4. 加湿器的清洗

对电极式和电热式加湿器，在停机期间应对电极表面、电热元件表面和容器内壁的水垢进行清洗，一般采用用酸洗液进行浸泡的清洗方法。

## 二、操作训练

1. 实训工具、材料及设备

（1）工具　三角架、倒链、铆钉枪、冲击钻、水平仪、呆扳手、力矩扳手、电工钳、螺钉旋具、剥线钳、试电笔、橡胶水管、毛刷、翅片梳。

（2）材料及设备　小型组合式空调机组、高压清洗机、备用喷嘴、备用轴承、润滑脂（润滑油）、密封橡胶条、地脚螺栓、铆钉。

2. 实训任务

任务1　组合式空调机组的安装

（1）实训目的　掌握组合式空调机组的安装方法与步骤。

（2）实训内容

1）对照机组设计布置图检查机组过滤器、淋水室和表冷器等构件。

2）根据机房布局图和组合式空调机组的尺寸制作水泥混凝土基础。

3）将淋水室或淋水表冷器室的设备就位安装，并以此为安装中心，分别向左、右侧排列构件组装。

4）各组段构件内法兰间用螺栓联接并拧紧，中间垫4~5mm的泡沫橡胶密封条。加热器两端连接时，垫5mm厚的耐热橡胶板。

5）在中间室、混合室的底部，以及表冷器滴水盘和蒸气加湿器室的底部都有排水孔，接排管时应设置80~100mm高的水封。

任务2　组合式空调机组的运行操作实训

（1）实训目的　了解组合式空调机组运行操作的主要内容，掌握空调机组起动、运行调节以及停机的操作方法。

（2）实训内容

1）做好组合式空调机组起动前的检查，检查内容包括电源电气控制系统、空调机组过滤器、喷水口、加湿器、集水盘、动设备轴承、系统参数、水泵风机噪声等。

2）按照开机起动程序进行开机操作：

① 打开各调节风阀，水路控制阀门。

② 起动风机，直到转速达到额定转速。

③ 起动水泵及喷水系统的其他设备。

④ 电加热器通电。

⑤ 表冷器内通冷冻水，加热器内通热源。

3）根据运行工况，结合空调房间室内、外空气参数情况适当地进行工况的转换。

4）按照停止制冷系统的运行或切断冷、热源的供应，停止系统中的送、回、排风机的步骤进行正常停机操作。

5）进行供电故障和设备故障而引起的故障停机操作。

任务3　组合式空调机组的维护保养实训

（1）实训目的　了解组合式空调机组维护保养的主要任务，掌握组合式空调机组维护保养的操作方法。

（2）实训内容

1）拆下空气过滤段的过滤器，进行水洗，晾干后安装至机组上。

2）对机组表冷器段的滴水盘和凝结水排出管进行彻底清洗。用喷射清洗的方法对换热器肋片表面的脏污进行一次清洗。

3）放掉喷水池的水，对水池进行彻底清洗，清除水池底部的沉积物。同时将喷嘴拆下，采用手工清洗方法去除喷嘴中的杂物和水垢。水池中的过滤器也应进行清洗。

3. 实训注意事项

1）组合式空调机组各功能段的组装应符合设计规定的顺序和要求。

2）机组安装时，各功能段的连接应注意连接处的密封。

3）机组安装结束后，应将机组内部清理干净，箱体内应无杂物。

4）机组下部的冷凝水排放管应有水封，与外管路连接应正确。安装完毕后，应进行排水试验。

5）机组起动时，应采用就地、空负荷顺序起动方式，避免遥控起动和带负荷起动，防止由于起动瞬间起动电流过大，使电网电压降过大以及使控制回路或主回路中熔断器烧断。

6）对机组各部件进行维护保养时，应在机组停机状态下进行。

7）机组停用时，应放掉换热器内的水，以减少管子锈蚀。

8）机组维护工作中，应注意设备的传动装置、轴承的检修。必要时，应及时更换或添加润滑脂。

## 任务二　风机盘管机组的安装与维护

**能力训练目标**　能正确进行风机盘管机组的安装与维护。

### 一、知识与技能

风机盘管中央空调系统是为了克服集中式空调系统的系统大、风管粗、占用建筑面积和空间较多、系统灵活性差等缺点而发展起来的一种半集中式空气-水系统。它的冷、热媒是集中供给，新风可单独处理供给。

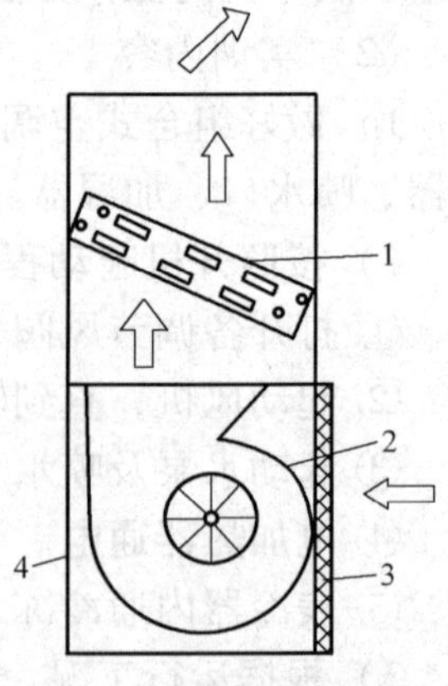


图6-3　风机盘管的结构
1—盘管换热器　2—风机
3—空气过滤器　4—箱体

风机盘管的结构如图6-3所示，它主要由盘管换热器和风机组成。它使室内回风直接进入机组进行冷却或除湿、加热处理，与风机盘管机组连接的有冷、热水管路和凝结水管路。

风机盘管机组一般分为立式和卧式两种，可按照室内安装位置选定，同时可根据室内装饰需要做成明装和暗装。风机盘管机组的优、缺点如下：

1）布置灵活，各房间能单独调节温度，房间不住人时可关掉机组，不影响其他房间的使用。

2）节省运行费用，运行费用与单风道系统相比约少 20% ~30%，比诱导器系统少 10% ~20%，而综合费用大体相同，甚至更低。

3）与全空气系统相比，节省空间。

4）机组定型化、规范化，易于选择安装。

5）机组分散设置，维护管理不方便。

6）过渡季节不能使用新风。

7）对机组制作要求较高。对噪声有严格要求的地方，风机转速不能过高，风机剩余压差较小，使气流分布受限制。

8）没有新风系统的加湿配合时，冬季空调房间的相对湿度低，对空气的净化能力较差。

9）夏季室内空气湿度往往无法保证，使室内湿度较高。

### （一）风机盘管的供水系统

风机盘管的供水系统有三种方式，分别是双水管供水、三水管供水和四水管供水。

1. 双水管供水系统

采用一根水管供水、一根水管回水的水路系统，称为双水管系统。夏季，供水管向空调房间内的风机盘管送冷水，供其制冷需要；冬季，供水管向风机盘管送热水，供其供暖需要。双水管系统的特点是结构简单、投资少，但系统供冷水、供热水的转换比较麻烦，尤其是在过渡季节，不能同时满足朝阳的房间需要制冷，而背阳的房间需要供暖的要求。双水管系统可按建筑物房间朝向进行分区控制，通过区域换热器的调节，向不同区域提供不同温度的水，分别满足各区域对温度的需求。在各区域中由制冷转为加热，或由加热转为制冷，可以采取手动转换，或者用集中控制的自动转换。

2. 三水管供水系统

采用一根水管供冷水、一根水管供热水、一根水管作公共回水管的水路系统，称为三水管系统。这种供水系统在每个风机盘管的进口处设置一个自动控制三通阀，根据空调房间内的室温需要，由安装在室内的温度控制器控制是供冷水还是供热水。三水管供水系统如图6-4所示。系统全年内都可以使用冷水或热水，能满足各空调房对空气温度的调节要求。但是由于两水管系统的冷、热回水共用一根管道，所以系统存在冷、热水混合的能量损失问题。

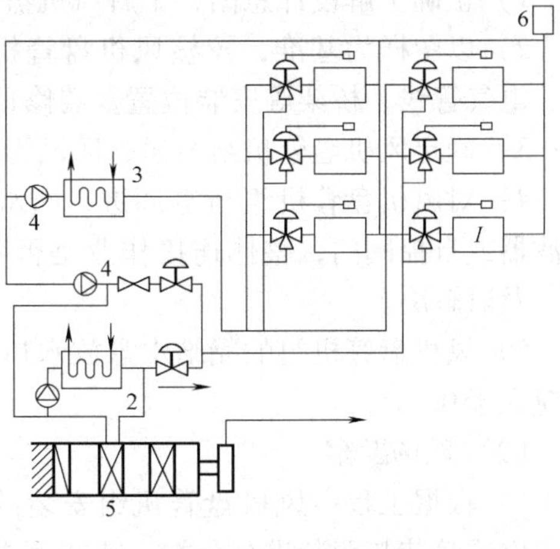

图6-4 三水管供水系统
1—风机盘管 2—机组蒸发器 3—蒸气-水换热器 4—水泵 5—表冷器 6—膨胀水箱

3. 四水管供水系统

采用冷水一管供、一管回，热水一管供、一管回的水路系统，称为四水管供水系统，如图6-5所示。

四水管供水系统有两种供水方式：一种方式是向同一组风机盘管的盘管供水，根据空调房间的调节需要，决定是向盘管内送冷水还是热水；另一种方式是将风机盘管中的盘管分为两组，一组为冷水盘管，一组为热水盘管，根据空调房间的调温要求，提供冷水或热水。采用四水管供水系统可以全年使用冷水和热水，从而可以灵活地对空调房间的温度进行调节。同时避免了类似三水管系统的能量损失，使风机盘管的制冷或供暖的控制更加灵活，设备的运行费用更低。但是四水管供水系统的初投资较大，管道占用的建筑空间较大。

风机盘管空调系统的水系统一般采用双水管系统。对于需要全年运行的风机盘管空调系统，可选用四水管进水系统，风机盘管凝结水盘的泄水管坡度要大于0.01。

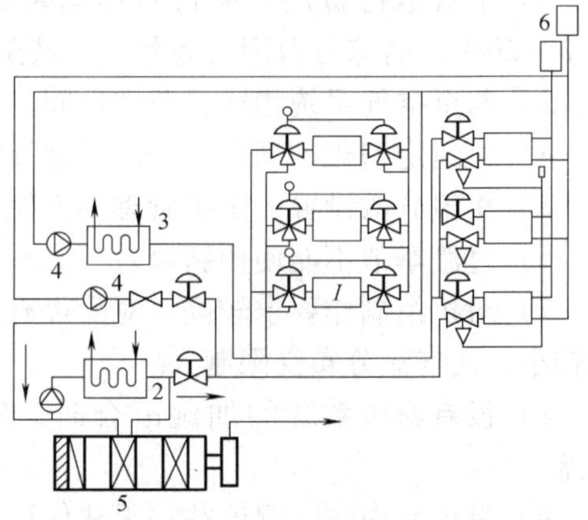

图6-5　四水管供水系统

1—风机盘管　2—机组蒸发器　3—蒸气-水换热器　4—水泵　5—表冷器　6—膨胀水箱

风机盘管空调系统用于高层建筑物时，其水路系统应采用全封闭式的循环系统，并要设膨胀水箱和排气装置。夏季制冷运行时，冷水的入口温度一般为7～10℃，冷水温升一般取5℃左右；冬季供暖运行时，热水的入口温度一般为50～60℃。对于双水管系统，其循环水和补水一般应采用软化水。

**（二）风机盘管机组的安装**

1. 安装前的准备工作

风机盘管机组安装前的准备工作主要是通过对设计图审核、现场勘察、土建进度配合要求等，拟定与工程相适应的施工作业计划和方法。在可能的条件下，宜编制施工班组作业计划，以协调与土建进度的配合及施工作业准备工作的正常运行。

（1）图样审核

1）正确了解设计意图，了解风机盘管机组的型号、类别与安装的特殊要求。

2）以图样为基准，校核风机盘管机组的安装位置、标高与结构尺寸，与其他专业管道、电气管线、桥架等安装位置及装修预留空间之间是否存在着矛盾。

3）确定风机盘管机组与送、回风管的连接节点与安装操作的可能性。

4）对风机盘管机组与空调进、回水的连接位置，采用的弹性连接方法，是否装有水、过滤器或自控阀门，整体连接作业是否困难等作分析判断。如果有问题，应向设计单位提出，及时解决。

5）风机盘管机组的凝结水盘放水口与凝结水排放管承口的距离宜为100～300mm，坡度应大于0.01。

（2）现场勘察

1）根据工程中风机盘管机组安装的不同类型，进行现场抽样勘察。一般可按卧式暗装、立式暗装与明装进行分类，或按厅堂、标准客房与特殊套房进行分类。

2）确定风机盘管机组支、吊架的结构形式及实施的可行性。

3）查建筑空间实际尺寸与图样的相符性，是否有妨碍机组与接管按图施工的情况，如果有，应判断其影响程度。

4）了解土建隔墙与风机盘管机组左（右）端的间距，应考虑留有能进行施工操作的空间。

5）对已安装完空调水管的，应注意其风机盘管机组的接口位置是否正确，标高是否符合。一般为下送上回，凝水为最低。

6）根据风机盘管机组送、回风管与建筑装修的连接要求与现场可操作位置的大小，确定安装方法与应采取的措施。

（3）拟定安装施工方案

1）根据工程特点，拟定相应的施工作业计划。

2）整体工程的安装可按厅堂、楼层或暗装、明装进行安排。

3）暗装机组应对送、回风管的连接方法和次序作出决定，例如是采用先装机组，后接风管及保温施工，还是采用在地面将机组与风管相接后一次吊装等。

4）风机盘管机组的支、吊架的形式，除了应满足其固定牢固、定位安装操作方便外，还应考虑其批量加工的可能性。明装机组的支、吊架还应注意外形的美观。

（4）施工人员安排与施工机具的准备

1）施工人员安排。一般可分为制作安装和搬运吊装两大部分。

制作安装一般应由通风工与焊工组成，按已有的风管支架和机组数量以及定额工时的0.8系数进行考虑。搬运吊装一般由起重工和普工组成，人员组织应根据工地现场的搬运路线、数量、吊装的高度与难易程度，以及允许作业时间，按定额人工数安排。

一般风管制作安装：直管4$m^2$/工日；弯管、异形管2$m^2$/工日。

卧式暗管（包括支架）安装：3台/工日。

2）施工机具的准备。按施工计划进度及要求，配置相应的风管制作安装、管道安装与机组搬运吊装所需的工、机具和登高设施。

风管制作设备一般为咬口机、折边机、钳作台、平板、型钢切断机、电焊机、钻床等。

管道安装机具一般为套丝机、管子钳、砂轮切割机、管子割刀、管子台虎钳等。

起重吊装机具一般为电动卷扬机、环链手拉葫芦、起重滑车等。起重吊装机具的具体配置应按各工程的实际需要决定。

登高设施一般为与风管、水管和机组安装高度相适应的人字扶梯、电动液压升降机或脚手架。

（5）风管接管与支、吊架的准备

1）风管接管的准备。风管制作按GB50243—2002的规定执行。风管与机组的连接可采用法兰或自攻螺钉。当采用自攻螺钉联接时，接管应采用顺气流方向，螺孔间距不宜大于150mm。

2）支、吊架的准备。按风机盘管的类型与安装位置，采用相应的支、吊架。立式暗装机组宜采用座架。卧式暗装机组宜采用圆钢吊架或角钢支架。当采用圆钢吊架时，螺杆应有50mm左右的调整距离，吊杆宜为4根。吊杆的固定可采用膨胀螺栓或预埋。

2. 机组安装

（1）支、吊架的安装　每台风机盘管机组支、吊架，一般为2副，要求其受力均衡。对于连接机组的送、回风管，长度大于1m以及采用弯管形式的，均应增设支、吊架。

吊架与结构的连接可采用预埋与膨胀螺栓。吊点的位置、距离可采用等同机组吊点尺寸或大于机组吊点尺寸的方法。为安装高度调整需要，吊杆宜留有一定（50mm左右）调整的余量，并用双螺母固定。

吊杆与预埋钢板的连接宜采用折弯焊接（见图6-6），不得采用丁字焊接，焊接长度应大于或等于6倍吊杆直径，且应双面焊接。吊杆与膨胀螺栓的连接可采用圆钢弯成圆圈与角钢过渡等方法。吊杆的直径一般为$\phi(6\sim10)$mm。

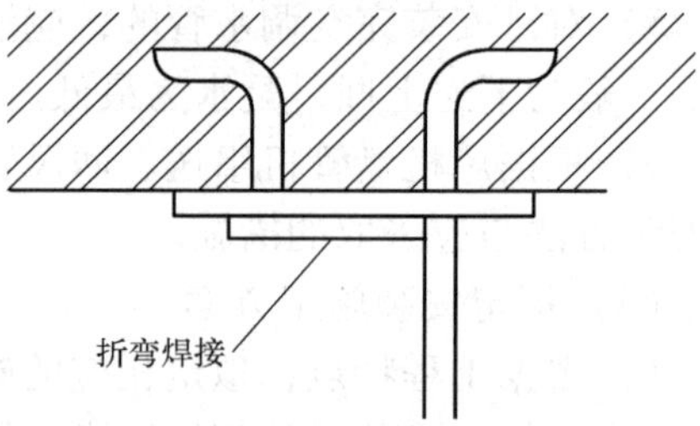

图6-6 吊杆与预埋钢板的折弯焊接

立式暗装机组一般需采用座、支架的固定形式，座、支架一般为两个，横托风机盘管也可做成托盘式支架。

支、吊架钢构件应有防锈措施，包括镀锌、刷防锈涂料等措施。安装后，如果发现损伤，则应进行修补。

膨胀螺栓应按机组质量进行选配，对于预制多孔板楼板与多孔砖墙体，不得采用膨胀螺栓或射钉作为支、吊架的锚固。

（2）卧式暗装风机盘管机组的安装　卧式暗装风机盘管机组的安装可分为两类形式：一类为单机组吊装，另一类为机组与送、回风管相连一起安装。

1）单独安装的卧式暗装机组，其就位一般采用两人抬装；吊架为4根圆钢吊杆，用双螺母固定在机组的吊点上。机组就位后，应进行水平度的调整，并保证承水盘坡向出水口。

2）机组与送、回风管相接的风机盘管机组安装，应根据接管的长短、现场条件不同，采用相应的安装措施。

① 接短送风管，组合形式的风机盘管机组安装，一般可采用两人或三人抬装，主固定点仍为机组，风管端固定于送风口处的木框或建筑框架上。就位后，要调整好机组的吊架高度与水平度。当发现机组水平度与风管标高无法保持一致性时，应调整接口，不得强制固定。送风管一般宜伸入框架10～20mm，至少应贴近，不得有空隙。

② 送、回风管两面接口组合形式的风机盘管机组安装，应由三人或三人以上共同抬装。抬装中还应注意其水平受力的均匀性，到达安装位置高度后先固定机组，并对送、回风管或弯管进行定位保护。在调整机组水平度后，送、回风管应与图样要求相一致。如果发现有影响机组水平度的偏差，应调整接口，不得强拉、硬扳，以强力纠正。采用回风静压箱，接管长于350mm的应另加吊架。

③ 带较长送、回风管（≥1.5m）的机组，可分为带软接管与不带软接管两种。带软接管的可参照单独机组安装，不带软接管的机组安装可采用多人抬装，也可采用手拉葫芦等起重工具吊装。吊点至少为两点。风管的质量不应由机组承担，离机组最近的风管吊架离接口不应大于700mm。

（3）立式暗装风机盘管机组的安装　立式暗装风机盘管机组应坐落在支架上，要求位置正确，着地稳固，标高符合设计要求。安装后必须对送风口进行遮盖。

立式暗装机组与装饰口间需接风管的，宜在土建框架完成时进行。

（4）明装风机盘管机组的安装　立式明装风机盘管机组要注意水管的到位与外壳的保护；卧式机组要在水管接管正确的基础上，按型号正确预留吊架，保证安装的顺利和美观。为了保证吊架位置正确，宜采用样板来进行定位的操作。

卧式明装风机盘管机组的安装，一般宜由三人或三人以上抬装较合适。操作时，不宜戴脏手套及纱手套，抬举应水平向上，不得过度倾斜，到位后，由专人迅速固定吊架。登高设施以平台为好。

明装机组安装后均需做防护外观损伤措施。

**（三）风机盘管机组的运行与维护**

风机盘管机组运行的主要内容是机组运行时的调节。风机盘管机组运行调节方法可分为局部运行调节方法和全年运行调节方法两种。

1. 风机盘管机组局部运行调节

风机盘管机组局部运行调节目前常用的主要是风量调节和水量调节两种方式。

（1）风量调节　风量调节是改变风机盘管送风量的调节方式。其实质是在冷水流量不变的情况下，通过改变风速可以改变风机盘管的制冷量，从而调节房间内的温度。改变风机的转速方法有三速手动调节和无级自动调节等。

1）三速手动调节。高、中、低三档风量手动调节是最常用的调节方法。通常是由空调房间的使用者根据自己的主观感觉来改变风机盘管的送风档。由于只有三个档可调节，因此室内温、湿度波动较大，对室内冷、热负荷变化的适应性较差。如果操作不当或调节不及时，还会引起过冷或过热。显然，这种调节方法属于阶梯形的粗调节方法。

2）无级自动调节。无级自动调节是一种比较平滑的细调节方法，它是借助电子温控器来完成的。空调房间使用者在起动风机盘管后，根据自己的要求设定一个室温值就可以了。温控器所带的温度传感器会适时检测室内温度，通过与预设室温的比较来自动调节风机盘管的输入电压，对风机转速进行无级调节。温差越大，风机转速越高，送风量越大；反之，则送风量越小，从而实现风机盘管送风量的自动控制和无级调节，使室温控制在设定的波动范围内。

风量调节比较简单，操作方便，容易实现，但在风量过小时会使室内的气流分布受影响，造成送风口附近与较远位置产生较大的区域温差。在夏季，如果风量太小，会造成送风温度过低，还会使风机盘管外壳表面结露，出现滴水现象。

（2）水量调节　水量调节即改变通过盘管水量的调节方式，一般采用二通或三通电动调节阀调节进入盘管水量的方法来实现。由温控器控制的比例式电动二通阀或三通阀，随室内冷、热负荷的增大或减小相应改变阀门的开度，以增加或减小进入盘管的冷、热水量，适应室内冷、热负荷的变化，保持室温在设定的波动范围内。由于此类阀门价格高、构造复杂，易堵塞、有水流噪声，因此极少被使用。

目前风机盘管大量采用的是风量调节方式，水路上只安装一个二通电磁阀，根据风机盘管是否使用或室温是否达到设定的温度值来相应地控制水路的通断。

2. 风机盘管加独立新风系统机组全年运行调节

风机盘管机组配合使用的空调房间新风供给方式主要有室内排风造成的负压渗入新风、风机盘管自接管引风、独立新风系统供给新风等多种，其中以独立新风系统使用得最多。它与风机盘管系统配合就组成了空气-水系统中的一种最主要的形式——风机盘管加独立新风系统，如图 6-7 所示。

（1）负荷性质及调节方法　一般可把室内冷、热负荷分为瞬变负荷和渐变负荷两部分。

瞬变负荷主要是室内灯具、设备、人员散热和太阳辐射热所形成的负荷。这部分负荷由于受房间的朝向、外窗情况以及室内灯具、设备的使用情况和人员多少等因素影响，各个房间都不相同，而且变化无规律；而且各房间的使用者都有自己喜欢的舒适温度范围，因此，要消除瞬变负荷，又能满足房间使用者对室温的要求，采用风机盘管的个别调节方式是比较合适的，既方便又适用。

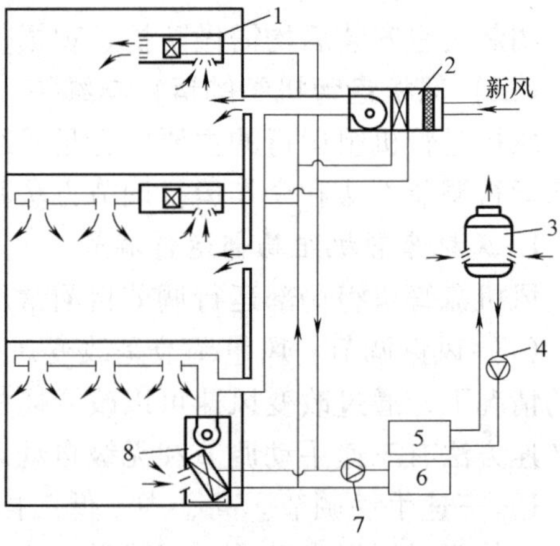


图 6-7 风机盘管加独立新风系统
1—风机盘管 2—新风机 3—冷却塔
4—冷却水泵 5—冷凝器 6—蒸发器
7—冷冻水泵 8—冷风柜

渐变负荷主要是在室内、外温差作用下，通过房间围护结构传递的热量所形成的负荷。这部分负荷的变化只与室内、外温差有关，而室内温度在一个季节内，同一用途的房间都有相近的控制值，室外温度则有较大变化。除了一天的变化外，一年四季的变化幅度最大，由此可以认为这部分负荷变化的影响对所有房间基本都是一样的。

因此，可以通过集中调节新风系统的送风温度来消除由于室外温度变化而对房间控制温度产生的影响。由新风系统来承担渐变负荷，该负荷由运行管理人员根据变化情况通过调节新风机来适应。

（2）双水管系统的调节　如果新风系统不承担室内负荷，则风机盘管就不仅要承担日常变化性质的瞬变负荷，还要承担季节变化性质的渐变负荷。由于目前风机盘管系统绝大多数采用的是双水管（一供一回），使得系统中的所有风机盘管在同一时间从供水管获得的几乎是同一温度的冷水或热水，因此也可以通过统一调节风机盘管的供水温度来消除室外气象条件季节性变化对所有房间造成的影响。供水温度的调节由管理人员根据室外气象条件的变化情况在冷、热源处集中进行。

3. 风机盘管机组的维护保养

风机盘管是由用户直接手动操作开、停机，或手动开机运行，在设定温度达到后自动停机。因此，风机盘管运行管理工作的重点不是运行操作，而是维护保养。风机盘管通常直接安装在空调房间内，其工作状态和工作质量不仅影响到其应发挥的空调效果，而且影响到室内的噪声水平和空气质量。因此，必须做好空气过滤网、滴水盘、盘管、风机等主要部件的日常维护保养工作，保证风机盘管正常发挥作用，不产生负面影响。风机盘管机组的维护工作如下：

（1）空气过滤网的清洁　过滤网积灰尘以后，阻力增大，风量减小，导致风机盘管的制冷（热）量减小。因此，在一般情况下，连续使用期间应一个月清洁一次。空气过滤网的清洁应首选吸尘器，它的最大优点是清洁时不用拆卸过滤网。对那些不容易吸干净的粉尘，则要采用拆下过滤网用清水加压冲洗或刷洗，或用药水刷洗的清洁方式。

（2）滴水盘的清洁　一般一年清洗两次，如果是季节性使用的空调，则在空调使用季节结束后清洗一次。清洗方式一般采用水来冲刷，污水由排水管排出。为了消毒杀菌，还可以对清洁干净了的滴水盘再用消毒水（如漂白水）刷洗一遍。

（3）盘管的清洁　盘管担负着将冷热水的冷热量传递给通过风机盘管的空气的重要使命。为了保证传热效率，要求盘管的表面必须尽量保持光洁。盘管的清洁方式可参照空气过滤器的清洁方式进行，但清洁的周期可以长一些，一般一年清洁一次。如果是季节性使用的空调，则在空调使用季节结束后清洁一次。不到万不得已，不采用整体从安装部位拆卸下来清洁的方式，以减小清洁的工作量和拆装工作造成的影响。

（4）风机的清洁　风机长时间工作以后，其叶片上积尘增加，会使风机的送风量明显下降，电耗增加，噪声加大，风机盘管的总体性能变差。风机叶轮由于有蜗壳包围着，不拆卸下来清洁工作就比较难做，可以采用小型强力吸尘器的清洁方式，一般一年清洁一次或一个空调使用季节结束后清洁一次。

4. 风机盘管机组供水系统的维护

风机盘管机组供水系统的运行管理主要是做好各种水管、阀门、水过滤器、膨胀水箱巡检与维护保养工作。

（1）水管　水管按其用途的不同可分为冷冻水管、热水管、冷却水管、凝结水管四类，由于各自的用途和工作条件不一样，维护保养的内容和侧重点也有所不同。但对管道支吊架和管卡的防锈要求是相同的，要根据情况除锈刷漆。

1）冷冻水管和热水管。当水系统为四管制时，冷冻水管和热水管分别为单独的管道；当水系统为两管制时，冷冻水管则与热水管同为一根管道。但不论空调水系统为几管制，冷冻水管和热水管均为有压管道，而且全部要用保温层包裹起来。日常维护保养的主要任务：一是保证保温层和表面防潮层不能有破损或脱落，防止发生管道方面的冷、热损失和结露滴水现象；二是保证管道内没有空气，水能正常输送到各个换热盘管，防止有的盘管无水或气-水混合状态通过而影响处理空气的质量。为此，要注意检查管道系统中的自动排气阀是否动作正常，如果动作不灵，要及时处理。

2）冷却水管。它是裸管，方便散热，也是有压管道，与冷却塔相连接的供、回水管有一部分暴露在室外。由于目前使用镀锌钢管，各方面性能都比较好，管外表一般也不用刷防锈漆，因此日常不需要额外的维护保养。冷却水一般都要使用化学药剂进行处理，使用时间长了，难免伤及管壁，要注意监控管道的腐蚀情况。在冬季有可能结冰的地区，室外管道部分要采取防冻措施。

3）凝结水管。它是风机盘管系统特有的无压自流排放不用回水的水管。由于凝结水的温度一般较低，为防止管壁结露到处滴水，通常也要做保温处理。对凝结水管的日常维护保养主要是两个任务：一是要保证水流畅，由于是无压自流式，其流速往往容易受管道坡度、阻力、管径、水的浑浊度等影响，当有成块、成团的污物时流动更困难，容易堵塞管道；二是要保证保温层和表面防潮层无破损或脱落。

（2）阀门　在空调水系统中，阀门被广泛地用来控制水的压力、流量、流向及排放空气。常用的阀门按阀的结构形式和功能可分为闸阀、蝶阀、截止阀、止回阀、平衡阀、电磁阀、电动调节阀、排气阀等。为了保证阀门启闭可靠、调节省力、不漏水、不滴水、不锈蚀，日常维护保养就要做好以下几项工作：

1）保持阀门的清洁和油漆的完好状态。

2）阀杆螺纹部分要涂抹润滑脂或二硫化钼，室内6个月一次，室外3个月一次，以增加螺杆与螺母摩擦时的润滑作用，减少磨损。

3）不经常调节或启闭的阀门必须定期转动手轮或手柄，以防生锈咬死。

4）对机械传动的阀门要视缺油情况向变速箱内及时添加润滑油；在经常使用的情况

下，一年更换一次全部的润滑油。

5）在冷冻水管路和热水管路上使用的阀门，要保证其保温层完好，防止发生冷、热损失和出现结露滴水现象。

6）对自动动作阀门，如止回阀和自动排气阀，要经常检查其工作是否正常，动作是否失灵，有问题就要及时修理和更换。

7）对电力驱动的阀门，如电磁阀和电动调节阀，除了阀体部分的维护保养外，还要特别注意对电控元器件和线路的维护保养。

此外，还要注意不能用阀门来支承重物，并严禁操作或检修时站在阀门上工作，以免损坏阀门或影响阀门性能。

（3）水过滤器　安装在水泵入口处的水过滤器要定期清洗。新投入使用的系统、冷却水系统，以及使用年限较长的系统，清洗周期要短，一般应3个月拆开拿出过滤网清洗一次。

（4）膨胀水箱　它通常设置在露天屋面上，应每班检查一次，保证水箱中的水位适中，浮球阀的动作灵敏、出水正常；一年要清洗一次水箱，并给箱体和基座除锈、刷漆（可参考项目五任务三中膨胀水箱检修的相关部分内容）。

### （四）风机盘管机组常见故障及排除

风机盘管机组数量多，安装分散，维护保养不到位或故障排除不及时，都会严重影响使用效果。风机盘管机组运行中的常见问题有吹出的风不冷（或不热），机壳结露或滴水、漏水，风机噪声大等，常见的故障有风机不转、关机后风机不停等。

因此，对风机盘管系统设备在运行中发生的问题和故障，要正确判断其原因，并迅速采取措施给予解决。风机盘管机组常见故障及排除方法见表6-1。

**表6-1　风机盘管机组常见故障及排除方法**

| 故障现象 | 故障原因 | 排除方法 |
|---|---|---|
| 风机不转 | ① 停电<br>② 忘记插电源<br>③ 电压低<br>④ 配线错误或接线端子松脱<br>⑤ 电动机故障<br>⑥ 电容器不良<br>⑦ 开关接触不良 | ① 查明原因或等待复电<br>② 将插头插入<br>③ 查明原因<br>④ 用万用表查明线路，修复<br>⑤ 用万用表查明线路，修复或更换<br>⑥ 更换<br>⑦ 修复或更换 |
| 风机转动，但不出风或风量小 | ① 电源电压异常<br>② 反转<br>③ 风口有障碍物<br>④ 空气过滤器堵塞 | ① 查明原因<br>② 改变接线<br>③ 清除障碍物<br>④ 清洗过滤器 |
| 风不冷（或不热） | ① 盘管内有空气<br>② 供水循环停止<br>③ 调节阀关闭<br>④ 阀被异物堵塞 | ① 从排气阀排出空气<br>② 检查水泵<br>③ 将调节阀开启<br>④ 取出异物 |
| 机壳外结露 | ① 内部保温层破损<br>② 机壳在装配时与火焰接触，保温层烧毁<br>③ 冷风有泄漏<br>④ 室内有造成结露的条件（产生水蒸气） | ① 修补<br>② 不要接触火焰，将保温层重新包好<br>③ 修补<br>④ 去除结露的条件 |

（续）

| 故障现象 | 故 障 原 因 | 排 除 方 法 |
|---|---|---|
| 有异物吹出 | ① 由于腐蚀造成风机叶片表面有锈蚀<br>② 过滤器破损、劣化<br>③ 保温材料破损、劣化<br>④ 机组内灰尘太多 | ① 更换风机<br>② 更换空气过滤器<br>③ 更换保温材料<br>④ 清扫内部 |
| 漏电 | 电线有破损 | 修复线路 |
| 漏水 | ① 安装不良<br>② 接水盘倾斜<br>③ 排水口堵塞<br>④ 水管有漏水处<br>⑤ 冷凝水从管子上滴下<br>⑥ 接头处安装不良<br>⑦ 排气阀忘记关闭 | ① 机组水平安装<br>② 调整<br>③ 清除堵塞物<br>④ 检查更换水管<br>⑤ 检查后重新保温<br>⑥ 检查后紧固<br>⑦ 将阀关闭 |
| 关机后风机不停 | ① 开关失灵<br>② 控制线路短路 | ① 修复或更换开关<br>② 检查线路，排除短路 |
| 有振动和杂声 | ① 机组安装不良<br>② 外壳安装不良<br>③ 固定风机的部件松动<br>④ 风的通路上有异物<br>⑤ 风机电动机故障<br>⑥ 风机叶片破损<br>⑦ 送风口百叶松动<br>⑧ 盘管内有空气<br>⑨ 冷冻水（热水）流得太快<br>⑩ 水内有大量空气进入<br>⑪ 使用定量阀时，差压太大 | ① 重新安装调整<br>② 重新安装<br>③ 紧固<br>④ 清除异物<br>⑤ 修复或更换电动机<br>⑥ 更换<br>⑦ 紧固<br>⑧ 排空气<br>⑨ 检查水的流速<br>⑩ 去除水中空气<br>⑪ 更换合适的阀门 |
| 冷风（热风）效果不良 | ① 调节阀开度不够<br>② 盘管堵塞，通风不良<br>③ 盘管内部有空气<br>④ 电源电压下降<br>⑤ 空气过滤器堵塞<br>⑥ 供水（冷热水）不足<br>⑦ 供水温度异常<br>⑧ 风机反转<br>⑨ 送风口、回风口有障碍<br>⑩ 前板安装不正规<br>⑪ 气流短路<br>⑫ 室内风分布不均匀<br>⑬ 设备选用不当<br>⑭ 顶棚吊顶式的机组连接处漏气<br>⑮ 温度调节不当<br>⑯ 房间日照或开窗 | ① 重新调节开度<br>② 清扫盘管<br>③ 排空气<br>④ 查明原因<br>⑤ 清洗空气过滤器<br>⑥ 调节供水阀<br>⑦ 检查冷冻水或热水温度<br>⑧ 重新接线<br>⑨ 去除障碍物<br>⑩ 正规安装<br>⑪ 检查风口有无障碍<br>⑫ 检查调整风口<br>⑬ 重新设计选用<br>⑭ 修理<br>⑮ 重新调整送风档位<br>⑯ 关窗并拉下窗帘 |

## 二、操作训练

1. 实训工具、材料及设备

（1）工具　活扳手、管钳、卷尺、割刀、台虎钳、螺钉旋具（一字、十字）、划线规、水平尺、毛刷。

（2）材料设备　手电钻、冲击钻、倒链、高压清洗机、气焊设备、镀锌水管、生料带、润滑脂、风机轴承、保温层、膨胀螺栓。

2. 实训任务

任务1　风机盘管机组的安装操作实训

（1）实训目的　了解风机盘管机组的安装程序，掌握风机盘管机组的安装方法。

（2）实训内容

1）根据施工图核实所安装机组的型号和安装位置。

2）安装支、吊架。根据机组尺寸确定吊点的位置、距离。支吊架安装采用预埋或者膨胀螺栓。安装高度调整吊杆宜留有50mm左右的余量，并用双螺母固定。

3）风机盘管机组上位，用双螺母固定在吊杆上。机组就位后，调整吊杆高度进行水平度的调整，并保证承水盘坡向出水口。

4）连接风机盘管与水系统供水管路，并在冷冻水管路上包好保温层。检查管道连接处的密封性能。

5）按照电气控制图，连接风机盘管电源与控制线路。连接完毕后，调试机组的控制功能是否正确。如果有问题，及时检查更改。

任务2　风机盘管机组运行调节和维护实训

（1）实训目的　了解风机盘管机组运行调节和维护操作的主要内容，掌握风机盘管机组维护保养的操作方法。

（2）实训内容

1）通过三速手动调节开关，进行室内负荷风量调节。操作时，注意室内温度变化，注意不要出现冷或过热。

2）清洗过滤网。拆下过滤网，采用清水加压冲洗或刷洗，或用药水刷洗的清洁方式。

3）清洗滴水盘。清洗方式一般采用水来冲刷，污水由排水管排出。对清洁干净了的滴水盘，再用消毒水（如漂白水）刷洗一遍，以起到消毒杀菌的作用。

4）检查水管保温层，保证保温层和表面防潮层不能有破损或脱落，防止发生管道方面的冷、热损失和结露滴水现象。同时，检查水管连接处的密封效果，防止锈蚀或连接不严密滴水。

5）检查水系统管路阀门启闭情况，给阀杆螺杆处加润滑油，防止阀门锈蚀无法动作，并清洗水过滤器。

任务3　风机盘管机组常见故障分析与排除实训

（1）实训目的　了解风机盘管机组常见故障，掌握风机盘管机组常见故障的分析方法与排除措施。

（2）实训内容

1）采用完好的风机盘管机组作为故障模拟对象，通过更换损坏部件、调整安装位置、调节水系统阀门开度等措施，模拟机组不起动、运转声音异常、冷（热）效果差、漏水等故障。

2）分析故障现象，确定故障原因并进行排除。

3）每个故障排除完毕后，对风机盘管机组进行调试。

3. 实训注意事项

1）安装中，与风机盘管机组连接的风管与水管的重量不得由机组承受。

2）排水管应保证有一定的坡度，保证排水畅通。

3）机组进、出水管应加保温层，螺纹联接处要加聚四氟乙烯生料带。

4）机组的电气接线应按随机附带的接线图进行，禁止一个开关控制两台或多台机器。机组外壳必须可靠接地。

5）风机盘管机组运行前需将放气阀打开，将盘管及管路内空气排净后再关闭放气阀。

6）风机盘管的风扇电动机轴承应采用自润滑轴承，轴承已加好润滑油脂，不用定期加注润滑油脂。

7）风机盘管换热器应定期吹扫，保持清洁，保证良好的传热性能。在清洗时，要注意不要碰坏或弄歪散热翅片。

8）风机盘管系统不用时，应把盘管水放尽；在冬季，水管可能会冻结的地方应做好防冻措施。

9）机组动设备的传动装置的检修必须在机组停机状态下进行，并确认机组电源已切断，防止在检修过程中出现意外事故。

# 参考文献


[1] 魏龙. 制冷与空调职业技能实训 [M]. 北京：高等教育出版社，2008.
[2] 李银台. 制冷设备维修工（初级）[M]. 北京：机械工业出版社，2005.
[3] 魏龙. 制冷设备维修工（实训）[M]. 北京：化学工业出版社，2008.
[4] 王荣起. 制冷设备维修工（初级、中级、高级）[M]. 北京：中国劳动出版社，1996.
[5] 金国砥. 制冷技术与实训 [M]. 北京：机械工业出版社，2007.
[6] 张国东. 制冷设备维修工（初级）[M]. 北京：化学工业出版社，2007.
[7] 傅璞. 制冷设备维修工考证实训 [M]. 北京：化学工业出版社，2007.
[8] 李援英. 制冷设备维修工（中级）鉴定培训教材 [M]. 北京：机械工业出版社，2006.
[9] 林钢. 小型制冷装置 [M]. 北京：机械工业出版社，2003.
[10] 李金川. 空调运行管理手册——原理、结构、安装、维修 [M]. 上海：上海交通大学出版社，2000.
[11] 戈兴中. 制冷与空调装置安装、维修及管理 [M]. 北京：化学工业出版社，2002.
[12] 滕林庆. 制冷设备维修工（中级）[M]. 北京：中国劳动社会保障出版社，2009.
[13] 魏龙. 空调器安装一本通 [M]. 北京：化学工业出版社，2010.
[14] 杜天宝. 空调器维修技能 [M]. 福州：福建科学技术出版社，2009.
[15] 韩雪涛. 空调器维修从业技能全程通 [M]. 北京：人民邮电出版社，2010.
[16] 郑兆志. 空调器原理与安装维修技术 [M]. 北京：人民邮电出版社，2008.
[17] 连之伟. 小型冷藏与冷饮装置 [M]. 北京：科学出版社，2000.
[18] 李天立. 小型制冷设备与维修 [M]. 2 版. 上海：上海交通大学出版社，2003.
[19] 刘旭. 冷库、冷柜、冰箱、空调制冷技术与维修888 问 [M]. 北京：人民邮电出版社，2003.
[20] 魏龙. 泵维修手册 [M]. 北京：化学工业出版社，2009.
[21] 李金川. 空调制冷安装调试手册 [M]. 北京：中国建筑工业出版社，2006.
[22] 柳建华. 制冷空调装置安装操作与维修 [M]. 北京：中国商业出版社，1997.
[23] 邹新生. 制冷与空调系统安装及运行管理 [M]. 北京：高等教育出版社，2008.
[24] 孙见君. 空调工程施工与运行管理 [M]. 北京：机械工业出版社，2003.
[25] 张国东. 中央空调系统运行维护与检修 [M]. 北京：化学工业出版社，2010.
[26] 魏龙. 制冷空调机器设备 [M]. 北京：电子工业出版社，2007.
[27] 周皞. 中央空调施工与运行管理 [M]. 北京：化学工业出版社，2007.
[28] 陈维刚，罗伦. 中央空调操作实训 [M]. 上海：上海交通大学出版社，2007.